普 通 化 学

（第2版）

主　编　尹德忠

副主编　王　欣　刘根起

西北工业大学普通化学教学组　编

U0382092

西北工业大学出版社

西安

【内容简介】 本书的内容主要有化学基础知识、化学反应的热效应与反应方向及平衡、化学动力学基础、溶液化学、电化学原理与应用、原子结构、分子结构、配位化合物、晶体结构、无机化合物基本性质,并对化学在生命、材料、国防军工领域的应用进行了拓展性介绍。另外,部分章节除了基础内容外,还适当联系工程实际提供扩展阅读内容,既有利于实施教学基本要求,又有利于拓展读者的知识面。

本书可作为高等学校工科各专业(非化工)化学基础课程的教材,也可供相关科研人员、工程技术人员参考使用。

图书在版编目(CIP)数据

普通化学 / 尹德忠主编 . — 2 版 . — 西安 :西北工业大学出版社,2022.9

ISBN 978 - 7 - 5612 - 8378 - 3

Ⅰ.①普… Ⅱ.①尹… Ⅲ.①普通化学-高等学校-教材 Ⅳ.①O6

中国国家版本馆 CIP 数据核字(2023)第 021089 号

PUTONG HUAXUE

普 通 化 学

尹德忠 主编

责任编辑:朱晓娟	策划编辑:杨 军
责任校对:王玉玲	装帧设计:李 飞

出版发行 西北工业大学出版社

通信地址:西安市友谊西路 127 号 邮编:710072

电 话:(029)88491757,88493844

网 址:www.nwpup.com

印 刷 者:陕西博文印务有限责任公司

开 本:787 mm×1 092 mm 1/16

印 张:20.5

字 数:538 千字

版 次:2013 年 9 月第 1 版 2022 年 9 月第 2 版 2022 年 9 月第 1 次印刷

书 号:ISBN 978 - 7 - 5612 - 8378 - 3

定 价:69.00 元

第 2 版前言

由西北工业大学普通化学教学组编写的《普通化学》(第 1 版)自 2013 年出版以来,在知识的深度和广度、知识体系的完备性等方面,一直受到同行和专家的高度评价和很多使用该教材的高等院校师生的普遍好评。

近年来,化学学科飞速发展,新知识层出不穷,化学教育教学理念和模式不断更新和优化,加上人才培养评价指标和招生制度等方面的改革,对高校化学教学提出了一些新要求。为了使该教材精益求精,更好地适应教学改革的发展和培养高素质人才的需要,在广泛征求使用教师意见的基础上,对该教材进行了认真的修订,以便顺应新一轮教育教学改革形势。

本次教材修订过程特别注重以下 4 个方面:

(1)在保持原教材特色的基础上,使本书知识体系、框架结构更加合理,科学性、先进性、系统性更加精准、完善。编写过程中,放弃了化学体系烦琐的理论推导和过程演绎说明,删去了过深、过宽的内容,如将各章中与中学基础知识交叉度较高的部分统编,方便读者学习。

(2)适应新时代高考改革要求。新时代高考招生改革对化学科目进行了重大改革,在大学阶段选修普通化学课程的学生中,将有近一半的学生未将化学作为高考考试科目,大学新生的化学基础知识发生了很大的变化,化学素养参差不齐。为了使大学教学与中学化学教学紧密衔接,本书增加了化学基础内容,从元素、原子出发,补充物质聚集态、胶体化学等基础知识,便于学生参考学习。

(3)知识更新,突出重点和实用性,精选教学内容,符合人才培养的目标。根据近年来高校普通化学课时大幅缩减的情况,本书特别注重少而精,突出知识的实用性。第十章删去了生命起源、生物体化学组成的基础介绍,增加了综合与拓展章节,介绍了生命、材料、军事等领域的基础化学知识,供读者选读。

(4)在原教材的使用过程中,也发现了一些需要修订之处。本书对部分章节的内容进行了增减,对一些重要概念的表达,也力求更科学和准确。如将一些具有铺垫性质的内容进行了精简,对热力学数据进行了修改,对习题进行了重新整理,对部分章节标题进行了修改。

经过修订的教材,深度、广度更加适中,更富有启发性和可读性,更利于教师教学、学生自学。本书修订后以中学化学基础为起点,以高等工科院校普通工科专业基础化学的教学要求为依据,强调知识体系的系统性,立足工程教学,突出国防军工特色。修订后的内容精而不简,突出可读性、工程性,注重内容可靠、规范的同时,体现了先进性、创新性。

本书是西北工业大学普通化学教学组成员的集体智慧的结晶。本书由尹德忠担任主编,王欣、刘根起担任副主编。全书共 11 章,参加此次修订的有尹德忠(绪论、第五章、第十章),欧植泽、高云燕(绪论、第一章),王景霞(第二章),张新丽(第三章),耿旺昌(第四章),刘根起(第六章),王欣(绪论、第七章),管萍(第八章),岳红(第九章),钦传光(第十章),尹德忠提出了编写要求,并提出了详细的修改提纲,尹德忠、王欣、刘根起负责全书统稿工作。化学系马晓燕教授、苏克和教授、胡小玲教授对全书的编写、出版提出了许多有益的建议和指导,在此表示感谢。

在写作本书的过程中,参阅了相关文献资料,在此谨对其作者表示感谢。

由于水平有限,不妥和疏漏之处在所难免,请读者提出批评指正,以便不断改进和完善。

编 者

2022 年 6 月

第1版前言

化学是在原子和分子层次上研究物质的组成、性质、结构和物质间转化规律的学科。人类自从出现以来，便与化学结下了不解之缘。钻木取火、烹煮食物、烧制陶器、冶炼青铜器和铁器，都是化学技术的应用。正是这些应用，极大地促进了当时社会生产力的发展，成为人类进步的标志。近代以来，化学家经历艰难险阻，在曲折历程中不倦跋涉，拨云见日，建立新理论、发现新元素、提出新方法，逐渐形成了现代化学知识体系。

今天，人类上九天揽月，下五洋捉鳖，人类文明进入了前所未有的高度。化学是人类文明进步的重要工具，也是人类文明进步的产物，与社会多方面的需求密切相关。化学不仅要为人类提供衣、食、住、行，还要为稀缺和日益减少的资源提供替代品，而且开发资源、战胜疾病、加强国防、保护环境等都要依靠化学这一强有力的工具。目前所讲的高科技包括信息技术、新材料技术、生物技术等，任何一门技术都离不开化学问题。化学已成为现代高科技发展和社会进步的基础和先导，是一门社会需求的中心学科。每个技术人员即使不必亲自处理化学问题，至少也必须具备提出有关化学问题的能力。而没有基本的化学基础知识，是很难具有这种能力的。

化学教育是高级技术人才培养通识教育的重要组成部分，也是提高人文素养的重要途径。化学经过几千年的发展，已形成包括无机化学、有机化学、分析化学和物理化学为基本骨架的基础化学体系，而且随着化学与其他学科的交叉融合，新的交叉化学学科不断涌现，如高分子化学、环境化学、生物化学等。普通化学是化学领域和各分支学科中化学基础知识的概括，扼要地讲述了化学的基本原理、基本理论及基本知识，故普通化学就是化学学科知识的基石。

学习普通化学，可以使学生掌握现代化学的基本知识和理论体系，了解化学在社会发展和现代科技进步中的作用。培育学生用现代化学的观点去观察、分析工程技术问题的素养，提高学生解决工程领域化学相关问题的能力，是现代社会发展对复合型人才的基本要求，也是科技进步对高级工程技术人才的基本要求。

"工欲善其事，必先利其器。""器"本意指工具，在学习方面，可以指辅助学习的一切材料。一本好的教材，必须与最终培养目标相适应，深入浅出，融会贯通，符合教学规律和认知规律，并在实践中接受检验。

本书是由西北工业大学普通化学教学组在总结多年教学实践经验的基础上，根据2012年教育部提出的《大学化学教学基本要求》编写的。本书涵盖了当今普通化学中的基本内容，总体安排采用由宏观理论到微观理论，再将两者适当联系，并在联系实际的材料中综合应用的写作思路。同时,考虑到适当扩大视野,适应不同专业的要求以及学有余力的学生的要求,书中也有适当加深和拓宽的内容,其原则是从工科角度出发,适当反映新科技知识,联系有关工程实践。

本书共 10 章,第一章由欧植泽、高云燕编写,第二章由王景霞编写,第三章由朱光明、张诚编写,第四章由耿旺昌编写,第五章由尹德忠编写,第六章由刘根起编写,第七章由王欣编写,第八章由管萍编写,第九章由岳红、殷明志编写,第十章由钦传光编写;马晓燕负责提出编写要求及详细的修改提纲,岳红、尹德忠、陈芳、王欣负责全书的统稿工作。西北工业大学化学系苏克和教授、胡小玲教授及教学组的其他成员对本书的编写、出版提出了许多有益的建议和指导意见。

本书承蒙西北大学唐宗熏教授进行了认真、细致的审阅,他给本书提出了许多宝贵意见,使本书增色不少,特致以衷心的感谢。另外,在本书编写过程中参考了许多文献资料,在此对相关作者表示感谢。

由于水平有限,书中疏漏、不妥之处在所难免,请读者批评指正,以便不断改进和完善。

编 者

2013 年 6 月

目　录

绪　论

通过中学阶段的学习，我们对化学（chemistry）这一自然科学和化学发展史已经有了一定的了解。我国古代的许多技术发明和成就，如冶金、火药、造纸、陶瓷、酿造等，均与化学密切相关。明代宋应星所著《天工开物》中，记载了我国钢铁冶炼的许多化学技术。

化学是研究物质的组成、性质、结构与变化规律的学科。因此，化学需要从微观层面关注物质的结构，调控物质的存在状态，掌握物质微观结构与宏观性质之间的关系规律。本章中将介绍各种化学物质的基本粒子、他们在一定条件下的宏观聚集状态，以及所表现出的不同性质、功能和用途。对原子结构和分子结构的介绍将在第五章和第六章中进行。

第一节　物质组成基础知识

一、元素

无论是古代的自然哲学家还是炼金术士，抑或是古代的医药学家，他们对元素的理解都是通过对客观事物的观察或者是臆测的方式来进行的。17 世纪中叶，科学实验兴起，人们积累了一些物质变化的实验资料，才初步从化学分析的结果去理解元素的概念。

1661 年，英国科学家波义耳（Robert Boyle，1627 — 1691 年）对亚里士多德的"四元素"和炼金术士的"三本原"表示怀疑，出版了一本《怀疑派的化学家》小册子。他在说明究竟哪些物质是原始的和简单的物质时，强调实验是十分重要的。他把那些无法再分解的物质称为简单物质，也就是元素。

此后，在很长的一段时期里，元素被认为是用化学方法不能再分的简单物质。这就把元素和单质两个概念混淆或等同起来了。另外，由于这段时期缺乏精确的实验材料，究竟哪些物质应当归属于化学元素，或者说究竟哪些物质是不能再分的简单物质，这个问题也未能获得解决。

法国著名化学家拉瓦锡（Antoine - Laurent de Lavoisier，1743 — 1794 年）在 1789 年发表的《化学基础论述》一书中列出了他制作的化学元素表，一共列举了 33 种化学元素，分为 4 类：气态的简单物质（光、热、氧气、氮气、氢气）、能氧化和成酸的简单非金属物质、能氧化和成盐的简单金属物质和能成盐的简单土质[石灰（氯化钙）、苦土（氯化镁）、重土（氯化钡）、矾土（氯化

— 1 —

铝)、硅土(氯化硅)]。拉瓦锡不仅把一些非单质列为元素,而且把光和热也当作元素了。

至于拉瓦锡元素表中的"土质",在 19 世纪以前,它们被当时的化学研究者认为是元素,是不能再分的简单物质。"土质"在当时表示具有一些共同性质的简单物质,如具有碱性,加热时不易熔化,不发生化学变化,也几乎不溶解于水,与酸相遇不产生气泡。那么,石灰(氧化钙)就是一种土质,重土(氧化钡)、苦土(氧化镁)、硅土(氧化硅)、矾土(氧化铝)也是如此。在今天它们是属于碱土元素或土族元素的氧化物。这个"土"字也就由此而来。

19 世纪初,才华横溢的英国科学家汉弗里·戴维(Humphry Davy,1778—1829 年)进入英国皇家研究院,主持科学讲座。在讲座之余,他把大量的时间投入科学研究,第一个发明了用电解提炼金属单质元素的方法,他因此被称为当时发现元素最多的科学家。为了提炼钾和钠,戴维甚至被化学药品炸瞎了一只眼睛。同时期,约翰·道尔顿(John Dalton,1766—1844 年)创立了化学中的原子学说,并着手测定原子量,化学元素的概念开始和物质组成的原子量联系起来,使每一种元素成为具有一定(质)量的同类原子。

1841 年,贝齐里乌斯(Jöns Jakob Berzelius,1779—1848 年)根据已经发现的一些元素(如硫、磷)能以不同的形式存在的事实(硫有菱形硫、单斜硫,磷有白磷和红磷),创立了同(元)素异形体的概念,即相同的元素能形成不同的单质。这就表明,元素和单质的概念是有区别的,不相同的。

19 世纪后半叶,门捷列夫(Dmitri Mendeleev,1834—1907 年)在建立的化学元素周期系里,明确指出了元素的基本属性是相对原子质量。他认为,元素之间的差别集中表现在不同的相对原子质量上。他提出应当区分单质和元素两个不同概念,指出在红色氧化汞中并不存在金属汞和气体氧,只是元素汞和元素氧,它们以单质存在时才表现为金属和气体。

不过,随着社会生产力的发展和科学技术的进步,在 19 世纪末,电子、X 射线和放射现象相继被发现,促进了科学家对原子的结构进行研究。1913 年,英国化学家索迪提出同位素的概念。同位素是具有相同核电荷数而原子量不同的同一元素的异体,它们位于化学元素周期表中同一方格位置上。

1923 年,国际原子量委员会给出定义:化学元素(Chemical element)是根据原子核电荷的多少对原子进行分类的一种方法,把核电荷数相同的一类原子称为一种元素。

当然,至今人们对化学元素的认识过程也没有结束。当前化学中关于分子结构的研究、物理学中关于核粒子的研究等都在深入开展,可以预见它们将带来对化学元素的新认识。

迄今为止,共有 118 种元素被发现,其中 94 种存在于地球上。拥有原子序数大于或等于83(铋元素及其后)的元素的原子核都不稳定,会发生衰变。第 43 种和第 61 种元素(锝和钷)没有稳定的同位素,也会发生衰变。自然界现存最重的元素是第 93 号元素(镎)。

二、原子、离子与分子

1. 原子的发现

原子这一名称的提出最早可以追溯到古希腊留基伯(Leucippus,公元前 500 —公元前

440 年)和他的学生德谟克利特(Demokritos,公元前 460 —公元前 370 年)。他们认为,万物的本原或根本元素是"原子"和"虚空"。"原子"在希腊文中是"不可分"的意思,即原子的根本特性是"充满和坚实",内部是没有空隙的、坚固的、不可入的,因此是不可分的。

经过 20 多个世纪的探索,科学家在 17 — 18 世纪通过实验证实了原子的真实存在。1789 年,法国科学家拉瓦锡(Antoine - Laurent de Lavoisier,1743 — 1794 年)定义了"原子"一词,从此,原子就用来表示化学变化中的最小的单位。19 世纪初英国化学家约翰·道尔顿(John Dalton,1766 — 1844 年)在进一步总结前人经验的基础上,提出了具有近代意义的原子学说。这种原子学说的提出开创了化学的新时代,它们能解释很多物理和化学现象。

2. 原子的组成

原子是一种元素能保持其化学性质的最小单位,化学反应不可再分的最小微粒。原子在化学反应中不可分割,但在物理状态中可以分割。一个原子包含有一个致密的原子核及若干围绕在原子核周围的电子。原子核由质子和电中性的中子组成。质子数决定了该原子属于哪一种元素,是区分各种不同元素的依据。中子数则确定了该原子是此元素的哪一个同位素。质子和中子还可以继续再分,所以原子不是构成物质的最小粒子,而且原子核中的质子数和中子数也是可以变化的,不过需要很高的能量,可通过核聚变或核裂变等核反应来实现。

原子核外分布着电子,电子跃迁产生光谱,电子决定了一个元素的化学性质,并且对原子的磁性有着很大的影响,见表 0 - 1。

表 0 - 1　组成原子的三种常见粒子的性质

名称	符号	质量/kg	电量/C	相对于电子的质量	相对于电子的电荷
质子	P	1.673×10^{-27}	1.602×10^{-19}	1 836	$+1$
中子	N	1.675×10^{-27}	0	1 839	0
电子	e^-	9.109×10^{-31}	1.602×10^{-19}	1	-1

3. 原子的质量

碳的原子质量约为 12.01,而标准原子质量恰好是 12 u。这种差异的存在是因为天然存在的碳也包含一些 ^{12}C 原子的同位素 ^{13}C 原子。这两种同位素的存在会导致观察到的原子质量大于 12。元素的原子质量是自然存在的同位素质量的加权平均值。由于 ^{12}C 原子比 ^{13}C 原子丰富得多,因此加权平均数非常接近 12。其他元素的原子质量使用相同的方法计算得到。

随着质谱技术的改进,科学家现在可以以非常高的精确程度确定原子质量和同位素丰度。对于某些元素来说,同位素丰度在一个样本与另一个样本之间可能有显著差异。例如,^{13}C 同位素丰度的最高报告值为 1.146 6 %(深海孔隙水样品),最低报告值为 0.962 9 %(来自从北太平洋海底获得的样品)。因为同位素丰度的变化,通过实验确定碳的质量将处于一个区间。因此,国际纯粹与应用化学联合会建议碳及其他几种元素的原子质量被报告为原子质量区间。同时,国际纯粹与应用化学联合会还提供常规的原子质量值(见表 0 - 2)。当我们需要特定的、代表性的值时,可以使用这些常规值。

表 0 - 2　常规原子质量和一些元素的质量区间

原子序数	元素符号	原子质量/u	
		常规值	质量区间
1	H	1.008	[1.007 84, 1.008 11]
3	Li	6.94	[6.938, 6.997]
5	B	10.81	[10.806, 10.821]
6	C	12.011	[12.009 6, 12.011 6]
7	N	14.007	[14.006 43, 14.007 28]
8	O	15.999	[15.999 03, 15.999 7]
12	Mg	24.305	[24.304, 24.307]
14	Si	28.085	[28.084, 28.086]
16	S	32.06	[32.059, 32.076]
17	Cl	35.45	[35.446, 35.457]
35	Br	79.904	[79.901, 79.907]
81	Tl	204.38	[204.382, 204.385]

4. 离子

离子是指原子或原子基团失去或得到一个或几个电子而形成的带电荷的粒子。这一过程称为电离。电离过程所需或放出的能量称为电离能,电离能越大,意味着原子越难失去电子。在化学反应中,金属元素原子失去最外层电子,非金属原子得到电子,从而使参加反应的原子或原子团带上电荷。带电荷的原子或原子团叫作离子,带正电荷的原子叫作阳离子,带负电荷的原子叫作阴离子。阴离子、阳离子由于静电作用而形成不带电性的化合物。可以在元素符号右上角表示出离子所带正电荷数、负电荷数的符号来表示离子。例如,钠原子失去一个电子后成为带一个单位正电荷的钠离子(用"Na^+"表示),硫原子获得两个电子后表示为"S^{2-}"。金属原子失去电子形成金属离子,非金属原子得到电子形成非金属离子。

5. 分子

分子是物质中能够独立存在的相对稳定并保持该物质物理化学特性的最小单元。最早提出比较确切的分子概念的物理学家、化学家是意大利的阿伏伽德罗(Amedeo Avogadro,1776—1856 年),他于 1811 年发表了分子学说,认为:"原子是参加化学反应的最小质点,分子则是在游离状态下单质或化合物能够独立存在的最小质点。分子是由原子构成的,单质分子由相同元素的原子构成,化合物分子由不同元素的原子构成。在化学变化中,不同物质的分子中各种原子进行重新结合。"

分子由原子构成,原子通过一定的作用力,以一定的次序和排列方式结合成分子。分子结构是建立在光谱学数据之上,用以描述分子中原子的三维排列方式。分子结构在很大程度上影响了化学物质的反应性、极性、相态形状、颜色、磁性和生物活性。分子结构涉及原子在空间中的位置,与化学键种类有关,包括键长、键角以及相邻三个键之间的二面角。

原子通过化学键结合成分子,分子有确定的质量。分子的质量与 ^{12}C 原子质量的 1/12 之比叫作相对分子质量。通常的碳元素由 ^{12}C,^{13}C,^{14}C 组成,因此碳的原子量为 12.011。氢的相

对原子质量为 1.088,氧的相对原子质量为 15.999,而乙醇(C_2H_6O)的相对分子质量为

$$2 \times 12.011 + 6 \times 1.088 + 1 \times 15.999 = 46.549$$

第二节　气　体

虽然物质是由原子、离子、分子等微观粒子组成的,但人们日常接触的物质不是单个的微粒,而是它们的聚集体。物质的聚集状态通常有气态、液态和固态三种,掌握各种聚集态的规律对于研究和利用化学反应至关重要。

一、气体的状态方程

1. 理想气体状态方程

如果我们把气体中的分子看成是几何上的一个点,它只有位置而无体积,同时假定气体分子间没有相互作用力,那么这样的气体称为理想气体。事实上,这种气体并不存在。但是在低压及高温下,由于气体分子间距较大,分子间相互作用力很小,与气体的体积相比,气体分子本身所占据的体积可以忽略不计,因此这种状态下的气体很接近理想气体,可以按照理想气体处理。在对理想气体认识的基础上,有时进行必要的修正,理想体状态即可用于实际气体。

17 — 18 世纪,科学家将常压和室温条件下的实验结果归纳后,提出了 Boyle 定律和 Charles - Gay - Lussac 定律,再经过综合,认为一定量气体状态 1 和状态 2 的体积 V、压力 p 和热力学温度 T 之间符合如下关系式:

$$\frac{p_1 V_1}{T_1} = \frac{p_2 V_2}{T_2} \tag{0-1}$$

1811 年,意大利物理学家、化学家阿伏伽德罗提出假说:在同温、同压下同体积气体含有相同数目的分子。1860 年,原子-分子论确立之后,科学家用多种方法测定了物质的量 n 为 1 mol 时其所含有的分子数,即 $N_A = 6.022 \times 10^{23}$ mol^{-1},N_A 被称为 Avogadro 常数。

在此基础上,综合考虑 p,V,T,n 之间的定量关系,得出

$$pV = nRT \tag{0-2}$$

该式被称为理想气体状态方程,式中 R 称为摩尔气体常数。在国际单位制中,p 以 Pa、V 以 m^3、T 以热力学温度 K 为单位。$T = 273 + t$,其中 t 为摄氏温度(℃)。$R = 8.314$ J·mol^{-1}·K^{-1}。

【例 0 - 1】　计算 298.15 K,100 kPa 下 1 mol 理想气体的体积。

解:由 $pV = nRT$ 得

$$V = nRT/p = 1 \times 8.314 \times 298.15 \times 100 = 24.79 \text{ (L)}$$

2. 实际气体状态方程

理想气体状态方程是一种理想的模型,仅在足够低的压力和较高的温度下才适合于真实气体。对某些真实气体,分子间的相互作用以及分子自身的体积若略去不计,将产生一定的偏差(见图 0 - 1)。压力增大,偏差也增大,因此理想气体的分子运动模型需要予以修正。

由于气体分子间有引力,所以气体分子碰撞器壁时所表现出来的压强要比认为无分子间引力时略小,即 $p_{实际} < p_{理想}$。同时,实际气体分子有体积,使得实际气体的体积大于不考虑气体分子体积时的体积,即 $V_{实际} > V_{理想}$。由上述分析可知,若对实际气体的压强($p_{实际}$)与体积($V_{实际}$)各引入一个修正项,则理想气体状态方程式便可适用于实际气体。

到目前为止,人们所提出的非理想气体的状态方程式至少有 200 种。大体上可分为两类:一类是考虑了物质的结构(例如分子的大小、分子间的作用力等),并在此基础上推导出来的;另一类是经验的或半经验的状态方程式,它们为数众多,一般只适用于特定的气体,并且只在指定的温度和压力范围内能给出较精确的结果。在工业上常常使用后一类方程式。

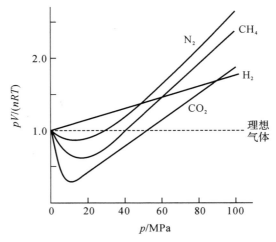

图 0 - 1　几种气体的 $pV/(nRT - p)$ 图(200 K)

第一类中以 van der Waals(范德华)方程式最为有名:

对 1 mol 气体:

$$\left(p + \frac{a}{V^2}\right)(V - b) = RT \tag{0-3}$$

对 n mol 气体:

$$\left[p + \frac{a}{(V/n)^2}\right](V - nb) = nRT \tag{0-4}$$

式中:a,b 称范德华常数。常见气体的 a 和 b 的值见表 0 - 3。

该方程在体积和压力项上分别提出了两个修正因子 a 和 b,揭示了真实气体与理想气体有差别的根本原因。

表 0 - 3　某些气体的范德华常数

气体	$a/(10^{-1}\ \mathrm{Pa \cdot m^6 \cdot mol^{-2}})$	$b/(10^{-4}\ \mathrm{m^3 \cdot mol^{-1}})$
He	0.034 57	0.237 0
H_2	0.247 6	0.266 1
Ar	1.363	0.321 9
O_2	1.378	0.318 3
N_2	1.408	0.391 3
CH_4	2.283	0.427 8
CO_2	3.640	0.426 7
HCl	3.716	0.408 1

续表

气体	$a/(10^{-1}\ \mathrm{Pa \cdot m^6 \cdot mol^{-2}})$	$b/(10^{-4}\ \mathrm{m^3 \cdot mol^{-1}})$
NH_3	4.225	0.370 7
NO_2	5.354	0.442 4
H_2O	5.536	0.304 9
C_2H_6	5.562	0.638 0
SO_2	6.803	0.563 6
C_2H_5OH	12.18	0.840 7

【例 0-2】　分别按理想气体状态方程和 van der Waals 方程计算 1.50 mol SO_2(g)在 30℃下占有 20.0 L 体积时的压力,并比较两者的相对偏差 d_r。如果体积减小至 2.00 L,其相对偏差 d_r 又是多少?

解:已知 $T=(273+30)\mathrm{K}=303\ \mathrm{K}, V=20.0\ \mathrm{L}, n=1.50\ \mathrm{mol}$,由表 0-3 查得 SO_2 的 $a=0.680\ 3\ \mathrm{Pa \cdot m^6 \cdot mol^{-2}}, b=0.563\ 6\times10^{-4}\ \mathrm{m^3 \cdot mol^{-1}}$。

$$p_1=\frac{nRT}{V}=\frac{1.50\times8.314\times303}{20.0}=189\ (\mathrm{kPa})$$

$$p_2=\frac{nRT}{V-nb}-\frac{an}{V^2}=\frac{1.50\times8.314\times303}{20.0-1.50\times0.056\ 36}-\frac{0.680\ 3\times1.50}{20.0}=189.7-3.8=186\ (\mathrm{kPa})$$

$$d_r=\frac{p_1-p_2}{p_2}=\frac{189-186}{186}\times100\%=1.61\%$$

当将体积压缩至 2.00 L 时,$p'_1=1.89\times10^3\ \mathrm{kPa}$,则

$$p'_2=\frac{1.50\times8.314\times303}{2.00-1.50\times0.056\ 36}-\frac{0.680\ 3\times1.50}{2.00}=1\ 972.7-382.7=1.59\times10^3\ (\mathrm{kPa})$$

$$d'_r=\frac{p'_1-p'_2}{p'_2}=\frac{(1.89-1.59)\times10^3}{1.59\times10^3}\times100\%=18.9\%$$

由以上计算可以看出,使用理想气体状态方程计算真实气体时,会产生较大的偏差。

二、分压定律

混合气体中某组分气体对器壁所施加的压力叫作该组分气体的分压。对于理想气体来说,某组分气体的分压等于在相同温度下该组分气体单独占有与混合气体相同体积时所产生的压力。1801 年,英国科学家 Dalton 提出了:气体混合物的总压力等于各种气体单独存在且具有混合物温度和体积时的压力的和。这一经验定律被称为 Dalton 分压定律,其数学表达式为

$$P_总=\sum_B p_B \tag{0-5}$$

若将 A 和 B 两份理想气体共储于该容器中,p_A 就是 A 气体的分压,p_B 就是 B 气体的分压,A 和 B 都各自遵循理想气体状态方程,则有

$$p_A=\frac{n_A RT}{V} \quad p_B=\frac{n_B RT}{V}$$

$$p_A + p_B = \frac{(n_A + n_B)RT}{V} = \frac{n_总 RT}{V} = p_总$$

气体的摩尔分数 x_B 为该组分气体的物质的量 (n_B) 在混合气体的总物质的量 ($n_总$) 中所占的比例,则有

$$p_B = p_总 \times \frac{n_B}{n_总} = p_总 x_B \qquad (0-6)$$

式 (0-6) 表明,混合气体中某组分气体的分压等于该组分的摩尔分数与总压的乘积。

分压定律有很多实际应用。在实验室中进行有关气体的实验时,常会涉及气体混合物中各组分的分压问题。例如,用排水集气法收集气体时,所收集的气体是含有水蒸气的混合物,要计算有关气体的压力或物质的量必须考虑水蒸气的存在:

$$p_气体 = p_总压 - p_水蒸气$$

三、气体的基本性质

1. 气体扩散定律

两种气体混合时,气体相互迁移、渗透的现象叫作扩散。1831 年,英国物理学家格拉罕姆 (Graham) 发现,等温、等压条件下扩散速度与其密度的平方根成反比,即

$$\frac{u_A}{u_B} = \sqrt{\frac{\rho_B}{\rho_A}} \qquad (0-7)$$

式中:u 表示扩散速度;ρ 表示气体的密度。因为等温、等压条件下,气体的密度 ρ 与其相对分子质量 M_r 成正比,即

$$\rho = \frac{M_r p}{RT}$$

于是式 (0-7) 可写成

$$\frac{u_A}{u_B} = \sqrt{\frac{M_{rB}}{M_{rA}}}$$

因此,格拉罕姆气体扩散定律也可以叙述为:在等温、等压条件下,气体的扩散速度与其相对分子质量的平方根成反比。雷姆塞 (Ramsay) 等利用这种方法测定了稀有气体 Rn 的相对分子质量。

【例 0-3】 50 mL 氧气通过多孔性隔膜扩散需 20 s,20 mL 另一种气体通过该膜扩散需 9.2 s,求这种气体的相对分子质量。

解: 单位时间内气体扩散的体积与扩散的速度成正比,故

$$\frac{u_{O_2}}{u_x} = \frac{50/20}{20/9.2} = \sqrt{\frac{M_{rx}}{M_{rO_2}}}$$

求得 $M_{rx} = 42$。

2. 气体的液化

液化指物质由气态转变为液态的过程。实现液化有两种手段,一是降低温度,二是压缩体积。临界温度是气体能液化的最高温度,表示为 T_c。不同的物质临界温度不同。气体的液化只能在临界温度以下才能发生。例如,水在 101 kPa 下,低于 100℃ 就可能液化,而在临界温度之上,不管压强多大,都不能使气体液化。在临界温度下气体液化需要的最低压强称为临界压强,用 p_c 表示。

如果临界温度低于室温,则在室温时,再大的压强也不能使某此气体液化,这些气体就叫作室温不可液化气体。如果临界温度高于室温,则在室温时,只要压强足够高,某些气体是可以液化的,这些气体就叫作室温可液化气体,见表0-2。

表0-2　一些物质的临界温度 T_c 和临界压强 p_c

物质		$T_c/℃$	$p_c/100 \text{ kPa}$
室温不可液化气体	H_2	−240.2	12.9
	N_2	−146.9	34.0
	CO	−140.2	35.0
	O_2	−118.4	50.8
	CH_4	−82.6	46.0
室温可液化气体	CO_2	31.0	73.8
	HCl	51.5	83.2
	NH_3	132.4	112.8
	Cl_2	144.0	79.1
	Br_2	311.0	103.4
	H_2O	374.2	221.2

第三节　液　　体

一、液体的基本性质

1. 液体的蒸发与沸腾

液体表面气化的现象叫蒸发,而在液面以上的气态分子叫蒸气,一些蒸气分子与器壁或液面碰撞而进入液体中,这一过程叫凝聚。

在一定温度下,将纯液体引入密闭容器中,开始阶段蒸发过程占优势[见图0-5(a)],但随着气态分子逐渐增多,凝聚的速率增大[见图0-5(b)],当液体的蒸发速率与气体的凝聚速率相等[见图0-5(c)]时,体系达到平衡:

$$液体 \underset{凝聚}{\overset{蒸发}{\rightleftharpoons}} 蒸气$$

我们把在一定温度下液体与其蒸气处于动态平衡的这种气体称为饱和蒸气,它的压强称为饱和蒸气压,简称"蒸气压",一般可用 p_v 来表示。

液体的蒸气压是液体的重要性质指标,它与液体的本性和温度有关。因为蒸发是吸热过程,所以升高温度有利于液体的蒸发,即蒸气压随温度的升高而变大。

2. 液体的沸点

升高温度,液体蒸气压增大。当液体蒸气压与外界压强相等时,称为沸腾。在沸腾时,液体的气化是在整个液体中进行的,与蒸发在液体表面进行是有区别的。液体的沸腾温度与外界压强密切相关。外界压强增大,沸腾温度升高;外界压强减小,沸腾温度降低。我们把外界压强等于一个标准大气压(101.325 kPa)时液体的沸腾温度称作正常沸点,简称"沸点"(t_b)。

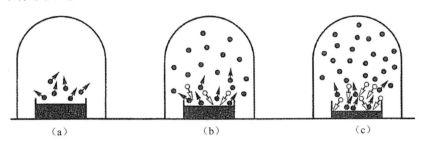

图 0-5 液体蒸发示意图

利用液体沸腾温度随外界压强而变化的特性,我们可以通过减压或在真空下使液体沸腾的方法来分离和提纯那些在正常沸点下会分解或正常沸点很高的物质。工业上及实验室中所使用的减压(或真空)蒸馏操作就是基于这一原理的。

3. 相与态

系统中物理性质、化学性质完全相同的部分叫作一个相。在指定条件下,相与相之间存在明显的界面。只有一个相的系统(如一杯溶液或一瓶气体)叫作单相系统或均匀系统。含有两个相或两个相以上的系统叫作多相系统或不均匀系统。应当注意的是,相与态的概念是不同的。

通常任何气体之间均能无限混合,故通常条件下无论系统中含有多少种气体,都只有一个气相。对液体而言,按其互溶程度,若完全互溶则只有一个相,反之则为多相。同样,不相溶的油和水在一起也是两相系统,将其剧烈振荡后,油和水形成的乳浊液仍是两相。对固体而言,如果系统中所含的不同固体间达到了分子程度的均匀混合,就形成了固熔体(如锌-铝合金等)。反之,系统中含有多少种固体物质,就有多少个固相。

一般用相图来表示相平衡系统的组成与一些参数(如温度、压力)之间的关系。如水的相图(p-T 图)如图 0-6 所示,它表示了温度、压力和物质状态三者之间的关系。从图中可以很容易地读出水的三相点(O)、临界点(C)等信息。

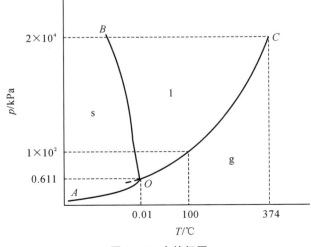

图 0-6 水的相图

二、溶液

溶液是由一种或多种物质分散在另一种物质中所形成的均相分散系统。所有溶液都是由溶质和溶剂组成的,溶剂是一种介质,在其中均匀地分布着溶质的分子或离子。

1. 溶液浓度的表示方法

在一定量的溶液或溶剂中所含溶质的量,叫作溶液的浓度。由于溶质、溶剂和溶液的量可用不同单位来表示,因此,溶液浓度的表示方法有多种。

(1)溶质 B 的物质的量浓度。溶质 B 的物质的量浓度定义为溶液中溶质 B 的物质的量 n_B 除以溶液的体积 V(单位:L),用符号 c_B 表示,其单位为 $mol \cdot L^{-1}$,即

$$c_B = \frac{溶质\ B\ 的物质的量(mol)}{溶液的体积(L)} = \frac{n_B}{V}$$

(2)溶质 B 的质量摩尔浓度。溶质 B 的质量摩尔浓度定义为溶液中溶质 B 的物质的量 n_B 除以溶剂的质量 m(单位:kg),用符号 m_B 表示,其单位为 $mol \cdot kg^{-1}$,即

$$m_B = \frac{n_B}{m}$$

(3)物质 B 的摩尔分数。物质 B 的摩尔分数(又叫作物质 B 的量分数),定义为物质 B 的物质的量 n_B 除以混合物的物质的量 $n_B + n_A$,用符号 x_B 表示,它的量纲为 1,即:

物质 B 的摩尔分数为

$$x_B = \frac{n_B}{n_A + n_B}$$

物质 A 的摩尔分数为

$$x_A = \frac{n_A}{n_B + n_A}$$

溶液中溶质和溶剂的摩尔分数之和等于 1,即

$$x_A + x_B = 1$$

【例 0 - 4】　20℃ 时,硫酸溶液的密度为 $1.52\ g \cdot mL^{-1}$,每升溶液中含 H_2SO_4 为 590.5 g,计算:

(1)H_2SO_4 的质量分数;

(2)H_2SO_4 的物质的量浓度;

(3)H_2SO_4 的质量摩尔浓度;

(4)H_2SO_4 和 H_2O 的摩尔分数。

解:(1)1 L(等于 1 000 mL)H_2SO_4 溶液的质量为

$$1\,000 \times 1.52 = 1\,520\ (g)$$

H_2SO_4 的质量分数为

$$\frac{590.5}{1\,520} \times 100\% = 38.85\%$$

(2)H_2SO_4 的摩尔质量为 $98.08\ g \cdot mol^{-1}$,则 590.5 g H_2SO_4 相当于

$$\frac{590.5}{98.08} = 6.021\ (mol)$$

按题意,溶液的体积为 1 L,故 H_2SO_4 的物质的量的浓度为 $6.021\ mol \cdot L^{-1}$。

（3）1 520 g H_2SO_4 溶液中含 H_2SO_4 590.5 g，含水

$$1\ 520-590.5=929.5（g）$$

则 1 000 g 水中含 H_2SO_4 的物质的量为

$$\frac{590.5}{98.08}\times\frac{1\ 000}{929.5}=6.477（mol）$$

H_2SO_4 的质量摩尔浓度为 6.477 mol·kg^{-1}。

（4）590.5 g H_2SO_4 相当于 6.021 mol H_2SO_4，929.5 g H_2O 相当于 $\frac{929.5}{18.08}=51.58$ mol H_2O，则

$$x_{H_2SO_4}=\frac{6.021}{6.021+51.58}=0.104\ 5$$

$$x_{H_2O}=\frac{51.58}{6.021+51.58}=0.895\ 5$$

2. 溶液的 pH

在纯水和水溶液中，水分子、水合氢离子和氢氧根离子总是处于平衡状态。一定温度下，$c(H_3O^+)$ 和 $c(OH^-)$ 的乘积（即水的离子积常数 $K_w^\ominus$）是恒定的，25℃时，$K_w^\ominus=\{c(H_3O^+)\}=1.0\times10^{-14}$。在稀溶液中，$K_w^\ominus$ 不受溶质浓度的影响，但随温度的升高而增大。

溶液中 H_3O^+ 浓度或 OH^- 浓度的大小反映了溶液酸碱性的强弱。在化学科学中，通常以 $\{c(H_3O^+)\}$ 的负对数来表示，即

$$pH=-\lg\{c(H_3O^+)\}$$

与 pH 对应的还有 pOH：

$$pOH=-\lg\{c(OH^-)\}$$

25℃时，有

$$K_w^\ominus=\{c(H_3O^+)\}\{c(OH^-)\}=1.0\times10^{-14}$$

将等式两边取负对数并令

$$pK_w^\ominus=-\lg K_w^\ominus$$

则

$$pK_w^\ominus=pH+pOH=14.00$$

pH 是水溶液酸碱性的一种标度，常见液体的 pH 见表 0-3。pH 越小 $c(H_3O^+)$ 越大，溶液的酸性越强，碱性越弱。

表 0-3 常见液体的 pH

名称	pH	名称	pH
胃液	1.0～3.0	唾液	6.5～7.5
柠檬汁	2.4	牛奶	6.5
醋	3.0	血液	7.35～745
葡萄汁	3.2	眼泪	7.4
橙汁	3.5	纯水	7.0
尿	4.8～8.4	暴露在空气中的水	5.5

【例 0-5】 胃酸的主要成分是 HCl(aq)，某成年人的胃酸 pH＝1.50(25℃)，该胃酸中的

盐酸浓度是多少？并计算其 $c(H_3O^+)$, $c(OH^-)$ 和 pOH。

解：
$$c(H_3O^+)=10^{-pH}=10^{-1.50}=0.032\ (moL \cdot L^{-1})$$

$$c(OH^-)=\frac{K_w^{\ominus}}{\{c(H_3O^+)\}}=\frac{1.0\times10^{-14}}{0.032}=3.1\times10^{-13}(moL \cdot L^{-1})$$

$$pOH=14.00-pH=12.50$$

由于盐酸是强酸，其在水溶液中完全解离。因此，该胃酸中盐酸浓度[即 $c(H_3O^+)$]为 0.032 mol·L^{-1}。

第四节　固　　体

固体是一种常见的物质存在形态。不同于气体和液体，固体物质具有比较固定的形状，质地也较为坚硬。固体物质通常是由分子、原子或离子等粒子组成的。粒子之间存在着相互间的作用力，如化学键或分子间力，结果使得它们按一定方式排列，并且只能在一定的平衡位置上振动。因此，固体具有一定的体积、形状和刚性。

一、晶体与非晶体

晶体和非晶体是按微粒在固体中排列的特性不同而划分的。X 射线研究发现，晶体中的微粒（原子、分子或离子）在三维空间周期性重复排布，长程有序，故晶体是内部微粒有规则排列的固体。绝大多数无机物和金属都是晶体。非晶体则是内部微粒在三维空间不具有周期性排布，虽然近程有序，但长程无序，其外部形态是一种无定形的凝固态物质，故又叫无定形体。

晶体与非晶体相比较，通常有如下特征：

(1)晶体具有一定的几何外形。这是指晶体物质在从溶液中凝固或结晶的自然生长过程中出现的外形。如食盐晶体是立方体，水晶是六角柱体，方解石是棱面体等。而非晶体(如玻璃、橡胶等)则不会自发地形成多面体外形，因此没有一定的几何外形。

(2)晶体有固定的熔点。当把晶体加热到某一温度时，它开始熔化，在晶体未完全熔化之前继续加热，其温度保持不变。晶体熔化过程中的这一温度叫作晶体的熔点。比如最常见的冰，加热冰的过程中，0℃以下没有融化现象，温度到达 0℃ 时开始融化，继续加热，体系温度保持不变，直至其全部融化后温度才继续升高。非晶体由于其内部分子、原子的排列不规则，吸收热量后不需要破坏其空间点阵，只用来提高微粒的平均动能，所以当从外界吸收热量时，便由硬变软，最后变成液体，它从开始加热直到完全成为流体，温度是不断上升的，因而没有固定的熔点。例如加热松香的过程中，其在 50～70℃ 软化，70℃ 以上才基本成为液体。

（3)晶体具有各向异性。晶体内部微粒的周期性排布，决定了它在不同方向上表现出不同的物理化学性质(硬度、热膨胀系数、导热性、折射率等)。这些物理量在晶体的不同方向上测定时，是各不相同的。例如，云母片在不同的方向上的传热速率不同。石墨沿着其片层结构方向可以剥离，甚至形成单层的石墨烯。同时其沿着片层结构方向的电导率是垂直方向电导率的 10 000 多倍。非晶体中由于质点的无序排布，其各种物理化学性质不随测定方向而改变，因此不具有各向异性。

二、晶体的类型

晶体材料又可以分为单晶和多晶。单晶内部的质点是按照某种规律整齐排布的，而多晶由多个单晶聚集而成。由于其规则的排布,培养单晶及其结构解析是一种重要的物质结构表征手段,在无机材料和蛋白质化学中有着重要的应用。

按照组成晶体的微粒种类和结点间作用力的不同,可以将晶体分为离子晶体、原子晶体(又称共价晶体)、分子晶体和金属晶体等类型。表 0-4 列出了各类晶体的基本性质。

表 0-4 各类晶体的基本性质

晶体类型	离子晶体	原子晶体	分子晶体		金属晶体
质点	正负离子	原子	极性分子	非极性分子	原子、正离子
作用力	离子键	共价键	分子间氢键	分子间力	金属键
熔点、沸点	高	很高	低	很低	
硬度	硬	很硬	软	很软	
机械性能	脆	很脆	弱	很弱	可延展
导电性能	熔融、溶液导电	非导体	固态、液态不导电 水溶液导电	非导体	良导体
溶解性	易溶于极性溶剂	不溶	易溶于极性溶剂	易溶于非极性溶剂	不溶
例子	NaCl	金刚石	HCl	CO_2	Au

除上述四大类型之外,还有混合型晶体(含有两种以上的晶格类型),例如石墨、云母、黑磷等。

1. 离子晶体

离子晶体是由阴离子、阳离子通过离子键结合而形成的晶体。所谓离子键就是阴离子、阳离子间强烈的静电作用。离子键无饱和性、无方向性。大多数盐、强碱、活泼金属氧化物属于离子晶体,最典型的代表就是氯化钠。离子晶体的稳定性可以通过其晶格能来体现。离子晶体的晶格能(U)是指标准状况下,拆开单位物质的量的离子晶体使其变为气态组分离子所需吸收的能量,如 $MX(s) \longrightarrow M^+(g) + X^-(g)$。$U_{NaCl} = 786 \text{ kJ} \cdot \text{mol}^{-1}$

显然,晶格能越大,阴离子、阳离子之间的离子键就越强,离子晶体的熔点也就越高,其硬度就越大,离子晶体也就越稳定。由于离子晶体是靠阴离子、阳离子相互吸引结合,离子间以离子键相互结合,离子之间按照严格的规则排列,因此具有很漂亮的晶胞。图 0-7 给出了几种离子晶体的晶胞结构。

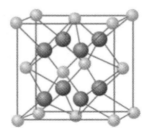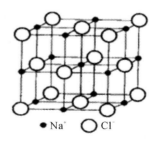

● Na^+ ○ Cl^-

图 0-7 ZnS, CaF_2 和 NaCl 的晶胞

2. 原子晶体

原子晶体是几类晶体中硬度最大、熔点较高的一类晶体。晶体中原子与原子通过共价键连接，构成一个空间的三维网络结构。金刚石是一种典型的原子晶体，碳原子通过 sp^3 杂化轨道与其他碳原子相连，在空间形成稳定性很强的正四面体结构，因此，金刚石是目前已知的天然物质中最硬的。

3. 分子晶体

分子晶体由极性分子或非极性分子组成，分子间通过氢键、范德华力等弱相互作用连接。由于分子间力较弱，分子晶体一般具有较低的熔点、沸点和较小的硬度。许多分子晶体在常温下呈气态或液态，例如 O_2，CO_2 是气体；乙醇、冰醋酸是液体；碘片、萘等分子晶体则具有较大的挥发性，可以不经过熔化而直接升华。

同类型分子的晶体，其熔点、沸点随相对分子质量的增加而升高，例如卤素单质的熔、沸点次序是 $F_2 > Cl_2 > Br_2 > I_2$。有机物的同系物随碳原子数的增加，熔点、沸点升高。但 HF，H_2O，NH_3，CH_3CH_2OH 等分子间同时存在范德华力和氢键相互作用，其熔点、沸点较高。

4. 金属晶体

金属晶体是金属原子和离子通过金属键形成的三维有序结构。金属键是一种特殊的共价键，又称金属的改性共价键，由荷兰科学家洛伦茨按自由电子的理论于 1916 年提出。

洛伦茨认为，金属晶体中质点的原子和离子共用晶体中的自由电子，自由电子可以在整个晶体中运动，因此可以形象地将金属键理解为"金属原子失去价电子后形成骨架，然后浸泡在电子的海洋中"。正是由于金属晶体中这些离域的自由电子的存在，金属键没有方向性和饱和性。自由电子可以在整个晶体中自由运动，因此金属有着良好的导热性和导电性。金属原子之间还可以相互滑动同时保持金属键不断裂，因此金属还具有延展性。

第五节　胶体分散系

在自然界和工农业生产中，常会遇到一种或几种物质以大小不等的粒子形态分散在另一种物质中所形成的系统，称为分散系统，简称"分散系"。其中的粒子包括固体微粒、微小液滴、微小气泡、分子、原子、离子等。被分散的物质称为分散相，分散相所处的介质称为分散介质。分散系统包罗万象，在工作和生活中都很常见，比如生理盐水、牛奶、血液、细胞液、乳液、气雾剂都是不同类型的分散系统。

一、分散系统的分类及主要特征

分散系首先可分为均相（单相）和非均相（多相）分散系两大类。均相分散系包括小分子均相分散系（即真溶液）和大分子均相分散系（大分子溶液）。非均相分散系是指分散相和分散介质不在同一个相里的分散系，有胶体分散系和粗分散系之分，如牛奶、浑浊的河水、原油等。

分散度是表征分散系分散程度的重要依据。根据分散相分散程度的不同，分散系可以分为三类：粗分散系、分子（离子）分散系和胶体分散系。

1. 粗分散

分散相粒子大于 10^{-7} m，肉眼或显微镜就能看到分散相的颗粒，属于非均相体系。由于颗粒大，光线不能通过，呈现浑浊、不透明。由于颗粒大，受重力影响导致颗粒沉降速度快，因此体系不稳定。属于这一类的体系包括悬浮液和乳状液。

2. 分子分散体系

分子(离子)分散系的分散相粒径小于10^{-9} m,属于均相分散系。属于这一类体系的是各种真溶液。由于分散相颗粒很小,不能阻止光线通过,这类分散系是透明的,也是稳定的,可长时间放置,不会聚沉。

3. 胶体分散系

胶体分散系的分散相粒径为$10^{-9} \sim 10^{-7}$ m,属于这一类分散系的主要有溶胶、大分子溶液以及缔合胶体。

(1)溶胶。固态分子或原子的聚集体分散在液体介质中形成的胶体,称为胶体溶液,简称"溶胶"。由于分散相粒子是由许多分子或原子聚集而成的,因此属于非均相分散系,如金溶胶、氢氧化铁溶胶等。

(2)大分子溶液。分散相粒子为单个大分子(如蛋白质分子、聚合物分子等),其单个分子的直径已经达到$10^{-9} \sim 10^{-7}$ m 的范围。由于是以单个分子分散的,属于均相体系。同时,由于分散相与分散介质之间的亲和力大,历史上大分子溶液又被称为亲液溶液。

(3)缔合胶体。表面活性剂分子在水中彼此以疏水基相互聚集在一起,形成的疏水基团向内、亲水基团向外的胶束溶液,称为缔合胶束。由于缔合作用是自发的和可逆的,缔合胶束是热力学上的稳定体系。

分散系的分类情况见表0-5。分散体的上述分类是相对的,在除分散体系和交替分散系之间没有非常严格的界限。

表 0-5 分散系的分类情况

分散系	粒径/m	粒子类型	分散系特征	实例
低分子分散系统(真溶液)	$<10^{-9}$	原子、分子、离子	单相,热力学稳定,扩散快,光散射现象弱	KCl,蔗糖水溶液,混合气体等
大分子化合物溶液(真溶液)	$10^{-9} \sim 10^{-7}$	大分子	均相,热力学状态稳定,可逆,光散射现象弱,扩散慢	蛋白质,聚乙烯醇水溶液
胶体分散系统(憎液溶液)	$10^{-9} \sim 10^{-7}$	原子或分子的聚焦体(胶核)	多相,热力学状态不稳定,光散射现象明显,扩散慢,渗透压小,不可逆	$Fe(OH)_3$ 溶液,金溶液
粗分散系统	$>10^{-7}$	粗颗粒	微多相,热力学状态极不稳定光散射现象弱,扩散极慢	泥浆水,牛奶,泡沫等

胶体在自然界中普遍存在。研究胶体和粗分散系统的生成、应用、破坏及其物理化学性质的科学称为胶体化学。胶体化学与许多科学研究领域、国民经济的各部分以及日常生活都有密切的联系。

二、溶胶的制备和净化

胶体是分散粒子的半径在$10^{-9} \sim 10^{-7}$ m 范围内的高度分散的多相系统,具有很大的比表面积和很高的表面能,因此胶体粒子有自动聚结的趋势,属热力学不稳定系统。原则上可由分子或离子的凝聚而制成胶体,或由大块物质分散成胶体,如图 0-5 所示。

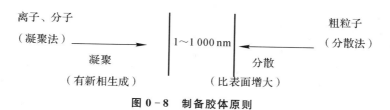

图 0-8　制备胶体原则

1. 溶胶制备的一般条件

(1)分散相在介质中溶解度须极小,且反应物浓度很稀,生成物的难溶晶体很小,又无长大条件。

(2)必须有稳定剂存在。因为分散过程中粒子的比表面增加,热力学稳定性降低,故加入第三种物质方能得到稳定的溶胶。值得注意的是,在凝聚法制溶胶时,稳定剂不一定是外加的,往往是过量的某种反应物或生成的某种产物。

2. 分散法制备溶胶

分散法将大块的物料分裂成细小的颗粒分散在液体介质中,主要有机械分散法、超声波分散法、胶溶法、机械分散法、电分散法、超声波分散法和胶溶分散法等。

(1)机械分散法。工业上用得最多的是机械方法,如:胶体磨,分干磨和湿磨,湿磨需加入少量表面活性剂作为稳定剂,磨细度达 $100\sim1\,000$ nm;气流粉碎机(干磨),可获得粒径为 $1\,\mu m$,以下的超细粉末,主要用于分散颜料、药物、化工原料和各种填料。

(2)电分散法。电弧法(电分散法),主要用于制备金属(Au,Ag,Hg 等)水溶胶,稳定剂常为碱。

(3)超声波分散法。超声波分散法主要用于制备乳状液。

(4)胶溶分散法。胶溶分散法是在某些新生成的沉淀中加入适量的电解质,使沉淀重新分散成溶胶。例如,在新生成的 $Fe(OH)_3$ 沉淀中,加入适量的 $FeCl_3$,可制成 $Fe(OH)_3$ 溶胶。

3. 凝聚法制备溶胶

凝聚法,即用物理或化学方法使分子或离子在介质中自动结合成胶粒尺度的聚集体。凝聚法主要有改换溶剂法、电弧法(蒸气冷却法)、化学反应法等,具体方法多种多样,具体如下:

(1)还原法:主要用于制备各种金属溶胶。例如:

$$2HAuCl_4+3HCHO+11KOH \xrightarrow{\triangle} 2Au(溶胶)+3HCOOK+8KCl+H_2O$$

(2)氯化法:

$$2H_2S+O_2 \longrightarrow 2S(溶胶)+H_2O$$

(3)复分解反应:常用于制备盐类溶胶。例如:

$$AgNO_3+KI \longrightarrow AgI(溶胶)+KNO_3$$

(4)水解法:多用于制备金属氧化物溶胶。例如:

$$FeCl_3+H_2O \xrightarrow{煮沸} Fe(OH)_3(溶胶)+HCl$$

新制备的溶胶常含有多余的电解质,应进行净化。净化方法有半透膜渗析、电渗析及超过滤等。

二、溶胶的光学性质

溶胶与其他分散系统在光学上有显著区别,即溶胶会产生明显的丁达尔现象。

1. 丁达尔现象

1869 年,丁达尔发现,若令一束会聚的光通过溶胶,则从侧面(即与光束垂直的方向)可以看到一个发光的锥体,这就是丁达尔现象,如图 0-9 所示。丁达尔现象在日常生活中能经常看到。例如,夜晚的探照灯或由电影机所射出的光线在通过空气中断灰尘微粒时,就会产生丁达尔现象。实验证明:低分子溶液也会产生丁达尔现象,但很微弱,肉眼无法看出;悬浮液因强反射光而浑浊,观察不到丁达尔现象。丁达尔现象是溶胶的特征。

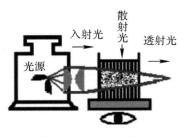

图 0-9　丁达尔现象

2. Rayleigh 散射公式

Rayleigh 曾详细研究了不带电球形粒子所构成溶胶体系的丁达尔现象。他基于如下假设:

(1)散射粒径(φ)比光的波长(λ)小得多($\varphi < 0.05\lambda$),可看作点散射源;

(2)溶胶浓度很小,即粒子间距离较大,无相互作用,单位体积的散射光强度是其中各粒子的简单加和;

(3)粒子为各向同性、非导体、不吸收光。

他于 1871 年提出溶胶体系散射光强度 I 的计算公式:

$$I = \frac{24\pi^3 \nu V^2}{\lambda^4}\left(\frac{n_1^2 - n_2^2}{n_1^2 + 2n_2^2}\right)^2 I_0$$

式中:I,I_0 分别为散射光、入射光强度;λ 为入射光的波长;ν 为分散系统中单位体积的粒子数;V 为每个粒子的体积;n_1,n_2 分别为分散相、分散介质的折射率。此式适用于粒子不导电的分散系统。

由 Rayleigh 散射公式可得以下几条规律:

(1)散射光强 I 与入射光波长的四次方成反比,λ 愈小,I 越大。若入射光是白光,其中波长较短的蓝色、紫色光散射作用最强;红色光的散射较弱,大部分透过。因此用白光照射溶胶时,从侧面看呈蓝紫色,透过光呈橙红色。

(2)散射光强 I 与粒子体积 V 成正比。V 越大,接受的光子越多,散射程度越大。利用这一特性可以测得粒子的大小分布,商品化的尘粒测定仪就是根据这一原理设计的。

(3)散射光强 I 与粒子浓度(c)成正比。对未知浓度的溶胶,测得 I 便可计算出 c,利用此性质制成测定溶胶浓度的仪器,称为浊度计。浊度分析法可用于检测药物杂质,如重金属、氯离子等,还可用于检测污水中悬浮物的含量。

三、溶胶的动力学性质

溶胶与溶液在稳定性方面有本质的不同,但二者质点大小相近,因此对于那些主要由质点大小决定的一般性质方面,二者是有共同点的。例如,在低分子溶液中,溶质分子易发生的扩散、布朗运动等在溶胶系统中也存在,但溶胶粒子毕竟比溶质分子大,故在一定条件下,它们会与介质相分离,产生所谓的沉降。

1. 布朗运动

布朗运动是悬浮在液体或气体中的微粒总是进行着永不停歇的无规则的折线运动。该运动是由英国植物学家布朗在1827年发现的,1903年由齐格蒙第和西登托夫用超显微镜证实。能进行布朗运动的粒子线度均小于 4×10^{-6} m。

布朗运动是分子热运动的必然结果。由于悬浮在液体中的颗粒在液体分子的包围之中,液体分子的热运动不停地撞击着悬浮粒子,如果悬浮粒子足够小,则此种撞击是不均衡的。这意味着在任一瞬间,粒子受到各方向的冲量是不等的,故粒子必须做不规则的折线运动。

1905年,爱因斯坦用概率的概念和分子运动论的观点,创立了布朗运动的理论,推导出了爱因斯坦-布朗平均位移公式:

$$\overline{X} = \sqrt{\frac{RTL}{3N_A \pi r \eta}}$$

式中:$\overline{X}$ 为 t 时间间隔内粒子的平均位移;r 为粒子半径;T 为温度;R 为气体常数;η 为分散介质的黏度;N_A 为阿佛伽德罗常数。

胶体粒子的布朗运动一方面使粒子趋于均匀分布,阻止粒子因重力作用而下降,是胶体系统动力稳定的原因之一。另外,胶粒互相碰撞,促使它们聚结变大,这又是使其不稳定的因素之一。

2. 扩散

扩散是在有浓度梯度存在时,物质粒子因热运动而发生宏观上自浓度大的区域向浓度小的区域定向迁移的现象。扩散过程的原因是物质粒子的热运动,扩散过程的推动力是浓度梯度。胶粒比分子大,扩散慢,但其扩散速度与真溶液一样服从 Fick 定律:

$$\frac{dm}{dt} = -DA\frac{dc}{dx}$$

即单位时间内通过某截面积的扩散量 dm/dt 与其截面积 A 及浓度梯度 dc/dx 成正比;加一负号是因在扩散方向上之 dc/dx 是负值,以使 dm/dt 为正值。D 为扩散系数,其值与粒子的半径 r、介质黏度 η 及温度有关。

Einstein 于1905年导出扩散系数的两个公式:

$$D = \frac{RT}{N_A}\frac{1}{6\pi r \eta}$$

$$D = \frac{1}{2t}x^2$$

测得一定时间 t 内溶胶粒子的平均位移 x,可求出 D,若再测出 η, ρ,不仅可计算其 r,而且可求算球形胶粒的平均摩尔质量 M。因此,扩散系数已成为研究溶胶性质的重要方法之一。从测量结果知,溶胶的 D 约为 10^{-11} m²·s⁻¹,而真溶液的 D 约为 10^{-9} m²·s⁻¹,两者相差约百倍,这与两者粒子半径相差约百倍相一致。

3. 沉降

沉降是在重力作用下悬浮在流体(包括气体和液体)中的固体粒子下降与流体分离的过程。沉降的结果使粒子在介质下部的浓度高于上部的浓度,造成浓度差。但扩散又使粒子在介质中的浓度趋于均匀,重力作用与扩散作用是作用力方向相反的两个作用。

因此,粒子便有沉降速度与扩散速度,当两种速率相等时,体系达平衡状态,称为沉降平衡。设胶粒半径为 r,在高度 h_1,h_2 处的粒子浓度为 n_1,n_2,Perrin 从 Boltzmann 能量分布定律推导得出:

$$\ln \frac{n_1}{n_2} = \frac{N_A}{RT} \cdot V(\rho - \rho_0)g(h_2 - h_1)$$

式中: ρ,ρ_0 为胶粒及分散介质的密度; $m = V(\rho - \rho_0)g$, m 为粒子在分散介质中的净质量,即扣除粒子所受浮力。

据 Perrin 公式可得:

(1)粒子质量越大,则其平衡浓度随 h 升高而降低的程度越大,即粒子的浓度梯度越大。常以半浓度高 $h_{1/2}$ 衡量浓度递降程度, $h_{1/2}$ 为 $n_2/n_1 = 1/2$ 时的高度:

$$h_{1/2} = h_2 - h_1 = \frac{RT\ln2}{N_A 4/3\pi r^3 \cdot (\rho - \rho_0)g}$$

(2)温度越高,其浓度梯度越小, $h_{1/2}$ 越大。因热运动使扩散加快。

四、溶胶的电学性质

溶胶属于热力学不稳定系统,粒子有自动聚结变大而聚沉的趋势。然而,很多溶胶却可在相当长时间内稳定存在。经研究表明,这主要是由于胶粒表面带电的缘故。胶粒表面带电是胶体系统稳定的最重要的因素,胶粒表面带电的最好证明是胶粒的电动现象。

1. 胶粒的电动现象

由于外电场或外力作用使胶体系统中的固、液两相发生相对移动而产生的电现象称为电动现象。电动现象包括电泳、电渗、流动电势和沉降电势。其中,以电泳和电渗为主。

(1)电泳。在电场作用下,胶体粒子在分散介质中定向移动的现象称为电泳,如图 0-10 所示。由实验可证明,胶粒表面确带有电荷,而且胶粒的绝对泳动速率与普通离子的电泳速率相当接近,表明胶粒表面所带的电量是相当多的。实验还表明,胶粒的电泳速率与系统中所含的电解质的量有关,若在溶胶中逐渐加入电解质,胶粒的电泳速率将随之降低,甚至降为零。外加电解质不仅改变胶粒带电量的多少,还可改变胶体离子的带电符号。此外,电泳速率与电势梯度、粒子带电量、粒子体积成正比,与介质黏度成反比。

电泳的应用相当广泛:①纸上电泳:在生物化学中用于分离各种氨基酸、蛋白质等,在医学上利用血清的纸上电泳可协助诊断疾病(如肝硬化等);②陶瓷工业:利用电泳使黏土与杂质分离,可得到很纯的黏土,用于制造高质量的瓷器;③电泳涂装:使油漆、天然橡胶、胶乳等像电镀一样沉积到金属、木材或其他物质上;④静电除尘(气溶胶的电泳现象):将带有尘粒的气流通过高压电场(高压直流电电压为 $30\sim60$ kV),通过电极放电,使气体电离,气溶胶中的尘粒因吸附阴离子而荷负电迅速在正极(集尘极)上富集,除尘效率高达 99.9% 以上,只是成本较高。

（2）电渗。在多孔膜（或毛细管）的两端施加一定电压，液体将通过多孔膜而定向移动的现象称为电渗，如图 0-11 所示。实验表明，液体移动的方向因多孔膜的性质不同而不同，移动速率受外加电解质的影响很大。

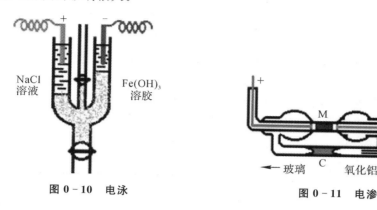

图 0-10　电泳　　　　　　　　　　　图 0-11　电渗

电渗在科学研究中应用很多，在生产上目前应用较少。例如：①电沉积法涂漆中用电渗除去漆膜中的水分，使漆膜更致密；②用电渗法对一些难过滤的浆液（如黏土浆，纸浆及工程中的泥土、泥浆等）进行脱水。

（3）流动电势。在外力作用下，迫使液体通过多孔隔膜（或毛细管）定向移动，在多孔隔膜两端产生的电势差称为流动电势，如图 0-12 所示。此过程可视为电渗的逆过程。

在多孔地层中水通过泥饼小孔所产生的流动电势在油井电测中具有重要的意义；在通过硅藻土、黏土的过滤中，流动电势也可沿管线造成危险的高压，这种管线往往要接地；用泵输送碳氢化合物时，在流动过程中沿管线产生流动电势，高压下易产生电火花，由于此类液体易燃，应将管线接地或加入抗静电添加剂（油溶性电解质）以消除静电。

（4）沉降电势。分散相粒子在重力场或离心场作用下迅速移动时，在移动方向的两端所产生的电势差称为沉降电势，如图 0-13 所示。此过程可看作为电泳的逆过程。贮油罐中的油常含有水滴，水滴的沉降常形成很高的沉降电势，甚至达到危险的程度，通常解决的办法是加入有机电解质以消除静电。

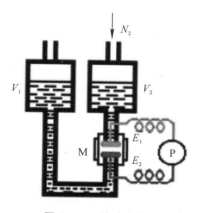

图 0-12　流动电势

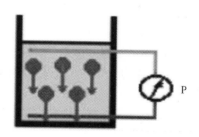

图 0-13　沉降电势

2. 胶粒电荷来源

分散系统是电中性的，然而电动现象表明分散相或分散介质带有符号相反的电荷，胶粒表面上电荷的排布方式将直接影响胶粒表面的电性质,对此科学家提出了不少理论模型以解释电动现象。

胶粒表面带电的原因依胶粒本身的性质不同而不同,以下是两种常见的原因:

(1)若质点由许多可解离的小分子缔合而成(如硅胶、玻璃等),其表面的小分子可电离而荷电。例如,硅胶溶胶表面小分子为 SiO_2,与水作用生成 H_2SiO_3,H_2SiO_3 电离使胶粒表面荷负电,为保持电中性,溶液必荷正电。另外,大分子电解质(如蛋白质含羧基和氨基)及缔合胶体(如肥皂在水溶液中由 ROONa 小分子缔合而成)的电荷均因电离而引起。

(2)有些物质在介质中不能离解,但可从介质中吸附其他离子,从而使胶粒带电。实验证明,质点总是优先吸附与组成质点的化学元素相同的离子——法扬斯规则。例如:若质点为 AgBr,溶液中有过剩的 Ag^+,NO_3^-,H^+,则 AgBr 优先吸附 Ag^+;若溶液中过剩的离子为 NO_3^-,H^+,Br^-,则 AgBr 优先吸附 Br^-。

经过一个多世纪的探讨,胶粒表面荷电结构即离子的分布模式日趋完善,目前常采用 Stern 双电层模型解释电动现象,读者可查阅有关书籍。

思考题与练习题

一、思考题

1. 试述气体的基本特性。自然界是否存在理想气体?

2. 说明真实气体在哪些条件下更接近理想气体,以及真实气体偏离理想气体的原因。

3. 什么叫沸点?什么叫凝固点?外界压力对它们有无影响?试以水为例说明之。

4. 什么叫作溶液的浓度?溶液浓度的表示法常用的有哪几种?它们的定义各如何?如何相互换算?

5. 区分下列各对概念并加以解释:

(1)固体与晶体;

(2)晶格与晶胞;

(3)各向异性与各向同性;

(4)晶格能与分子间作用力。

6. 划分晶体类型的主要依据是什么?晶格结点上粒子间的作用力与化学键有无区别?

7. 各种晶体各具有什么基本特征?并举例说明。

8. 何谓胶体?沉淀法制备 $Fe(OH)_3$ 溶胶的基本原理是什么?往沸腾的蒸馏水中加入 $FeCl_3$ 溶液为什么要慢慢滴入?

9. 电泳胶体移动速度和哪些因素有关?

10. 何谓聚沉能力?电解质引起溶胶聚沉的原因是什么?电解质是否越多越好?

二、练习题

1. 在 101 325 Pa 下,0℃时空气的密度为 1.29 kg/m^3,试计算该空气的平均摩尔质量。

2. 在容积为 50.0 L 容器中,充有 140.0 g 的 CO 和 20.0 g 的 H_2,当温度为 300 K 时,试计算:

(1)CO 与 H_2 的分压;

(2)混合气体的总压。

3. 在实验室中用排水集气法收集制取的氢气。在 23℃,100.50 kPa 的压力下,收集 370.0 mL 的气体(23℃时,水的饱和蒸气压为 2.81 kPa)。试计算:

(1)在 23℃时,收集的气体中氢气的分压和物质的量;

(2)若在收集氢气之前,集气瓶中已充有 20.0 mL 氮气,其温度也是 23℃,压力为 100.50 kPa,收集氢气之后,气体的总体积为 390.0 mL,计算此时收集的气体中氢气的分压。与(1)相比,氢气的物质的量是否发生变化?

4. 在容积为 50.0 L 氧气钢瓶中充有 10.0 kg 的氧气,温度为 25℃。

(1)按理想气体状态方程计算钢瓶中氧气的压力;

(2)根据范德华方程计算氧气的压力;

(3)计算两者的相对偏差。

5. 将 1 mol 的苯气化形成蒸气,试计算:

(1)已知在 25℃时,苯的蒸气压为 12.3 kPa,苯在空气中气化形成混合气体(按理想气体处理),总压力为 1 atm。计算此苯蒸气的体积及混合气体中苯的摩尔分数。

(2)苯在沸点条件下气化,形成 1 atm 的苯蒸气,计算此苯蒸气的体积为多少?

6. 将 20 g 的 NaCl 溶于 200 g 水中,求此溶液的质量摩尔浓度和摩尔分数。

7. 已知乙醇水溶液中乙醇(C_2H_5OH)的摩尔分数是 0.05,求此溶液的物质的量浓度(溶液的密度为 0.997 $g \cdot cm^{-3}$)和质量摩尔浓度。

8. 在 100 g 溶液中含有 10 g 的 NaCl,溶液的密度为 1.071 $g \cdot cm^{-3}$,求此溶液的质量摩尔浓度和 NaCl 的物质的量浓度。

9. 290.2 K 时在超显微镜下测得某溶胶粒子每 10 s 沿 x 轴的平均位移为 6×10^{-6} m,溶胶的黏度为 1.1×10^{-3} Pa $\cdot$ s,求胶粒的半径。

10. 金的密度为 19.3 $g \cdot cm^{-1}$,水的密度为 1.0 $g \cdot cm^{-1}$,试分别计算粒径为 100 nm 和 10 nm 的金粒子溶胶浓度降低一半的高度等于多少?

第一章　化学热力学基础

人体活动需要能量,车辆、飞机、舰艇运转需要动力,这些能量和动力通常是由食物的氧化和燃料的燃烧提供的,也就是在化学反应中由化学能转换而来的。那么,一种燃料燃烧时能提供多少能量呢? 预期的某种高能燃料是否高能? 如何计算? 解决这些问题必须要有一定的理论基础,其中化学热力学便是解决这些问题的重要基础理论。

热力学是研究能量相互转换过程中所遵循的规律的科学。化学热力学(Chemical thermodynamic)是热力学在化学领域中应用的一门学科。化学热力学的内容极其丰富,但作为化学热力学基础,主要解决化学反应中的两个问题:

(1)化学反应中能量是如何转换的。

(2)化学反应进行的方向以及化学反应的限度。

热力学第一定律可以解决第一个问题。热力学第二定律和第三定律可以解决第二个问题。热力学三大定律是人类实践经验的总结,它的正确性是由无数次的实验事实所证实的,它不能从逻辑上或用理论方法加以证明。

化学热力学虽然能解决许多化学问题,但它也有一定的局限性。首先,在化学热力学研究的变量中不包括时间,因此,它不确定化学反应的快慢。化学热力学只能说明一个化学反应是否能自发进行,能进行到什么程度,但不能说明进行化学反应所需的时间有多长,这些是化学动力学所研究的主要问题。其次,化学热力学研究的对象是足够大量微粒的体系,即物质的宏观性质。对于物质的微观性质,即个别或少数原子、分子的行为,热力学无能为力。量子力学研究微观粒子的行为,而统计热力学则在物质的宏观性质与量子力学之间搭建了桥梁。

第一节　热力学第一定律

一、热力学的术语和基本概念

1. 系统和环境

研究热力学问题时,通常把一部分物体和周围其他物体划分开来,作为研究的对象,这部分被划出来的物体就称为系统。系统以外的部分(或与系统相互影响可及的部分)叫作环境。系统和环境之间不一定要有明显的物理分界面,这个界面可以是实际的,也可以是想象的。例如,一个烧杯中放有蔗糖溶液,研究对象是蔗糖溶液,那么,蔗糖溶液就是研究的系统,而烧杯及周围的一切都是环境。但如果把蔗糖当作研究对象,则水和烧杯就属于环境中的一部分,此时水和蔗糖的界面就只能靠想象了。

在热力学中主要研究能量相互转化,因此,系统和环境间是否有能量传递是十分重要的。按照系统和环境间是否有能量和物质的转移,可将系统分为以下几类:

(1)开放系统,也叫敞开系统。它和环境之间既有能量的交换,也有物质的交换。例如,在一个烧杯中装有水,这杯水就是一个开放系统。因为它既不保温以阻止热能的交换,也不封闭以阻止水蒸气的挥发。化学热力学一般不研究开放系统。

(2)封闭系统。这种系统和环境之间只有能量交换,而没有物质交换。例如,一个紧塞的瓶子中装有水,这瓶水虽不会挥发掉,但它却和外界有热量交换。化学热力学主要研究的是封闭系统。在化学热力学中,不但要研究系统和环境之间不同能量形式的转换和传递,还特别要研究化学能变成其他形式的能量,如热和功的问题。

(3)孤立系统。这种系统和环境之间既没有物质的交换,也没有能量的交换。例如,带塞保温瓶中放有水,它的绝热密闭性很好,可看作是一个近似的孤立系统。实际上,孤立系统是一种理想状态。保温瓶的保温不是绝对的,瓶内水温仍会缓慢下降,经一段时间后,系统和环境之间能量交换就可以明显地显示出来。相反,如果在一个隔热不好的密闭容器里研究一个爆炸反应,因爆炸反应时间很短,在如此短的时间内,系统和环境间能量交换极小,爆炸反应放出的热与其相比较而言要大得多。因此,这样一个隔热不好的装置,在一定条件下仍可以看作是一个孤立系统。

2.状态和状态函数

热力学系统的状态是系统的物理性质和化学性质的综合表现。这些性质都是系统的宏观性质,如质量、温度、压力、体积、浓度、密度等。以上这些描述系统状态的物理量就是状态函数。当所有的状态函数一定时,系统的状态就确定了。系统中只要有一个状态函数改变了,那么系统的状态就改变了,系统的这种变化称为过程。如下列出了几个重要过程的含义:

(1)等温过程。在温度恒定的条件下系统状态发生变化,这种过程叫等温过程或恒温过程。

(2)等压过程。在压力恒定的条件下系统状态发生变化,这种过程叫等压过程或恒压过程。

(3)等容过程。在体积恒定的条件下系统状态发生变化,这种过程称为等容过程或恒容过程。

(4)绝热过程。系统变化时与环境交换的热量为零称为绝热过程。

(5)循环过程。系统由始态出发,经过一系列变化,又回到起始状态,这种始态和终态相同的变化过程称为循环过程。

实际上,系统的状态函数之间不是相互独立的,而是相互关联的。例如,对于单一组分气体来说,描述系统状态的状态函数有 4 个:压力、温度、体积、物质的量。只要确定了压力、温度、物质的量这 3 个状态函数,系统的状态就确定了。

一个热力学过程的实现,可通过不同的方式来完成,完成一个过程的具体步骤称为途径。如图 1-1 所示,一个系统可由起始状态(298 K,100 kPa)经过恒温过程变化到另一状态(298 K,500 kPa),再经过恒压过程变化到终态(373 K,500 kPa)。这个变化过程也可以采用另一个途径,先由起始状态经过恒压过程变化到一个状态(373 K,100 kPa),再经过恒温过程变化到终态(373 K,500 kPa)。系统由始态变化到终态,虽然途径不同,但是系统状态函数的变化值却是相同的,即

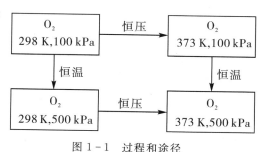

图 1-1　过程和途径

$$\Delta T = T_终 - T_始 = 373 - 298 = 75\ (\text{K})$$
$$\Delta p = p_终 - p_始 = 500 - 100 = 400\ (\text{kPa})$$

根据以上内容,可以总结出状态函数的三大性质:

(1)状态函数的变化值只取决于系统的始态和终态,而与变化的途径无关;

(2)系统的状态确定后,该系统的状态函数有唯一确定值;

(3)循环过程的状态函数变化值等于零。

二、能量转换与热力学第一定律

1. 热力学能

系统内部各种形式能量的总和称为内能(Internal energy)或热力学能(Thermodynamic energy),它包括组成系统的各种质点(如分子、原子、电子、原子核等)的动能(如分子的平动、转动、振动能等)以及质点间相互作用的势能(如分子的吸引能、排斥能、化学键能等),但不包括系统整体运动的动能和系统整体处于外场中具有的势能。内能用符号 U 表示,单位为焦(J)或千焦(kJ)。

热力学能的绝对值是无法测量的。对热力学来说,重要的不是热力学能的绝对值,而是热力学能的变化值。系统与环境之间能量的传递可以导致热力学能的变化,具体的传递方式只有两种,即传热和做功。

2. 热与功

由于系统与环境之间存在温度差而引起的能量传递叫作"热"(Heat)。除了热以外,在系统与环境之间其他形式的能量传递统称为"功"(Work)。那么,热和功是不是状态函数呢?

(1)功。功的形式很多,譬如机械功,是指施于物体上的作用力和该物体在作用力方向上的位移的乘积:$W_机 = F\Delta l$。电功是指电量和电势差的乘积:$W_电 = QV = ItV$。在热力学里最常见的功叫作体积功,它是系统体积发生变化抵抗外部压力时所做的功。当系统膨胀时,体积功的计算为

$$W_体 = -F\Delta l$$

式中:F 为系统对外界的作用力,等于外界压力($p_外$)与受力面积(A)的乘积,即 $F = p_外 A$。

因此,当外压恒定时

$$W_体 = -p_外 \Delta l A = -p_外 \Delta V \tag{1-1}$$

有关体积功的符号规定为,系统对环境做功时取负值,环境对系统做功时取正值。功的国际标准单位是焦(J)。

【例 1-1a】 一定量气体的体积为 10 L,压力为 100 kPa,此气体按以下两种方式膨胀:

(Ⅰ)恒温下,在外压恒定为 50 kPa,一次膨胀到 50 kPa;

(Ⅱ)恒温下,第一次在外压恒定为 75 kPa,膨胀到 75 kPa;第二次在外压恒定为 50 kPa,膨胀到 50 kPa。问以下两种情况下各做多少体积功?

解:(Ⅰ)$p_外 = p_2 = 50$ kPa $= 50$ J·L^{-1},$V_1 = 10$ L。

由理想气体状态方程得 $\qquad p_1 V_1 / T_1 = p_2 V_2 / T_2$

已知 $\qquad T_1 = T_2$

有 $\qquad p_1 V_1 = p_2 V_2$

$$V_2 = p_1 V_1 / p_2$$

因此
$$V_2 = 100 \times 10/50 = 20 \text{ (L)}$$
$$W_{体} = -p_{外}\Delta V = -p_{外}(V_2 - V_1) = -50 \times (20-10) = -500 \text{ (J)}$$
（Ⅱ）第一次膨胀时
$$p_2 = 75 \text{ (kPa)}$$
$$V_2 = p_1 V_1 / p_2 = 100 \times 10/75 = 13.33 \text{ (L)}$$
$$W_{体1} = -75 \times (13.33 - 10) = -249.75 \text{ (J)}$$

第二次膨胀时
$$p_3 = 50 \text{ (kPa)}$$
$$V_3 = p_1 V_1 / p_3 = 100 \times 10/50 = 20 \text{ (L)}$$
$$W_{体2} = -50 \times (20 - 13.33) = -333.5 \text{ (J)}$$

两次膨胀做功之和（$W_{体}$）为
$$W_{体} = W_{体1} + W_{体2} = -249.75 + (-333.5) = -583.25 \text{ (J)}$$

由例 1-1a 看到,系统二次膨胀所做的体积功大于一次膨胀所做的体积功。事实上,体积膨胀做功的大小与膨胀次数相关,次数越多,做功越大。若是无穷多次膨胀,将做最大功。这种能做最大功的过程是一个无限缓慢进行的过程,过程的每一时刻都无限接近于平衡状态。热力学上把这种过程叫作可逆过程,此种过程逆向进行时,系统与环境都能够回复到原态而不留下任何痕迹,即膨胀过程和压缩过程做功量数值相等。

从例 1-1a 中还可以看出,系统对外界做的体积功和系统膨胀的途径有关,因此,体积功不是一个状态函数。其他的非体积功,如电功、机械功、表面功等,也不是状态函数。我们不能说一个系统有多少功,也不能说一个系统从一个状态变化到另一个状态一定会对环境做多少功,或环境一定会对系统做多少功,因为途径不同,做功量可能不同。

（2）热。系统和环境之间因为温差而进行的能量传递形式叫作热,单位为焦（J）。温度通常用热力学温度（即绝对温度）T 来度量,单位为开（K）。开是纯水的三相点（即汽、水、冰之间达到平衡）热力学温度的 1/273。温度 t 也可用摄氏温度（℃）来量度。热力学温度和摄氏温度的关系是
$$t = T - T_0$$
式中：T_0 定义为 273 K。

热总是与系统所进行的具体过程相联系,因此,热不是状态函数。在热力学中,热的符号用 Q 表示,并规定:系统吸热为正值,放热为负值。

传热和做功都可以导致系统热力学能的变化,那么,三者之间有什么定量关系呢？

3. 热力学第一定律

自工业革命以后,大量利用蒸汽机提供工业动力,将热能变换成机械能、电能等。在这些能量的变换过程中,能量是否会减少,或者是否会增加呢？大量事实告诉我们:在孤立系统中,各种形式的能量可以相互转化,但系统内部的总能量是恒定的,这就是热力学第一定律（The First Law of Thermodynamics）。热力学第一定律可以表示为

孤立系统
$$\Delta U_{孤} = U_{终} - U_{始} = 0 \qquad\qquad (1-2)$$

热力学能是状态函数,如果用 U_1 代表系统在始态时的热力学能,U_2 代表系统在终态时的热力学能,则系统由始态变到终态,其热力学能的变化可表示为
$$\Delta U = U_2 - U_1$$

对于封闭系统,系统和外界有能量交换。我们知道,能量交换有两种形式:一种是热,另一种是功。封闭系统热力学能的变化可表示为

$$\Delta U = Q + W = Q + (W_{体} + W') \tag{1-3}$$

式中：$W_{体}$ 为体积功；W' 为非体积功。由式（1-3）可见，系统热力学能的增加，可由得到热量和环境对系统做功而达到。

【例 1-1b】 例 1-1a 的理想气体按第一种方式膨胀达到终态时，系统与环境之间的传热量是多少焦？

解：由于理想气体的热力学能仅与温度有关，因此，理想气体等温膨胀时热力学能不发生变化，即 $\Delta U = 0$。故

$$W_{体} = -50 \times (20 - 10) = -500 \text{（J）}$$
$$\Delta U = Q + W = 0$$
$$Q = 500 \text{（J）}$$

即系统对环境做功 500 J，环境向系统传热 500 J，系统热力学能不变。

第二节 化学反应热效应

把热力学第一定律应用于化学反应，讨论和计算化学反应热量问题的学科称为热化学。将热力学第一定律用于描述化学反应的能量变化，可得到化学反应热效应的计算方法。

一、反应热

当生成物和反应物的温度相同时，化学反应过程中吸收或放出的热量称为化学反应的热效应，简称"反应热"。化学反应常在恒容或恒压条件下进行，因此，化学反应热效应常分为恒容反应热和恒压反应热。

1. 恒容反应热与热力学能的变化

恒容反应是系统在容积恒定的容器中进行化学反应，且不做非体积功的过程，此时系统与环境之间交换的热量就是恒容反应热，用 Q_V 表示，下角标"V"表示恒容过程。

在恒容过程中，因为 $\Delta V = 0$，系统的体积功 $W_{体} = 0$，若不做非体积功，即 $W = 0$。根据热力学第一定律，有

$$\Delta U = Q_V \tag{1-4}$$

式（1-4）表明，系统的恒容反应热在量值上等于系统热力学能的变化值。前面提到，系统和环境间的热量交换不是状态函数，但在某些特定条件下，某一特定过程的热量却可以是一个定值，该定值只取决于系统的始态和终态。

热力学能的绝对值是无法测得的，而热力学能的变化值 ΔU 可以通过测量恒容反应热而得到。恒容反应热是通过弹式热量计测量的，如图 1-2 所示。热量计中，有一个用高强度钢制成的密封钢弹，钢弹放入装有一定质量水的绝热容器中。测量反应热时，将已称重的反应物装入钢弹 A 中，放置在绝热的水浴中，精确测定系统的起始温度后，用电火花引发反应。开动搅拌器 B，用电热丝 C 点火使化学反应开始进行。如果所测是一个放热反应，则放出的热量使系统（包括钢弹及内部物质、水和钢质容器等）的温度升高，可用温度计 D 测出系统的终态

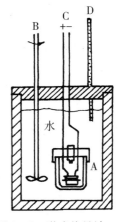

图 1-2 弹式热量计

温度。反应放出的热量 Q_V 可由反应物的质量、水的质量、温度的改变值、水的比热和热量计的热容量等计算出来。

2. 恒压反应热与焓变

在恒温条件下,若系统发生的化学反应是在恒压条件下进行,且为不做非体积功的过程,则该过程中与环境之间交换的热量就是恒压反应热,用 Q_p 表示(下角标"p"表示恒压过程)。

根据热力学第一定律,当恒压、只做体积功时,有

$$\Delta U = Q_p + W_{\text{体}} = Q_p - p\Delta V$$

移项得

$$Q_p = \Delta U + p\Delta V = (U_2 - U_1) + (p_2 V_2 - p_1 V_1) = (U_2 + p_2 V_2) - (U_1 + p_1 V_1)$$

热力学中将 $(U + pV)$ 定义为焓(Enthalpy),用 H 表示,单位为焦(J)或千焦(kJ),即

$$H \equiv U + pV \tag{1-5}$$

由于热力学能的绝对值无法确定,所以新组合的状态函数 H 的绝对值也无法确定。但通过下式可求得系统状态变化过程中 H 的变化值(ΔH),即

$$Q_p = H_2 - H_1 = \Delta H \tag{1-6}$$

由式(1-6)可知,在恒温、恒压过程中,系统吸收的热量全部用来改变系统的焓,即恒温恒压过程中,化学反应热在数值上等于焓的变化值。由于通常情况下反应在恒压条件下进行,所以常用焓的变化值来表示反应的热效应。当 $\Delta H < 0$ 时,表明反应是放热的;当 $\Delta H > 0$ 时,表明反应是吸热的。

二、热化学方程式

表示化学反应及其热效应的化学反应方程式,称为热化学方程式。化学反应的热效应与其他过程的热效应一样,与反应消耗的物质多少有关,也与反应进行的条件相关。

1. 反应进度

对于任一化学反应,化学反应计量式为

$$a\text{A} + b\text{B} = d\text{D} + g\text{G}$$

表示发生反应时,有 a mol A 与 b mol B 的始态物质被消耗,就生成 d mol D 和 g mol G 的终态物质。体系中化学反应进行得多少,可用化学反应的进度 ξ 来表示。

反应进度 ξ 可用下式进行计算:

$$\xi = \frac{n_i(\xi) - n_i(0)}{\nu_i} = \frac{\Delta n_i}{\nu_i} \tag{1-7}$$

式中:$n_i(\xi)$ 表示反应进度为 ξ 时,物质 i 的物质的量;$n_i(0)$ 表示反应开始时物质 i 的物质的量;ν_i 为反应方程式中 i 物质的化学计量数(反应物为负值,生成物为正值)。显然,ξ 的量纲为 mol。

例如:反应　　　　　　　　$N_2(g) + 3H_2(g) = 2NH_3(g)$
开始时 n_i/mol　　　　　3.0　　　10.0　　　0
t 时 n_i/mol　　　　　2.0　　　7.0　　　2.0

$$\xi = \frac{\Delta n(N_2)}{\nu(N_2)} = \frac{\Delta n(H_2)}{\nu(H_2)} = \frac{\Delta n(NH_3)}{\nu(NH_3)} = \frac{2.0 - 3.0}{-1} = \frac{7.0 - 10.0}{-3} = \frac{2.0 - 0}{2} = 1.0\,(\text{mol})$$

ξ 为 1.0 mol,表明按该化学反应计量式进行了 1.0 mol 的反应,即表示 1.0 mol N_2 和 3.0 mol H_2 反应生成了 2.0 mol 的 NH_3。

若按计量式 $\frac{1}{2}N_2(g) + \frac{3}{2}H_2(g) = NH_3(g)$ 反应，则 t_1 时刻 $\Delta n(N_2) = 2 - 3 = -1$ mol，此时

$$\xi = \frac{\Delta n(N_2)}{\nu(N_2)} = \frac{-1}{-1/2} = 2 \text{ mol}$$

从上面的计算可以看出，同一化学反应中所有物质的 ξ 的数值都相同，因此，反应进度 ξ 与选用何种物质无关。但应注意，同一化学反应如果化学计量式写法不同，ν_i 数值就不同。因此，物质 i 在确定的 Δn_i 情况下，化学计量式写法不同，必然导致 ξ 数值不同。在后面的各热力学函数变的计算中，都是以反应进度为 1 mol ($\xi = 1.0$ mol) 为计量基础的。

由于化学反应的反应热大小与反应进度 ξ 有关，将反应进度 $\xi = 1$ mol 时的热效应定义为反应的摩尔焓变 $\Delta_r H_m$，即

$$\Delta_r H_m = \frac{\Delta H}{\xi} \tag{1-8}$$

式中：$\Delta_r H_m$ 的单位为 kJ·mol^{-1}。

【例 1-2】 在一定条件下，当 $c(C_2O_4^{2-}) = 0.16$ mol·L^{-1} 的酸性草酸溶液 25 mL 与 $c(MnO_4^-) = 0.08$ mol·L^{-1} 的高锰酸钾溶液 20 mL 完全反应时，由量热实验得知，该反应放热 1.2 kJ，试计算该反应的摩尔焓变 $\Delta_r H_m$ 是多少？

解：

该反应的化学反应方程式如下：

$$C_2O_4^{2-} + \frac{2}{5}MnO_4^- + \frac{16}{5}H^+ \Longrightarrow \frac{2}{5}Mn^{2+} + \frac{8}{5}H_2O(l) + 2CO_2(g)$$

因为 $\qquad\qquad \Delta n(C_2O_4^{2-}) = -25 \times 0.001 \times 0.16 = -0.004 \text{ (mol)}$

所以 $\qquad\quad \xi = \Delta n(C_2O_4^{2-})/\nu(C_2O_4^{2-}) = -0.004/(-1) = 0.004 \text{ (mol)}$

$\qquad\qquad\qquad \Delta_r H_m = \Delta_r H/\xi = -1.2/0.004 = -300 \text{ (kJ·mol}^{-1})$

2. 标准状态

一些热力学函数（如 H，U 等）的绝对值无法测得，只能测得它们的变化值（如 ΔH，ΔU 等）。如前所述，化学反应的热效应与反应物、产物的状态有关，因此，需要规定一个标准状态作为相互比较的标准，这就是热力学标准状态，简称标准态。标准态的规定如下：

（1）纯理想气体的标准态是该气体处于标准压力 $p^\ominus$ 下的状态，混合理想气体中任一组分的标准态是指该气体组分的分压为 $p^\ominus$ 的状态，$p^\ominus$ 选定为 100 kPa。

（2）对于溶液，其标准态是在指处于标准压力 $p^\ominus$ 下，溶质的质量摩尔浓度均为 1 mol·kg^{-1} 时的状态[①]。

（3）对液体和固体，其标准态则是指处于标准压力 $p^\ominus$ 下的纯物质。

应当注意的是，在规定标准态时没有规定温度条件。处于标准态下的某种物质，如果改变

---

① 质量摩尔浓度，是指每千克溶剂中所含溶质的物质的量，单位为 mol·kg^{-1}。在制定热力学标准态时，规定溶液标准态是在压力为 $p = p^\ominus$，浓度为 $m = m^\ominus = 1$ mol·kg^{-1}，并表现出无限稀释溶液特性时的（假想）状态。由于在化学上使用最方便的溶液计量是体积，各种教科书涉及浓度时常以 mol·L^{-1} 或 mol·dm^{-3} 作为单位。当浓度比较小时，溶液密度近似为 1 kg·dm^{-3}，溶液的质量摩尔浓度近似等于物质的量浓度即 $m^\ominus = c^\ominus$，本书也按此方法处理。

温度,只要压力和浓度条件满足标准态的条件,它就变成另一温度下的标准态物质。最常用的热力学函数值是 298 K 时的数值,若非 298 K 需要特别说明。

3.反应的标准摩尔焓变与热化学方程式

在标准条件下,反应或过程的摩尔焓变叫作反应的标准摩尔焓变,以符号 $\Delta_r H_m^{\ominus}$ 表示,下标 r 表示"反应"。表示化学反应和反应的标准摩尔焓变关系的化学反应方程式,称为热化学方程式。正确书写热化学方程式时,应该注意以下几点:

(1)必须注明化学反应计量式中各物质的聚集状态。因为物质的聚集状态不同,反应的标准摩尔焓变 $\Delta_r H_m^{\ominus}$ 也不同。例如:

$$2H_2(g)+O_2(g) \Longrightarrow 2H_2O(g), \quad \Delta_r H_m^{\ominus}=-483.6 \text{ kJ} \cdot \text{mol}^{-1}$$

$$2H_2(g)+O_2(g) \Longrightarrow 2H_2O(l), \quad \Delta_r H_m^{\ominus}=-571.6 \text{ kJ} \cdot \text{mol}^{-1}$$

(2)正确写出热化学计量式,即配平的化学反应方程式。因为 $\Delta_r H_m^{\ominus}$ 是反应进度 ξ 为 1 mol时的焓变,而反应进度与化学计量方程式相关联。同一反应,以不同的计量式表示时,其标准摩尔焓变 $\Delta_r H_m^{\ominus}$ 不同。例如:

$$2H_2(g)+O_2(g) \Longrightarrow 2H_2O(g), \quad \Delta_r H_m^{\ominus}=-483.6 \text{ kJ} \cdot \text{mol}^{-1}$$

$$H_2(g)+\frac{1}{2}O_2(g) \Longrightarrow H_2O(g), \quad \Delta_r H_m^{\ominus}=-241.8 \text{ kJ} \cdot \text{mol}^{-1}$$

4.盖斯定律

1840 年俄罗斯科学家盖斯(H. Hess)总结出一条重要定律:"对于一个给定的总反应,不管反应是一步直接完成还是分步完成的,其反应的热效应总是相同的。"这一规律称为盖斯定律(Hess's Law)。其实质是指出了反应只取决于始、终状态,而与经历的具体途径无关。

盖斯定律的发现是在热力学第一定律发现之前,它给热力学第一定律的建立打下了实验基础。盖斯定律的重要意义在于,它能使热化学方程式像普通代数式那样进行计算,从而可根据已经准确测定的反应热,间接计算未知化学反应的热效应,解决了那些根本不能测量的反应的热效应的问题。

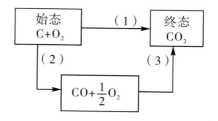

图 1-3　$C+\frac{1}{2}O_2=CO$ 反应热的计算

下面将以恒压过程的反应为例,来说明盖斯定律的应用。例如,根据盖斯定律,可以用下列方法间接求算出生成 CO 的反应热。炭完全燃烧生成 CO_2 有两个途径,如图 1-3 中的(1)和(2)+(3)所示。

(1)和(3)的反应热很容易测定,在 100 kPa 和 298 K 条件下,其反应热值为

$$C(s)+O_2(g)=CO_2(g) \quad (1), \qquad \Delta_r H_m^{\ominus}(1)=-393.5 \text{ kJ} \cdot \text{mol}^{-1}$$

$$CO(g)+\frac{1}{2}O_2(g)=CO_2(g) \quad (3), \qquad \Delta_r H_m^{\ominus}(3)=-283.0 \text{ kJ} \cdot \text{mol}^{-1}$$

根据盖斯定律:

$$\Delta_r H_m^{\ominus}(1)=\Delta_r H_m^{\ominus}(2)+\Delta_r H_m^{\ominus} \quad (3)$$

$\Delta_r H_m^{\ominus}(2)=\Delta_r H_m^{\ominus}(1)-\Delta_r H_m^{\ominus}(3)=-393.5-(-283.0)=-110.5 \text{ (kJ} \cdot \text{mol}^{-1})$

因此,在 100 kPa 和 298 K 条件下

$$C(s)+\frac{1}{2}O_2(g)=CO(g), \quad \Delta_r H_m^{\ominus}=-110.5 \text{ kJ} \cdot \text{mol}^{-1}$$

三、热力学基本数据与反应焓变的计算

1. 物质的标准摩尔生成焓（$\Delta_f H_m^\ominus$）

物质 B 的标准摩尔生成焓是指，在标准态及温度 T 下，由组成物质 B 的各种元素的指定单质生成 1 mol 物质 B 时的焓变值，用符号 $\Delta_f H_m^\ominus$(B,相态,T) 表示，单位为 kJ·mol^{-1}。

一般情况下，指定单质是指在标准状态下最稳定的单质形式。例如，碳有多种同素异形体，如石墨、金刚石、无定型碳和 C_{60} 等，其中最稳定的是石墨。又如，$O_2(g)$，$H_2(g)$，$Br_2(l)$，$I_2(s)$，$Hg(l)$ 等是 T(298 K)，$p^\ominus$ 下相应元素的最稳定单质。

根据 $\Delta_f H_m^\ominus$(B,相态,T) 的定义，在任何温度下，指定单质的标准摩尔生成焓均为零。因为，从指定单质生成其本身，系统根本没有反应，所以也没有热效应。

实际上，$\Delta_f H_m^\ominus$(B,相态,T) 是物质 B 的生成反应的标准摩尔焓变。书写物质 B 的生成反应方程式时，要使 B 的化学计量数 $\nu_B = +1$。例如，298 K 时，CH_3OH 的生成反应为

$$C(s,石墨,p^\ominus) + 2H_2(g,\ p^\ominus) + \frac{1}{2}O_2(g,\ p^\ominus) = CH_3OH(g,\ p^\ominus)$$

$$\Delta_f H_m^\ominus(CH_3OH,g,\ p^\ominus) = \Delta_r H_m^\ominus = -200.66\ (kJ \cdot mol^{-1})$$

对于水溶液中进行的离子反应，常涉及水合离子的标准摩尔生成焓。水合离子的标准摩尔生成焓是指，在温度 T 及标准状态下由指定单质生成溶于大量水（形成无限稀溶液）的水合离子 B(aq) 的标准摩尔焓变，其符号为 $\Delta_f H_m^\ominus$(B,∞,aq,T)，单位为 kJ·mol^{-1}。符号 ∞ 表示"在大量水中"或"无限稀水溶液"，常常省略。同样，当书写反应方程式时，应使 B 为唯一产物，且离子 B 的 $\nu_B = 1$。规定水合氢离子的标准摩尔生成焓为零，即在 298 K，标准状态时由单质 $H_2(g)$ 生成水合氢离子的标准摩尔反应焓变为零，其过程如下：

$$\frac{1}{2}H_2(g) + aq \longrightarrow H^+(aq) + e^-$$

$$\Delta_f H_m^\ominus(H^+,aq) = 0$$

一些简单化合物，如，H_2O 和 CO_2 的标准生成焓可直接测定，但大多数化合物的标准生成焓可利用盖斯定律而间接计算得到。例如，$ZnSO_4$ 的标准生成焓就不能直接测定，可利用以下四步反应而间接得到：

$$Zn(s) + \frac{1}{2}O_2(g) = ZnO(s) \qquad (1)，\quad \Delta_r H_m^\ominus(1) = -350.5\ kJ \cdot mol^{-1}$$

$$S(s) + O_2(g) = SO_2(g) \qquad (2)，\quad \Delta_r H_m^\ominus(2) = -296.8\ kJ \cdot mol^{-1}$$

$$SO_2(g) + \frac{1}{2}O_2(g) = SO_3(g) \qquad (3)，\quad \Delta_r H_m^\ominus(3) = -98.3\ kJ \cdot mol^{-1}$$

$$ZnO(s) + SO_3(g) = ZnSO_4(s) \qquad (4)，\quad \Delta_r H_m^\ominus(4) = -237.2\ kJ \cdot mol^{-1}$$

四式相加可得总反应为

$$Zn(s) + S(s) + 2O_2(g) = ZnSO_4(s) \qquad (5)$$

根据盖斯定律，反应式(5) = 反应式(1) + 反应式(2) + 反应式(3) + 反应式(4)，也就是 $ZnSO_4(s)$ 的标准生成焓为

$$\Delta_f H_m^\ominus(ZnSO_4,s,298\ K) = \Delta_r H_m^\ominus(1) + \Delta_r H_m^\ominus(2) + \Delta_r H_m^\ominus(3) + \Delta_r H_m^\ominus(4) = -982.8\ (kJ \cdot mol^{-1})$$

本书附录一中列出了在 298 K，100 kPa 下常见物质与水合离子的标准摩尔生成焓 $\Delta_f H_m^{\ominus}$ 的数据。

2. 反应的标准摩尔焓变的计算

对于任何一个化学反应来说，其生成物和反应物的原子种类和个数是相同的，也就是说，从同样的单质出发，经过不同途径可以生成反应物，也可以生成产物，如图 1-4 所示。

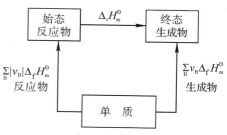

图 1-4　利用标准生成焓计算反应热

根据盖斯定律就有

$$\sum_{B}(|\nu_B|\Delta_f H_m^{\ominus})_{\text{反应物}} + \Delta_r H_m^{\ominus} = \sum_{B}(\nu_B\Delta_f H_m^{\ominus})_{\text{生成物}}$$

即

$$\Delta_r H_m^{\ominus} = \sum_{B}(\nu_B\Delta_f H_m^{\ominus})_{\text{生成物}} - \sum_{B}(|\nu_B|\Delta_f H_m^{\ominus})_{\text{反应物}} \qquad (1-9)$$

式(1-9)表示，任意一个恒压反应的标准摩尔焓变等于所有产物的标准摩尔生成焓之和减去所有反应物的标准摩尔生成焓之和。

【例 1-3】　利用标准摩尔生成焓数据计算葡萄糖氧化反应的热效应。

解：

先写出葡萄糖氧化反应的热化学反应式，并在各物质下面标出其标准摩尔生成焓(查附录一)：

$$C_6H_{12}O_6(s) + 6O_2(g) = 6CO_2(g) + 6H_2O(l)，\quad \Delta_r H_m^{\ominus} = ?$$

$$\Delta_f H_m^{\ominus}(298)/(\text{kJ}\cdot\text{mol}^{-1}) \quad -1\,273 \qquad 0 \qquad -393.5 \quad -285.8$$

根据式(1-9)得

$$\Delta_r H_m^{\ominus} = [6\Delta_f H_m^{\ominus}(CO_2,g) + 6\Delta_f H_m^{\ominus}(H_2O,l)] - [\Delta_f H_m^{\ominus}(C_6H_{12}O_6,s) + 6\Delta_f H_m^{\ominus}(O_2,g)] =$$
$$[6\times(-393.5) + 6\times(-285.8)] - [1\times(-1273) + 6\times 0] = -2\,802.8\ (\text{kJ}\cdot\text{mol}^{-1})$$

计算结果表明，葡萄糖的氧化是一个强烈的放热反应，每摩尔葡萄糖氧化时，可放出约 2 802.8 kJ 的热量。人类的主食是淀粉类食品，淀粉在人体内水解后转化成葡萄糖。因此，上述反应是人体内普遍存在的一个反应，人体所需热量大部分由葡萄糖供给。

【例 1-4】　酸碱中和是一类重要的化学反应，计算下列反应的 $\Delta_r H_m^{\ominus}$(298 K)。

$$H^+(aq) + OH^-(aq) = H_2O(l)$$

$$\Delta_f H_m^{\ominus}(298\ K)/(\text{kJ}\cdot\text{mol}^{-1}) \quad 0 \qquad -230.0 \qquad -285.8$$

$$\Delta_r H_m^{\ominus}(298\ K) = \Delta_f H_m^{\ominus}(H_2O) - [\Delta_f H_m^{\ominus}(H^+) + \Delta_f H_m^{\ominus}(OH^-)] =$$
$$-285.8 - [0 + (-230.0)] = -55.8\ (\text{kJ}\cdot\text{mol}^{-1})$$

计算结果表明，酸碱中和反应是一个放热反应。

3. 物质的标准摩尔燃烧焓($\Delta_c H_m^{\ominus}$)

物质 B 的标准摩尔燃烧焓是指，在温度 T 下，1 mol 的物质 B 完全燃烧(或氧化)成相同温度下的指定产物时反应的标准摩尔焓变，用符号 $\Delta_c H_m^{\ominus}$(B，相态，T)表示，单位为 kJ·mol^{-1}。所谓指定产物，是指反应物中的 C 元素被氧化为 $CO_2(g)$，H 元素被氧化为 $H_2O(l)$，S 元素被氧化为 $SO_2(g)$，N 元素被氧化为 $N_2(g)$。因为反应物已完全燃烧(或氧化)，所以反应后的产物不能再燃烧了。因此，上述定义中实际上是指在各燃烧反应中"所有产物的燃烧焓都为零"。

书写燃烧反应计量式时，要使 B 的化学计量数为 1。例如，$CH_3OH(l)$ 的燃烧反应应为

$$CH_3OH(l) + 3/2O_2(g) = CO_2(g) + 2H_2O(l)$$

$$\Delta_c H_m^{\ominus}(CH_3OH, l) = -726.51 \ kJ \cdot mol^{-1}$$

同理可得

$$\Delta_c H_m^{\ominus}(H_2O, l) = 0, \quad \Delta_c H_m^{\ominus}(CO_2, g) = 0$$

【例 1-5】 利用标准摩尔生成焓数据,计算乙炔的标准摩尔燃烧热 $\Delta_c H_m^{\ominus}(C_2H_2, g,$ 298 K)。

解:写出乙炔燃烧的化学方程式,并在各物质下面标出其标准生成焓(查附录一),即

$$C_2H_2(g) + \frac{5}{2}O_2(g) = 2CO_2(g) + H_2O(l)$$

$\Delta_f H_m^{\ominus}(298 \ K)/(kJ \cdot mol^{-1})$ 227.4   0 -393.5 -285.8

$$\Delta_r H_m^{\ominus} = [2\Delta_f H_m^{\ominus}(CO_2, g) + \Delta_f H_m^{\ominus}(H_2O, l)] - [\Delta_f H_m^{\ominus}(C_2H_2, g) + \frac{5}{2}\Delta_f H_m^{\ominus}(O_2, g)] =$$

$$2 \times (-393.5) + (-285.8) - (227.4 + 0) = -1 \ 300.2 \ (kJ \cdot mol^{-1})$$

计算出的标准摩尔反应焓变就是乙炔燃烧的标准摩尔燃烧热。这里应注意,如果上述反应方程式写成

$$2C_2H_2(g) + 5O_2(g) = 4CO_2(g) + 2H_2O(l)$$

计算出的标准摩尔反应焓变是多少?是否是乙炔的标准摩尔燃烧热?请读者思考。

第三节 热力学第二定律与反应自发的方向

热力学第一定律基本解决了化学反应热效应的计算问题。为了解答化学反应自发进行的方向和限度的问题,就需要学习热力学第二定律。本章第三、四节主要讨论化学反应自发进行方向的判断问题。

在人类生活中,吃穿问题是最重要的。那么,食物和纺织品是否可用易得的原料通过化学反应大量生产呢?例如,是否可以由 CO_2 和 H_2O 通过反应 $6CO_2 + 6H_2O = 6O_2 + C_6H_{12}O_6$ 制备生产葡萄糖、淀粉以解决吃的问题呢?大量实验结果表明,该反应不能自发进行。那么,如何用理论来预言何种反应可以自发进行,何种反应不能自发进行就显得非常有必要了。

一、自发过程与热力学第二定律

在一定条件下,体系不需要任何外力,自动地从一个状态改变到另一个状态的过程叫作自发过程。在自然界中自发过程大量存在,自发过程可以是物理过程,也可以是化学过程。例如,高处的水可以自发地流向低处,因为,在不同高度地球的引力大小不同,势能是水流动过程自发进行的原因。又如,将一滴墨水滴在一杯清水中,经过一段时间,墨水就会自发地扩散到整杯水中,一杯水都变了颜色。再如,以下的化学反应都是可以自发进行的:

$$H^+(aq) + OH^-(aq) = H_2O(l)$$

$$C(s) + O_2(g) = CO_2(g)$$

$$Zn(s) + 2H^+(aq) = Zn^{2+}(aq) + H_2(g)$$

自发过程有以下共同的特点:

(1)自发过程有方向性。任何自发过程都是不可逆的,也就是说,自发过程的逆过程是不自发的。水可以自发地从高处往低处流,而不可以自发地由低处向高处流。墨水可以自发地

扩散,却不能自发地聚集。酸和碱可以自发地反应生成盐和水,盐和水却不可以自发地转变为酸和碱。

热力学第二定律就是表述自发过程方向性的。热力学第二定律与热力学第一定律不同之处是,它有多种表述方式,我们这里选取其中的两种表述方式。热力学第二定律的一种表述是,功可以全部转换成热,热不能完全转换成功而不发生其他变化;热力学第二定律的另一种表述是,热不能自动地从低温物体传递到高温物体,而不给环境留下痕迹。热力学第二定律同热力学第一定律一样是大量客观事实的总结,没有任何例外。

(2)自发过程通过一定装置可以做功。例如,利用水位差可以发电,利用氧化还原反应可以组装成原电池,将化学能转变成电能,等等。

(3)自发过程只能进行到一定限度,这个限度就是平衡态。当水位差等于零时,水就不再流动(宏观上);当溶液浓度均匀时,扩散过程就不再进行。

既然自发过程有方向性,有一定限度,那么,这个方向和限度是如何确定的呢? 特别是能自发进行的化学反应的方向和限度该如何确定呢?

二、熵与自发方向

早在 19 世纪,有些化学家就希望找到一种能用来判断反应自发方向的依据。他们在对自发反应的研究中发现,许多自发反应都是放热的,如:

$$H^+(aq) + OH^-(aq) = H_2O(l), \qquad \Delta_r H_m^\ominus = -55.8 \text{ kJ} \cdot \text{mol}^{-1}$$
$$C(s) + O_2(g) = CO_2(g), \qquad \Delta_r H_m^\ominus = -393.5 \text{ kJ} \cdot \text{mol}^{-1}$$
$$Zn(s) + 2H^+(aq) = Zn^{2+}(aq) + H_2(g), \quad \Delta_r H_m^\ominus = -153.9 \text{ kJ} \cdot \text{mol}^{-1}$$

1878 年,法国化学家 M. Berthelot 和丹麦化学家 J. Thomsen 曾提出,自发的化学反应趋向于使体系放出最多的热。于是,有人试图用反应的热效应或焓变来作为反应自发进行的判断依据。但是,随后的研究又发现,有些吸热的过程或反应也能自发进行。例如,101.325 kPa,温度高于 273 K 时,冰可自发地变成水:$H_2O(s) = H_2O(l)$,$\Delta_r H_m^\ominus > 0$。再如,NH_4Cl 的溶解:$NH_4Cl = NH_4^+(aq) + Cl^-(aq)$,$\Delta_r H_m^\ominus = 14.7 \text{ kJ} \cdot \text{mol}^{-1}$。这些吸热过程或反应($\Delta_r H_m^\ominus > 0$)在一定条件下均能自发进行。由此说明,放热($\Delta_r H_m^\ominus < 0$)只是有助于反应自发进行的因素之一,而不是唯一的因素。

1. 混乱度、微观状态数与熵

除了上述提到的热效应外,还有许多自发过程与它们的混乱度增加有关。例如,气体的自发扩散、红墨水在水中的自发扩散等,但让扩散了的气体或液体再自发地返回扩散前的状态是不可能的。日常生活或工作中,类似的例子随处可见,如冰的融化、水的蒸发、固体物质在水中的溶解、难溶氢氧化物溶于酸等。这些事实表明,过程能自发地向着混乱度增加的方向进行,或者说体系有趋向于最大混乱度(或无序度)的倾向。因此,体系混乱度增大是有利于过程自发进行的。

化学反应系统是一种热力学系统,热力学系统是由大量粒子组成的。这些粒子是微观粒子,但微观粒子的性质必然反映在宏观性质上。或者说,热力学系统的宏观性质是和系统中微观粒子的微观性质相关联的。例如,图 1-5(a)所示左边是 O_2,右边是 N_2。打开活塞后,两边的气体经过一段时间后会完全混合[见图 1-5(b)],这时混乱度增大了,系统达到稳定状态。反过来,图 1-5(b)所示中的混合气体(O_2 和 N_2)不会自发地变成图 1-5(a)所示的分离状态,

因为 O_2 和 N_2 分开后,系统的混乱度减小,混乱度小的系统是不稳定的。

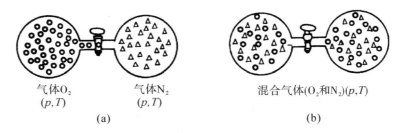

气体O_2 气体N_2 混合气体(O_2和N_2)(p,T)
(p,T) (p,T)
(a)   (b)

图 1-5 理想气体在恒温恒压下的混合过程

系统中微观粒子的混乱度可用"熵"(Entropy)来表述,或者说熵是系统内物质微观粒子的混乱度的量度,用符号 S 表示。1878 年,玻耳兹曼(L. Boltzman)提出了微观粒子状态数与熵之间的定量关系式(也叫 Boltzman 公式),即 $S=k\ln\Omega$,其中,S 为熵,Ω 为微观状态数,即混乱度。系统的混乱度小或处在较有秩序的状态时,其熵值小;混乱度大或处在较无秩序的状态时,其熵值大。

系统的状态一定,其混乱度的大小就一定,相应地必有一个确定的熵值。因此,熵也是一个状态函数,是反映体系中粒子运动混乱程度的一个物理量。

2.热力学第三定律和标准熵

系统内物质的微观粒子的混乱度与物质的聚集态和温度等有关。可以设想,绝对零度时,纯物质的完整晶体中粒子都在晶格上整齐排列,微观状态数目为 1,与这种状态相应的熵值应为零,即"在绝对零度下,一切纯单质和化合物的完整晶体的熵值为零",这就是热力学第三定律。热力学第三定律只是理论上的推断,因为至今为止,我们还不能达到绝对零度。根据热力学第三定律,可以确定其他温度下物质的熵。

如果将某纯物质从 0 K 升温到 T K,那么该过程的熵变 ΔS 为

$$\Delta S=S_T-S_0=S_T$$

式中:S_T 为该物质的绝对熵。在某温度下(通常为 298 K),1 mol 某物质 B 在标准状态下的熵称为标准摩尔熵,以符号 $S_m^{\ominus}$(B,相态,T)表示,单位为 $J \cdot mol^{-1} \cdot K^{-1}$。显然,所有物质(包括单质)在 298 K 下的标准摩尔熵 $S_m^{\ominus}$(B,相态,T)均大于零。这与指定单质的标准摩尔生成焓 $\Delta_f H_m^{\ominus}$ 为零不同。但与标准摩尔生成焓相似的是,对于水合离子,因同时存在正、负离子,规定 298 K 时,处于标准状态下水合 H^+ 的标准摩尔熵值为零,即 $S_m^{\ominus}$(H^+,aq,298 K)$=0$,从而得出其他水合离子在 298 K 时的标准摩尔熵(相对值),见附录一。

通过对一些物质的标准摩尔熵值的分析,可得出一些一般性的规律:

(1)熵与物质的聚集状态有关。同一物质在同一温度时,气态熵值最大,液态次之,固态最小,即 $S_m^{\ominus}$(B,s,298 K)$<S_m^{\ominus}$(B,l,298 K)$<S_m^{\ominus}$(B,g,298 K)。

(2)同一物质同一聚集状态时,其熵值随温度的升高而增大,即 $S_{高温}>S_{低温}$。

(3)温度、聚集态相同时,分子结构相似且相近的物质,其 $S_m^{\ominus}$ 相近。如 $S_m^{\ominus}$(CO,g, 298 K)$=197.7$ $J \cdot mol^{-1} \cdot K^{-1}$,$S_m^{\ominus}$($N_2$,g, 298 K)$=191.6$ $J \cdot mol^{-1} \cdot K^{-1}$。

(4)分子结构相似,但相对分子质量不同的物质,其 $S_m^{\ominus}$ 随相对分子质量的增大而增大。如气态卤化氢的 $S_m^{\ominus}$ 依 HF(g),HCl(g),HBr(g)顺序增大(见附录一数据)。

(5)就固体而言,较硬的固体(如金刚石)要比较软的固体(如石墨)的熵值低。$S_m^{\ominus}$(C,金刚

石,298 K)$<S_m^{\ominus}$(C,石墨,298 K)。

(6)同一聚集态,混合物或溶液的熵往往比相应的纯物质的熵值大,即 $S_{混合}>S_{纯净物}$。

由上述说明可见,物质的标准摩尔熵与聚集态、温度及其微观结构密切相关。根据以上规律可得出一条定性判断过程熵变的有用规则:对于物理或化学变化而言,如果一个过程或反应导致气体分子数增加,则熵值变大,即 $\Delta_r S>0$;反之,如果气体分子数减小,则 $\Delta_r S<0$。

3.反应的标准摩尔熵变

因为熵是状态函数,所以,一个化学反应前后的熵变就等于生成物的绝对熵与其反应系数的乘积的总和减去反应物的绝对熵与其反应系数乘积的总和,即

$$\Delta_r S_m^{\ominus} = \sum_B (\nu_B S_m^{\ominus})_{生成物} - \sum_B (|\nu_B| S_m^{\ominus})_{反应物} \tag{1-10}$$

【例1-6】 计算 298 K 下反应 $2H_2(g)+O_2(g)=2H_2O(l)$ 的熵变 $\Delta_r S_m^{\ominus}$。

解:查附录一得到各物质的标准摩尔熵如下:

$$2H_2(g)+O_2(g)=2H_2O(l)$$

$S_m^{\ominus}/(J \cdot mol^{-1} \cdot K^{-1})$ 130.7   205.2   70.0

$$\Delta_r S_m^{\ominus}=2S_m^{\ominus}(H_2O,l)-[2S_m^{\ominus}(H_2,g)+S_m^{\ominus}(O_2,g)]=$$
$$2\times70.0-(2\times130.7+205.2)=-326.6 \ (J \cdot mol^{-1} \cdot K^{-1})$$

【例1-7】 计算 298 K 下 $CaCO_3$(文石)热分解反应的 $\Delta_r S_m^{\ominus}$ 和 $\Delta_r H_m^{\ominus}$,并初步分析该反应的自发性。

解:查附录一得到 298 K 下各物质的 $S_m^{\ominus}$ 和 $\Delta_f H_m^{\ominus}$。

$$CaCO_3(s)=CaO(s)+CO_2(g)$$

$\Delta_f H_m^{\ominus}/(kJ \cdot mol^{-1})$ −1 207.8   −634.9   −393.5

$S_m^{\ominus}/(J \cdot mol^{-1} \cdot K^{-1})$ 88   38.1   213.8

$$\Delta_r H_m^{\ominus}=[\Delta_f H_m^{\ominus}(CO_2,g)+\Delta_f H_m^{\ominus}(CaO,s)]-\Delta_f H_m^{\ominus}(CaCO_3,s)=$$
$$(-393.5)+(-634.9)-(-1 207.8)=179.4 \ (kJ \cdot mol^{-1})$$
$$\Delta_r S_m^{\ominus}=[S_m^{\ominus}(CO_2,g)+S_m^{\ominus}(CaO,s)]-\Delta S_m^{\ominus}(CaCO_3,s)=$$
$$213.8+38.1-88=163.9 \ (J \cdot mol^{-1} \cdot K^{-1})$$

在 298 K 下反应的 $\Delta_r H_m^{\ominus}$ 为正值,表明此反应为吸热反应,从系统倾向于取得最低的能量这一因素来看,吸热不利于反应自发进行。但是,在此温度下反应的 $\Delta_r S_m^{\ominus}$ 为正值,表明反应过程中系统的熵值增大,从系统倾向于取得最大混乱度这一因素来看,熵值增大有利于反应的自发进行。从分析可知,根据 $\Delta_r H_m^{\ominus}$ 或 $\Delta_r S_m^{\ominus}$ 还不能简单地判断这一反应的自发性,因而,要准确判断反应的自发性,应该引出一个新的、使用方便的状态函数。

第四节 吉布斯函数变与反应自发方向的判断

一、吉布斯函数变及吉布斯函数变判据

为了方便判断反应自发进行的方向,美国著名的物理化学家吉布斯(J. W. Gibbs)于 1876 年提出了一个综合了系统的焓、熵和温度三者关系的新状态函数,称为吉布斯函数(也叫吉布斯自由能,Gibbs Free Energy),符号为 G,其定义式为

$$G \equiv H - TS$$

在恒温、恒压下发生的变化值为

$$\Delta G = \Delta H - T\Delta S \tag{1-11}$$

式(1-11)称为吉布斯等温方程式。根据能量减小原理和熵增大原理,在等温、等压条件下,且系统不做非体积功时,可以用系统的吉布斯函数变 ΔG 来判定反应或过程的自发性,即

$\Delta G < 0$,自发过程,正向自发进行

$\Delta G = 0$,平衡状态

$\Delta G > 0$,非自发过程,逆向自发进行

这表明,在不做非体积功和恒温、恒压条件下,任何自发变化总是使系统的吉布斯函数变减小(即 $\Delta G < 0$)。这一判据可用来判断封闭系统中反应进行的方向。因为,一般化学反应都是在恒压条件下进行的,而计算 ΔG 时只需用系统的 ΔH 和 ΔS,所以,通过 ΔG 来判别反应自发进行的方向要方便得多。G 具有以下性质:

(1)G 是状态函数。因为 $G = H - TS$,其中 H,T,S 都是状态函数,所以 G 也是状态函数。ΔG 的数值只与系统的始态和终态有关,与途径无关。

(2)ΔG 是系统做有用功的量度。反应或过程的焓变可以分成两部分能量:一部分用来维持系统温度和改变系统的混乱度,这部分能量不能用来转变成另外一种能量形式,因此,这部分能量叫作束缚能;另一部分焓变是能用于做有用功的能量,即 ΔG。

(3)ΔG 是自发过程的推动力。从 ΔG 判据可以看出,在恒温、恒压、只做体积功的条件下,自发过程进行的方向是吉布斯函数减小的方向。这就是说,系统之所以从一种状态自发地变成另一种状态,是因为这两个状态之间存在着吉布斯函数的差值 ΔG。就像存在温度差 ΔT 会有热量传递,存在水位差 Δh 会有水流动一样,ΔG 也是自发过程的一种推动力。自发过程总是由 G 大的状态向 G 小的状态进行,直至 $\Delta G = 0$,达到平衡状态。换句话说,吉布斯函数越大的系统越不稳定,有自发向吉布斯函数小的状态转变的趋势,吉布斯函数小的状态才比较稳定。因此,吉布斯函数也是系统稳定性的一种量度。

二、反应的标准摩尔吉布斯函数变 $\Delta_r G_m^{\ominus}$

与焓一样,系统的吉布斯函数绝对值无法测量,热力学上关注的是吉布斯函数的变化值。吉布斯函数变与反应消耗的物质多少有关,也与反应进行的条件有关。

热力学上规定,$\Delta_r G_m^{\ominus}$ 为反应的标准吉布斯函数变,它指的是温度一定时,当某化学反应在标准状态下,按照反应计量式完成由反应物到产物的转化,体系的吉布斯函数的变化量,单位为 $kJ \cdot mol^{-1}$。

1.吉布斯公式计算 $\Delta_r G_m^{\ominus}$

在标准状态下,吉布斯公式可表示为

$$\Delta_r G_m^{\ominus} = \Delta_r H_m^{\ominus} - T\Delta_r S_m^{\ominus} \tag{1-12}$$

利用本章第二、三节计算得到的 $\Delta_r H_m^{\ominus}$,$\Delta_r S_m^{\ominus}$,可以很方便地计算出 298 K 下的 $\Delta_r G_m^{\ominus}$。对于其他温度下的标准态,$\Delta_r H_m^{\ominus}$ 与 $\Delta_r S_m^{\ominus}$ 随温度的变化对 $\Delta_r G_m^{\ominus}$ 的计算结果影响很小。因此可近似(普通化学课程中)地认为

$$\Delta_r H_m^{\ominus}(T) \approx \Delta_r H_m^{\ominus}(298\ K),\Delta_r S_m^{\ominus}(T) \approx \Delta_r S_m^{\ominus}(298\ K)$$

所以有

$$\Delta_r G_m^{\ominus}(T) = \Delta_r H_m^{\ominus}(298 \text{ K}) - T\Delta_r S_m^{\ominus}(298 \text{ K}) \tag{1-13}$$

根据式(1-13)计算得到指定温度下的 $\Delta_r G_m^{\ominus}$，据此可以判断反应在对应温度下、标准态时的自发方向。

【例1-8】 丙烯腈是制造腈纶的原料，可以用丙烯和氨一步合成，现已知如下条件，请计算其 298 K 时的 $\Delta_r G_m^{\ominus}$，进而判断反应的方向。

$$C_3H_6(g) + NH_3(g) + \frac{3}{2}O_2(g) = CH_2\!=\!CH\!-\!CN(g) + 3H_2O(g)$$

$\Delta_f H_m^{\ominus}/(\text{kJ}\cdot\text{mol}^{-1})$ 20.0	-45.9	0	184.9	-241.8
$S_m^{\ominus}/(\text{J}\cdot\text{mol}^{-1}\cdot\text{K}^{-1})$ 267	192.8	205.2	273.93	188.8

解：

$$\Delta_r H_m^{\ominus} = [\Delta_f H_m^{\ominus}(C_3H_3N,g) + 3\Delta_f H_m^{\ominus}(H_2O,g)] - [\Delta_f H_m^{\ominus}(C_3H_6,g) + \Delta_f H_m^{\ominus}(NH_3,g)] =$$
$$[184.9 + 3\times(-241.8)] - [20.0 + (-45.9) + 0] = -514.6 \ (\text{kJ}\cdot\text{mol}^{-1})$$

$$\Delta_r S_m^{\ominus} = [S_m^{\ominus}(C_3H_3N,g) + 3S_m^{\ominus}(H_2O,g)] - [S_m^{\ominus}(C_3H_6,g) + S_m^{\ominus}(NH_3,g) + \frac{3}{2}S_m^{\ominus}(O_2,g)] =$$

$$(273.93 + 3\times188.8) - (267 + 192.8 + \frac{3}{2}\times205.2) = 72.73 \ (\text{J}\cdot\text{mol}^{-1}\cdot\text{K}^{-1})$$

$$\Delta_r G_m^{\ominus}(298 \text{ K}) = \Delta_r H_m^{\ominus} - T\Delta_r S_m^{\ominus} = -514.6 - 298\times0.001\times72.73 = -536.3 \ (\text{kJ}\cdot\text{mol}^{-1}) < 0$$

因此，在标准状态和 298 K 时反应能正向自发进行。

计算时应注意 $\Delta_r S_m^{\ominus}$ 的单位是 $\text{J}\cdot\text{mol}^{-1}\cdot\text{K}^{-1}$，代入吉布斯公式时，注意单位的统一。

2. 由 $\Delta_f G_m^{\ominus}$ 计算 $\Delta_r G_m^{\ominus}$

热力学中规定，在温度 T、压力为 $p^{\ominus}$ 的条件下，由指定单质生成 1 mol 物质 B 时反应的标准摩尔吉布斯函数变，称为物质 B 的标准生成吉布斯函数变，记为 $\Delta_f G_m^{\ominus}(B,相态,T)$，单位为 $\text{kJ}\cdot\text{mol}^{-1}$。其中所规定的指定单质与前面讨论 $\Delta_f H_m^{\ominus}$ 时的定义是一致的。显然，指定单质的 $\Delta_f G_m^{\ominus}$ 也为零，即 $\Delta_f G_m^{\ominus}(指定单质,相态,T) = 0$。目前，许多物质的 $\Delta_f G_m^{\ominus}$ 已经被测定出来（见附录一）。

附录一中列出的数据都是 298 K 下各物质的 $\Delta_f H_m^{\ominus}$，$S_m^{\ominus}$，$\Delta_f G_m^{\ominus}$ 值，在 298 K 下反应的 $\Delta_r G_m^{\ominus}$ 可直接由如下公式计算：

$$\Delta_r G_m^{\ominus} = \sum_B (\nu_B \Delta_f G_m^{\ominus})_{生成物} - \sum_B (|\nu_B| \Delta_f G_m^{\ominus})_{反应物} \tag{1-14}$$

【例1-9】 汽车尾气中含有毒气体 NO 和 CO，脱除这两种有毒气体的方案之一是利用反应：

$$NO + CO = CO_2 + \frac{1}{2}N_2$$

该反应的产物是无毒的。请利用 $\Delta_f G_m^{\ominus}$ 数据计算该反应在 298 K 下的 $\Delta_r G_m^{\ominus}$。

解：查附录一得 $\quad NO(g) + CO(g) = CO_2(g) + \frac{1}{2}N_2(g)$

$\Delta_f G_m^{\ominus}/(\text{kJ}\cdot\text{mol}^{-1})$ 87.6	-137.2	-394.4	0

$$\Delta_r G_m^{\ominus} = [\Delta_f G_m^{\ominus}(CO_2,g) + \frac{1}{2}\Delta_f G_m^{\ominus}(N_2,g)] - [\Delta_f G_m^{\ominus}(NO,g) + \Delta_f G_m^{\ominus}(CO,g)] =$$
$$[(-394.4) + 0] - [(-137.2) + 87.6] = -344.8 \ (\text{kJ}\cdot\text{mol}^{-1}) < 0$$

因此，在 298 K 下，反应在标准状态下可自发进行。

3.根据盖斯定律直接求 $\Delta_r G_m^{\ominus}$

值得提及的是,由于 G 是状态函数,盖斯定律也适用于化学反应的吉布斯函数变 $\Delta_r G_m^{\ominus}$ 的计算。

【例 1-10】 计算 298 K 时以下反应的 $\Delta_r G_m^{\ominus}$:
$$CH_2{=}CH_2(g)+O_2(g)=CH_3COOH(g) \quad (1)$$

已知

$$CH_2{=}CH_2(g)+\frac{1}{2}O_2(g)=CH_3CHO(g), \Delta_r G_m^{\ominus}(2)=-201.4 \text{ kJ} \cdot \text{mol}^{-1} \quad (2)$$

$$CH_3CHO(g)+\frac{1}{2}O_2(g)=CH_3COOH(g), \Delta_r G_m^{\ominus}(3)=-241.2 \text{ kJ} \cdot \text{mol}^{-1} \quad (3)$$

解:显然反应(1)为反应(2)与(3)之和,则

$$CH_2{=}CH_2(g)+\frac{1}{2}O_2(g)=CH_3CHO(g)$$

$$+ \quad CH_3CHO(g)+\frac{1}{2}O_2(g)=CH_3COOH(g)$$

$$CH_2{=}CH_2(g)+O_2(g)=CH_3COOH(g)$$

因此 $\Delta_r G_m^{\ominus}(1)=\Delta_r G_m^{\ominus}(2)+\Delta_r G_m^{\ominus}(3)=(-201.4)+(-241.2)=-442.6 \text{ (kJ} \cdot \text{mol}^{-1})$

三、非标准状态下反应自发方向的判断

在温度 T,任意条件下(即非标准状态下),反应或过程能否自发进行,要用非标准状态下的吉布斯函数变 $\Delta_r G_m(T)$ 来判断。在实际反应中,$\Delta_r G_m(T)$ 将随着反应物和生成物的分压(对于气体)或浓度(对于溶液)的改变而改变,且 $\Delta_r G_m(T)$ 与 $\Delta_r G_m^{\ominus}(T)$ 之间有一定的关系,其关系式可由化学热力学的有关公式推导得出。对于温度为 T 时的任意一个反应:

$$a A+b B=g G+d D$$

有下式成立:

$$\Delta_r G_m(T)=\Delta_r G_m^{\ominus}(T)+RT\ln Q \quad (1-15)$$

式中:Q 称为反应商。式(1-15)称为热力学等温方程式。对于涉及气体的反应,有

$$a A(g)+b B(g)=g G(g)+d D(g)$$

$$Q=\frac{(p_G/p^{\ominus})^g \ (p_D/p^{\ominus})^d}{(p_A/p^{\ominus})^a \ (p_B/p^{\ominus})^b} \quad (1-16)$$

式中:p_A,p_B,p_G 和 p_D 分别表示气态物质 A,B,G 和 D 处于给定条件下的分压;$p^{\ominus}$ 为标准压力;$p/p^{\ominus}$ 为相对分压。反应商 Q 为生成物相对分压以化学方程式中的化学计量数为指数的乘积和反应物相对分压以化学计量数为指数的乘积的比值。

对于溶液中的反应:

$$a A(aq)+b B(aq)=g G(aq)+d D(aq)$$

$$Q=\frac{(c_G/c^{\ominus})^g \ (c_D/c^{\ominus})^d}{(c_A/c^{\ominus})^a \ (c_B/c^{\ominus})^b} \quad (1-17)$$

式中:c_A,c_B,c_G 和 c_D 分别为物质 A,B,G 和 D 处于给定条件下的体积摩尔浓度;$c^{\ominus}=1 \text{ mol} \cdot \text{L}^{-1}$;$c/c^{\ominus}$ 为相对浓度。

由式(1-17)和式(1-16)均可看出,反应商的量纲为 1。如果反应式中有固态物质、纯液体,则在式(1-17)和式(1-16)中以常数 1 代入。

由式(1-15)可计算温度 T 时,给定条件下,化学反应的吉布斯函数变 $\Delta_r G_m(T)$,并由 $\Delta_r G_m(T)$ 可确定反应的方向,即

$$\left.\begin{array}{l} \Delta_r G_m(T) < 0,反应可正向自发进行 \\ \Delta_r G_m(T) = 0,反应达到平衡状态 \\ \Delta_r G_m(T) > 0,反应正向非自发进行 \end{array}\right\} \tag{1-18}$$

【例 1-11】　在 298 K 下,Ag_2O 的固体在大气中能否自发分解为 Ag 和 O_2?

解:

从附录一查出有关数据:

$$2Ag_2O(s) = 4Ag(s) + O_2(g)$$

$$\Delta_f G_m^\ominus / (kJ \cdot mol^{-1}) \quad -11.2 \qquad 0 \qquad 0$$

$$\Delta_r G_m^\ominus = 4\Delta_f G_m^\ominus(Ag,s) + \Delta_f G_m^\ominus(O_2,g) - 2\Delta_f G_m^\ominus(AgO,s) =$$

$$0 - 2 \times (-11.2) = 22.4 \ (kJ \cdot mol^{-1})$$

由于大气中氧气的分压为 $p(O_2) = 0.21 \times 101.325 \ kPa$,故反应商为

$$Q = p(O_2)/p^\ominus = 0.21 \times 101.325/100 \approx 0.21$$

$$\Delta_r G_m(298 \ K) = \Delta_r G_m^\ominus(298 \ K) + RT \ln Q =$$

$$22.4 + 8.3145 \times 10^{-3} \times 298 \times \ln 0.21 = 18.53 \ (kJ \cdot mol^{-1})$$

因为 $\Delta_r G_m(298 \ K) > 0$,所以 Ag_2O 固体在大气中不能自发分解为 Ag 和 O_2。

四、吉布斯公式的其他应用

吉布斯公式反映了反应温度、系统的焓变、熵变和吉布斯函数变之间的关系。由于吉布斯函数变的正负决定了反应自发进行的方向,而吉布斯函数变与温度密切相关,吉布斯公式除用于计算反应的吉布斯函数变外,还可方便地用于探讨温度与自发方向的关系。为了方便讨论,我们以标准状态为例。

1. 判断温度对化学反应方向的影响

根据 $\Delta_r H_m^\ominus$ 和 $\Delta_r S_m^\ominus$ 数值符号的不同,考虑温度对化学反应方向的影响时,可能有以下 4 种情况:

(1) $\Delta_r H_m^\ominus < 0,\Delta_r S_m^\ominus > 0$。这是一个放热、熵增大的过程。无论从能量最小原理,还是从熵增大原理来看,都有利于反应朝正向进行,由吉布斯公式也可以看出该反应的 $\Delta_r G_m^\ominus(T)$ 在任何温度下都是负值,因此,反应在任何温度下都可以自发进行。例如:

$$C_6H_{12}O_6(s) + 6O_2 = 6CO_2(g) + 6H_2O(l)$$

$$H_2(g) + Cl_2(g) = 2HCl(g)$$

$$C(s) + O_2(g) = CO_2(g)$$

(2) $\Delta_r H_m^\ominus < 0,\Delta_r S_m^\ominus < 0$。这是一个放热、熵减小的过程。这时温度将起主要作用,因为只有当 $|\Delta_r H_m^\ominus| > T|\Delta_r S_m^\ominus|$ 时,$\Delta_r G_m^\ominus < 0$,所以,温度越低,对这种过程越有利。水结成冰就是这种过程的一个例子。因为水结冰放出热量,$\Delta_r H_m^\ominus < 0$,但结冰过程中水分子变得更有序,混乱度减小,$\Delta_r S_m^\ominus < 0$,所以为了保证 $\Delta_r G_m^\ominus < 0$,温度不能太高。在 100 kPa 下,水温低于 273 K

时才能结冰,高于 273 K 时,$\Delta_r G_m^{\ominus} > 0$,结冰就不可能自发进行。这一类反应在工业生产中和实际生活中大量存在。例如:

$$N_2(g) + 3H_2(g) = 2NH_3(g)$$
$$2H(g) = H_2(g)$$
$$CaO(s) + CO_2(g) = CaCO_3(s)$$

(3) $\Delta_r H_m^{\ominus} > 0$,$\Delta_r S_m^{\ominus} > 0$,这是一个吸热、熵增大的过程。要使 $\Delta_r G_m^{\ominus}(T)$ 为负值,温度 T 必须足够大,即高温下此类反应可自发进行。因此,温度越高,对这种反应越有利。冰融化、水蒸发即属于这一类的过程。例如:

$$CaCO_3(s) = CaO(s) + CO_2(g)$$
$$2NaHCO_3(s) = Na_2CO_3(s) + CO_2(g) + H_2O(g)$$
$$2H_2O(g) = 2H_2(g) + O_2(g)$$

只有在高温时,$\Delta_r G_m^{\ominus} < 0$。

(4) $\Delta_r H_m^{\ominus} > 0$,$\Delta_r S_m^{\ominus} < 0$。两个因素都对自发过程不利,不管什么温度下,总是 $\Delta_r G_m^{\ominus} > 0$,因此,反应在任何温度下都不可能正向自发。在实际生活中此类反应虽不多见,但并不意味着自然界中这类反应不多。因为不能自发进行,所以必须外加能量,如光照,这类反应才能进行。像光合作用、生成臭氧的反应在自然界都是十分重要的。例如:

$$N_2(g) + 3Cl_2(g) = 2NCl_3(g)$$
$$3O_2(g) = 2O_3(g)$$
$$6CO_2(g) + 6H_2O(l) = C_6H_{12}O_6(s) + 6O_2(g)$$

上述关系的总结见表 1-1。

表 1-1　温度对化学反应方向的影响

类型	$\Delta_r H_m^{\ominus}$	$\Delta_r S_m^{\ominus}$	$\Delta_r G_m^{\ominus}(T) = \Delta_r H_m^{\ominus} - T\Delta_r S_m^{\ominus}$	反应情况
(1)	−	+	永远是 −	任何温度下,反应均自发进行
(2)	−	−	低温是 −	低温时,反应自发进行
(3)	+	+	高温是 −	高温时,反应自发进行
(4)	+	−	永远是 +	任何温度下,反应均不自发进行

2.估算反应自发进行的区间

对于 $\Delta_r H_m^{\ominus} < 0$,$\Delta_r S_m^{\ominus} < 0$,即低温下可自发进行而高温下不能自发进行的反应,或是 $\Delta_r H_m^{\ominus} > 0$,$\Delta_r S_m^{\ominus} > 0$,即高温下可自发进行而低温下不能自发进行的反应,可根据 $\Delta_r G_m^{\ominus} \leqslant 0$ 估算出反应自发进行的温度范围,并计算反应的转向温度 $T_{转向}$。因为

$$\Delta_r G_m^{\ominus}(T) = \Delta_r H_m^{\ominus} - T\Delta_r S_m^{\ominus}$$

所以

$$T_{转向} = \frac{\Delta_r H_m^{\ominus}}{\Delta_r S_m^{\ominus}} \tag{1-19}$$

这里要注意 $\Delta_r H_m^{\ominus}$ 常用量纲是 $kJ \cdot mol^{-1}$,而 $\Delta_r S_m^{\ominus}$ 常用量纲是 $J \cdot mol^{-1} \cdot K^{-1}$,计算时需要统一单位。

【例 1-12】 氯气分解反应的 $\Delta_r H_m^{\ominus} = 242.6\ kJ \cdot mol^{-1}$,$\Delta_r S_m^{\ominus} = 107.3\ J \cdot mol^{-1} \cdot K^{-1}$,

求氯气分解反应的最低温度。

解：氯气分解反应为

$$Cl_2(g) = 2Cl(g)$$

由于此反应 $\Delta_r H_m^{\ominus} > 0$，$\Delta_r S_m^{\ominus} > 0$，故应利用式(1-19)计算最低反应温度为

$$T_{转向} = \frac{\Delta_r H_m^{\ominus}}{\Delta_r S_m^{\ominus}} = \frac{242.6 \times 1\,000}{107.3} = 2\,261\ (K)$$

因此，该反应的最低温度为 2 261 K。

3. 估算相变温度或相变熵变

利用吉布斯公式，还可以计算正常相变的温度（例如，100 kPa 下物质的凝固点和沸点）或相变过程的熵变。因为正常相变时两相处于平衡状态，所以此时 $\Delta_r G_m$（相变）$= 0$，则

$$\Delta_r H_m^{\ominus}(相变) - T\Delta_r S_m^{\ominus}(相变) = 0$$

$$T_{相变} = \Delta_r H_m^{\ominus}(相变)/\Delta_r S_m^{\ominus}(相变) \tag{1-20}$$

$$\Delta_r S_m^{\ominus}(相变) = \Delta_r H_m^{\ominus}(相变)/T_{相变} \tag{1-21}$$

因为 $\Delta_r H_m^{\ominus}$（相变）和 $T_{相变}$ 较易测定，所以常利用式(1-21)来计算 $\Delta_r S_m^{\ominus}$（相变）。

【例 1-13】　求 1 mol 水在 100 kPa 及 373 K 条件下变为水蒸气的熵变。

$$H_2O(l) = H_2O(g), \quad \Delta_r H_m^{\ominus}(相变) = 40\,668.48\ J \cdot mol^{-1}$$

解：直接利用式(1-21)，有

$$\Delta_r S_m^{\ominus}(相变) = 40\,668.48/373 = 109.03\ (J \cdot mol^{-1} \cdot K^{-1})$$

第五节　化学反应进行的限度——化学平衡

在同一条件下，既能向正方向进行又能向逆方向进行的反应叫作可逆反应。大多数化学反应都是可逆反应。在一定条件下，当正、逆两个方向的反应速率相等时，反应就达到了平衡状态。化学平衡有两个重要特征：一是只要外界条件不变，平衡后反应中各物质浓度或分压不再随时间而改变，无论经过多长时间，这种状态都不会发生变化，生成物不再增多，也就是反应达到了进行的限度；二是化学平衡是动态平衡，从宏观上看，化学反应达到平衡状态时，反应似乎"停止"（宏观上）了，但从微观上看，正逆两个方向反应仍在继续进行，只不过是它们的反应速率大小相等。因此，各物质的浓度或分压不再随时间而改变。

一、$\Delta_r G_m^{\ominus}(T)$ 与标准平衡常数

在一定温度下，当一个化学反应达到平衡状态时，$\Delta_r G_m(T) = 0$，根据式(1-15)有

$$\Delta_r G_m(T) = \Delta_r G_m^{\ominus}(T) + RT\ln Q_{eq} = 0$$

$$\Delta_r G_m^{\ominus}(T) = -RT\ln Q_{eq}$$

式中：Q_{eq} 表示平衡时的反应商。

由于温度 T 一定时，反应的标准吉布斯函数变 $\Delta_r G_m^{\ominus}(T)$ 是个定值，故上式中平衡时的反应商 Q_{eq} 也是一个常数，令此常数为 $K_T^{\ominus}$，即

$$K_T^{\ominus} = Q_{eq}$$

故

$$\Delta_r G_m^{\ominus}(T) = -RT\ln K_T^{\ominus} \tag{1-22}$$

式中：$K_T^\ominus$ 为标准平衡常数（亦称为热力学平衡常数），其量纲为 1，即无量纲的数值。由式(1-22)可以看出，$\Delta_r G_m^\ominus(T)$ 的代数值越小，标准平衡常数 $K_T^\ominus$ 值就越大，即正反应进行得越彻底。

二、标准平衡常数表达式

上述 Q_{eq} 是平衡时的反应商，根据反应商的表达式(1-17)和式(1-16)，只要将平衡时各物质的相对分压（或浓度）代入式中就是标准平衡常数表达式。对于任何一个可逆的气体反应：

$$a A(g) + b B(g) \Longrightarrow g G(g) + d D(g)$$

当反应达到平衡时，有

$$K_T^\ominus = \frac{(p_G/p^\ominus)^g \ (p_D/p^\ominus)^d}{(p_A/p^\ominus)^a \ (p_B/p^\ominus)^b} \tag{1-23}$$

式中：p_A，p_B，p_G 和 p_D 分别为气体 A，B，G 和 D 在平衡时的分压。

对于任一溶液反应

$$a A(aq) + b B(aq) \Longrightarrow g G(aq) + d D(aq)$$

当反应达到平衡时，有

$$K_T^\ominus = \frac{(c_G/c^\ominus)^g \ (c_D/c^\ominus)^d}{(c_A/c^\ominus)^a \ (c_B/c^\ominus)^b} \tag{1-24}$$

式中：c_A，c_B，c_G 和 c_D 分别为物质 A，B，G 和 D 在平衡时的浓度。

对于标准平衡常数的表达式，需要注意以下几点：

(1)在标准平衡常数表达式中，各物质浓度（或分压）均为平衡时的相对浓度（或相对分压）。

(2)$K_T^\ominus$ 与温度有关，而与物质的分压或浓度无关[①]，因而书写标准平衡常数表达式时，一般要注明温度，若未注明温度，则通常指 298 K。

(3)反应中的固态或纯液态物质不列入标准平衡常数表达式中，即以常数 1 表示。例如，反应

$$CO_2(g) + C(s) \Longrightarrow 2CO(g)$$

的标准平衡常数表达式为

$$K_T^\ominus = \frac{[p(CO)/p^\ominus]^2}{p(CO_2)/p^\ominus}$$

(4)$K_T^\ominus$ 与反应方程式写法有关。因为反应方程式写法不同，反应的标准吉布斯函数变 $\Delta_r G_m^\ominus(T)$ 的数值就不同，并由 $\Delta_r G_m^\ominus(T) = -RT\ln K_T^\ominus$ 知，$K_T^\ominus$ 数值也不同。例如：SO_2 氧化成 SO_3 的反应，当反应方程式写成

$$2SO_2(g) + O_2(g) \Longrightarrow 2SO_3(g) \quad (1)$$

和反应方程式写成

$$SO_2(g) + \frac{1}{2}O_2(g) \Longrightarrow SO_3(g) \quad (2)$$

时，显然

---

① 严格地说，对于理想气体或极稀溶液此说法才是准确的。

$$K_T^{\ominus}(1)=[K_T^{\ominus}(2)]^2 \quad \text{或} \quad K_T^{\ominus}(2)=\sqrt{K_T^{\ominus}(1)}$$

（5）如果反应中既有气体又有溶液,那么对于气态物质,列入标准平衡常数表达式中的是其平衡时的相对压力（$p/p^{\ominus}$）,对于溶液则是平衡时的相对浓度（$c/c^{\ominus}$）。例如,某反应

$$a\text{A}(s)+b\text{B}(aq)\Longrightarrow g\text{G}(g)+d\text{D}(l)$$

其标准平衡常数为

$$K_T^{\ominus}=\frac{(p_{\text{G}}/p^{\ominus})^g}{(c_{\text{B}}/c^{\ominus})^b}$$

（6）$\Delta_r G_m^{\ominus}$ 的单位是 $\text{kJ}\cdot\text{mol}^{-1}$,而 R 取 8.314 5 时单位为 $\text{J}\cdot\text{mol}^{-1}\cdot\text{K}^{-1}$,计算时要注意单位的统一。

三、标准平衡常数的简单计算

1.根据平衡时反应体系的组成计算标准平衡常数

【例 1-14】　在 400℃ 和 10×101.325 kPa 时进行合成氨反应,原料氢气和氮气的体积比为 3:1,反应达到平衡后,测得氨的体积百分数为 3.9%。试计算在此温度下,合成氨反应的标准平衡常数 $K_T^{\ominus}$。

解:总压力为

$$p(\text{总})=p(\text{NH}_3)+p(\text{H}_2)+p(\text{N}_2)=10\times101.325 \ (\text{kPa})$$

由于气体的体积百分数等于其摩尔分数,按气体分压定律得,平衡时混合气体中 NH_3 的分压为

$$p(\text{NH}_3)=V(\text{NH}_3)\%\times p(\text{总})=3.9\%\times10\times101.325=39.52 \ (\text{kPa})$$

平衡时混合气体中 H_2 和 N_2 的总压为

$$p(\text{H}_2)+p(\text{N}_2)=p(\text{总})-p(\text{NH}_3)=10\times101.325-39.52=973.73 \ (\text{kPa})$$

设 N_2 参加反应的物质的量为 x mol,根据方程式

$$\text{N}_2+3\text{H}_2\Longrightarrow2\text{NH}_3$$

起始物质的量比　　　　　　　　1 : 3

反应的物质的量比　　　　　　　x : $3x$

平衡时物质的量比　　　　$(1-x):(3-3x)=1:3$

因此,平衡时

$$p(\text{H}_2)=\frac{3}{4}[p(\text{H}_2)+p(\text{N}_2)]=\frac{3}{4}\times973.73=730.3 \ (\text{kPa})$$

$$p(\text{N}_2)=\frac{1}{4}[p(\text{H}_2)+p(\text{N}_2)]=\frac{1}{4}\times973.73=243.4 \ (\text{kPa})$$

根据标准平衡常数的表达式,得

$$K_T^{\ominus}=\frac{[p(\text{NH}_3)/p^{\ominus}]^2}{[p(\text{N}_2)/p^{\ominus}][p(\text{H}_2)/p^{\ominus}]^3}=\frac{(39.52/100)^2}{(243.4/100)\times(730.3/100)^3}=1.6\times10^{-4}$$

2.根据 $\Delta_r G_m^{\ominus}(T)=-RT\ln K_T^{\ominus}$ 计算标准平衡常数

【例 1-15】　试写出下列反应的标准平衡常数表达式,并计算出 298 K 时的标准平衡常数。

$$\text{C}(石墨)+\text{CO}_2(g)\Longrightarrow2\text{CO}(g)$$

解:该反应的标准平衡常数表达式为

$$K_T^\ominus = \frac{[p(CO)/p^\ominus]^2}{p(CO_2)/p^\ominus}$$

由附录一查出反应 $\qquad$ C(石墨)$+CO_2(g)\Longleftrightarrow 2CO(g)$

$\Delta_f G_m^\ominus /$ (kJ·mol^{-1}) $\qquad$ 0 $\qquad$ −394.4 $\qquad$ −137.2

$$\Delta_r G_m^\ominus = 2\Delta_f G_m^\ominus(CO,g) - \Delta_f G_m^\ominus(C,石墨,s) - \Delta_f G_m^\ominus(CO_2,g) =$$
$$2\times(-137.2)-(-394.4)-0=120.0 \text{ (kJ·mol}^{-1})$$

由 $\qquad\qquad\qquad\qquad \Delta_r G_m^\ominus(T) = -RT\ln K_T^\ominus$

得 $\qquad\qquad\qquad\qquad \ln K_{298}^\ominus = \frac{-120\times1\,000}{8.314\times298} = -48.432$

$$K_{298}^\ominus = 9.256\times10^{-22}$$

由 $\Delta_r G_m^\ominus$ 和 $K_{298}^\ominus$ 的数值均看出,在标准状态下,此反应在 298 K 时实际上是不能正向自发进行的。

第六节 化学平衡的移动

一切平衡都是有条件的,化学平衡也只是在一定条件下才能维持。若影响平衡的条件改变,则平衡状态随之发生相应的变动,也就是原来的平衡被破坏,而重新建立起新的平衡,这种从一种平衡状态过渡到另一种平衡状态的过程称为化学平衡的移动。下面分别讨论浓度、压力和温度等条件变化时对化学平衡的影响。

一、浓度、总压力对化学平衡的影响

当可逆反应达到平衡后,物质的浓度或气体总压力发生变化时,化学平衡的移动可根据反应过程的吉布斯函数变 $\Delta_r G_m(T)$ 来确定。因为,由式(1-15)和式(1-22)可得

$$\Delta_r G_m = -RT\ln K_T^\ominus + RT\ln Q = RT\ln\left(\frac{Q}{K_T^\ominus}\right) \qquad\qquad (1-25)$$

故

当 $Q<K_T^\ominus$ 时,$\Delta_r G_m(T)<0$,则正向反应将自发进行(即平衡向右移动);

当 $Q=K_T^\ominus$ 时,$\Delta_r G_m(T)=0$,则反应仍保持平衡状态;

当 $Q>K_T^\ominus$ 时,$\Delta_r G_m(T)>0$,则逆向反应将自发进行(即平衡向左移动)。

1.浓度的影响

在恒温下,某一溶液反应为

$$a A(aq)+b B(aq)\Longleftrightarrow g G(aq)+d D(aq)$$

当反应达到平衡时,$\Delta_r G_m(T)=0$,此时反应商 Q 等于标准平衡常数 $K_T^\ominus$,即

$$Q_{eq}=K_T^\ominus = \frac{(c_G/c^\ominus)^g \ (c_D/c^\ominus)^d}{(c_A/c^\ominus)^a \ (c_B/c^\ominus)^b}$$

当反应物浓度由 c_A 和 c_B 增加到 c_A' 和 c_B' 时,由于 $c_A'>c_A$,$c_B'>c_B$,所以

$$Q = \frac{(c_G/c^\ominus)^g \ (c_D/c^\ominus)^d}{(c_A'/c^\ominus)^a \ (c_B'/c^\ominus)^b}<K_T^\ominus$$

由式(1-25)可得

$$\Delta_r G_m = RT \ln\left(\frac{Q}{K_T^{\ominus}}\right) < 0$$

因此,该反应的平衡向右边移动。

由此可见,当恒温下反应物浓度增大时,化学平衡向右即向生成物方向移动。反之,产物浓度增大时,$Q > K_T^{\ominus}$,则 $\Delta_r G_m(T) > 0$,故平衡向左即向反应物方向移动。

【例 1-16】　已知水煤气转化反应为

$$CO(g) + H_2O(g) \rightleftharpoons CO_2(g) + H_2(g), \quad K_{981}^{\ominus} = 1.0$$

(1)若于恒容密闭容器中通入 100 kPa 的 CO 气体和 300 kPa 水蒸气使其反应,试确定平衡时各气体的分压和 CO 的转化率。

(2)在上述平衡反应系统中,保持温度和体积不变,通入水蒸气使其压力增加 400 kPa,试计算说明平衡移动的方向。

解:(1)因为是恒容反应,根据 $pV = nRT(\Delta pV = \Delta nRT)$,各物质分压的变化值之比等于相应的化学计量数之比,即假设平衡时 $p(CO_2) = p(H_2) = x$ kPa,则有

$$CO(g) + H_2O(g) \rightleftharpoons CO_2(g) + H_2(g)$$

起始压力/kPa	100	300	0	0
变化压力/kPa	$-x$	$-x$	$+x$	$+x$
平衡压力/kPa	$100-x$	$300-x$	x	x

$$K^{\ominus} = \frac{[p(H_2)/p^{\ominus}][p(CO_2)/p^{\ominus}]}{[p(CO)/p^{\ominus}][p(H_2O)/p^{\ominus}]} = \frac{(x/100)^2}{[(100-x)/100][(300-x)/100]} =$$

$$\frac{x^2}{(100-x)(300-x)} = 1.0$$

解得

$$x = 75$$

因此,平衡后 H_2 和 CO_2 的分压为 $p(H_2) = p(CO_2) = 75$ kPa;CO 的分压为 $p(CO) = 25$ kPa ,H_2O 的分压为 $p(H_2O) = 225$ kPa。故 CO 的转化率为 $\frac{75}{100} \times 100\% = 75\%$。

(2)加入水蒸气后,$p(H_2O) = 225 + 400 = 625$ kPa,故

$$Q = \frac{(75/100)^2}{(25/100) \times (625/100)} = 0.36$$

$Q < K_T^{\ominus}$,因此平衡向右移动。

2. 总压力的影响

对于液体、固体间的反应,总压力的改变可近似地认为对平衡无影响,因为压力对液态或固态物质的体积影响很小。因此,下面讨论总压力对化学平衡的影响时,只考虑有气体物质参加的反应。

在恒温下,某一气体反应为

$$aA(g) + bB(g) \rightleftharpoons gG(g) + dD(g)$$

当反应达到平衡时,$\Delta_r G_m(T) = 0$,此时反应商 Q_{eq} 等于标准平衡常数 $K_T^{\ominus}$,即

$$Q_{eq} = K_T^{\ominus} = \frac{(p_G/p^{\ominus})^g (p_D/p^{\ominus})^d}{(p_A/p^{\ominus})^a (p_B/p^{\ominus})^b}$$

当总压力改变 m 倍(总压增大时 $m > 1$,总压减小时 $0 < m < 1$)时,由气体分压定律知各气体分压也相应改变 m 倍,此时

$$Q = \frac{(mp_G/p^\ominus)^g \ (mp_D/p^\ominus)^d}{(mp_A/p^\ominus)^a \ (mp_B/p^\ominus)^b} = \frac{(p_G/p^\ominus)^g \ (p_D/p^\ominus)^d}{(p_A/p^\ominus)^a \ (p_B/p^\ominus)^b} m^{(g+d)-(a+b)} = K_T^\ominus m^{\Delta n}$$

即

$$Q = K_T^\ominus m^{(g+d)-(a+b)} = K_T^\ominus m^{\Delta n} \tag{1-26}$$

式中：$(a+b)$ 是气态反应物分子总数；$(g+d)$ 是气态产物分子总数。由式$(1-26)$可知，总压力增大 m 倍时，有以下几种情况：

1)$a+b>g+d$，即 $\Delta n<0$ 时，$Q<K_T^\ominus$，则 $\Delta_r G_m(T)<0$，此时平衡向右边，即向气体分子总数减少的方向移动；

2)$a+b<g+d$，即 $\Delta n>0$ 时，$Q>K_T^\ominus$，则 $\Delta_r G_m(T)>0$，此时平衡向左边，即向气体分子总数减少的方向移动；

3)$a+b=g+d$，即 $\Delta n=0$ 时，$Q=K_T^\ominus$，则 $\Delta_r G_m(T)=0$，此时反应处于原平衡状态，即化学平衡不发生移动。

由此可见，当恒温下增大总压力时，平衡向气体分子总数减少的方向移动。同理可得，减小总压力时，平衡将向气体分子总数增多的方向移动。对于反应前、后气体分子总数相同（$\Delta n=0$）的反应，无论加压或减压，平衡都不发生移动。

【例1-17】 合成氨反应 $N_2+3H_2 \rightleftharpoons 2NH_3$，在一定温度下达到平衡时，如果平衡体系总压力减小到原来的一半时，根据式$(1-25)$分析判断化学平衡的移动方向。

解：设平衡时各组分的分压为 $p(H_2)$，$p(N_2)$，$p(NH_3)$，当总压减少到原来的一半时，即 $m=1/2$，由式$(1-26)$得

$$Q = \frac{[p(NH_3)/p^\ominus]^2}{[p(N_2)/p^\ominus][p(H_2)/p^\ominus]^3} \times \left(\frac{1}{2}\right)^{2-(1+3)} = 4K_T^\ominus$$

即

$$Q > K_T^\ominus, \quad \Delta_r G_m > 0$$

故总压减少到原来的一半时，平衡向左边（即向气体分子总数增多的方向）移动。

【例1-18】 在一定温度下，水煤气中 CO 和 H_2O 的转化反应

$$CO(g) + H_2O(g) \rightleftharpoons CO_2(g) + H_2(g)$$

已达到平衡。当系统总压力增加到原来的两倍时，化学平衡怎样移动？

解：该反应

$$\Delta n = (1+1)-(1+1) = 0$$

故

$$Q = K_T^\ominus m^{\Delta n} = K_T^\ominus$$

$$\Delta_r G_m = 0$$

因此，系统仍然处于平衡状态，不发生移动。

改变气体的浓度，实际上相当于改变气体的压力，因此，对于有气体参加的反应，改变某一物质的压力和改变其浓度对平衡的影响是一致的。

二、温度对化学平衡的影响

温度对平衡系统的影响与浓度和压力对平衡系统的影响有着本质的区别。在化学反应达到平衡以后，改变浓度或压力并不改变标准平衡常数 $K_T^\ominus$，而是通过改变反应商 Q 使得 $Q \neq K_T^\ominus$，导致平衡移动；而改变温度主要通过改变 $K_T^\ominus$ 使得 $Q \neq K_T^\ominus$，从而导致平衡的移动。

1. 不同温度下标准平衡常数之间的关系

温度的改变与反应的标准平衡常数之间的关系可由式$(1-12)$和式$(1-22)$导出。对于任

何一个给定的恒温、恒压化学反应,有

$$\Delta_r G_m^{\ominus}(T) = -RT\ln K_T^{\ominus}$$

$$\Delta_r G_m^{\ominus}(T) = \Delta_r H_m^{\ominus} - T\Delta_r S_m^{\ominus}$$

两式相减整理得

$$\ln K_T^{\ominus} = -\frac{\Delta_r H_m^{\ominus}}{RT} + \frac{\Delta_r S_m^{\ominus}}{R} \qquad (1-27)$$

设某一反应在温度 T_1 时标准平衡常数为 $K_{T_1}^{\ominus}$,温度为 T_2 时的标准平衡常数为 $K_{T_2}^{\ominus}$,则有

$$\ln K_{T_1}^{\ominus} = -\frac{\Delta_r H_m^{\ominus}}{RT_1} + \frac{\Delta_r S_m^{\ominus}}{R}$$

$$\ln K_{T_2}^{\ominus} = -\frac{\Delta_r H_m^{\ominus}}{RT_2} + \frac{\Delta_r S_m^{\ominus}}{R}$$

此处 $\Delta_r H_m^{\ominus}$ 和 $\Delta_r S_m^{\ominus}$ 可近似看作常数,将两式相减得

$$\ln K_{T_1}^{\ominus} - \ln K_{T_2}^{\ominus} = \ln \frac{K_{T_1}^{\ominus}}{K_{T_2}^{\ominus}} = \frac{\Delta_r H_m^{\ominus}}{R}\left(\frac{1}{T_2} - \frac{1}{T_1}\right)$$

或写成

$$\ln \frac{K_{T_1}^{\ominus}}{K_{T_2}^{\ominus}} = \frac{\Delta_r H_m^{\ominus}}{R}\frac{T_1 - T_2}{T_1 T_2} \qquad (1-28)$$

由式(1-28)看出,若反应是吸热的,即 $\Delta_r H_m^{\ominus} > 0$,当温度升高($T_2 > T_1$)时,标准平衡常数变大($K_{T_2}^{\ominus} > K_{T_1}^{\ominus}$),而原平衡时 $Q = K_{T_1}^{\ominus}$,故 $Q < K_{T_2}^{\ominus}$,平衡向右边(即吸热方向)移动。若反应是放热的,即 $\Delta_r H_m^{\ominus} < 0$,温度升高时,标准平衡常数变小($K_{T_2}^{\ominus} < K_{T_1}^{\ominus}$),则 $Q > K_{T_2}^{\ominus}$,平衡向左边(即吸热方向)移动。由此可见,升高温度,平衡向吸热方向移动;反之,降低温度,平衡向放热方向移动。

2. 根据反应焓变计算不同温度下的标准平衡常数

【例1-19】　假定反应 $2SO_3(g) = 2SO_2(g) + O_2(g)$ 的 $\Delta_r H_m^{\ominus}$ 不随温度而变化,试根据下列数据计算 100 kPa,600℃时反应的标准平衡常数 $K_T^{\ominus}$。

解:查附录一得　　　　$2SO_3(g) = 2SO_2(g) + O_2(g)$

$\Delta_f H_m^{\ominus}/(kJ \cdot mol^{-1})$　　　-395.7　　-296.8　　0.0

$\Delta_f G_m^{\ominus}/(kJ \cdot mol^{-1})$　　　-371.1　　-300.1　　0.0

根据反应方程式有

$$\Delta_r H_m^{\ominus}(298 \text{ K}) = 2\Delta_f H_m^{\ominus}(SO_2) + \Delta_f H_m^{\ominus}(O_2) - 2\Delta_f H_m^{\ominus}(SO_3) =$$
$$2 \times (-296.8) + 0 - 2 \times (-395.7) = 197.8 \text{ (kJ} \cdot \text{mol}^{-1})$$

$$\Delta_r G_m^{\ominus}(298 \text{ K}) = 2\Delta_f G_m^{\ominus}(SO_2) + \Delta_f G_m^{\ominus}(O_2) - 2\Delta_f G_m^{\ominus}(SO_3) =$$
$$2 \times (-300.1) + 0 - 2 \times (-371.1) = 142 \text{ (kJ} \cdot \text{mol}^{-1})$$

由 $\Delta_r G_m^{\ominus}(T) = -RT\ln K_T^{\ominus}$,得

$$\ln K_T^{\ominus} = \frac{-\Delta_r G_m^{\ominus}}{RT} = \frac{-142 \times 10^3}{8.314 \times 298} = -57.31$$

$$K_{298}^{\ominus} = 1.29 \times 10^{-25}$$

100 kPa,600℃时,由式(1-28)得

$$\ln \frac{K_{298}^{\ominus}}{K_{873}^{\ominus}} = \frac{\Delta_r H_m^{\ominus}}{R}\frac{T_1 - T_2}{T_1 T_2} = \frac{197.8 \times 10^3}{8.314} \times \frac{298 - 873}{298 \times 873} = -52.58$$

$$K_{298}^{\ominus}/K_{873}^{\ominus}=1.46\times10^{-23}$$

$$K_{873}^{\ominus}=\frac{1.29\times10^{-25}}{1.46\times10^{-23}}=8.84\times10^{-3}$$

3.根据不同温度下的标准平衡常数计算焓变

【例1-20】 在0℃时水蒸气压力为610.3 Pa,求水的汽化热和50℃时水的蒸气压力。

解:

$$H_2O(l)\underset{凝结}{\overset{蒸发}{\rightleftharpoons}}H_2O(g)$$

(1)已知 $T_1=273$ K, $p_1=610.3$ Pa; $T_2=373$ K(水沸腾时), $p_2=101\,325$ Pa。

因为 $$K_T^{\ominus}=p(H_2O)/p^{\ominus}$$

所以
$$\begin{cases}K_{T_1}^{\ominus}=p_1/p^{\ominus}=610.3/(100\times10^3)=6.103\times10^{-3}\\K_{T_2}^{\ominus}=p_2/p^{\ominus}=101\,325/(100\times10^3)=1.013\,25\end{cases}$$

由式(1-27)

$$\ln\frac{K_{T_1}^{\ominus}}{K_{T_2}^{\ominus}}=\frac{\Delta_rH_m^{\ominus}}{R}\frac{T_1-T_2}{T_1T_2}$$

得
$$\ln\frac{6.103\times10^{-3}}{1.013\,25}=\frac{\Delta_rH_m^{\ominus}}{8.314}\frac{(273-373)}{273\times373}=-5.11$$

$$\Delta_rH_m^{\ominus}=43\,262\ J\cdot mol^{-1}=43.262\ kJ\cdot mol^{-1}$$

(2) $$T_3=273+50=323\ K,\quad p_3=p(H_2O,323\ K)$$

$$T_2=373\ K,\quad p_2=101\,325\ Pa$$

将数据代入式(1-28)得

$$\ln\frac{p_3/p^{\ominus}}{101\,325/p^{\ominus}}=\frac{43.262\times10^3}{8.314}\times\frac{323-373}{323\times373}=-2.16$$

$$\frac{p_3/p^{\ominus}}{101\,325/p^{\ominus}}=0.115$$

解得 $$p_3=11\,682\ Pa$$

即50℃时水的蒸气压力为11 682 Pa。

前面讨论了浓度、总压力和温度对平衡的影响。如果在平衡系统内增加反应物的浓度,平衡就向减小反应物浓度的方向移动;如果增大平衡系统的总压力,平衡就向减少气体分子总数的方向移动,也就是说,在容积不变的条件下,向减小总压力的方向移动;如果升高温度(加热),平衡就向着降低温度(吸热)的方向移动。总之,平衡移动的规律可以概括为,加入改变平衡系统的条件之一,如浓度、总压力或温度,平衡就向能减弱这个改变的方向移动,这个规律叫作吕·查得理(Le Châtelier)原理。

应当注意,这一移动原理是当条件改变时已处于平衡状态的系统平衡的移动规则,而不适用于非平衡系统。

还应当指出,在实际生产中,常常要综合考虑速率和平衡两方面因素,选择最适宜的生产条件。例如,在 SO_2 转化为 SO_3 的反应中,由于是放热反应,就平衡而言,如果降低温度,则可提高系统中 SO_2 转化为 SO_3 的百分率。但温度低时,反应速率小,达到平衡所需的时间就长,因而温度不能太低,也不能过高,应根据具体情况,将温度控制在适当范围内。目前,在接触法制取硫酸的过程中, SO_2 转化温度控制在 $400\sim500$ ℃之间。再就压力来说,增加总压力可提高

SO_2 的转化率,而且,增加总压力对增大反应速率也有利。但是,由于常压下 SO_2 的转化率已经很高,而加压要消耗很多动力,并且,设备材料和操作要求也复杂多了,因此,目前生产中都采用常压转化。此外,还加入了过量的氧气(空气),并常用五氧化二钒(V_2O_5)作催化剂。

【例1-21】 利用 CO 与 H_2 合成甲醇的可逆反应为 $2CO(g)+4H_2(g)=2CH_3OH(g)$,350 K 时测得密闭容器中所含各物质的分压为 $p(CO)=2.03\times10^4$ Pa,$p(H_2)=3.04\times10^4$ Pa,$p(CH_3OH)=0.300\times10^4$ Pa,试求:

(1)该反应的 $\Delta_r G_m^{\ominus}$(350 K);

(2)此时反应将向哪个方向进行?

已知反应: $\qquad 2CO(g)+4H_2(g)=2CH_3OH(g)$

$\Delta_f H_m^{\ominus}/(kJ\cdot mol^{-1}) \qquad -110.5 \quad 0 \qquad -201.0$

$S_m^{\ominus}/(J\cdot mol^{-1}\cdot K^{-1}) \qquad 197.7 \quad 130.7 \qquad 239.9$

解:(1)$\Delta_r H_m^{\ominus}=2\times\Delta_f H_m^{\ominus}(CH_3OH,g)-2\times\Delta_f H_m^{\ominus}(CO,g)-4\Delta_f H_m^{\ominus}(H_2,g)=$

$\qquad 2\times(-201.0)-2\times(-110.5)-0=-181 \;(kJ\cdot mol^{-1})$

$\Delta_r S_m^{\ominus}=2\times S_m^{\ominus}(CH_3OH,g)-2\times S_m^{\ominus}(CO,g)-4S_m^{\ominus}(H_2,g)=$

$\qquad 2\times239.9-2\times197.7-4\times130.7=-438.4 \;(J\cdot mol^{-1}\cdot K^{-1})$

$\Delta_r G_m^{\ominus}(350\text{ K})=\Delta_r H_m^{\ominus}-350\Delta_r S_m^{\ominus}=$

$\qquad -181-(-438.4)\times0.001\times350=-27.56 \;(kJ\cdot mol^{-1})$

(2)判断该反应的反应方向时,由于各化合物的分压不等于标准压力,即化合物处于非标准状态,因此不能采用 $\Delta_r G_m^{\ominus}$(350 K)作为判据,而应采用 $\Delta_r G_m$(350 K)来进行判断。

$$Q=\frac{[p(CH_3OH)/p^{\ominus}]^2}{[p(H_2)/p^{\ominus}]^4\times[p(CO)/p^{\ominus}]^2}=\frac{0.03^2}{0.304^4\times0.203^2}=2.56$$

$\Delta_r G_m(350\text{ K})=\Delta_r G_m^{\ominus}(350\text{ K})+RT\ln Q=$

$\qquad -27.56+8.314\times0.001\times350\times\ln2.56=-24.83 \;(kJ\cdot mol^{-1})$

因为 $\Delta_r G_m$(350 K)<0,所以反应向生成物方向进行,即反应向右移动。

若用 Q 与 $K^{\ominus}$ 的大小关系判断自发进行的方向,该如何判断,请读者自行思考。

思考题与练习题

一、思考题

1.区别下列概念:

(1)反应热效应与焓变;

(2)标准摩尔生成焓与反应的标准摩尔焓变;

(3)标准摩尔生成焓与标准摩尔生成吉布斯函数;

(4)反应的吉布斯函数变与反应的标准摩尔吉布斯函数变;

(5)反应商与标准平衡常数。

2.说明下列符号的意义:

$Q,Q_p,V,H,\Delta_r H_m^{\ominus},\Delta_f H_m^{\ominus}(298\text{ K}),S,S_m^{\ominus}(O_2,g,298\text{ K}),\Delta_r S_m^{\ominus}(298\text{ K}),G,\Delta_r G_m^{\ominus}(298\text{ K}),$ $\Delta_f G_m^{\ominus}(298\text{ K}),Q,K^{\ominus}$

3.理想气体方程式中 R 数值是多少?单位是什么?

4.化学热力学中所说的"标准状态"是指什么？对于单质、化合物和水合离子所规定的标准摩尔生成焓有何区别？

5.要使木炭燃烧,首先必须加热,为什么？这个反应究竟是放热还是吸热反应？$\Delta_r H_m$ 是正值还是负值？

6.下列说法是否正确。

(1)放热反应均是自发的。

(2)单质的 $\Delta_f H_m^{\ominus}(298\ K)$,$\Delta_f G_m^{\ominus}(298\ K)$ 和 $S_m^{\ominus}(298\ K)$ 皆为零。

(3)反应过程中产物的分子总数比反应物的分子总数增多,该反应 ΔS 必是正值。

(4)某反应的 ΔH 和 ΔS 皆为正值,当温度升高时 ΔG 将减小。

7.判断反应能否自发进行的标准是什么？能否用反应的焓变或熵变作为衡量的标准,为什么？

8.如何用物质的 $\Delta_f H_m^{\ominus}(298\ K)$,$S_m^{\ominus}(298\ K)$ 和 $\Delta_f G_m^{\ominus}(298\ K)$ 的数据,计算反应的 $\Delta_r G_m^{\ominus}(298\ K)$ 以及某温度 T 时反应的 $\Delta_r G_m^{\ominus}(T)$ 的近似值？举例说明。

9.如何利用物质的 $\Delta_f H_m^{\ominus}(298\ K)$,$S_m^{\ominus}(298\ K)$ 和 $\Delta_f G_m^{\ominus}(298\ K)$ 的数据,计算反应的 $K_T^{\ominus}$ 值？写出有关的计算公式。

10.$2A(g)+B(g)\rightleftharpoons 2C(g)$,$\Delta H=-x\ kJ\cdot mol^{-1}$ 有下列说法,你认同吗？

(1)由于 $K_T^{\ominus}=\dfrac{(p_C/p^{\ominus})^2}{(p_A/p^{\ominus})^2(p_B/p^{\ominus})}$,随着反应的进行,C 的分压不断增加,A 和 B 的分压不断减小,平衡常数不断增大。

(2)增大总压力,使 A 和 B 的分压增加,C 的分压不断减小,故平衡向右移动。

11.对下列平衡体系

$$2CO(g)+O_2(g) \rightleftharpoons 2CO_2(g), \qquad \Delta H<0$$

(1)写出平衡常数表达式。

(2)如果在平衡体系中:①加入氧气;②从体系中取走 CO 气;③增大体系的总压力;④降低体系的温度。体系中 CO_2 的浓度将各发生什么变化？

二、练习题

1.298 K 时,一定量 H_2 的体积为 15 L,此气体:

(1)在恒温下,反抗外压 50 kPa,一次膨胀到体积为 50 L;

(2)在恒温下,反抗外压 100 kPa,一次膨胀到体积为 50 L。

计算两次膨胀过程的功。

2.计算下列情况系统热力学能的变化。

(1)系统放出 2.5 kJ 的热量,并对环境做功 500 J。

(2)系统放出 650 J 的热量,并且环境对系统做功 350 J。

3.1 mol 理想气体,经过恒温膨胀、恒容加热、恒压冷却三步,完成一个循环后回到原态。整个过程吸热 100 J,求此过程的 W 和 ΔU。

4.在下列反应中能放出最多热量的是哪一个？

(1)$CH_4(l)+2O_2(g)=CO_2(g)+2H_2O(g)$;

(2)$CH_4(g)+2O_2(g)=CO_2(g)+2H_2O(g)$;

(3)$CH_4(g)+2O_2(g)=CO_2(g)+2H_2O(l)$;

（4）$CH_4(g) + \dfrac{3}{2}O_2(g) = CO(g) + 2H_2O(l)$。

5. 求证恒温、恒压条件下，对于理想气体物质进行的化学反应有
$$\Delta H = \Delta U + RT\Delta n$$

6. 在 373 K 和 101.325 kPa 下，1 mol $H_2O(l)$ 体积为 0.018 8 L，水蒸气体积为 30.2 L，水的汽化热为 2.256 kJ·g^{-1}，试计算 1 mol 水变成水蒸气时的 ΔH 和 ΔU。

7. 由附录一查出 CH_4，CO，$H_2O(g)$ 和 CO_2 的标准生成焓，计算 25℃，100 kPa 条件下，1 m^3CH_4 和 1 m^3CO 分别燃烧的反应热效应各为多少？

8. 甘油三油酸酯是一种典型的脂肪，当它被人体代谢时发生下列反应：
$$C_{57}H_{104}O_6(s) + 80O_2(g) = 57CO_2(g) + 52H_2O(l)$$
$$\Delta_r H_m^{\ominus} = -3.35 \times 10^4 \ kJ \cdot mol^{-1}$$
问消耗这种脂肪 1 kg 时，将有多少热量放出？

9. 计算下列反应的 $\Delta_r H_m^{\ominus}$ 和 $\Delta_r U_m^{\ominus}$。
$$CH_4(g) + 4Cl_2(g) = CCl_4(l) + 4HCl(g)$$

10. 已知下列热化学方程式：
$$Fe_2O_3(s) + 3CO(g) = 2Fe(s) + 3CO_2(g), \qquad \Delta_r H_m^{\ominus} = -24.8 \ kJ \cdot mol^{-1}$$
$$3Fe_2O_3(s) + CO(g) = 2Fe_3O_4(s) + CO_2(g), \qquad \Delta_r H_m^{\ominus} = -47.2 \ kJ \cdot mol^{-1}$$
$$Fe_3O_4(s) + CO(g) = 3FeO(s) + CO_2(g), \qquad \Delta_r H_m^{\ominus} = 19.4 \ kJ \cdot mol^{-1}$$
不用查表，计算下列反应的 $\Delta_r H_m^{\ominus}$。
$$FeO(s) + CO(g) = Fe(s) + CO_2(g)$$

11. 按照熵与混乱度的关系判断下面体系变化过程中，熵是增大还是减少。

（1）盐溶解于水；

（2）两种不同的气体混合；

（3）水结冰；

（4）活性炭吸附氧；

（5）金属钠在氯气中燃烧生成氯化钠；

（6）硝酸铵加热分解。

12. 不用查表，试将下列物质按标准熵 $S_m^{\ominus}$ 值由大到小排序。

（1）K(s)；（2）Na(s)；（3）$Br_2(l)$；（4）$Br_2(g)$；（5）KCl(s)。

13. 在 353 K 和 101.325 kPa 下，1 mol 液态苯气化为苯蒸气，若已知苯的汽化热为 349.91 J·g^{-1}，摩尔质量为 78.1 g·mol^{-1}，求此相变过程的 W 和 $\Delta S^{\ominus}$（353 K 为苯的正常沸点）。

14. 利用附录一中的数据，求 298 K 时下列各反应的 $\Delta_r H_m^{\ominus}$，$\Delta_r S_m^{\ominus}$ 和 $\Delta_r G_m^{\ominus}$。

（1）$CaCO_3(s) = CaO(s) + CO_2(g)$；

（2）$2CuO(s) = Cu_2O(s) + \dfrac{1}{2}O_2(g)$。

15. 已知下列数据，求 N_2O_4 的标准生成吉布斯函数变是多少？
$$\dfrac{1}{2}N_2(g) + \dfrac{1}{2}O_2(g) = NO(g), \qquad \Delta_r G_m^{\ominus} = 87.6 \ kJ \cdot mol^{-1}$$

$$NO(g) + \frac{1}{2}O_2(g) = NO_2(g), \qquad \Delta_r G_m^\ominus = -36.3 \text{ kJ} \cdot \text{mol}^{-1}$$

$$2NO_2(g) = N_2O_4(g), \qquad \Delta_r G_m^\ominus = -2.8 \text{ kJ} \cdot \text{mol}^{-1}$$

16. 由 $\Delta_f H_m^\ominus$ 和 $S_m^\ominus$ 计算反应

$$MgCO_3(s) = MgO(s) + CO_2(g)$$

能自发进行的最低温度。

17. 求气态碘分子 $I_2(g)$ 可以自发分解成碘原子 $I(g)$ 的最低温度。

18. 在 100 kPa 和 298 K 条件下,溴由液态蒸发成气态。利用附录一数据:

(1)求此过程中的 $\Delta_r H_m^\ominus$ 和 $\Delta_r S_m^\ominus$;

(2)由(1)计算结果,讨论液态溴与气态溴的混乱度变化情况;

(3)求此过程的 $\Delta_r G_m^\ominus$,由此说明该过程在此条件下能否自发进行;

(4)如要过程自发进行,试求出自发蒸发的最低温度。

19. 用锡石(SnO_2)制取金属锡(白锡),有人建议可用下列几种方法:

(1)单独加热矿石,使之分解;

(2)用炭还原矿石(加热产生 CO_2);

(3)用 H_2 还原矿石(加热产生水蒸气)。

今希望加热温度尽可能低一些,试通过计算,说明采用何种方法为宜。

20. 试估计 $CaCO_3$ 的最低分解温度,反应式为

$$CaCO_3(s) = CaO(s) + CO_2(g)$$

并与实际烧石灰操作温度 900℃ 做比较。

21. 写出下列反应的 $K_T^\ominus$ 表达式:

(1)$SnO_2(s) + 2CO(g) \rightleftharpoons Sn(s) + 2CO_2(g)$;

(2)$CH_4(g) + 2O_2(g) \rightleftharpoons CO_2(g) + 2H_2O(l)$;

(3)$Al_2(SO_4)_3(aq) + 6H_2O(l) \rightleftharpoons 2Al(OH)_3(s) + 3H_2SO_4(aq)$;

(4)$NH_3(g) \rightleftharpoons \frac{1}{2}N_2(g) + \frac{3}{2}H_2(g)$;

(5)$C(s) + H_2O(g) \rightleftharpoons CO(g) + H_2(g)$;

(6)$BaCO_3(s) \rightleftharpoons BaO(s) + CO_2(g)$;

(7)$Fe_3O_4(s) + 4H_2(g) \rightleftharpoons 3Fe(s) + 4H_2O(g)$。

22. 已知 298 K 时,下列反应的标准平衡常数:

$$FeO(s) \rightleftharpoons Fe(s) + \frac{1}{2}O_2, \qquad K_1^\ominus = 1.5 \times 10^{-43}$$

$$CO_2(g) \rightleftharpoons CO(g) + \frac{1}{2}O_2, \qquad K_2^\ominus = 8.7 \times 10^{-46}$$

试计算 $\qquad Fe(s) + CO_2(g) \rightleftharpoons FeO(s) + CO(g)$

在相同温度下反应的标准平衡常数 $K_T^\ominus$。

23. 五氯化磷的热分解反应如下:

$$PCl_5(g) \rightleftharpoons PCl_3(g) + Cl_2(g)$$

在 100 kPa 和某温度 T 下平衡,测得 PCl_5 的分压为 20 kPa,试计算该反应在此温度下的标准平衡常数 $K_T^\ominus$。

24. 在一恒压容器中装有 CO_2 和 H_2 的混合物,存在如下的可逆反应:

$$CO_2(g) + H_2(g) = CO(g) + H_2O(g)$$

如果在 100 kPa 下混合物 CO_2 的分压为 25 kPa,将其加热到 850℃时,反应达到平衡,已知标准平衡常数 $K^\ominus = 1.0$,求:

(1)各物质的平衡分压;

(2)CO_2 转化为 CO 的百分率;

(3)如果温度保持不变,在上述平衡体系中再加入一些 H_2,判断平衡移动的方向。

25. 763 K 时,$H_2(g) + I_2(g) \rightleftharpoons 2HI(g)$ 反应的 $K_T^\ominus = 45.9$,问在下列两种情况下反应各向什么方向进行?

(1)$p(H_2) = p(I_2) = p(HI) = 100$ kPa;

(2)$p(H_2) = 10$ kPa,$p(I_2) = 20$ kPa,$p(HI) = 100$ kPa。

26. 在 V_2O_5 催化剂存在的条件下,已知反应

$$2SO_2(g) + O_2(g) = 2SO_3(g)$$

在 600℃和 100 kPa 达到平衡时,SO_2 和 O_2 的分压分别为 10 kPa 和 30 kPa,如果保持温度不变,将反应系统的体积缩小至原来的 1/2,通过反应商的计算,说明平衡移动的方向。

27. 700℃时,反应

$$Fe(s) + H_2O(g) \longrightarrow FeO(s) + H_2(g), \quad K_T^\ominus = 2.35$$

如果在 700℃下,用总压力为 100 kPa 的等物质的量的 H_2O 与 H_2 混合处理 FeO,试问会不会被还原成 Fe? 如果 H_2O 与 H_2 混合气体的总压力仍为 100 kPa,想要使 FeO 不被还原,则 $H_2O(g)$ 的分压最小应达多少?

28. 一定量的 N_2O_4 气体在一密闭容器中保温,反应

$$N_2O_4(g) = 2NO_2(g)$$

达到平衡,试通过附录一的有关数据计算:

(1)该反应在 298 K 时的标准平衡常数 $K_{298}^\ominus$;

(2)该反应在 350 K 时的标准平衡常数 $K_{350}^\ominus$。

29. 已知反应

$$Fe(s) + CO_2(g) \rightleftharpoons FeO(s) + CO(g), \quad K_{T_1}^\ominus$$

$$Fe(s) + H_2O(g) \rightleftharpoons FeO(s) + H_2(g), \quad K_{T_2}^\ominus$$

在不同温度下的 $K_T^\ominus$ 数值如下:

T/K	973	1 073	1 173	1 273
$K_{T_1}^\ominus$	1.47	1.81	2.15	2.48
$K_{T_2}^\ominus$	2.38	2.00	1.67	1.49

(1)计算上述各温度

$$CO_2(g) + H_2(g) \rightleftharpoons CO(g) + H_2O(g)$$

反应的 $K_T^\ominus$,以此判断正反应是吸热还是放热?

(2)计算该反应的焓变。

第二章 化学动力学基础

对化学反应的研究需要解决两个最基本的问题,一是反应的可能性,二是反应的可行性。通过第一章化学热力学的学习,已经知道,在一定的条件下判断一个化学反应能够自发进行的条件是 $\Delta_r G_m < 0$。然而,对于一个在一定条件下能够自发进行的反应,其完成反应的时间长短,或反应速率的大小,却各不相同。有的反应可以进行得很快,有的反应则进行得很慢。例如,在标准状态下,氢气和氧气化合生成 1 mol 水的反应,其 $\Delta_r G_m^\ominus = -237.1$ kJ·mol^{-1}($\ll$ 0)。显然,该反应自发进行的趋势很大,并且,也能进行得非常彻底。但是,如果把氢气和氧气在常温下放在一个容器里,多少年过去也不能检测到有水的生成。这就是由于反应太慢或反应的速率太小了。又如,在标准状态下,盐酸与氢氧化钠中和反应的 $\Delta_r G_m^\ominus = -79.9$ kJ·mol^{-1}。反应自发进行的趋势比氢、氧化合的小,但是,反应速率却非常大,瞬时即可完成。由此可见,仅仅研究化学热力学,即探讨反应的可能性,对于实现一个化学反应是不够的,我们还有必要继续研究反应的可行性(即现实性),才能使化学反应为生产实践所利用。反应可行性的研究就是化学动力学(Kinetics of chemical reactions)要完成的任务,它一般包括化学反应机理(Reaction mechanisms)的研究和化学反应速率(Reaction rate)的研究两个方面。

化学反应机理是探讨反应究竟是怎么发生的,它进行的过程如何。一般来讲,反应物分子之间,并不是一接触就直接发生反应而生成产物的,而是要经过若干反应步骤,生成若干中间物质后,才能逐渐转变为生成物。此外,由于化学反应实质上是旧化学键的断裂和新化学键的形成,因此,在破坏旧键的过程中,反应物必须经历一种能量较高的状态形成中间物质,然后能量降低,才能变为生成物。化学反应速率是研究反应进行的快慢程度,它要给出反应速率的描述和测定方法,同时也要讨论各种因素,包括反应物浓度、温度、催化剂、介质、光、声等因素对化学反应速率的影响。

本章将简要介绍化学反应机理的研究,主要讨论化学反应速率及其影响因素。

研究化学动力学的价值是显而易见的。例如,在生产实践中,人们总是希望化学反应按照所期望的途径和速率进行。所谓途径,是指尽可能多地获得预期的主产物而抑制副产物的生成;所谓速率,是指反应在所希望的时间内完成。因此,人们为了能够控制反应的进行,得到满意的产品,就必须研究化学动力学。

应当指出的是,化学动力学与化学热力学的研究方法是不同的。热力学只注意体系的始态与终态,因此,讨论的是状态函数的变化量。在热力学函数中,并不涉及时间或速率这些衡量过程进行快慢的变量。化学动力学要讨论过程进行的历程和速率,与过程进行的途径和时间紧密相关。此外,从原则上讲,化学平衡问题也能用化学动力学方法来处理。这是因为,正向反应与逆向反应速率相等时,就达到了化学平衡。但是反过来,人们不可能用化学热力学的方法来处理反应速率的问题。这是由于化学动力学的研究和实验数据还很不充分,远不如热力学数据丰富。因此,对于平衡的相关问题,目前也只有通过热力学的方法进行研究。

不同化学反应的速率差别很大。反应速率很小的,如岩石的风化、地壳中的一些反应等,通常人们难以觉察其反应的进行;反应速率很大的,如溶液中的离子反应、燃烧与爆炸反应等,瞬时即可完成。当然,有的反应速率则比较适中,在几十秒至几十天的范围。大部分的有机反应以及生物体内的反应即属于此。目前,化学动力学所研究的反应大多是速率比较适中的反应。但是,近年来,随着科技的发展和实验技术的提高,快速反应的研究也有了较大的进展。特别是达到飞秒(10^{-15} s)甚至阿秒(10^{-18} s)量级的超快激光脉冲技术和分子束技术等现代技术的发展,使得人们可以在微观的尺度上,更加精细而深入地研究反应发生的细节。量子化学的发展,目前也已达到了相当成熟的阶段,不仅可以精确计算反应能量(热力学),而且还能确定实验难以检测到的中间体、过渡态(Transition state)的结构和能量,确定反应途径(Reaction pathways)、活化能,并结合统计热力学获得速率常数等,在微观层次上进一步深入研究反应动力学的问题。

第一节 化学反应机理简述

我们知道,化学反应的实质是旧键的断裂和新键的生成。但是,旧键是如何断裂,新键又是怎样形成的呢?目前,描述化学反应进行过程,即反应机理的理论主要有两个:一个是碰撞理论(Collision theory),另一个是过渡状态理论(Transition state theory)或活化络合物理论(Activated complex theory)。

一、碰撞理论简述

物质分子总是处于不断的热运动中。以气态分子为例,根据气体分子运动论,在一定温度下,运动能量(或运动速率)较小和运动能量较大的分子的相对数目是较少的,而运动能量居中的分子数目较多。一般情况如图 2-1 所示。温度越高,曲线越向右伸展,变得越平坦,表明具有较高能量的分子的相对数目增加。曲线下的总面积代表体系中分子的总量,它不随温度的变化而变化。具有较高能量(曲线右半部)分

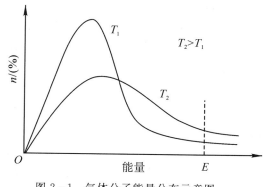

图 2-1 气体分子能量分布示意图

子的相对数目 n 与温度 T 的关系近似为玻耳兹曼(Boltzmann)分布,即

$$n = Z\exp(-E/kT) \qquad (2-1)$$

式中:n 为体系中具有某能量 E 的分子的百分数;Z 为一比例常数;E 为某一能量;T 为热力学温度(K);k 为玻耳兹曼常数($k = 1.380\ 650\ 3 \times 10^{-23}$ J·K^{-1})。

碰撞理论认为,分子必须通过碰撞的过程才能发生反应。但是,并不是只要碰撞就能发生反应。化学反应的发生是一个旧键断裂和新键生成的过程,旧的化学键断裂在前,新的化学键生成在后,因此,只有高能分子间的相互碰撞才有可能破坏旧的化学键,进而形成新的化学键,

发生化学反应。我们把能够发生化学反应的碰撞称为有效碰撞,把能够发生有效碰撞的高能分子称为活化分子(Activated molecule)。实际上,发生化学反应除了要满足断裂化学键的能量因素外,还必须在一定的几何方位才能发生有效碰撞。化学反应发生时,旧键在碰撞过程中,并未完全断裂,而是首先形成一种称为活化体的中间物质。

总之,根据碰撞理论,反应物分子必须有足够的最低能量,并以适宜的方位相互碰撞,才能够导致有效碰撞的发生。通常情况下,活化分子数越多,发生有效碰撞的概率越大,化学反应的速率也就越快。

研究表明,多个特定分子同时碰在一起,并且发生有效碰撞的机会是不多的。如下列反应:

$$2NO + 2H_2 \Longrightarrow N_2 + 2H_2O \tag{2-2}$$

两个 NO 分子和两个 H_2 分子(共 4 个分子)同时碰在一起的概率,比起两分子的 NO 和一分子的 H_2 发生碰撞的概率小得多。因此,反应首先生成 N_2 和中间物质 H_2O_2,然后 H_2O_2 再与另一个 H_2 分子碰撞,发生反应生成两分子的水,即

$$2NO + H_2 \Longrightarrow N_2 + H_2O_2 \tag{2-3a}$$

$$H_2 + H_2O_2 \Longrightarrow 2H_2O \tag{2-3b}$$

式(2-3a)和式(2-3b)中的反应都是反应物相互一次性碰撞而进行的,在化学动力学中称这种"一步完成的反应"为基元反应(Elementary reaction)。由此可见,式(2-2)的反应进行是分为两步或两个基元反应实现的。如果一个化学反应是由一个基元反应完成的,则称这一反应为简单反应;如果一个反应是由两个以上的基元反应完成的,则称之为复杂反应(Complex reaction)。基元反应中参加反应的分子数目,称为反应分子数(Molecularity)。一个分子参加的反应称为单分子反应(Unimolecular reaction),两个分子参加的反应称为双分子反应(Bimolecular reaction),依此类推。因此,式(2-3a)是三分子反应,式(2-3b)为双分子反应。研究表明,三分子反应已经很少,三个以上分子的反应还未发现。

在分子发生的所有碰撞中,并非每次碰撞都能发生化学反应,或者说并非每次碰撞都是有效碰撞。只有具有相当高能量的分子在一定方位上碰在一起才能发生化学反应。这一能够导致旧的化学键发生断裂的碰撞能量称为活化能(Activation energy)。活化能的热力学定义:发生有效碰撞的分子的平均能量与系统中所有分子的平均能量之差。设某一化学反应的活化能为 E_a,按照式(2-1),在一定温度下活化分子的百分数正比于 $\exp(-E_a/RT)$。这里活化能 E_a 以 $kJ \cdot mol^{-1}$ 为单位,R 为摩尔气体常数,$R = k \times N_0 = 1.380\ 650\ 3 \times 10^{-23}\ J \cdot K^{-1} \times 6.022\ 141\ 99 \times 10^{23}\ mol^{-1} \approx 8.314\ 5\ J \cdot K^{-1} \cdot mol^{-1}$,其中 k 和 N_0 分别为玻耳兹曼常数和阿伏伽德罗常数。显然,对于给定的化学反应,活化能是一定值,但由于 T 在指数内,当温度升高时,活化分子数目将急剧增加,导致反应速率大大加快。

反应进行过程中分子的能量变化如图 2-2 所示。图 2-2 中,E_1 表示反应物分子的平均能量,E_2 表示生成物分子的平均能量,E_x 为中间物质(活化体)的平均能量。显然,$E_{a正} = E_x - E_1$,为正反应的活化能;$E_{a逆} = E_x - E_2$,为逆反应的活化能。由图 2-2 中还可见,化学反应的焓变为

$$\Delta_r H_m = E_2 - E_1 = E_{a正} - E_{a逆} \tag{2-4}$$

即反应焓变也与正、逆反应的活化能之差相等。

一般化学反应的活化能在 $50 \sim 240\ kJ \cdot mol^{-1}$ 之间。当然,反应的活化能越小,发生有效

碰撞需要的能量越小,反应的速率也就越大。

二、过渡状态理论简述

"活化能"这一物理量在化学反应动力学研究中具有极为重要的地位,碰撞理论并未解决计算活化能的问题。目前,确定活化能的实验方法,一般只能获得总反应的表观活化能(Apparent activation energy)。迄今为止,许多重要反应的活化能也还没有确定出来。

随着统计力学和量子力学的发展,研究化学动力学的理论中,形成了过渡状态理论。过渡状态理论又称活化络合物理论或绝对反应速率理论。过渡状态理论并不排除碰撞理论,只是侧重点不是旧键断裂所需要的能量如何获得,而是研究在反应物分子相互接近、分子价键重排的过程

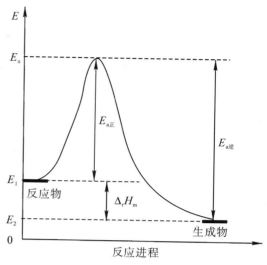

图 2-2 反应进程——能量示意图

中,分子内各种相互作用的能量与分子结构的关系。过渡状态理论认为,反应物分子在相互接近和价键重排的过程中,形成一个中间过渡状态后,方能变成产物分子。这个过渡状态又称活化络合物(Activated complex),它实际上极像碰撞理论中的"活化体"。反应物分子通过过渡状态的速率就是反应速率。

过渡状态理论主要是研究这个络合物的结构及其形成与分解,其基础是化学反应的势能曲面(Potential energy surface)。简单势能曲面的形状像一马鞍,如图 2-3 所示。势能曲面所描述的是,相互接近的分子或原子处在空间各不同位置时,系统的能量随原子位置的变化情况,表明整个分子势能与分子内各原子间相对位置的关系。形象地讲,简单势能曲面像两座山峰之间的一道山梁附近的地表面。山梁一边的反应物能量要升高,越过山梁才能变成产物。反应物分子在相互靠近过程中能量升高是以最低能量途径(即一定的空间几何方位,相当于从山坳中而不是从山坡上向山梁行进的),到达过渡状态。

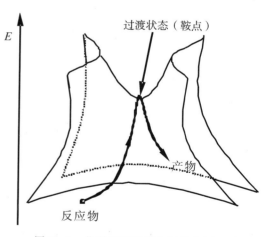

图 2-3 化学反应势能曲面示意图

过渡状态在山梁脊线上具有最低能量,即处于山梁上高度最低的状态,习惯上称势能曲面上的这一点为鞍点(Saddle point)。但由于鞍点仍然处于山梁上,与山脚下的反应物和生成物比较,又处于高能状态,因而很不稳定,很容易滑下山梁。如果滑向山梁的这边,过渡状态返回变为原来的反应物;如果滑向另一边,则变为产物,发生化学反应。

从反应物过山梁到产物这一过程来看,系统经历了从低能态(反应物)到高能态(过渡状态,即反应过程中的最高能量状态)再到低能态(产物)的能量变化过程。自然,过渡状态与反应物的能量差为正反应的活化能,过渡状态与产物的能量差为逆反应的活化能。

通过量子化学方法,已经可以很容易地确定过渡状态的几何构型(Geometry)。这是因为在鞍点处,势能曲面只有在沿山坳的唯一一个方向上凸起,而在其他方向上都是下凹的。以此作为判据,便可确定鞍点的位置,从而获得过渡状态所对应的分子的几何构型。量子化学方法还能从过渡状态出发,计算出沿山坳的最低能量路径(称为内禀反应坐标,Intrinsic reaction coordinates),进而确认这一过渡状态沿该路径所连接的是何种反应物和何种产物(或中间产物),达到确认基元反应和反应历程的目的。近年来,量子化学已能在 ± 10 kJ·mol^{-1} 的已知误差范围内,精确计算出小分子(包括过渡状态、反应物、中间体和产物)的能量,从而获得相当可靠的活化能和反应能量等数据,实现理论方法研究反应机理。也由于实验研究反应机理的技术难度较大,实验数据十分缺乏,所以,用量子化学结合统计力学等方法研究反应动力学,正在被科学家广泛应用,并已经揭示了众多化学反应的机理。

第二节　浓度对化学反应速率的影响

一、化学反应速率

1. 表示方法

化学反应速率是指单位时间内反应物或生成物浓度的变化量,这是一个平均速率的表示。但是,即使外界条件不变时,大多数化学反应的速率也还是随时间在变化。因此,应当用微商 $\mathrm{d}c/\mathrm{d}t$ 形式来表示反应的瞬时速率。例如,有一最简单的单分子反应:A→B,物质 A,B 的浓度 c 随时间 t 的变化曲线如图 2-4 所示。图中曲线上某一点的切线的斜率就是在时刻 t 反应的瞬时速率。

此外,人们习惯上总是取反应速率为正值。另外,如果反应式中用于表示反应速率的物质的化学计量数 ν

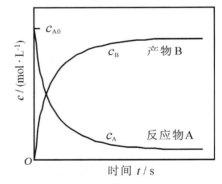

图 2-4　浓度随反应时间的变化

不等于1,则速率表示式的微商前还应除以该物质的计量数 ν,即

$$v = \frac{1}{\nu_A}\frac{\mathrm{d}c_A}{\mathrm{d}t} = \frac{1}{\nu_B}\frac{\mathrm{d}c_B}{\mathrm{d}t} \qquad (2-5)$$

式中:c_A,c_B 分别为反应物 A 和产物 B 在时刻 t 的瞬时浓度,单位通常用 mol·L^{-1} 表示(可以根据需要自行选定),时间单位通常用 s 表示(可以根据需要自行选定)。因此,反应速率的单位一般为 mol·L^{-1}·s^{-1}。式(2-5)中反应物 A 的浓度变化 $\mathrm{d}c_A$ 为减少,是负数,其计量数 ν_A 也是负数,因此,比值为正,即反应速率是正值;而对于产物 B,浓度变化 $\mathrm{d}c_B$ 为增加,是正数,其计量数 ν_B 也是正数,因此,比值是正,反应速率的数值仍然是正值。

目前,国际上已普遍采用反应进度 ξ 随时间的变化率来定义反应速率 r,称为转化速率,即

$$r = \frac{\mathrm{d}\xi}{\mathrm{d}t} \quad (\mathrm{mol \cdot s^{-1}}) \qquad (2-6)$$

按照第一章对反应进度的定义,$\mathrm{d}\xi = (\mathrm{d}n_B)/\nu_B$,式(2-6)可以表示为

$$r = \frac{1}{\nu_B} \frac{dn_B}{dt} \quad (mol \cdot s^{-1}) \tag{2-7}$$

由于测定反应系统中物质的量变化不如测定浓度变化方便，对于体积 V 不变的化学反应体系，通常又用单位体积的转化速率 v 来表示化学反应速率，即定容速率 $v = r/V$。

对于任意化学反应

$$aA + bB \xrightarrow{\hspace{1cm}} gG + dD$$

其定容反应速率定义（任一物质 B 的浓度 $c_B = n_B/V$）为

$$v = -\frac{1}{a} \frac{dc_A}{dt} = -\frac{1}{b} \frac{dc_B}{dt} = \frac{1}{g} \frac{dc_G}{dt} = \frac{1}{d} \frac{dc_D}{dt} \tag{2-8}$$

使用任一种物质表示定容反应速率 $v(mol \cdot L^{-1} \cdot s^{-1})$ 的数值总是相等的。

2. 反应速率的实验测定

实验测定一个化学反应的速率，不可能在极短的时间 dt 内测出物质 B 的浓度 c_B 的极微变化 dc_B。常见化学反应速率的测定，是在一较短的时间间隔 Δt 内测出某物质 B 的浓度变化 Δc_B。因此，实验测定的反应速率，通常为 Δt 内的平均速率。如果时间间隔 Δt 远小于反应继续进行直至达到平衡的时间，则可近似认为该平均速率为反应在这一时刻的瞬时速率。

【例 2-1】 某条件下，在一恒容容器中，氮气与氢气反应合成氨，测得各物质浓度变化如下：

$$N_2 \quad + \quad 3H_2 \xrightarrow{\hspace{1cm}} \quad 2NH_3$$

起始浓度/(mol·L⁻¹)	0.020 0	0.030 0	0.000 0
2 s 后浓度/(mol·L⁻¹)	0.019 8	0.029 4	0.000 4

试计算反应速率。

解：根据化学反应速率的定义：

$$v = \frac{1}{\nu_B} \frac{\text{任意物质 B 的浓度变化量 } \Delta c_B}{\text{变化所用时间 } \Delta t} \quad (mol \cdot L^{-1} \cdot s^{-1})$$

假设以 NH_3 的浓度变化来计算，NH_3 的计量数 $\nu_B = +2$，因此

$$v = \frac{1}{2} \frac{(0.000\ 4 - 0.000\ 0)}{2} = 0.000\ 1\ (mol \cdot L^{-1} \cdot s^{-1})$$

不难算得，以 N_2 或 H_2 的浓度变化表示的反应速率仍然为 $0.000\ 1\ mol \cdot L^{-1} \cdot s^{-1}$。

例 2-1 中合成氨的反应，由于 2 s 后各反应物的浓度变化都很小，可以预计反应将要进行并达到平衡的时间远比 2 s 长，因此，反应在起始的 2 s 内的平均速率，可以近似认为是反应在起始时刻的瞬时速率。

二、化学反应速率方程

对于任意化学反应：

$$aA + bB \xrightarrow{\hspace{1cm}} gG + dD$$

其反应速率方程通常有如下通式：

$$v = kc_A^m c_B^n \tag{2-9}$$

式中：c_A 和 c_B 是指气体或溶液中溶质的浓度（对于纯液体或纯固体，它们的浓度都是常数 1）；k 为反应速率常数（Rate constant）；m 和 n 为各自浓度项的幂次，具体数值要通过实验确定。式（2-9）表示反应速率与反应物浓度之间的依赖关系。

1. 反应速率常数

速率方程中的比例常数 k 称为反应速率常数，是各反应物的浓度都为单位浓度时的反应速率。因此，对于同一个化学反应，在同一温度和相同催化剂条件下，k 是一个定值，它不随反应物浓度的改变而变化。需要指出的是，反应速率常数的单位与速率方程的 m,n 有关，反应的 m,n 不同，单位就不一样。例如，若 $m=1,n=1$，则此反应 k 的单位为 $L \cdot mol^{-1} \cdot s^{-1}$。

如果在一定条件下，一个反应的 k 值很大，一般来讲，该反应进行的速率较大。这是因为在一般的反应体系中，物质浓度的变化范围不会太大。

2. 反应级数

速率方程中各反应物浓度的指数之和称为反应级数（Reaction order）。如式（2-9）中，将 m 称为反应对反应物 A 的反应级数，n 称为反应对反应物 B 的反应级数，而将 $m+n$ 称为反应总级数，或简称反应级数。通常情况下，m,n 不能由化学反应的计量数确定，它们只能由实验和反应的机理研究而确定。一旦反应级数确定，则反应的速率方程具体形式也就确定了。

反应级数表示了浓度对反应速率的影响程度。m,n 的数值越大，浓度对反应速率的影响越大。通常见到的化学反应有零级反应、一级反应、二级反应和三级反应，以及分数级反应。其中，零级反应是指反应速率与反应物浓度无关的化学反应，如纯固体或纯液体物质的分解反应，碘化氢的分解就是零级反应；表面上发生的多相反应，如酶的催化反应、光敏反应往往也是零级反应。一级反应指反应速率与反应物浓度的一次方成正比的化学反应，如气体的分解、放射性元素的衰变等；双氧水的分解就是一级反应。乙醛的分解反应是 3/2 级，是个典型的分数级反应。

各级反应都有特征的浓度-时间变化关系。例如，对于一级反应有

$$v = -\frac{dc_A}{dt} = kc_A$$

$$\frac{dc_A}{c_A} = -kdt$$

设起始时刻时物质 A 的浓度为 c_{A_0}，t 时刻物质 A 的浓度为 c_A，对上式进行积分：

$$\int_{c_{A_0}}^{c_A} \frac{dc_A}{c_A} = -\int_0^t kdt$$

得

$$\lg \frac{c_A}{c_{A_0}} = -\frac{k}{2.303}t \tag{2-10}$$

当 $c_A = 1/2c_{A_0}$ 时代入式（2-10）有

$$T_{1/2} = \frac{0.693}{k}$$

式中：$T_{1/2}$ 为反应的半衰期，数值的大小可以用于表示反应的快慢。

依据同样的数学推导，可得到零级反应、二级反应和三级反应的浓度-时间关系式。

零级反应：
$$c_A = c_{A_0} - kt$$

二级反应：
$$\frac{1}{c_A} = \frac{1}{c_{A_0}} + kt$$

三级反应：
$$\frac{1}{c_A^2} = \frac{1}{c_{A_0}^2} + 2kt$$

【例 2-2】　放射性核衰变反应都是一级反应，习惯上用半衰期表示核衰变速率的快慢。放射性 ^{60}Co 所产生的 γ 射线广泛用于癌症治疗，其半衰期 $T_{1/2}$ 为 5.26 年，放射性物质的强度以"居里"表示。某医院购买一个含 20 居里的钴源，在 10 年后还剩多少？

解：由于 $\lg \dfrac{c_A}{c_{A_0}} = -\dfrac{k}{2.303}t$，则

$$\lg \frac{1}{2} = -\frac{k}{2.303} \times 5.26$$

得
$$k = 0.132 \ a^{-1}$$

又由于
$$\lg \frac{^{60}Co}{^{60}Co_0} = -\frac{0.132}{2.303}t$$

$$\lg {^{60}Co} - \lg 20 = -\frac{0.132}{2.303} \times 10$$

$$^{60}Co = 5.3 \ 居里$$

即 10 年后钴源的剩余量为 5.3 居里。

3. 反应速率的"决速步"

反应级数是一个通过实验研究化学反应速率的概念，应根据实验来确定。事实上，在一由若干基元反应完成的化学反应中，如果某一步基元反应进行很慢，是慢反应，而其他各步都进行得很快，那么，整个反应的速率将取决于慢反应进行的速率，称为"决速步"。例如，式（2-2）的反应为

$$2NO + 2H_2 = N_2 + 2H_2O$$

是分为以下两步基元反应进行的。

第一步反应：
$$2NO + H_2 = N_2 + H_2O_2$$

第二步反应：
$$H_2 + H_2O_2 = 2H_2O$$

其中第一步反应是慢反应，而第二步反应是快反应。当第二步反应要进行时，必须等待第一步反应产生的 H_2O_2。因为生成 H_2O_2 的速率缓慢，所以第一步反应为决速步骤，它的反应速率决定了整个反应的速率，即总反应的速率近似等于第一步反应的速率。因此，总反应的速率方程，遵循决速步基元反应的浓度关系，有如下表达式：

$$v = kc^2(NO)c(H_2)$$

式中：$c(H_2)$ 的指数是 1 而不是 2，不是总反应方程式中 H_2 的计量数。

除了整数的反应级数以外，通常还能见到分数或小数的反应级数。这是因为，当一个化学反应的所有基元反应中有不止一个步骤是慢反应时，或者当某些较慢的基元反应进行的速率差别不是特别明显时，实验测出的反应速率方程是一综合（或表观）结果，某些物质的指数必然有可能出现分数。因此，当对某一化学反应书写速率方程表达式时，如果事先并不知道这一反应是否是基元反应不要轻易按照反应物的计量数来写，必须以实验测定为依据。

4. 反应速率方程的确定

化学反应速率方程可以通过实验测定的方法分析得到。表 2-1 和表 2-2 是在不同反应

物浓度下对两个化学反应的速率分别进行实验测定的结果。

表 2 - 1 某温度下，$NO_2 + CO \longrightarrow NO + CO_2$ 反应速率随反应物浓度的变化

实验编号	$c(NO_2)$ / $(mol \cdot L^{-1})$	$c(CO)$ / $(mol \cdot L^{-1})$	反应速率 / $(mol \cdot L^{-1} \cdot s^{-1})$
1	0.10	0.10	0.005
2	0.10	0.20	0.010
3	0.20	0.20	0.020

表 2 - 2 某温度下，$2NO + Cl_2 \longrightarrow 2NOCl$ 反应速率随反应物浓度的变化

实验编号	$c(NO)$ / $(mol \cdot L^{-1})$	$c(Cl_2)$ / $(mol \cdot L^{-1})$	反应速率 / $(mol \cdot L^{-1} \cdot s^{-1})$
1	0.200	0.200	1.20
2	0.200	0.400	2.40
3	0.400	0.400	9.60

从表 2 - 1 可见：反应物 CO 的浓度加倍，反应速率加倍；反应物 NO_2 的浓度加倍，反应速率也加倍；如果反应物 CO 和 NO_2 的浓度都加倍，反应速率增加到 4 倍。这表明，反应速率与 NO_2 和 CO 的浓度均成正比，即

$$v \propto c(NO_2)c(CO) \quad \text{或} \quad v = kc(NO_2)c(CO) \quad (k \text{ 为比例常数})$$

从表 2 - 2 中数据可见：反应物 Cl_2 的浓度加倍，反应速率加倍；反应物 NO 的浓度加倍，反应速率增加到 4（或 2^2）倍；反应物 NO 和 Cl_2 的浓度分别都加倍时，反应速率增加至 2×2^2 倍。这表明该反应的速率与 Cl_2 的浓度成正比，与 NO 的浓度的二次方成正比，即

$$v \propto c(Cl_2)c^2(NO) \quad \text{或} \quad v = kc(Cl_2)c^2(NO) \quad (k \text{ 为另一比例常数})$$

这是最常用的通过实验数据的分析进而确定速率方程的方法。确定了反应物浓度项的指数后，可进一步计算得到反应的速率常数。

三、质量作用定律（基元反应的速率方程）

大量实验表明，基元反应（或简单反应）的反应速率与反应物的浓度的乘幂（即以方程式中物质的计量数的绝对值为指数的浓度的连乘积）成正比。这个定量关系称为质量作用定律。即对于基元反应

$$aA + bB \longrightarrow gG + dD$$

反应速率的数学表达式为

$$v = kc_A^a c_B^b \tag{2-11}$$

式（2 - 11）称为质量作用定律，它只适用于基元反应，非基元反应不适用。当然，也有一些非基元反应，它们的速率方程中，浓度项的指数正好等于反应方程中各自的计量数，但也不能据此断定该反应为基元反应。

对有气态物质参加的反应来讲，总压力对反应速率的影响，实质上是浓度对反应速率的影响。这是因为，根据理想气体状态方程 $p_B = n_B RT / V_总$，在一定温度下，对一定量的气态反应物增加总压力，就可使体积缩小，而使浓度 n_B / V 增大，反应速率加快。相反，减小总压力，就

是减小气体浓度,导致反应速率减小。

需要进一步指出的是,化学反应通常是可逆反应,以上仅仅是关于正反应的讨论。严格地讲,反应的净速率应当等于正反应的速率减去逆反应的速率。当然,逆反应方向的基元反应的速率方程仍然满足质量作用定律和如上关于正反应的讨论。

四、影响多相反应速率的因素

以上讨论浓度对反应速率的影响,是针对气体混合物或溶液中的反应而言的,这种反应称为均相化学反应。而对于有固体参加的反应,除浓度影响反应速率外,还有其他因素。

有固体参加的反应属于不均匀系统(称为多相系统,Heterogeneous system)的反应。在不均匀系统中,反应总是在相与相的界面上进行的,因为只有在这里反应物才能接触。因此,不均匀系统的反应速率除了和浓度有关外,还和彼此接触的相之间的面积大小有关。例如,焦炭燃烧时的反应为

$$C(s) + O_2(g) \xrightarrow{} CO_2(g)$$

如果用煤粉代替煤块,即可增大反应物的接触面,使反应加快。此外,不均匀系统的反应速率还与反应物向表面扩散的速率,以及产物扩散离开表面的速率有关,即扩散使还没有发生反应的反应物不断进入界面,使已经产生的生成物不断离开界面。搅拌或鼓风可以加速扩散过程,也就可以加快反应速率。

第三节　温度和催化剂对反应速率的影响

温度对反应速率的影响,随具体反应的差异而有所不同。但对于大多数反应来说,反应速率一般随温度的升高而增大。从历史上说,研究得出的温度对反应速率影响的经验性规律曾有多种,最早是范特霍夫(J. H. Van't Hoff)根据实验总结出的一条近似规律:在一定温度范围内,温度每升高 $10\,^{\circ}\mathrm{C}$,反应速率增加 $2\sim4$ 倍。此经验规则虽不精确,但当数据缺乏时,可用来粗略估计。随后,最有影响的便是阿仑尼乌斯(S. Arrhenius)经验公式。

一、阿仑尼乌斯经验公式

第二节中,我们讨论浓度对反应速率的影响时,都假定温度是一定的。现在我们来讨论温度对反应速率的影响,也假定浓度是一定的,即把浓度的影响暂时消除。根据反应速率方程,即式(2-9),温度对反应速率的影响实际上是对速率常数 k 的影响。

温度对反应速率的影响比浓度更为显著。一般来讲,反应速率常数 k 随温度升高而很快增大。如 H_2 与 O_2 在室温下作用非常缓慢,以致多少年内都观察不出有反应发生。但是,倘若将温度升至 $600\,^{\circ}\mathrm{C}$,它们立即就会起反应,甚至发生爆炸。19 世纪末,阿仑尼乌斯总结了大量实验数据,提出了一个描述反应速率常数 k 与温度 T 之间的经验公式,称为阿仑尼乌斯公式或阿仑尼乌斯方程(Arrhenius equation),即

$$k = Z\exp(-E_a/RT) \tag{2-12}$$

式中:E_a 称为实验活化能或表观活化能,一般可将它看作是与温度无关的常数,单位为 $\mathrm{kJ \cdot mol^{-1}}$;$Z$ 为常数,称为指前因子(Pre-exponential Arrhenius factor)或频率因子。由式(2-12)

可见,k 与 T 成指数关系,因此,人们又将此式称为反应速率的指数定律。

事实上,温度升高使反应速率加快,与升高温度增加了反应体系中的活化分子数目[比较图 2-1 和式(2-1)]是一致的。因为式(2-1)中 $\exp(-E/RT)$(亦称为玻耳兹曼因子)就是能量为 E 的分子(现为具有能量 E_a 的活化分子)占总分子数百分率的比例因子。将阿仑尼乌斯公式与反应机理的碰撞理论进行比较,式(2-12)中的频率因子 Z 相当于活化分子在一定方位进行碰撞的碰撞频率。一般来讲,Z 的大小与温度有关,但比起处于指数上的温度 T,往往可忽略 T 对 Z 的影响。此外,阿仑尼乌斯公式中的活化能 E_a 为实验活化能。如果研究的反应不是一个简单反应,而是由若干基元反应组成的,实验活化能将是所有基元反应的活化能的综合表现,因此也称为表观活化能。

阿仑尼乌斯公式的适用面很广,不仅适用于气相反应,也适用于液相反应和多相催化反应。

对于绝大多数化学反应,反应速率常数与温度的关系都能满足阿仑尼乌斯公式。但是,有些反应并不如此,如通常的爆炸反应,当温度升至某一极限时,反应速率可趋于无穷大;有的化学反应的速率反而随温度升高而减小等。这些不符合阿仑尼乌斯公式的反应类型称为反阿仑尼乌斯型反应,目前共发现了 4 种,在此就不多讨论了,有兴趣的读者可参考其他资料。

二、速率常数与温度的关系

将阿仑尼乌斯公式,即式(2-12)两边同时取对数,有

$$\ln \frac{k}{[k]} = -\frac{E_a}{RT} + \beta \tag{2-13}$$

式中:$[k]$ 为反应速率常数 k 的单位;β 为 $\ln Z$,如果忽略温度对 Z 的影响,β 为常数。

由式(2-13)可见,$\ln(k/[k])$ 与 $1/T$ 为一直线关系。如果以 $\ln(k/[k])$ 为纵坐标,$1/T$ 为横坐标作图,可以得到一条直线。直线的斜率 $\alpha = -E_a/R$。这一关系使我们能够通过实验的方法较准确地测定化学反应的活化能。

实验中,可以在几个不同温度下测出同一反应的几个速率常数,将 $k/[k]$ 取对数后与 $1/T$ 作图,通过这些实验点可以得到一条直线。只要计算出直线的斜率 α,即得活化能 $E_a = -\alpha R$。

例如,实验测得 N_2O_5 在 CCl_4 液体中的分解反应为

$$N_2O_5 \longrightarrow N_2O_4 + \frac{1}{2}O_2 \uparrow$$

在几个温度下的速率常数见表 2-3。

表 2-3 不同温度下 N_2O_5 分解反应的速率常数

温度 t /℃	温度 T/ K	$1/T$/(10^{-3} K^{-1})	k/(10^{-5} s^{-1})	$\ln(k/[k])$
65	338	2.96	487	-5.32
55	328	3.05	150	-6.5
45	318	3.14	49.8	-7.6
35	308	3.25	13.5	-8.91
25	298	3.36	3.46	-10.3
0	273	3.66	0.078 7	-14.1

将表 2-3 的数据作图，如图 2-5 所示。通过实验点拟合得到一条直线，求得直线斜率 α 为 -1.24×10^4。因此，该反应的活化能为

$$E_a = -\alpha R = -(-1.24 \times 10^4) \times 8.3145 = 1.03 \times 10^5 (J \cdot mol^{-1})$$

延长直线与纵坐标轴相交，可求得直线在纵坐标上（对应 $1/T$ 为零）的截距 β（即 $\ln Z$）为 31.4，因此 $Z = 4.33 \times 10^{13}$。

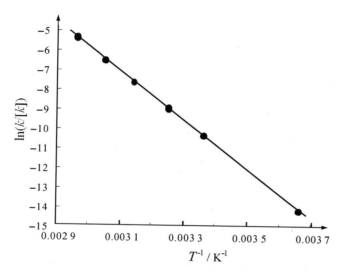

图 2-5 N_2O_5 分解反应的 $\ln(k/[k])$ 与 T^{-1} 的关系

阿仑乌斯公式（2-13）在两个不同温度 T_1 和 T_2 下相减，若视 β 与温度无关，则有

$$\ln \frac{k_1}{k_2} = \frac{E_a}{R}\left(\frac{1}{T_2} - \frac{1}{T_1}\right)$$

或写成

$$\ln \frac{k_1}{k_2} = \frac{E_a}{R} \frac{T_1 - T_2}{T_1 T_2} \qquad (2-14)$$

如果已知一个反应的活化能和某一温度下的反应速率常数，则另一温度下的速率常数可用式（2-14）求算。

【例 2-3】 对上述 N_2O_5 的分解反应，计算：

（1）$10\,℃$（283 K）时的速率常数；

（2）温度再升高 $10\,℃$，反应速率的变化。

解：（1）已知该反应的阿仑乌斯公式为

$$\ln(k/[k]) = -1.24 \times 10^4/T + 31.4$$

将 $T = 283$ K 代入上式，得

$$\ln(k/[k]) = -1.24 \times 10^4/283 + 31.4 = -12.42$$

因此

$$k = 4.05 \times 10^{-6} \ s^{-1}$$

（2）根据质量作用定律，浓度不变时有

$$v \propto k$$

若以 v_1，v_2 和 k_1，k_2 分别表示在温度 T_1 和 T_2 时的速率与速率常数，则根据式（2-14）可知

$$\ln \frac{v_2}{v_1} = \ln \frac{k_2}{k_1} = \frac{E_a}{R} \frac{T_2 - T_1}{T_2 T_1}$$

将 $E_a = 1.03 \times 10^5 \text{J} \cdot \text{mol}^{-1}$，$T_1 = 283$ K，$T_2 = 293$ K 代入上式，得

$$\ln \frac{v_2}{v_1} = \ln \frac{k_2}{k_1} = \frac{1.03 \times 10^5}{8.314\,5} \times \frac{293 - 283}{293 \times 283} = 1.495\,4$$

所以

$$v_2 / v_1 = 4.46$$

反应速率或速率常数不仅与温度有关，而且与反应的活化能密切相关[见式（2-12）]。如果反应温度升高 10℃，根据式（2-14）并假定 Z 不随 T 改变，还可以算出不同温度下，具有不同活化能的反应的 k_{T+10}/k_T 数值。现举一例列于表 2-4 中。

表 2-4 在不同温度时具有不同活化能 E_a 的反应的 k_{T+10}/k_T

$E_a/(\text{kJ} \cdot \text{mol}^{-1})$	以下温度 T K 下的 k_{T+10}/k_T					
	273	373	473	573	673	773
80.0	3.47	1.96	1.52	1.33	1.23	1.17
100.0	4.74	2.32	1.69	1.43	1.30	1.22
150.0	10.30	3.53	2.20	1.72	1.48	1.35
200.0	22.42	5.38	2.86	2.05	1.69	1.49
300.0	106.18	12.47	4.85	2.94	2.19	1.81
400.0	502.82	28.93	8.20	4.22	2.85	2.21

从表 2-4 中每一列可以看出，当温度每升高 10℃ 时，活化能大的反应速率增大的倍数大，而对活化能相同的反应（每行），温度变化对反应速率的影响，低温时比高温时要大。

此外，因为同一化学反应方程式中的正反应和逆反应的活化能一般并不相同，所以对于温度改变会影响平衡常数并使平衡移动，也可以从正、逆反应速率的变化（亦即化学动力学的角度）做进一步的理解。

三、催化剂对反应速率的影响

某些物质加到化学反应体系中能够改变反应速率，而本身的化学成分、数量与化学性质在反应前后均不发生变化，这类物质称为催化剂（Catalyst）。催化剂改变化学反应速率的作用称为催化作用（Catalysis）。能使反应速率加快的催化剂称为正催化剂；反之，则称为负催化剂。目前，负催化剂的应用还很少，通常所讲催化剂都是指正催化剂。

化学化工中常用的催化剂按照其起作用时与物料之间的分散状态来分，一般有均匀分散和非均匀分散两类。前者称为均相催化（剂），如溶液中的氢离子、过渡金属离子或配位化合物等。后者称为多相或复相催化（剂），如工业上称为触媒的各种过渡金属或合金固体及金属氧化物等；另外，生物体中还有一类效率和选择性都很高的特殊催化剂——酶（Enzyme）。

从化学动力学的基本原理来讲，催化剂与前面所讨论过的浓度和温度一样，只是影响反应速率的一种因素。但是催化作用无论在工业生产还是在科学实验中，都有非常广泛的应用。

据统计,目前有 80%～85% 的化学工业生产离不开催化剂的应用。

简而言之,催化剂对反应速率的影响,就是降低了反应的活化能,使反应速率加快。

1. 催化剂对化学反应速率的影响

各种研究表明,催化剂加快反应速率的根本原因是催化剂本身参与了化学反应过程。大多数催化剂都是含过渡金属的化合物或过渡金属,它们活跃的 d 电子[①]往往在与反应物分子相互作用(如吸附)时,使反应物分子的化学键得以松弛,从而改变了原有反应途径,降低了活化能,导致活化分子的百分含量相对增大。由式(2-12)可知,活化能处于负指数的位置,因此,加大了反应速率。表 2-5 给出了 3 个反应在有催化剂和无催化剂存在时活化能的实验值。

表 2-5　催化反应与非催化反应的活化能

反　　应	活化能 / $(kJ \cdot mol^{-1})$		催　化　剂
	非催化反应	催化反应	
$2HI \rightleftharpoons H_2 + I_2$	184.1	104.6	Au
$2H_2O \rightleftharpoons 2H_2 + O_2$	244.8	136	Pt
$3H_2 + N_2 \rightleftharpoons 2NH_3$	334.7	167.4	$Fe - Al_2O_3 - K_2O$

表 2-5 中数据表明,催化剂的存在使反应的活化能显著降低,从而使反应大大加速。

例如,碘化氢分解的反应,若在 503 K 下进行,催化剂 Au 使活化能降低了大约 80 $kJ \cdot mol^{-1}$。利用阿仑尼乌斯公式(2-12)不难算得催化与非催化的反应速率常数之比(假设 Z 不变)为 1.8×10^8,两者的反应速率相差近两亿倍。

催化剂之所以能加快反应速率,其催化机理一般认为是由于催化剂改变了反应的历程。有催化剂参加的新的反应历程和无催化剂时的原反应历程相比,活化能降低了(见图 2-6)。由图 2-6 还可见,加入催化剂后,正反应的活化能降低的数值与逆反应的活化能降低的数值是相等的。这表明催化剂不仅加快正反应的速率,同时也加快逆反应的速率。

从图 2-6 还可看到,催化剂的存在并不改变反应物和生成物的相对能量。也就是说,一个反应无论在有催化剂还是无催化剂时进行,体系的始态和终态都不会发生改变。因此,催化剂不能改变一个反应的 $\Delta_r H_m$ 和 $\Delta_r G_m$。这也说明催化剂只能加速热力学上认为可以进

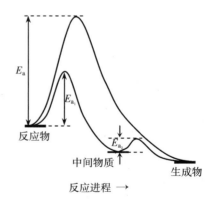

图 2-6　合成氨反应的活化能示意图

行的反应,即 $\Delta_r G_m < 0$ 的反应;对于通过热力学计算判断不能自发进行的反应,即 $\Delta_r G_m > 0$ 的反应,使用任何催化剂都是徒劳的。换句话说,动力学的研究是建立在热力学是可能的前提之下,进而研究反应的具体历程和速率大小。

2. 催化剂的基本特性

(1)在反应前后,催化剂本身的组成、物质的量和化学性质虽然都不发生变化,但往往伴随

---

① 关于 d 电子的含义见第五章第三、四节。

有物理性质的改变。如分解 $KClO_3$ 的催化剂 MnO_2，反应后会从块状变为粉状。又如用 Pt 网催化使氨氧化，几星期后 Pt 网表面就会变得比较粗糙。

（2）催化剂能对化学反应速率产生很大的影响。它虽能缩短达到平衡的时间，但不能改变平衡状态（$K^{\ominus}$ 不变）。因为反应前后催化剂的化学性质未改变，对于一个反应来讲，反应前后，始态和终态与催化剂的存在与否无关。因此，反应的标准吉布斯函数变是个定值，标准平衡常数自然也是个定值，由标准平衡常数计算出来的最高产率也只能和不加催化剂时相同。从图 2-2 以及图 2-6 还可看出，催化剂在降低了正反应的活化能的同时，也降低了逆反应的活化能。可以说，催化剂对于正、逆反应的活化能（速率常数）产生了同等程度的影响。因此，催化剂能够加速达到平衡的时间，但不能改变化学平衡而使最高产率发生变化。既然催化剂对正、逆反应的活化能产生了同样程度的影响，那么在一定条件下，对正反应是优良的催化剂，对逆反应也是优良的催化剂。例如，铁、铂、镍等金属既是良好的脱氢催化剂，也是良好的加氢催化剂。

（3）催化剂具有特殊的选择性。催化剂的选择性有两方面的含义。第一，不同类型的反应需要选择不同的催化剂，例如，氧化反应的催化剂和脱氢反应的催化剂是不同的。即使是同一类型的反应，其催化剂也不一定相同。例如，SO_2 的氧化用 V_2O_5 作催化剂，而 $CH_2{=}CH_2$ 氧化却用金属 Ag 作催化剂。第二，对同样的反应物，如果选择不同的催化剂，可以得到不同的产物，这一点在工业生产中有重要意义。例如，乙醇的分解有以下几种情况：

$$C_2H_5OH \xrightarrow[Cu]{473\sim523\ K} CH_3CHO + H_2 \uparrow$$

$$C_2H_5OH \xrightarrow[Al_2O_3]{623\sim633\ K} C_2H_4 \uparrow + H_2O$$

$$2C_2H_5OH \xrightarrow[Al_2O_3]{413\ K} (C_2H_5)_2O + H_2O$$

$$2C_2H_5OH \xrightarrow[ZnO\cdot Cr_2O_3]{673\sim773\ K} CH_2{=}CH{-}CH{=}CH_2 + 2H_2O + H_2 \uparrow$$

从热力学观点看，这些反应都是可以自发进行的。但是，某种催化剂却只对某一特定反应有催化作用，而不能加速所有热力学上可能的反应，这就是催化剂的选择性。因此，我们可以利用这种选择性，选用不同的催化剂，而得到不同的产物。

（4）催化剂的活性与中毒。催化剂的活性是指催化剂的催化能力，即在指定条件下，单位时间内单位质量（或单位体积）的催化剂上能生成的产物量。许多催化剂在开始使用时，活性从小到大，逐渐达到正常水平。活性稳定一定时间后，又下降直到衰老而不能使用。这个活性稳定期称为催化剂的寿命。寿命的长短因催化剂的种类和使用条件而异。衰老的催化剂有时可以用再生的方法使之重新活化。催化剂在活性稳定期间往往因接触少量的杂质而使活性立刻下降，这种现象称为催化剂的中毒。如果消除中毒因素后活性能够恢复，则称为暂时性中毒，否则为永久性中毒。

固体催化剂的活性常取决于它的表面状态，而表面状态因催化剂的制备方法不同而异。也就是说，催化剂的物理性质也影响它的活性。有时为了充分发挥催化剂的效率，常将催化剂分散在表面积大的多孔性惰性物质上，这种物质称为载体。常用的载体有硅胶、氧化铝、浮石、石棉、活性炭、硅藻土等。在实际应用中，催化剂通常不是单一的物质，而是由多种物质组成的，可区分为主催化剂与助催化剂。主催化剂通常是一种物质，也可以是多种物质。助催化剂单独存在时没有活性或活性很小,但它和主催化剂组合后能显著提高催化剂的活性、选择性和稳定性。

3.催化应用举例

在电子工业中,有时用一种含钯 0.03% 的分子筛作催化剂,用来去除氢气中可能含有的少量氧气。用了催化剂可以在常温下迅速实现氢气和氧气化合生成水的反应,而没有用催化剂时,是观察不出这种反应的。这是由于两种气体在催化剂表面吸附后,反应的活化能降低了,大大加速了反应的进行。其历程如下:

(1)反应物 H_2 与 O_2 向催化剂表面扩散;

(2)氧气分子在催化剂表面被吸附;

(3)氢分子与催化剂表面上吸附状态的氧分子结合生成水;

(4)水分子从催化剂表面解吸向气体中扩散,完成反应。

又如,用铁催化剂合成氨。研究表明,其催化机理是:N_2 分子首先化学吸附在催化剂表面上使化学键削弱;接着,化学吸附的氢原子不断和表面上的氮原子作用,在催化剂表面上逐步生成氨分子;最后,氨分子从表面脱附,得到气态氨,即

$$x\text{Fe}+0.5N_2 \longrightarrow \text{Fe}_x\text{N}$$
$$\text{Fe}_x\text{N}+[\text{H}]_{\text{吸}} \longrightarrow \text{Fe}_x\text{NH}$$
$$\text{Fe}_x\text{NH}+[\text{H}]_{\text{吸}} \longrightarrow \text{Fe}_x\text{NH}_2$$
$$\text{Fe}_x\text{NH}_2+[\text{H}]_{\text{吸}} \longrightarrow \text{Fe}_x\text{NH}_3 \longrightarrow x\text{Fe}+\text{NH}_3\uparrow$$

当没有催化剂存在时,反应的活化能 E_a 很高,为 $250\sim340\ \text{kJ}\cdot\text{mol}^{-1}$。加入铁催化剂后,反应分为生成铁的氮化物阶段和铁的氮氢化物阶段,如图 2-6 所示。第一阶段的活化能 E_{a_1} 为 $125\sim167\ \text{kJ}\cdot\text{mol}^{-1}$,第二阶段的活化能 E_{a_2} 很小,为 $12.6\ \text{kJ}\cdot\text{mol}^{-1}$。因此,第一阶段为速率控制步骤,即决速步。显然,催化剂的使用,大大降低了反应的活化能,从而大大加速了合成氨的反应。

由于催化剂同时加快正、逆反应的反应速率,因此,也可以利用上述反应的逆反应来加速氨的分解,制取氢气和氮气。

阅读材料

燃烧的化学反应过程

燃料的燃烧是人们利用热能的主要途径。在热能工程,如各种工业与民用锅炉、动力,如车辆、轮船、航空航天飞行器以及人们日常生活中,燃烧现象极为常见。然而,除一些较为特殊的燃料(如固体运载火箭的推进剂)燃烧外,最常见的几乎是煤气(主要成分为 $CO+H_2$),石油产品(天然气、汽油、煤油、柴油等烃类物质)以及煤炭在空气中的燃烧。

燃烧反应是可燃物质与氧气发生的一种快速氧化反应,一般都进行得比较快。这是由于除碳的燃烧反应以外,上述其他物质的燃烧反应都是按照一种称为"链反应"(Chain reaction)的机理进行的。反应链一旦引发(Initiation)、传递或增长(Propagation)速率便非常快。链反应的特点是反应引发后,各步基元反应都是通过自由基(Radical,即具有单电子的能量较高、不稳定、反应活性大的中间物质)参与进行的,因而反应的活化能都比较低,反应速率较大。下面分别介绍氢气、CO、烃类及碳的燃烧反应。

1. 氢气的燃烧与链反应

氢气燃烧的总反应为

$$2H_2 + O_2 \Longrightarrow 2H_2O, \quad \Delta_r H_m^{\ominus} = -483.68 \text{ kJ} \cdot \text{mol}^{-1}$$

研究表明,这一反应是通过如下步骤(机理)完成的。

(1)少数氢分子在一定温度下受到高能量分子(M)的碰撞,分解成氢原子(反应式中带"·"的化学式代表自由基):

$$H_2 + M \longrightarrow 2H \cdot + M, \quad \Delta_r H_m^{\ominus} = 436.0 \text{ kJ} \cdot \text{mol}^{-1}$$

(2)氢原子遇到氧分子发生化学反应:

$$H \cdot + O_2 \longrightarrow O \cdot + OH \cdot, \quad \Delta_r H_m^{\ominus} = 70.3 \text{ kJ} \cdot \text{mol}^{-1}$$
$$E_a = 75.4 \text{ kJ} \cdot \text{mol}^{-1}$$

(3)氧原子和氢氧自由基分别引起化学反应:

$$O \cdot + H_2 \longrightarrow H \cdot + OH \cdot, \quad \Delta_r H_m^{\ominus} = 7.5 \text{ kJ} \cdot \text{mol}^{-1}$$
$$E_a = 25.1 \text{ kJ} \cdot \text{mol}^{-1}$$

$$OH \cdot + H_2 \longrightarrow H_2O + H \cdot, \quad \Delta_r H_m^{\ominus} = -62.8 \text{ kJ} \cdot \text{mol}^{-1}$$
$$E_a = 41.9 \text{ kJ} \cdot \text{mol}^{-1}$$

由此可见,一个 H 原子自由基经(2)和(3)的反应结果,导致了 2 个 H_2O 的生成和 3 个 H 自由基的产生,即

$$H \cdot + 3H_2 + O_2 \longrightarrow 2H_2O + 3H \cdot$$

这 3 个 H 原子又将引发更多(9 个)的 H 自由基产生。由于反应的活化能最大不超过 75.4 kJ·mol^{-1},因此,反应将像滚雪球一样,速率按几何级数增长。以这种方式进行的反应即称为链反应或链式反应(也称连锁反应)。其中,步骤(1)的反应称为链的引发,步骤(2)(3)新产生的 3 个 H 进一步引发反应称为链传递或链增长。这一机理解释了为什么氢和氧生成水的反应在低温下很难发生,而在较高温度下却能以极快的速率甚至爆炸的方式进行。

反应在较低温度下很难发生,有人认为是因为链引发步骤(1)需要的能量太多,提出起链反应主要为

$$M + H_2 + O_2 \longrightarrow M + H_2O_2 \longrightarrow 2OH + M, \quad \Delta_r H_m^{\ominus} = 213 \text{ kJ} \cdot \text{mol}^{-1}$$

需要指出的是,链的传递或增长不是无限的。自由基数量在不断繁殖增长的同时,也会由于其他原因而销毁。例如,自由基在空中相互碰到一起,释放出能量被其他分子带走,或碰到容器壁面而销毁等,这些过程称为链终止(Chain termination)。

链反应是一类重要的化学反应。除燃烧反应以外,现代许多重要的工艺过程如合成橡胶、塑料、合成纤维及其他高分子化合物的制备等,都与链反应有密切的关系。原子核裂变反应也是典型的链反应。链反应除了由碰撞产生自由基而引发之外,常见的还有光引发,即在光照条件下,某些分子被解离,首先生成自由基,引发链反应。光引发最常见的是卤素(Br_2,Cl_2 等)参加的反应。又如,研究表明,氟氯烃(制冷剂)排入大气,被光解离生成 Cl 自由基,加速了 O_3 的分解,导致大气层中的臭氧层被破坏,出现臭氧空洞而带来严重的环境和生态问题。

2. 一氧化碳的燃烧

一氧化碳的燃烧也是链反应。由于氢和水蒸气的存在对 CO 的燃烧具有催化作用,因此 CO 与 O_2 的混合物的燃烧,一般分为"干燥"和"潮湿"混合物两种情况来讨论。

干的 CO 和 O_2 燃烧时,少量氧原子与氧分子首先结合成臭氧,臭氧是引发链反应的物质。

它与 CO 反应产生 CO_2 和两个原子态的氧，导致链增长。原子氧活性较高，可以进一步氧化 CO。CO 和氧的混合物要在 660℃ 以上才能着火。当温度低于 250℃ 时，可以认为 O_3 不与 CO 发生反应。

　研究表明，反应体系中很少量的含氢物质（如 H_2，H_2O 等）可以催化 CO 的燃烧。当 CO 和 O_2 的混合物中掺有水蒸气或氢时，链反应的机理与干 CO 燃烧时大不一样。水的催化反应过程如下：

$$CO + O_2 \longrightarrow CO_2 + O \cdot$$
$$O \cdot + H_2O \longrightarrow 2OH \cdot$$
$$OH \cdot + CO \longrightarrow CO_2 + H \cdot$$
$$H \cdot + O_2 \longrightarrow OH + O \cdot$$

　若 H_2 是催化剂，则反应还有

$$O \cdot + H_2 \longrightarrow OH \cdot + H \cdot$$
$$OH \cdot + H_2 \longrightarrow H_2O + H \cdot$$

其中，重要步骤是 $OH \cdot + CO \longrightarrow CO_2 + H \cdot$。这与 $OH \cdot + H_2 \longrightarrow H_2O + H \cdot$ 极相似。

　CO 燃烧反应的研究表明，总反应速率与 CO 的浓度成正比；当 O_2 的浓度低于 5% 时，与 O_2 的浓度成正比；当 O_2 浓度高于 5% 时，与 O_2 浓度无关；反应速率还与水蒸气浓度成正比。反应速率仍然遵循质量作用定律和阿仑尼乌斯公式。但是，反应速率常数和活化能都是折算值，许多实验测出的活化能出入很大，通常为 $80 \sim 120 \ kJ \cdot mol^{-1}$。

　3. 烷烃的燃烧与闪点

　烷烃的燃烧反应都是链反应。甲烷是分子结构最简单的烷烃，但是它的 C—H 键键能比其他烷烃的都高，反应机理有所不同。不过，因为甲烷分子结构毕竟简单，所以我们首先讨论甲烷的燃烧反应。

　（1）甲烷的燃烧。由于破坏甲烷中 C—H 键所需的能量大于其他烷烃 C—H 键的键能，因而氧化机理有所不同。实际上，点燃甲烷/空气混合物比点燃其他一些烃更困难。在低温下，原子氧自由基与甲烷的化学反应也是缓慢的。由于甲烷仅有一个碳原子，因此不能生成在低温燃烧条件下易于导致链分支的乙醛，但它却能生成导致爆炸所需链分支（Chain branch）步骤的甲醛。

　在较低温度下，甲烷氧化的最简单反应机理为

$$CH_4 + O_2 \longrightarrow CH_3 \cdot + HO_2 \cdot \quad （链引发）$$
$$CH_3 \cdot + O_2 \longrightarrow CH_2O + OH \cdot$$
$$OH \cdot + CH_4 \longrightarrow H_2O + CH_3 \cdot \quad （链传递）$$
$$OH \cdot + CH_2O \longrightarrow H_2O + HCO \cdot$$
$$CH_2O + O_2 \longrightarrow HO_2 \cdot + HCO \cdot \quad （链分支）$$
$$HCO \cdot + O_2 \longrightarrow CO + HO_2 \cdot$$
$$HO_2 \cdot + CH_4 \longrightarrow H_2O_2 + CH_3 \cdot \quad （链传递）$$
$$HO_2 \cdot + CH_2O \longrightarrow H_2O_2 + HCO \cdot$$
$$OH \cdot \longrightarrow 器壁 \quad （链终止）$$
$$CH_2O \longrightarrow 器壁$$

显然，第一个反应是慢反应。

在较高温度下，甲烷的燃烧包括使 CO 进一步氧化成 CO_2 这一步骤，即

$$OH\cdot + CO \longrightarrow H\cdot + CO_2$$

同时，一些高活化能的步骤也变得可行，因此有人还提出过一个 18 步的高温氧化机理。

（2）多碳烷烃的燃烧与闪点。烷烃的分子式为 C_nH_{2n+2}，或写为 RH。其中 R 代表 C_nH_{2n+1}。

烷烃与氧的燃烧反应主要是由 $OH\cdot$ 作为自由基引发的：

$$OH\cdot + RH \longrightarrow R\cdot + H_2O$$

$R\cdot$ 进一步氧化成醛 $R'CHO$（R' 比 R 少一碳），即

$$R\cdot + O_2 \longrightarrow RO_2\cdot \quad 及 \quad RO_2\cdot \longrightarrow R'CHO + OH\cdot$$

醛进一步反应变成烷

$$R'CHO + R\cdot \longrightarrow RCO\cdot + R'H \quad 及 \quad RCO\cdot \longrightarrow R\cdot + CO$$

如上过程的综合结果为

$$RH + O_2 \longrightarrow R'H + CO + H_2O$$

式右的 $R'H$ 比式左的 RH 少了一个 CH_2。烷烃经过如上步骤一步一步减短碳原子链，最后都变成甲烷。甲烷再生成甲醛，而甲醛或者分解或者直接燃烧都比较顺利：

$$HCHO \longrightarrow CO + H_2$$

$$HCHO + O_2 \longrightarrow CO_2 + H_2O$$

其中，甲醛燃烧能发出带白色的浅蓝色光。

烃的氧化反应发生的同时，在因混合不均匀而没有氧存在的地方，烃可以发生热裂解反应。热裂解基本反应是脱氢和断链，即

脱氢：
$$C_nH_{2n+2} \longrightarrow C_nH_{2n} + H_2$$

断链：
$$C_{m+n}H_{2(m+n)+2} \longrightarrow C_nH_{2n} + C_mH_{2m+2}$$

脱氢和断链可以进一步发生直至析碳。工业生产中也利用这种析碳反应生产炭黑。此外，当有催化剂存在时，烃的裂解可在 150～200℃ 的较低温度下进行，且裂解速率可以加快，这就是石油工业中将重油进行催化裂化（Catalytic cracking）生产轻油的技术。

烃与空气的混合物在 100～300℃ 的温度下，就会发生链反应，生成甲醛，发出蓝光。但是，由于某些因素的影响，自由基的销毁速率大于繁殖速率。此时，链反应还不能大量增殖引起爆炸，这种现象称为冷焰。石油产品在大气压力下受热，其蒸气和空气混合物按试验条件规定，断续地接触火焰，第一次出现短促闪火（冷焰）现象时的油品温度称为闪点（Flash point）。

按有关规定，油料在无压或非密闭体系中加热时，其加热温度不得超过闪点，以免发生火灾。事实上，一般的加热温度要比闪点至少低 10℃。

4. 煤的燃烧

煤是一种成分十分复杂的混合物，主要是由含有不同杂质的多种和大小不等的、带有不同基团的缩合六边形芳香环碳及碳氢化合物组成的。煤的燃烧属于多相化学反应。煤在燃烧时首先析出挥发成分，最终留下固体焦炭（也称固定炭）参与燃烧。其中的一些矿物杂质，燃烧结束时形成灰分。

炭燃烧的热化学方程为

$$C + O_2 = CO_2, \quad \Delta_r H_m^\ominus = -409 \text{ kJ} \cdot \text{mol}^{-1}$$

$$2C + O_2 = 2CO, \quad \Delta_r H_m^\ominus = -245 \text{ kJ} \cdot \text{mol}^{-1}$$

反应机理是

$$4C + 3O_2 \xrightarrow{\hspace{1cm}} 2CO_2 + 2CO$$

或

$$3C + 2O_2 \xrightarrow{\hspace{1cm}} 2CO + CO_2$$

它们为初次反应,初次反应生成的 CO 和 CO_2 又可能与碳和氧进一步发生二次反应:

$$C + CO_2 \xrightarrow{\hspace{1cm}} 2CO, \qquad \Delta_r H_m^\ominus = 162 \text{ kJ} \cdot \text{mol}^{-1}$$

及气相中

$$2CO + O_2 \xrightarrow{\hspace{1cm}} 2CO_2, \qquad \Delta_r H_m^\ominus = -571 \text{ kJ} \cdot \text{mol}^{-1}$$

以上 4 个反应交叉和平行地进行。如果反应体系中有水蒸气存在,则还有如下反应:

$$C + 2H_2O \xrightarrow{\hspace{1cm}} CO_2 \uparrow + 2H_2 \uparrow$$

$$C + H_2O \xrightarrow{\hspace{1cm}} CO \uparrow + H_2 \uparrow$$

$$C + 2H_2 \xrightarrow{\hspace{1cm}} CH_4$$

这 3 个反应的显著程度取决于反应体系所处的压力与温度条件。

由于炭燃烧是多相化学反应,反应进行的速率(燃烧的顺利程度)还与煤粉的粒度和通风条件有关。煤的燃烧当然也与所烧原煤的质量(烟煤、无烟煤和杂质含量等)有关。在实际生产中,通风量也应适当,因为过多的未起反应的 O_2 和 N_2 等气体会带走热量而使燃烧热不能充分利用。

思考题与练习题

一、思考题

1. 化学反应速率的含义是什么？反应速率如何表达？

2. 能否根据化学方程式来判断反应的级数？为什么？举例说明。

3. 阿仑尼乌斯公式有什么重要应用？举例说明。对于通常的化学反应,温度每上升 10℃,反应速率一般增加到原来的多少倍？

4. 对一个化学反应的活化能进行实验测定,根据阿仑尼乌斯公式判断,最少要进行几个温度下的速率测定？为什么往往实验中测定的温度点要比这些温度点多？

5. 如果一个反应是单相反应,则影响速率的主要因素有哪些？它们对速率常数分别有什么影响？为什么？

6. 一个反应的活化能为 120 kJ·mol^{-1},另一反应的活化能为 78 kJ·mol^{-1},在相似条件下,这两个反应中哪个进行得较快？为什么？

7. 如果一个反应是放热反应,则温度升高将不利于反应的进行,因此,这个反应在高温下将缓慢进行。这一说法是正确的吗？为什么？

8. 总压力与浓度的改变对反应速率以及对平衡移动的影响有哪些相似之处？有哪些不同之处？举例说明。

9. 比较温度与平衡常数的关系式及温度与反应速率常数的关系式,有哪些相似之处？有哪些不同之处？举例说明并解释两式中各物理量的含义。

10. 对于多相反应,影响化学反应速率的主要因素有哪些？举例说明。

11. 什么是石油工业中的催化裂化？

12. 石油产品在储运和加工过程中应特别注意什么问题？

二、练习题

1. 设反应 $1.5H_2 + 0.5N_2 \longrightarrow NH_3$ 的活化能为 $334.7 \text{ kJ} \cdot \text{mol}^{-1}$，如果 NH_3 按相同途径分解，测得分解反应的活化能为 $380.6 \text{ kJ} \cdot \text{mol}^{-1}$，试求合成氨反应的反应焓变。

2. 研究表明，大气中的 O_3 层可以阻止太阳的紫外线辐射，保护人类及动、植物免受伤害。而在有氯存在的情况下，臭氧分解 $O_3 \longrightarrow O_2$ 的速率将大大加快。氟利昂（如 $CFCl_3$）可能是大气中出现臭氧空洞的主要原因。今在一定条件下，于恒容容器中测得臭氧分解过程中 O_3 和 O_2 的浓度变化如下：

$$2O_3 \longrightarrow 3O_2$$

起始浓度/$(\text{mol} \cdot \text{L}^{-1})$ 0.031 5 0.022 6

3 s 后浓度/$(\text{mol} \cdot \text{L}^{-1})$ 0.026 1 0.030 8

试分别以 O_3 和 O_2 的浓度变化量计算该反应此时的反应速率。

3. 在一定条件下，第 2 题反应 $2O_3 \longrightarrow 3O_2$ 的正反应速率与 O_3 浓度的关系如下：

O_3 浓度/$(\text{mol} \cdot \text{L}^{-1})$	反应速率/$(\text{mol} \cdot \text{L}^{-1} \cdot \text{s}^{-1})$
0.010	1.841×10^{-4}
0.015	3.382×10^{-4}

其他条件不变，试由这两组数据，确定该反应的反应级数及速率与浓度的关系式。

4. 下列反应为基元反应，并在密闭容器中进行：

$$2NO + O_2 \longrightarrow 2NO_2$$

试求：(1) 反应物初始浓度分别为 $c(NO) = 0.3 \text{ mol} \cdot \text{L}^{-1}$，$c(O_2) = 0.2 \text{ mol} \cdot \text{L}^{-1}$ 时的反应速率。

(2) 在恒温下，增加反应物浓度，使其达到 $c(NO) = 0.6 \text{ mol} \cdot \text{L}^{-1}$，$c(O_2) = 1.2 \text{ mol} \cdot \text{L}^{-1}$ 时的反应速率。它是 (1) 中反应速率的多少倍？

5. 氢和碘的蒸气在高温下按下式一步完成反应：

$$H_2 + I_2 \longrightarrow 2HI$$

若两反应物的浓度均为 $1 \text{ mol} \cdot \text{L}^{-1}$，反应速率为 $0.05 \text{ mol} \cdot \text{L}^{-1} \cdot \text{s}^{-1}$；设 H_2 的浓度为 $0.1 \text{ mol} \cdot \text{L}^{-1}$，$I_2$ 的浓度为 $0.5 \text{ mol} \cdot \text{L}^{-1}$，则此时反应速率为多少？

6. 700℃时 CH_3CHO 分解反应的速率常数 $k_1 = 0.010\ 5 \text{ s}^{-1}$。如果反应的活化能为 $188 \text{ kJ} \cdot \text{mol}^{-1}$，求 800℃时该反应的速率常数 k_2。

7. 设某反应正反应的活化能为 $8 \times 10^4 \text{ J} \cdot \text{mol}^{-1}$，逆反应的活化能为 $12 \times 10^4 \text{ J} \cdot \text{mol}^{-1}$，如果忽略 Z 的差异，求 800 K 时的 $v_{正}$ 与 $v_{逆}$ 各为 400 K 时的多少倍？根据计算结果看，活化能不同的反应，当温度升高时，何者速率改变较大？

8. 设 400 K 时，上题的反应加催化剂后，活化能降低了 $2 \times 10^4 \text{ J} \cdot \text{mol}^{-1}$，计算此时的 $k_{正}/k_{逆}$ 的值与未加催化剂前的值是否相同（忽略 Z 的差异）？由此说明，催化剂使正、逆反应速率增大的倍数是否相同？

9. 有两个反应，其活化能相差 $4.184 \text{ kJ} \cdot \text{mol}^{-1}$，如果忽略此二反应的频率因子的差异，计算它们的速率常数在 300 K 时相差多少倍。

10. 甲酸在金表面上的分解反应在 140℃ 和 185℃ 时的速率常数分别为 $5.5 \times 10^{-4} \text{ s}^{-1}$ 及 $9.2 \times 10^{-2} \text{ s}^{-1}$，试求该反应的活化能。

11. 已知某反应的活化能为 $80 \text{ kJ} \cdot \text{mol}^{-1}$，试求 (1) 由 20℃ 升高至 30℃，(2) 由 100℃ 升高

至 110℃,其速率常数各增大了多少倍。

12. 根据实验,NO 和 Cl_2 的反应:$2NO(g)+Cl_2(g)\longrightarrow 2NOCl(g)$满足质量作用定律。

(1)写出该反应的反应速率与浓度的关系的表达式。

(2)该反应的总级数是多少?

(3)其他条件不变,如果将容器的体积增加至原来的 2 倍,反应速率如何变化?

(4)如果容器的体积不变而将 NO 的浓度增加至原来的 3 倍,反应速率又将如何变化?

13. 将含有 $0.1\ mol\cdot L^{-1}\ Na_3AsO_3$ 和 $0.1\ mol\cdot L^{-1}\ Na_2S_2O_3$ 的溶液与过量的稀硫酸溶液混合均匀,发生下列反应:

$$2H_3AsO_3+9H_2S_2O_3\longrightarrow As_2S_3(s)+3SO_2(g)+9H_2O+3H_2S_4O_6$$

今由实验测得,17℃时从混合开始至出现黄色 As_2S_3 沉淀共需时 1 515 s。若将溶液温度升高 10℃,重复实验,测得需时 500 s。试求该反应的活化能 E_a。

14. 当没有催化剂存在时,H_2O_2 的分解反应如下:

$$H_2O_2(l)\longrightarrow H_2O(l)+1/2O_2(g)$$

该反应的活化能为 75 kJ·mol^{-1}。当有催化剂存在时,该反应的活化能降低到 54 kJ·mol^{-1}。计算在 298 K 时,两反应速率的比值(忽略 Z 的差异)。

第三章 溶液中的解离平衡

溶液是由一种或多种物质分散在另一种物质中所形成的均相分散系统。许多反应是在溶液中进行的,许多物质的性质也是在溶液中呈现的。工农业生产、日常生活和科学实验都离不开溶液,如机械工业中的酸洗、除锈、电镀、电解加工、化学刻蚀,日常生活中的洗涤、烹饪等都和溶液有关。溶液的某些性质取决于溶质,而溶液的另一些性质则与溶质的本性无关。因此,对多种类型的溶液进行讨论,了解其各自的特性,具有重要的意义。

第一节 非电解质稀溶液的依数性

物质的溶解是一个物理化学过程,溶质溶解于溶剂后,溶液的性质与纯溶剂和纯溶质的性质都不相同。溶液的性质可分为两类:第一类性质与溶质的本性及溶质与溶剂的相互作用有关,如溶液的颜色、体积、密度、导电性、黏度等;第二类性质取决于溶质的粒子数(即溶液浓度),而与溶质的本性几乎无关,如稀溶液的蒸气压下降、沸点上升、凝固点下降,以及溶液的渗透压等。这些只与溶剂性质及溶液中溶质的粒子数(即溶液浓度)有关,而与溶质本性无关的性质称为溶液的依数性。在非电解质的稀溶液中,溶质粒子之间的作用力很微弱,且溶质对溶剂分子间的作用力没有明显影响,因而这种依数性呈现明显的规律性变化,并且知道了一种依数性性质可以推算出其他依数性性质。稀溶液的依数性定律是有限定律,溶液越稀,定律越准确。当溶质 B 的质量摩尔浓度 $m_B = 1 \text{ mol} \cdot \text{kg}^{-1}$ 时,最多只能准确到百分之几。

一、溶液的蒸气压下降

1. 蒸气压

在一定的温度下,将一定量的液体盛于一定体积的密闭容器中,则液面上一部分高能量分子就会克服分子间的引力陆续地逸出液面,进入到容器的空间内成为蒸气分子,此过程称为蒸发(Vaporize)[见图 3-1(a)]。相反,蒸气分子在液面上的空间不断运动时,某些蒸气分子可能碰到液面又进入液体中,此过程称为凝聚(Condense)。在一定温度下液体的蒸发速率是恒定的,而凝聚速率最初较小[见图 3-1(b)],但随着蒸气分子增多,凝聚速率增加,最后,当凝聚速率与蒸发速率相等时,液体(液相)和它的蒸气(气相)就处于平衡状态了[见图 3-1(c)]。这种两相之间的平衡称为相平衡(Phase equilibrium)。平衡时,在单位时间内从气相回到液相的分子数等于从液相进入气相的分子数,因此,它是一种动态平衡。在一定的温度 T_1,液体和它的蒸气处于平衡状态时,由于密闭容器中气体分子 B 的物质的量(n_1)恒定,体积(V)一定,按照理想气体状态方程有

$$p_1 = \frac{n_1}{V}RT_1$$

由此得知，p_1 必为定值。此时蒸气所具有的压力，叫作饱和蒸气压，简称为蒸气压（Vapor pressure）。因此，在一定温度下，液体的饱和蒸气压 p 是一定的。

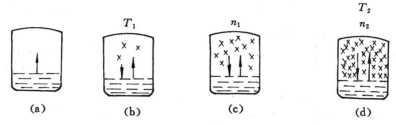

图 3 - 1　液体蒸发与蒸气凝结过程示意图

（图中箭头长短表示蒸发速率或凝结速率的大小）

（a）T_1 温度下开始时；（b）T_1 温度下未达平衡；

（c）T_1 温度下达到平衡状态；（d）温度升至 T_2 时达到平衡状态

当温度升高至 $T_2(> T_1)$ 时，分子的动能增加，具有逸出能力的分子数也增加，加之这时由于受热膨胀，液体分子间距离增加，引力减弱，具有较低能量的分子，也可能从液面逸出，使得在单位时间内从单位液面上逸出的分子数增加，即蒸发速率加快。如图 3-1（d）所示，$n_2 > n_1$，由理想气体状态方程式得知，p_2 必然大于 p_1。也就是说，对于同一物质，当温度由 T_1 升高至 T_2 时，蒸气压增大了。

由气体状态方程式可以看出，p 与 n 和 T 的乘积成正比，而 n 随 T 变化，因此，蒸气压与温度的关系，并非直线关系，其定量关系可以参见第二章。

蒸气压是强度性质，与液体的本性有关，而与液体的量无关。例如，20℃时，水的蒸气压是 2.339 kPa，酒精是 5.847 kPa，乙醚是 58.932 kPa。蒸气压愈大的物质愈容易挥发。

在一定温度下，每种液体的蒸气压是一个定值。而当温度升高时，蒸气压增大（见表 3-1）。

表 3 - 1　在不同温度下水的蒸气压

温度/℃	0	10	20	25	30	40	60
蒸气压/kPa	0.61	1.228	2.339	3.169	4.246	7.381	19.932
温度/℃	80	100	120	150	200	375	
蒸气压/kPa	47.373	101.3	198.5	476.1	1 554.5	22 061.7	

固体表面的分子也能蒸发。如果把固体放在密闭的容器中，固体（固相）和它的蒸气（气相）之间也能达到平衡，而产生一定的蒸气压。固体的蒸气压也随着温度的升高而增大。表 3-2所示为不同温度下冰的蒸气压。

表 3 - 3 在不同温度下冰的蒸气压

温度/℃	0	−1	−5	−10	−15	−20	−25
蒸气压/kPa	0.61	0.563	0.401	0.260	0.165	0.104	0.064

以蒸气压为纵坐标,温度为横坐标,画出水和冰的蒸气压曲线,如图 3 - 2 中 aa' 线和 ac 线所示。

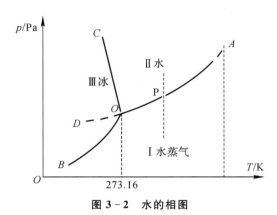

图 3 - 2 水的相图

2. 溶液的蒸气压下降

由实验得知,在溶剂中溶解有任何一种难挥发的非电解质物质时,溶液中溶剂的蒸气压就要下降。这是因为溶质溶入溶剂以后,每个溶质分子与若干个溶剂分子结合,形成溶剂化分子,这样一方面减少了一些高能量的溶剂分子,另一方面又占据了一部分溶剂的表面,结果使得在单位表面、单位时间内逸出的溶剂相应减少,因此,在同一温度下,当平衡时,难挥发溶质的溶液蒸气压必定低于纯溶剂的蒸气压。在相同温度下,纯溶剂蒸气压和溶液蒸气压的差值叫作溶液的蒸气压下降。显然,溶液的浓度越大,溶液的蒸气压下降就越多。

1887 年,法国物理学家拉乌尔(Raoult)根据实验结果,得出难挥发的非电解质稀溶液的蒸气压下降与溶质的量的关系如下:

$$\Delta p = p^* - p = \frac{n_B}{n_B + n_A} p^* = p^* \cdot x_B \tag{3-1}$$

式中:Δp 表示溶液的蒸气压下降;p^* 表示纯溶剂的蒸气压;p 表示溶液的蒸气压;n_A 表示溶剂的物质的量;n_B 表示溶质的物质的量。

式(3-1)可表述如下:一定温度下,难挥发的非电解质稀溶液的蒸气压下降与溶质 B 的摩尔分数成正比,而与溶质的本性无关,这个结论称为 Raoult 定律,它仅适用于难挥发非电解质稀溶液。在稀溶液中,由于 n_A 远大于 n_B,因此 $n_A + n_B \approx n_A$,可得

$$\Delta p = p^* - p = \frac{n_B}{n_A} p^* \tag{3-2}$$

某些固体物质,如氯化钙($CaCl_2$)、五氧化二磷(P_2O_5)等,在空气中易吸收水分而潮解,这就与溶液的蒸气压下降有关。因为这些固体物质表面吸水后形成溶液,它的蒸气压比空气中水蒸气的分压小,结果空气中的水蒸气不断地凝结进入溶液,使这些物质继续潮解。正由于此性质,所以这些物质常用作干燥剂。

【例 3-1】　计算 293 K 时,下列各水溶液的蒸气压下降值。计算结果说明了什么问题?

(1)17.1 g 蔗糖溶解在 100.0 g 水中;

(2)1.5 g 尿素溶解在 50.0 g 水中。

(蔗糖的摩尔质量 $M=342.3 \text{ g} \cdot \text{mol}^{-1}$,尿素的摩尔质量 $M=60.1 \text{ g} \cdot \text{mol}^{-1}$。)

解:查附录三得,293 K 时,$p_{水}^*=2.339 \text{ kPa}$。

(1)蔗糖水溶液

$$x_B=\frac{n_B}{n_A+n_B}=\frac{17.1/342.3}{17.1/342.3+100.0/18.0}=$$

$$\frac{0.05}{0.05+5.56}=\frac{0.05}{5.61}=8.91\times10^{-3}$$

由式(3-5)有

$$\Delta p=\frac{n_B}{n_B+n_A}p^*$$

$$\Delta p=2.39\times8.91\times10^{-3}=2.08\times10^{-2} \text{ kPa}$$

(2)同理,尿素水溶液

$$x_B=\frac{1.5/60.1}{50.0/18.0+1.5/60.1}=8.91\times10^{-3}$$

$$\Delta p=2.339\times8.91\times10^{-3}=2.08\times10^{-2} \text{ kPa}$$

通过计算说明,不论是蔗糖稀溶液还是尿素稀溶液,只要两者溶质的摩尔分数相同,其稀溶液的蒸气压下降值就是相同的。

二、溶液的沸点上升和凝固点下降

1. 稀溶液的沸点升高

液体的沸点是指液体的蒸气压等于外界大气压(通常为 101.325 kPa)时的温度。因此,液体的沸点与大气压密切相关。

一定温度下,当溶剂中溶入少量难挥发非电解质时,由于溶液的蒸气压下降,故溶液的蒸气压总是低于纯溶剂(水)的蒸气压,如图 3-3 所示,稀溶液的蒸气压下降必然导致溶液沸点的变化。在 101.3 kPa 下,纯水的沸点是 100℃,这时,纯水的蒸气压等于 101.3kPa。在相同的温度下溶液的蒸气压必定低于 101.3kPa(即低于外界大气压),图中 d 点压力低于 101.3 kPa,溶液不会沸腾。要使溶液沸腾,必须升高溶液的温度到 t_b。所以,稀溶液的沸点总是高于纯溶剂的沸点(图中 $t_b>100℃$)。稀溶液的沸点和纯溶剂的沸点之差值(Δt_b),称为稀溶液的沸点升高。

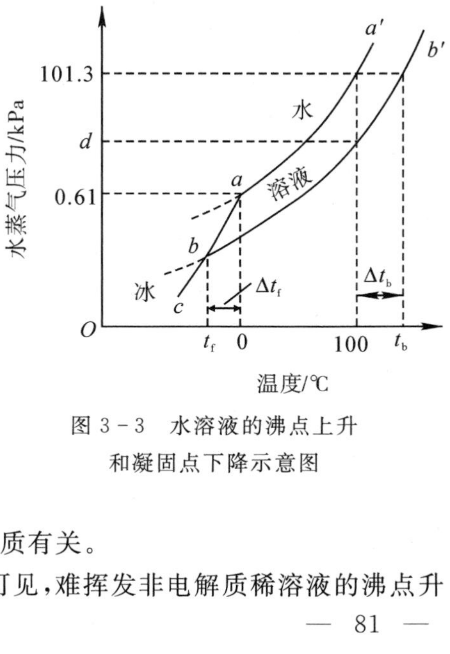

图 3-3　水溶液的沸点上升
和凝固点下降示意图

$$\Delta t_b=t_b-t_b^*=K_b m_b \qquad (3-3)$$

式中:t_b^* 是纯溶剂的沸点;T_b 是溶液的沸点;K_b 是溶剂的沸点升高常数,单位是 ℃ · kg · mol⁻¹,只与溶剂的性质有关。

表 3-3 列出了常见溶剂的沸点和沸点升高常数。可见,难挥发非电解质稀溶液的沸点升

高与 m_B（溶质 B 的质量摩尔浓度）成正比。

由质量摩尔浓度的定义得

$$m_B = \frac{w_B / M_B}{w_A}$$

代入式（3-3），整理得

$$M_B = \frac{K_b \cdot w_B}{\Delta t_b \cdot w_A} \qquad (3-4)$$

式中：w_A 是溶剂 A 的质量；w_B 是溶质 B 的质量；M_B 是溶质 B 的摩尔质量。此公式是利用实验方法测定溶液中未知溶质摩尔质量的实验原理。

表 3-3　常见溶剂的沸点和 K_b

溶剂	t_b^*/K	K_b/(K·kg·mol^{-1})	溶剂	t_b^*/K	K_b/(K·kg·mol^{-1})
水	100	0.512	苯	80.1	2.53
乙醇	78.4	1.22	四氯化碳	76.7	4.95
乙醚	34.7	2.02	氯仿	61.2	3.63
乙酸	118.1	3.07	丙酮	56.5	1.71

2. 溶液的凝固点下降

液体的凝固点是指一定外压下，纯液体与其固体达到两相平衡时的温度。液体在 101.325 kPa 下的凝固点为液体的正常凝固点，此时固体的蒸气压等于液体的蒸气压。如图 3-3 所示，a 点横坐标对应的温度即为水的正常凝固点，在常压下是 273.15 K，这时，液态水与冰的蒸气压相等，都是 0.61 kPa。

溶液的凝固点下降也是由于溶液的蒸气压下降引起的。这里所谓溶液的凝固点，是指溶液中溶剂（水）的蒸气压等于冰的蒸气压的温度，即图 3-3 中 ac 线与 bb′ 线交点对应的温度。由于溶液的蒸气压下降，0℃ 时溶液的蒸气压小于冰的蒸气压（0.61 kPa，参看图 3-3），即使在溶液中放入冰块，蒸气压大的冰也要熔化，即冰与溶液不能共存，所以 0℃ 的溶液不会结冰。

要使溶液结冰必须降低温度。在 0℃ 以下时，虽然冰和溶液的蒸气压都随着温度下降而减小，但冰的蒸气压减小的程度比溶液蒸气压减小的程度大，故 ac 线较 aa′ 线陡。当体系的温度降低到 0℃ 以下某一温度时，冰和溶液的蒸气压相等（但都小于 0.61 kPa），冰和溶液达到平衡，此时的温度就是溶液的凝固点，即图 3-3 中 ac 和 bb′ 交点对应的温度（t_f），它比水的凝固点要低（$t_f <$ 0℃）。溶液的凝固点和纯溶剂的凝固点的差值（Δt_f）就是溶液凝固点下降。

难挥发的非电解质稀溶液的凝固点下降与溶液的质量摩尔浓度成正比。此定律可用数学式表示如下：

$$t_f = t_f^* - t_f = K_f m_B \qquad (3-5)$$

式中：t_f^* 是纯溶剂的凝固点；t_f 是溶液的凝固点；K_f 是溶剂的凝固点下降常数，单位是 K·kg·mol^{-1}，只与溶剂的性质有关。表 3-4 列出了常见溶剂的凝固点和凝固点下降常数。

显然，当 $m_B = 1$ mol·kg^{-1} 时，$\Delta t_b = \Delta K_b$，$t_f = K_f$，因此，某溶剂的沸点上升常数和凝固点下降常数，就是当 1 mol 难挥发的非电解质溶解在 1 000 g 溶剂中，所引起的沸点上升和凝固点下降的度数。

表 3 – 4 常见溶剂的凝固点和 K_f

溶剂	t_f^* /K	K_f/℃ · kg · mol^{-1}	溶剂	t_f^* /K	K_f/℃ · kg · mol^{-1}
水	0	1.86	苯	5.4	5.12
乙醚	− 116.2	1.8	四氯化碳	− 32	32.0
乙酸	16.5	3.90	氯仿	− 63.5	4.68

若不同的溶质溶解在同一溶剂中,只要溶液的质量摩尔浓度相等(即一定量溶剂中溶质的粒子数相等),其沸点上升和凝固点下降的度数也必然相等。 例如,在 1 000 g 水中溶解 0.1 mol蔗糖(溶液的质量摩尔浓度为 0.1 mol · kg^{-1})时,其凝固点下降(Δt_f)0.186℃,在 1 000 g水中溶解 0.1 mol 葡萄糖(溶液的质量摩尔浓度仍为 0.1 mol · kg^{-1})时,其凝固点下降(Δt_f)也是 0.186℃。

根据拉乌尔定律,可以利用测定凝固点下降或沸点上升的方法来求算溶质的相对分子质量。由于凝固点下降值较易测准,它常作为测定相对分子质量的方法。

【例 3 – 2】 纯苯的凝固点为 5.40℃,0.322 g 萘溶于 80 g 苯所配制成的溶液凝固点为 5.24℃,已知苯的 K_f 值为 5.12,求萘的相对分子质量。

解:根据式(3 – 5),萘($C_{10}H_8$)的质量摩尔浓度为

$$m_B = \frac{\Delta t_f}{K_f} = \frac{5.40 - 5.24}{5.12} = 0.031\ 3\ (\text{mol} \cdot \text{kg}^{-1})$$

已知 1 000 g 纯苯中所含萘的质量为 $\frac{0.322}{80} \times 1\ 000 = 4.025$ (g)。

萘的摩尔质量 $\qquad M = \frac{4.025}{0.031\ 3} = 128.6\ (\text{g} \cdot \text{mol}^{-1})$

即萘的相对分子质量为 128.6。

如果是浓溶液,因为溶液浓度增大,溶质分子之间的影响以及溶质与溶剂的相互影响大为增强,则拉乌尔定律数学式中的浓度应该是有效浓度(又叫作活度),即溶液中有效地自由运动的粒子的浓度。通常用符号 a 表示活度,它的数值等于实际浓度 c 乘上一个系数 f,即

$$a = fc \qquad\qquad (3 – 9)$$

式中:f 为活度系数,用它来反映溶液中粒子的自由活动程度。活度系数大,表示粒子活动的自由程度大。溶液越稀,活度系数越接近 1,当溶液无限稀时,活度系数等于 1,粒子活动的自由程度为 100%(表示粒子间距离远,彼此间不相互影响),活度等于粒子的浓度。

对于电解质溶液,因溶质解离,则粒子(分子和离子)的总浓度增大,其 Δp,Δt_b 和 Δt_f 值较相同浓度的非电解质溶液的值要大。例如,0.1 mol · kg^{-1} 的 HAc 溶液,由于 HAc 的解离,即

$$\text{HAc} = \text{H}^+ + \text{Ac}^-$$

溶液中 HAc,H$^+$ 和 Ac$^-$ 这 3 种粒子的总浓度必然大于 0.1 mol · kg^{-1},根据式(3 – 8),它的 Δt_f 必然大于 0.1 mol · kg^{-1} 蔗糖溶液的 Δt_f 值。而强电解质在稀溶液中一般解离度以 100%计算。例如,在 0.1 mol · kg^{-1} 的 Ca(NO$_3$)$_2$ 溶液中,Ca^{2+} 浓度为 0.1 mol · kg^{-1},NO$_3^-$ 浓度为 0.2 mol · kg^{-1},则其 Δt_f 约为同浓度的非电解质溶液的 3 倍。

溶液凝固点的下降原理具有实际意义,因为当稀的溶液达到凝固点时,溶液中开始是水结

成冰而析出,随着冰的析出,溶液的浓度不断增大,凝固点不断降低,最后当溶液的浓度达到该溶质的饱和溶液浓度(即溶解度)时,冰和溶质一起析出(即冰晶共析)。此时,虽继续冷却溶液,但凝固的温度保持不变,直至溶液全部凝固为止。因此,用食盐和冰混合,温度可降到－22℃,用 $CaCl_2 \cdot 2H_2O$ 和冰混合,温度可降至－55℃,它们可作为冷冻剂。另外,也可利用溶液的凝固点下降,在溶剂中加入某种溶质以防止溶剂凝固。例如,我们在冬季常看到建筑工人在砂浆中加食盐或氯化钙。又如,木工在画线的墨盒里常加食盐,汽车驾驶员在散热器(水箱)中的水里加酒精或乙二醇(水的凝固点只取决于纯水的蒸气压和冰的蒸气压,像酒精或乙二醇等挥发性溶质,虽然能使溶液的总蒸气压增加,但由于它们能降低水的蒸气压,因而能降低水的凝固点),都是利用溶液凝固点下降来防止水结冰的。

三、溶液的渗透压

溶液除了蒸气压下降、沸点上升、凝固点下降三种性质之外,还有一种性质就是渗透现象。自然界和日常生活中的许多现象都与渗透有关。例如,失水后发蔫的花草树木在浇水后恢复生机,腌制食物的失水现象,以及医学研究和治疗过程中广泛使用的等渗、低渗和高渗溶液等。

如图 3-4 所示,连通器实验装置中间有一个只允许溶剂分子 A 通过,而不允许溶质分子 B 通过的薄膜(称为半透膜)将其分成两个部分。连通器左侧注入纯溶剂 A,右侧注入含有溶质 B 的稀溶液。在一定温度 T 和外压 p 下放置足够长的时间后,发现平衡状态是右侧液面比左侧液面高出一定高度 h。这一现象表明溶剂分子通过半透膜从纯溶剂一方扩散进入稀溶液一方,此过程称为渗透。如果要在宏观上阻止渗透现象发生,则必须在溶液一方施加额外的压力 $\rho g h$,这一压力就是渗透压,常用 Π 表示。

根据实验结果发现:当温度一定时,稀溶液的渗透压与浓度成正比;当浓度不变时,稀溶液的渗透压和绝对温度成正比。用数学式表示如下:

$$\Pi = cRT \tag{3-7}$$

式中:c 是物质的量浓度,由于

$$c = \frac{n_B}{V}$$

所以

$$\Pi = \frac{n_B RT}{V}$$

或

$$\Pi V = n_B RT \tag{3-8}$$

此方程式是荷兰物理化学家范特荷甫(J·H·Van't Hoff)发现的,称为范特荷甫方程式。方程式的形式与气体状态方程式相似,R 的值也完全一样,但气体的压力和溶液的渗透压在本质上并无相同之处。气体由于它的分子运动碰撞容器壁而产生压力,溶液的渗透压并不是溶质分子直接运动的结果。

渗透压在生物学中具有重要意义。有机体的细胞膜大多具有半透膜的性质,因此,渗透压是引起水在动植物中运动的主要力量。植物细胞汁的渗透压可达 20×101.325 kPa,因此,水可由植物的根部运送到高达数十米的顶端。人体血液的渗透压约为 7.7×101.325 kPa,由于人体有保持渗透压在正常范围的要求,因此,在我们吃了过多的食物以及在强烈的排汗后,由于组织中的渗透压升高,就会有口渴的感觉。饮水可减小组织中可溶物的浓度,从而使渗透压降低。

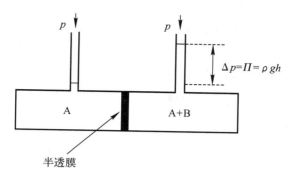

图 3-4　渗透平衡示意图

如果在图 3-4 所示的实验中，外加于溶液上的压力超过了渗透压，则反而使溶液中的溶剂分子向纯溶剂方向流动，使纯溶剂的体积增加，这个过程叫作反向渗透。反向渗透的原理广泛应用于海水淡化、工业废水处理和溶液的浓缩等方面。

反向渗透技术结构和操作简单，能耗成本较低，例如淡化海水用的反向渗透所需的能量仅为蒸馏法所需能量的 30%，这是很有发展前途的淡化水的方法。但其主要问题是选取一种高强度的耐高压半透膜，因为一般动物、植物细胞容易破碎。近几年来采用醋酸纤维素和在结构上与尼龙有关的芳香聚酰胺的空心纤维组成的半透膜，使反渗透技术得以改进，应用更加广泛。例如，利用这种反渗透装置进行脱盐，即可生产淡水，因为无机盐杂质不能通过半透膜，这对环境保护、水质处理是一种很好的技术。

综上所述，稀溶液的依数性可以归纳为如下的稀溶液定律：难挥发溶质的稀溶液的性质（溶液的蒸气压下降、沸点上升、凝固点下降和渗透压）是和一定量溶剂（或一定体积的溶液）中所溶解的溶质粒子的物质的量成正比的，而与溶质的本性无关。

式（3-1）～式（3-8）仅适用于难挥发非电解质稀溶液，且实际溶液的浓度越小，计算误差越小。

对于难挥发的电解质溶液，由于溶质解离，溶液中粒子（分子和离子）的总浓度增大，故其 Δp，Δt_b，Δt_f 和 Π 值均比相同浓度的非电解质溶液大。

弱电解质在稀溶液中部分解离。如 $0.1\ \mathrm{mol \cdot kg^{-1}}$ 的 HAc 溶液，由于 HAc 的解离，即

$$HAc \Longrightarrow H^+ + Ac^-$$

溶液中 HAc，H^+ 和 Ac^- 三种粒子的总浓度必然大于 $0.1\ \mathrm{mol \cdot kg^{-1}}$，根据式（3-5），它的 Δt_f 必然大于 $0.1\ \mathrm{mol \cdot kg^{-1}}$ 蔗糖溶液的 Δt_f。

强电解质在稀溶液中的解离度近似等于 100%。例如，在 $0.1\ \mathrm{mol \cdot kg^{-1}}$ 的 $Ca(NO_3)_2$ 溶液中，Ca^{2+} 浓度为 $0.1\ \mathrm{mol \cdot kg^{-1}}$，$Ca^{+2}$ 浓度为 $0.2\ \mathrm{mol \cdot kg^{-1}}$，则其 Δt_f 约为相同浓度的非电解质溶液的 3 倍。

第二节　单相解离平衡

如果溶质是电解质，溶剂是水，组成的单相均匀体系即为电解质溶液。本节主要讨论具有实际意义的弱电解质溶液的单相解离平衡、同离子效应和缓冲溶液以及有关计算，并联系热力学数据求卤化氢的解离常数。

一、单相解离平衡——弱酸弱碱的解离平衡

1. 一元弱酸、弱碱的解离平衡

一元弱酸 HX 的水溶液中存在如下解离平衡：

$$HX(aq) + H_2O(l) = H_3O^+(aq) + X^-(aq)$$

达平衡时，其标准平衡常数的表达式为

$$K^\ominus = \frac{[c(H_3O^+)/c^\ominus][c(X^-)/c^\ominus]}{[c(HX)/c^\ominus]}$$

式中：$c(H_3O^+)$，$c(Ac^-)$，$c(HAc)$ 分别是平衡时 H_3O^+，Ac^-，HAc 的浓度；$c^\ominus$ 是标准浓度，其值是 $1\ mol \cdot dm^{-3}$。这是标准平衡常数的数学表达式在 HX 解离反应中的具体应用。

将 $c/c^\ominus$ 用 c_r 表示，有

$$K_i^\ominus = \frac{c_r(H^+)c_r(X^-)}{c_r(HX)} \tag{3-9}$$

$K_i^\ominus$ 称为该弱电解质的标准解离常数。通常情况下，$K_i^\ominus$ 与浓度无关，而与温度有关，但在水溶液中的影响并不大，因为水以液态存在的温度区间较小，所以，在水溶液中进行的反应，可以忽略温度对 $K_i^\ominus$ 的影响。$K_i^\ominus$ 数值的大小可以用来表示任意弱电解质解离程度的大小，也可以表示任意弱电解质的相对强弱。当电解质是弱酸时 $K_i^\ominus$ 用 $K_a^\ominus$（Acid）表示，当电解质是弱碱时 $K_i^\ominus$ 用 $K_b^\ominus$（Base）表示。

设 $c(AB)$ 为弱电解质 AB 的物质的量浓度，α 为解离度，则

$$AB \rightleftharpoons A^+ + B^-$$

开始浓度/$(mol \cdot L^{-1})$ $\qquad c \qquad\quad 0 \qquad 0$

平衡浓度/$(mol \cdot L^{-1})$ $\qquad c-c\alpha \quad c\alpha \quad c\alpha$

$$K_i^\ominus(AB) = \frac{c_r(A^+)c_r(B^-)}{c_r(AB)} = \frac{(c_r\alpha)^2}{c_r(1-\alpha)} = \frac{c_r\alpha^2}{1-\alpha} \tag{3-10}$$

当 $K^\ominus(AB) < 10^{-4}$，而且 $c(AB) > 0.1\ mol \cdot L^{-1}$ 时，可忽略已解离部分而近似地认为 $1-\alpha \approx 1$，于是

$$K_i^\ominus(AB) = c_r\alpha^2 \quad \text{或} \quad \alpha = \sqrt{\frac{K_i^\ominus(AB)}{c_r}} \tag{3-10}$$

根据式（3-10）可知，一定的温度下，$K_i^\ominus$ 是常数，溶液浓度越稀，其弱电解质 AB 的解离度越大。这个关系式也称为稀释定律。

由式（3-10）的推导过程可知，该式的应用是有条件的，只有那些满足近似计算要求的弱酸、弱碱的解离度才能应用此式进行相关计算。还要特别说明，式（3-10）只能用于纯的一元弱酸、弱碱溶液，对于多元的弱酸、弱碱溶液并不适用，而且是在无同离子效应（见后文）的情况下才适用。

$K_i^\ominus$ 和 α 数值的大小都可以用来表示任意弱电解质解离程度的大小，但是，$K_i^\ominus$ 是标准平衡常数，数值的大小与浓度无关；而 α 是解离度，其数值的大小与浓度有关。那么，要比较弱电解质解离程度的大小时，选择哪一个为好呢？请读者思考。

一元弱酸、弱碱系统中各物种浓度的计算如下。

设某一元弱酸的起始浓度为 $c(AB)$，达平衡时，解离生成的氢离子浓度为 x，该一元弱酸

的解离平衡为

$$HX \quad = \quad H^+ \quad + \quad X^-$$

开始浓度/$(mol \cdot L^{-1})$　　$c(AB)$ 　 0 　　0

平衡浓度/$(mol \cdot L^{-1})$　　$c(AB)-x$ 　 x 　　x

达平衡时有

$$K_a^{\ominus} = \frac{x^2}{c-x} \tag{3-11}$$

当 $K_i^{\ominus} < 10^{-4}$，且 $c(AB) > 0.1 \ mol \cdot L^{-1}$ 时，可以近似地认为 $1-\alpha \approx 1$，从而近似计算得

$$x = c(H^+) = \sqrt{K_a^{\ominus} c(AB)} \tag{3-12}$$

此时溶液的 $pH = -\lg c(H^+)$，其解离度为

$$\alpha = \frac{c(H^+)}{c(AB)} \tag{3-13}$$

同理可得一元弱碱的相关计算式为

$$K_b^{\ominus} = \frac{x^2}{c(AB)-x} \tag{3-14}$$

近似计算得

$$x = c(OH^-) = \sqrt{K_b^{\ominus} c(AB)} \tag{3-15}$$

此时溶液的 $pOH = -\lg c(OH^-)$，解离度为

$$\alpha = \frac{c(OH^-)}{c(AB)} \tag{3-16}$$

如果不能满足近似计算条件时，必须通过解一元二次方程来得到溶液中的氢离子浓度，进而得到溶液的 pH，以及该弱电解质的解离度。

2. 多元弱酸的解离平衡

多元弱酸由于是分级解离的，每一级都有其标准解离常数，如 H_2S 分级解离如下：

$$H_2S = H^+ + HS^- \quad (1)$$

$$K_{a1}^{\ominus} = \frac{c_r(H^+)c_r(HS^-)}{c_r(H_2S)} = 8.91 \times 10^{-8}$$

$$HS^- = H^+ + S^{2-} \quad (2)$$

$$K_{a2}^{\ominus} = \frac{c_r(H^+)c_r(S^{2-})}{c_r(HS^-)} = 1.0 \times 10^{-19}$$

式(3-10)和式(3-12)适用于其中每一步解离平衡的计算，但对于下列总的解离平衡式则不适用：

$$H_2S = 2H^+ + S^{2-} \quad (3)$$

根据多重平衡规则，式(1)+式(2)=式(3)时得到下式：

$$K_a^{\ominus} = K_{a1}^{\ominus} K_{a2}^{\ominus} = \frac{c_r^2(H^+)c_r(S^{2-})}{c_r(H_2S)} \tag{3-17}$$

一般来说，由带负电荷的酸式根（如 HS^-）再解离出带正电荷的 H^+ 离子比较困难，同时，一级解离产生的 H^+ 使二级解离平衡强烈地偏向左方，因此，多元弱酸的各级标准解离常数依次显著减小，即 $K_{a_1}^{\ominus} \gg K_{a_2}^{\ominus} \gg K_{a_3}^{\ominus}$。因此，比较多元弱酸的酸性强弱时，只要比较它们的一级解离常数值就可以初步确定。但是，如果 $K_{a1}^{\ominus}$ 与 $K_{a2}^{\ominus}$ 相差不大时，二级解离出的 H^+ 必须考虑。

另外,水的解离平衡在必要时也是需要注意的。

还应注意,多元弱酸各级解离产生的 H^+,都在同一溶液中,无法区分来自哪一级解离,因此,各级解离常数式中是指总的 H^+ 离子浓度。在实际计算中,则可以近似地用一级解离的 H^+ 离子浓度代替。多元弱碱与上述情况类似。

【例 3-3】 计算 273 K 时,$0.10\ mol \cdot L^{-1}$ 的 H_2S 溶液中的 H^+,OH^-,HS^- 和 S^{2-} 各离子的浓度和溶液的 pH。

解:先求溶液的 $c(H^+)$,$c(OH^-)$,$c(HS^-)$ 和 pH。

设 $c(HS^-)=x\ mol \cdot L^{-1}$,按一级解离:

$$H_2S \Longrightarrow H^+ + HS^-$$

平衡浓度 / $(mol \cdot L^{-1})$ $0.10-x$ x x

$$K_{a1}^{\ominus}=\frac{c_r(H^+)c_r(HS^-)}{c_r(H_2S)}=\frac{x^2}{0.10-x}=8.91\times10^{-8}$$

因 $K_{a1}^{\ominus}$ 值很小,故可以近似计算得

$$0.10-x\approx0.10, \quad x^2=8.91\times10^{-9}$$

$$x=c_r(H^+)=c_r(HS^-)=9.44\times10^{-5}$$

再根据二级角平离平衡,计算求溶液的 $c(S^{2-})$,$c(OH^-)$ 和 pH。

设 $c(S^{2-})=y\ mol \cdot L^{-1}$,按二级解离:

$$HS^- \Longrightarrow H^+ + S^{2-}$$

平衡浓度/ $(mol \cdot L^{-1})$ $9.44\times10^{-5}-y$ $9.44\times10^{-5}+y$ y

$$K_{a2}^{\ominus}=\frac{c_r(H^+)c_r(S^{2-})}{c_r(HS^-)}=1.0\times10^{-19}$$

因 $K_{a2}^{\ominus}$ 值很小,故 $9.44\times10^{-5}\pm y\approx9.44\times10^{-5}$

$$K_{a2}^{\ominus}=\frac{(9.44\times10^{-5}+y)y}{9.44\times10^{-5}-y}=1.0\times10^{-19}$$

$$y\approx K_{a2}^{\ominus}$$

所以 $c(S^{2-})=1.0\times10^{-19}\ mol \cdot L^{-1}$

且 $c_r(OH^-)=\dfrac{K_w^{\ominus}}{c_r(H^+)}=\dfrac{1.0\times10^{-14}}{9.44\times10^{-5}}=1.0\times10^{-10}$

由于 $K_{a2}^{\ominus}(1.1\times10^{-19})$ 值很小,HS^- 的解离度很小,H^+ 和 HS^- 浓度不会因 HS^- 继续解离而有明显改变,因此溶液的 pH 为

$$pH=-lg\frac{c(H^+)}{c^{\ominus}}=-lg9.44\times10^{-5}=4.0$$

通过计算可以看出,在实际计算中,近似地用一级解离的 H^+ 浓度代替溶液的 H^+ 浓度是合理的近似处理。

二、同离子效应与缓冲溶液

1. 同离子效应

和一般化学平衡一样,当温度、浓度等条件改变时,也会引起解离平衡的移动。例如,前述稀释时解离度增大,就是浓度改变使解离平衡移动的结果。如果在弱电解质溶液中加入某种强电解质,使原来溶液中某种离子浓度发生变化,也会使解离平衡移动。例如,氨水中的平衡:

$$NH_3 \cdot H_2O \Longrightarrow NH_4^+ + OH^-$$ （3-14）

如果加入强电解质铵盐（如 NH_4Ac），由于 $c(NH_4^+)$ 增大，平衡向左移动，结果使氨水的解离度减小。同样，在醋酸溶液中加入强电解质醋酸盐，也会使 HAc 的解离度减小。总之，在弱电解质溶液中，加入有相同离子的强电解质时，可使弱电解质的解离度降低。这种现象叫作同离子效应（Common-ion effect）。

对于 HX－MX 溶液，由于存在同离子效应，相关的计算有

$$HX = H^+ + X^-$$

加入含相同离子的强电解质有

$$MX = M^+ + X^-$$

设此溶液中 HX 解离的 H^+ 浓度为 x，则

$$
\begin{array}{ccccc}
HX & = & H^+ & + & X^- \\
\end{array}
$$

达平衡时有 $\quad c_{酸}-x \qquad x \qquad c_{盐}+x$

$$K_a^\ominus = \frac{x(c_{盐}+x)}{(c_{酸}-x)}$$

若满足稀溶液的近似计算条件，则有

$$K_a^\ominus = \frac{xc_{盐}}{c_{酸}}$$

所以有

$$c(H^+) = K_a^\ominus \cdot \frac{c_{酸}}{c_{盐}}$$

当两边同取对数，有

$$pH = pK_a^\ominus - \lg \frac{c_{酸}}{c_{盐}}$$ （3-18）

此时，弱电解质的解离度为

$$\alpha = \frac{c(H^+)}{c_{酸}} = \frac{K_a^\ominus}{c_{盐}}$$ （3-19）

同样的原理，以氨水和铵盐的混合溶液为例进行推导，可以得出相似的结果。

$$pOH = pK_b^\ominus - \lg \frac{c_{碱}}{c_{盐}}$$ （3-20）

$$\alpha = \frac{c(OH^-)}{c_{碱}} = \frac{K_b^\ominus}{c_{盐}}$$ （3-21）

我们通过一个例子来看一下，弱电解质的解离度在加入含有相同离子的强电解质后，有了怎样的变化。

【例3-4】 试计算 $0.1\ mol \cdot L^{-1}$ 的 HAc 溶液中 HAc 的解离度是多少？如果往溶液中加入 NaAc 固体，使 NaAc 浓度为 $0.2\ mol \cdot L^{-1}$，那么 HAc 的解离度又是多少？（忽略体积的变化）

解：对于 HAc 溶液，HAc 的解离度由式（3-10）计算，有

$$\alpha = \sqrt{\frac{K_a^\ominus}{c}} = \sqrt{\frac{1.74 \times 10^{-5}}{0.1}} = 1.32\%$$

加入 NaAc 后，溶液中 HAc 的解离度需由式（3-19）计算，有

$$\alpha = \frac{K_a^{\ominus}}{c_{\text{盐}}} = \frac{1.74 \times 10^{-5}}{0.2} = 0.008\ 7\%$$

通过计算可以看出,无 NaAc 的 HAc 溶液的解离度为 1.32%;而加入 NaAc 后,HAc 的解离度为 0.008 7%,相应地,溶液的 pH 依次为 2.88 和 5.06。

利用弱电解质的解离平衡,可以获得在化学研究和化工生产中非常有用的一种溶液。

2.缓冲溶液

弱酸及其盐(或弱碱及其盐)的混合溶液,在适度稀释或外加少量酸或碱时,溶液的 pH 不会发生显著的变化。这种溶液叫作缓冲溶液(Buffer solution),例如 HAc 和 NaAc,NH_3 和 NH_4Cl、$NaHCO_3$ 和 Na_2CO_3 等。这样的溶液是怎样起到缓冲作用的?缓冲能力的大小由什么因素所决定?我们以 HAc - NaAc 溶液为例进行讨论。

在 HAc - NaAc 溶液中,当 HAc 的浓度为 1.0 mol·L^{-1},NaAc 的浓度也为 1.0 mol·L^{-1} 时,有如下关系:

$$\begin{array}{ccccc} HAc & = & H^+ & + & Ac^- \\ 1.0 & & 0 & & 1.0 \end{array}$$

由于同离子效应,溶液中大量存在着 HAc 和 Ac^-。当外加少量的酸时,少量的 H^+ 将与 Ac^- 反应,而生成少量的 HAc,体系中大量存在着的 HAc 和 Ac^- 不会因为 Ac^- 的少量减少和 HAc 的少量增加发生较大的变化,所以,溶液的 H^+ 浓度变化有限,从而使溶液的 pH 保持基本不变,我们把加入少量酸时,保持溶液 pH 基本不变的组分 NaAc 称为抗酸成分;同样的道理,当外加少量的碱时,少量的 OH^- 将与 H^+ 反应,而生成少量的 H_2O,并促使 HAc 进行解离来补充消耗的 H^+,同时生成了少量的 Ac^-,体系中大量存在着的 HAc 和 Ac^- 不会因为 HAc 的少量减少和 Ac^- 的少量增加发生较大的变化,所以,溶液的 H^+ 浓度变化有限,从而使溶液的 pH 保持基本不变,我们把加入少量碱时,保持溶液 pH 基本不变的组分 HAc 称为抗碱成分。当然,如果把 HAc - NaAc 体系进行适度稀释,也不会使溶液的 H^+ 浓度发生较大的变化,既溶液的 pH 基本不变。

根据式(3-18)和式(3-19),当 $c_{\text{酸}}/c_{\text{盐}} = 1$ 时,有

$$c(H^+) = K_a^{\ominus}$$

$$pH = pK_a^{\ominus} = 4.76$$

构成缓冲溶液的弱酸及其盐(或弱碱及其盐)叫作缓冲对,例如 HAc - NaAc(或 HAc - Ac^-),NH_3 - NH_4Ac(或 NH_3 - NH_4^+),$NaHCO_3$ - Na_2CO_3(或 HCO_3^- - CO_3^{2-})等都是缓冲对。根据式(3-18)和式(3-20)可知,缓冲溶液的缓冲能力与缓冲对中两种物质的浓度有很大关系。任一种物质浓度过小都会使溶液丧失缓冲能力。因此两者浓度比($m_{\text{酸}}/m_{\text{盐}}$)或($m_{\text{碱}}/m_{\text{盐}}$)最好趋近于 1。

HAc - NaAc 溶液中,设 $c_{\text{酸}} + c_{\text{盐}} = c_{\text{总}}$,$c_{\text{总}}$ 越大时,缓冲溶液抵抗酸、碱的总能力越大,即该缓冲溶液的缓冲能力越强;当然,只是 $c_{\text{总}}$ 大并不能说明缓冲能力一定强,还必须有 $c_{\text{酸}}$ 与 $c_{\text{盐}}$ 的比值越接近于 1,缓冲能力才会最强,即抵抗酸、碱的能力不仅大,且均衡。例如,我们用浓度相同的 HAc 和 NaAc 来配制缓冲溶液时,取 100 mL HAc,1 mL NaAc 进行混合,此溶液中,抵抗酸的成分 NaAc 的浓度为(1/101)c,抵抗碱的成分 HAc 的浓度为(100/101)c,很显然,这样配比溶液的缓冲能力由浓度较小的 NaAc 成分所决定。所以,通常情况下,抵抗酸、碱的组分的比值在 1:10 或 10:1 之间为好。超出这个范围,一般认为此溶液已经不具备缓冲

能力了。那么,在选择缓冲溶液时,首先根据式(3-18)或式(3-20),由 $K_a^\ominus$ 和 $K_b^\ominus$ 选定大的范围,再根据酸或碱以及与盐的浓度比值进行调整即可。常常选用的缓冲对见表 3-5。

表 3-5　常见的某些缓冲溶液

弱酸	共轭碱	$K_a^\ominus$	pH 范围
邻苯二甲酸	邻苯二甲酸氢钾	1.3×10^{-3}	1.9~3.9
醋酸	醋酸钠	1.8×10^{-5}	3.7~5.7
磷酸二氢钠	磷酸氢二钠	6.2×10^{-8}	6.2~8.2
氯化铵	氨水	5.6×10^{-10}	8.3~10.3
磷酸氢二钠	磷酸钠	4.5×10^{-13}	11.3~13.3

【例 3-5】　现有 $0.2\ \text{mol}\cdot\text{L}^{-1}$ 的 NaAc 溶液和 $0.6\ \text{mol}\cdot\text{L}^{-1}$ 的 HAc 溶液,通过计算说明:

(1)欲制备 $1\ 000\ \text{mL}$ pH 为 4.76 的缓冲溶液,需要往 500 mL NaAc 溶液中加入多少 HAc 溶液?

(2)往上述缓冲溶液中加入 50 mL $1.0\ \text{mol}\cdot\text{L}^{-1}$ 的 HCl(即 0.05 mol H^+),计算溶液的 pH?

(3)若将同样量的 HCl 加入 1 L 盐酸溶液中(pH=5),pH 变化多少? 与(2)结果比较,说明什么问题?

解:(1)根据 $\text{pH}=\text{p}K_a^\ominus-\lg\dfrac{c_{\text{酸}}}{c_{\text{盐}}}$,HAc 的 $\text{p}K_a^\ominus=4.76$,有

$$\frac{c_{\text{酸}}}{c_{\text{盐}}}=1$$

故

$$0.6V_{\text{HAc}}=0.2\times500\ (\text{mL})$$

得

$$V_{\text{HAc}}=167\ (\text{mL})$$

(2)上述 HAc+NaAc 缓冲溶液含 NaAc 和 HAc 各 0.1 mol。加入 50 mL $1.0\ \text{mol}\cdot\text{L}^{-1}$ 的 HCl 后,由于有足够的 Ac^- 与 H^+ 结合形成的 HAc,几乎消耗了全部加入的 H^+,因此

$$\text{溶液中 HAc 的物质的量}\approx0.10+0.05=0.15\ (\text{mol})$$
$$\text{溶液中 Ac}^-\text{的物质的量}\approx0.10-0.05=0.05\ (\text{mol})$$
$$\frac{c(\text{HAc})}{c(\text{Ac}^-)}=\frac{0.15/1.05}{0.05/1.05}=\frac{0.15}{0.05}=3$$

根据 HAc 的标准解离常数知:

$$c(\text{H}^+)=K_a^\ominus\frac{c(\text{HAc})}{c(\text{Ac}^-)}=3K_a^\ominus\approx5.22\times10^{-5}$$

$$\text{pH}=-\lg(5.22\times10^{-5})=5-0.72=4.28$$

与原来 pH=4.76 相比,只降低了 0.48。

(3)在 1 L pH=5 的盐酸溶液(非缓冲溶液)中,加入 50 mL $1.0\ \text{mol}\cdot\text{L}^{-1}$ 的 HCl 后,有 1.05 L 的 HCl 溶液,其中 H^+ 约为 0.05 mol,则

$$c(\text{H}^+) = \frac{0.05}{1.05} \approx 5 \times 10^{-2} (\text{mol} \cdot \text{L}^{-1})$$

$$\text{pH} = 2.0 - 0.7 = 1.3$$

与原来 pH＝5 相比,变化了 3.7。

如果在上述各 1 L 的两溶液中,分别加入 50 mL 1.0 mol·L^{-1}的 NaOH 溶液时,类似的计算表明,HCl 溶液的 pH 将增加到 12.7,变化 7.7,而缓冲溶液的 pH 由 4.76 增加到 5.24,变化只是 0.48,缓冲溶液的缓冲作用是明显的。

缓冲溶液在工业、科研等方面有重要意义。例如:半导体器件硅片表面的氧化物(SiO$_2$),通常可用 HF 和 NH$_4$F 的混合液清洗,使 SiO$_2$ 成为 SiF$_4$ 气体而除去;金属器件电镀时,电镀液常用缓冲溶液来控制一定的 pH 范围。又如人类的血液也是依赖缓冲作用而维持其 pH 在 7.23 附近,否则就会生病甚至死亡。

三、强电解质的解离和表观解离度

解离平衡的概念不适用于强电解质溶液,例如,18℃时,KCl 的 $c_r\alpha^2/(1-\alpha)$ 值不是常数,而是随浓度改变的。当浓度为 0.10 mol·L^{-1} 时,$\alpha = 86.2\%$,上述比值为 0.538;当浓度为 0.50 mol·L^{-1} 时,$\alpha = 78.8\%$,上述比值为 1.46 等。这是为什么呢?

通常认为强电解质在水中完全解离,不存在分子,也就无所谓平衡常数。但是,如上述 KCl,为什么实验测得解离度并不是 100% 呢? 1923 年德拜(P. J. W. Debye)和休克尔(E. Huckel)提出,强电解质在水溶液中是完全解离的。但由于正、负离子的相互作用,在一段时间内,每一离子周围总是被一些异性电荷离子包围,形成所谓的"离子氛"(Ionic atmosphere),牵制了离子在溶液中的运动,使每个离子不能完全发挥应有的效能,其结果表现在一些性质上,就好像是没有完全解离。此观点可以概括为离子互吸理论。因此,实验测得的强电解质的解离度叫作表观解离度(Apparent dissociation degree)。溶液越浓,离子的电荷越高,离子间的互吸作用越大,表观解离度越小。离子间的互吸作用也可用活度(见本章第二节)的概念来描述。

进一步研究发现,随着浓度的增加,正、负离子间还能暂时形成所谓的"离子对",如 Na$^+$Cl$^-$。这种离子对作为微粒在溶液中运动,没有导电本领。这种离子对还可同自由离子进一步结合成三离子物,如 Na$^+$Cl$^-$Na$^+$ 和 Cl$^-$Na$^+$Cl$^-$ 等。溶液越浓,离子电荷越高,溶剂的介电常数越小,则离子对的形成越普遍。因此,在溶液中的"离子对"与单个水合离子之间存在着动态平衡。这可从热力学中"平衡常数与标准吉布斯函数变 $\Delta_r G_m^\ominus$ 的关系"求得它们的 $K^\ominus$ 值。

根据平衡热力学公式得

$$\Delta_r G_m^\ominus = -RT\ln K^\ominus$$

当 $T = 298$ K 时

$$R = 8.314 \text{ J} \cdot \text{mol}^{-1} \cdot \text{K}^{-1}$$

$$\Delta_r G_m^\ominus = -8.314 \times 298 \times 2.303 \lg K^\ominus$$

$$-\lg K^\ominus = \frac{\Delta_r G_m^\ominus}{8.314 \times 298 \times 2.303} = \frac{\Delta_r G_m^\ominus}{5.71}$$

令

$$pK^\ominus = -\lg K^\ominus$$

故

$$pK^\ominus = \Delta_r G_m^\ominus / 5.71$$

由表 3-3 中数值可知,用解离吉布斯函数变 $\Delta_r G_m^{\ominus}$ 计算所得的 $K_a^{\ominus}$ 值与实验值相当符合,说明强电解质溶液中提出的"离子对"模型,正、负离子互吸理论可以很好地解强释强电解质在溶液中的解离和表现解离度。

氢氟酸由于 H—F 键能较大(563 kJ · mol^{-1}),且有氢键缔合作用,因此酸性较弱。而氢氯酸、氢溴酸、氢碘酸均为强酸,$K_a^{\ominus}$ 值依次增大,酸性依次增强,其中氢碘酸是最强的酸。同样,H_2S,H_2Se 和 H_2Te 的水溶液酸性也依次增强。

随着科学的发展,对强电解质稀溶液的一些性质,已能用理论加以解释。但对于较浓的溶液,其中因素较复杂,还不很了解。但人们对电解质溶液的认识在逐步深入,根据实验现象建立起来的各种理论还在发展之中。

计算得到的氢卤酸的酸常数($pK_a^{\ominus}$)列于表 3-6 中。

表 3-6　氢卤酸的酸常数

酸	HF	HCl	HBr	HI
解离吉布斯函数变 $\Delta_r G_m^{\ominus}/(kJ \cdot mol^{-1})$	18.1	−39.7	−54.0	−57.3
$pK_a^{\ominus}$	3.2	−7.0	−9.5	−10
$K_a^{\ominus}$ 计算值	$10^{-3.2}$	10^7	$10^{9.5}$	10^{10}
$K_a^{\ominus}$ 实验值	10^{-3}	10^7	10^9	10^{10}

第三节　多相解离平衡

在一定的温度下,固态强电解质溶于一定量的溶剂形成饱和溶液时,未溶的固态强电解质和溶液中的离子之间存在着沉淀溶解平衡,该平衡是多相解离平衡。例如:

$$AgCl(s) = Ag^+(aq) + Cl^-(aq)$$
$$（未溶固体）\qquad （溶液中）$$

一、溶度积与溶解度

1. 溶解度

在一定温度下,达到溶解平衡时,一定量的溶剂中含有溶质的质量,称为该溶质在此溶剂中的溶解度。对水溶液来说,通常以饱和溶液中每 100 g 水所含溶质质量来表示,也可以用溶液的浓度来表示。许多无机化合物在水中溶解时,能形成水合阳离子和阴离子,称为电解质。电解质的溶解度往往有很大的差异,习惯上将其分为可溶、微溶和难溶等不同等级。在 100 g 水中能溶解 1 g 以上的溶质,称为可溶;溶解度小于 0.1 g 为难溶;溶解度介于可溶和难溶之间的即为微溶。

溶解度与温度有着密切的关系。通常情况下,大多数物质的溶解度随着温度的升高而增大。溶解度也与溶质和溶剂的类别及性质相关,例如溶剂的极性、电解质的强弱等。

本节主要讨论微溶和难溶强电解质的沉淀溶解平衡。

2.溶度积

在一定温度下,将难溶强电解质放入水中,当溶解速率等于沉淀速率时,溶液中存在一种动态的多相离子平衡。例如,在碳酸钙的饱和溶液中,存在下列平衡:

$$CaCO_3(s) \underset{\text{结晶}}{\overset{\text{溶解}}{\rightleftharpoons}} Ca^{2+}(aq) + CO_3^{2-}(aq)$$

（未溶固体）　　　（溶液中）

其标准平衡常数表达式为

$$K_{sp}^{\ominus} = [c(Ca^{2+})/c^{\ominus}][c(CO_3^{2-})/c^{\ominus}]$$

$K_{sp}^{\ominus}$ 是沉淀溶解平衡的标准平衡常数,称为溶度积常数,简称溶度积。在一定温度下,难溶强电解质的饱和溶液中,溶度积等于各离子浓度（系数次方）的乘积。溶度积的数学表达式应根据具体化合物的组成而定,特别注意以下几点:

（1）$K_{sp}^{\ominus}$ 是难溶强电解质达到沉淀溶解平衡时的特性常数,与溶液的浓度无关,不受溶液中其他离子的影响,只是温度的函数。

（2）$K_{sp}^{\ominus}$ 数值的大小,表明了难溶强电解质在该溶剂中溶解能力的大小。通常情况下,相同类型的难溶强电解质,$K_{sp}^{\ominus}$ 的数值愈大,在该溶剂中溶解能力愈大;而当 $K_{sp}^{\ominus}$ 愈小,则愈易生成沉淀。

（3）通过 $\Delta_r G_m^{\ominus} = -RT\ln K_{sp}^{\ominus}$ 可以进行 $\Delta_r G_m^{\ominus}$ 与 $K_{sp}^{\ominus}$ 的相互换算。

【例 3-6】 25℃时,$CaCO_3$ 的饱和溶解度为 9.3×10^{-5} mol·L^{-1},根据上述解离方程式可知,在溶液中

$$c(Ca^{2+}) = c(CO_3^{2-}) = 9.3 \times 10^{-5}(mol·L^{-1})$$

根据溶度积的表达式有

$$K_{sp}^{\ominus}(CaCO_3) = c_r(Ca^{2+}) · c_r(CO_3^{2-}) = (9.3 \times 10^{-5}) \times (9.3 \times 10^{-5}) = 8.7 \times 10^{-9}$$

3. 溶度积与溶解度的关系

对于任意难溶强电解质 A_xB_y,设该电解质的溶解度为 S,相关的浓度关系如下:

$$A_xB_y \ (s) = x\,A^{y+}(aq) + y\,B^{x-} \ (aq)$$

　　　初始时　　　　　　　　0　　　　　　0

　　　达平衡　　　　　　$c(A^{y+}) = xS\,yS = c(B^{x-})$

溶度积的通式为

$$K_{sp}^{\ominus}(A_xB_y) = c_r^x(A^{y+}) · c_r^y(B^{x-}) \tag{3-24}$$

那么,溶解度与溶度积的换算关系是

$$K_{sp}^{\ominus}(A_xB_y) = x^x y^y S^{x+y} \tag{3-25}$$

根据式(3-23),不同类型的难溶强电解质,溶解度与溶度积的关系如下:

1-1 型	AgCl	$BaSO_4$	$K_{sp}^{\ominus} = S^2$
1-2 型	Ag_2CrO_4	$Mg(OH)_2$	$K_{sp}^{\ominus} = 4S^3$
1-3 型	$Al(OH)_3$	$Fe(OH)_3$	$K_{sp}^{\ominus} = 27S^4$
2-3 型	Al_2S_3	As_2S_3	$K_{sp}^{\ominus} = 108S^5$

因为式(3-22)中离子浓度是饱和溶液中的浓度,所以,溶度积大小能反映溶解度的大小。对于同类型的难溶电解质[如 AgCl,AgBr,$BaSO_4$,$BaCO_3$ 同为 AB 型;$Cu(OH)_2$,$PbCl_2$ 同为

AB_2 型〕,在相同温度下,$K_{sp}^{\ominus}$值越大,溶解度越大。但是,对于不同类型的难溶电解质,是不能直接根据 $K_{sp}^{\ominus}$ 值的大小来确定溶解度的大小。

【**例 3 - 7**】　25℃时,$AgCl$ 和 Ag_2CrO_4 的 $K_{sp}^{\ominus}$ 值分别为 $K_{sp}^{\ominus}(AgCl) = 1.77 \times 10^{-10}$,$K_{sp}^{\ominus}(Ag_2CrO_4) = 1.12 \times 10^{-12}$,即 $K_{sp}^{\ominus}(AgCl) > K_{sp}^{\ominus}(Ag_2CrO_4)$,但是,计算得 $AgCl$ 的溶解度小 $(1.33 \times 10^{-5}\ mol \cdot L^{-1})$,而 Ag_2CrO_4 的溶解度大$(6.54 \times 10^{-5}\ mol \cdot L^{-1})$。这是因为 $AgCl$ 为 AB 型,$K_{sp}^{\ominus} = c_r(A^+) \cdot c_r(B^-)$,而 Ag_2CrO_4 为 A_2B 型,$K_{sp}^{\ominus} = c_r^2(A^+) \cdot c_r(B^{2-})$,二者离子浓度指数不同的缘故。在这种情况下,应根据 $K_{sp}^{\ominus}$ 值计算出溶解度,再进行比较。

例如,上述 Ag_2CrO_4 的溶解度可计算如下:

$$Ag_2CrO_4 = 2Ag^+ + CrO_4^{2-}$$

平衡浓度/$(mol \cdot L^{-1})$　　　　　　　　　$2x$　　　　x

$$K_{sp}^{\ominus}(Ag_2CrO_4) = c_r^2(Ag^+) \cdot c_r(CrO_4^{2-}) = (2x)^2 x = 4x^3 = 1.12 \times 10^{-12}$$

$$x = \sqrt[3]{\frac{1.12}{4} \times 10^{-12}} = \sqrt[3]{0.28 \times 10^{-12}} = 6.54 \times 10^{-5}(g)$$

因为,1 mol Ag_2CrO_4 解离出 1 mol CrO_4^{2-},所以,Ag_2CrO_4 的溶解度即为 6.54×10^{-5} g。

二、溶度积规则及其应用

1. 溶度积规则

难溶强电解质在溶液中达到结晶与溶解平衡后,若改变条件,该多相解离平衡也会发生移动(即产生沉淀或沉淀溶解),平衡移动的方向可以用溶度积进行判断。

例如:改变离子浓度时有

$$A_xB_y(s) = xA^{y+}(aq) + yB^{x-}(aq)$$

设任一状态时的离子积为 Q,则有

$Q = c_r^x(A^{y+}) \cdot c_r^y(B^{x-}) = K_{sp}^{\ominus}$ 时,为该难溶强电解质的饱和溶液;

$Q = c_r^x(A^{y+}) \cdot c_r^y(B^{x-}) < K_{sp}^{\ominus}$ 时,无沉淀析出或沉淀溶解;

$Q = c_r^x(A^{y+}) \cdot c_r^y(B^{x-}) > K_{sp}^{\ominus}$ 时,析出沉淀(原则上)。

此规则称为溶度积规则。

根据下式(热力学等温方程)和 ΔG 判据,判断沉淀的生成和溶解,也可得出相同的结论。

$$\Delta_r G_m = 2.303RT \lg \frac{Q}{K_{sp}^{\ominus}}$$

即:$Q < K_{sp}^{\ominus}$ 时,无沉淀析出或沉淀溶解,为非饱和溶液;

$Q = K_{sp}^{\ominus}$ 时,达到沉淀溶解平衡,为饱和溶液;

$Q > K_{sp}^{\ominus}$ 时,沉淀生成(原则上)。

这与利用标准平衡常数($K^{\ominus} > Q$,$K^{\ominus} < Q$ 或 $K^{\ominus} = Q$)判断单相解离平衡移动方向的原则是相同的。

2. 溶度积规则的应用

(1)沉淀的生成。根据溶度积规则,生成沉淀的条件是 $Q > K_{sp}^{\ominus}$,实际应用中最常采用的实验手段有加入适宜的沉淀剂、调整溶液的 pH。

$CaCO_3$ 之所以能溶于稀盐酸溶液,就可以用溶度积规则说明。$CaCO_3$ 在水中存在如下平衡：

$$CaCO_3(s) = Ca^{2+}(aq) + CO_3^{2-}(aq)$$

$$HCl = Cl^- + H^+$$

$$2H^+ + CO_3^{2-}(aq) \longrightarrow H_2CO_3$$

$$H_2CO_3 = CO_2 \uparrow + H_2O$$

加入盐酸后，CO_3^{2-} 与 H^+ 结合生成 H_2CO_3，H_2CO_3 进一步分解为 CO_2 和 H_2O，使溶液中 $c(CO_3^{2-})$ 不断减小，因而，$c_r(Ca^{2+}) \cdot c_r(CO_3^{2-}) < K_{sp}^{\ominus}(CaCO_3)$，$CaCO_3$ 的沉淀溶解平衡不断向右移动，促使 $CaCO_3(s)$ 不断溶解，如果盐酸足量，$CaCO_3$ 便可全部溶解。反之，如果 $CaCO_3$ 的饱和溶液中加入 Na_2CO_3 溶液，由于 $c(CO_3^{2-})$ 增大，使 $c(Ca^{2+}) \cdot c(CO_3^{2-}) > K_{sp}^{\ominus}(CaCO_3)$，$CaCO_3$ 的沉淀溶解平衡向左移动，产生 $CaCO_3$ 沉淀，直到两种离子浓度的乘积等于 $K_{sp}^{\ominus}(CaCO_3)$ 时，达到新的平衡。

【例 3-8】 在 $0.010\ mol \cdot L^{-1}$ 的 $Pb(NO_3)_2$ 溶液中，加入等量 $0.010\ mol \cdot L^{-1}$ KI 溶液，是否有 PbI_2 沉淀产生？如果加入等量 $0.001\ 0\ mol \cdot L^{-1}$ 的 KI 溶液，是否有 PbI_2 沉淀产生？

解：查得 $K_{sp}^{\ominus}(PbI_2) = 8.49 \times 10^{-9}$。

在 $0.010\ mol \cdot L^{-1} Pb(NO_3)_2$ 溶液中 $c(Pb^{2+}) = 0.010\ mol \cdot L^{-1}$，在加入等量的 KI 溶液后，溶液量增大 1 倍，则此时 $c(Pb^{2+}) = 0.005\ mol \cdot L^{-1}$。同理，$c(I^-) = 0.005\ mol \cdot L^{-1}$。此时

$$Q = c(Pb^{2+}) \cdot c(I^-) = 0.005 \times 0.005^2 = 1.25 \times 10^{-7} > K_{sp}^{\ominus}(PbI_2)$$

故溶液中有 PbI_2 沉淀产生。

若加入等量 $0.001\ 0\ mol \cdot L^{-1}$ 的 KI 溶液，则 $c(I^-) = 0.000\ 5\ mol \cdot kg^{-1}$，此时

$$Q = c(Pb^{2+}) \cdot c(I^-) = 0.005 \times 0.000\ 5^2 = 1.25 \times 10^{-9} < K_{sp}^{\ominus}(PbI_2)$$

故溶液中不会生产 PbI_2 沉淀。

溶度积规则在生产上有广泛的应用。例如，软化硬水（Ca^{2+} 和 Mg^{2+} 较多）的石灰苏打法，为什么要同时加入 Na_2CO_3 与 $Ca(OH)_2$ 两种物质呢？只用 Na_2CO_3 可不可以呢？我们可以看看常温下有关几种物质的溶度积：

$$K_{sp}^{\ominus}(Mg(OH)_2) = 5.61 \times 10^{-12}$$

$$K_{sp}^{\ominus}(MgCO_3) = 0.82 \times 10^{-6}$$

$$K_{sp}^{\ominus}(CaCO_3) = 4.96 \times 10^{-9}$$

可以看出，如果只用 $NaCO_3$，则因 $K_{sp}^{\ominus}(CaCO_3)$ 很小，Ca^{2+} 可以沉淀得比较完全，而 Mg^{2+} 则沉淀很不完全。因为 $K_{sp}^{\ominus}(MgCO_3)$ 较大，反应后留在溶液中的 Mg^{2+} 离子浓度还较大，不符合软水的要求。当然，所谓 Ca^{2+} 沉淀较完全，也并非水中绝对无 Ca^{2+} 了，只是浓度很小而已。所以，从理论上说，所谓沉淀完全是相对的。这与通常所说"没有绝对不溶的物质"是一致的。

另外，如果要用化学方法除去锅炉的锅垢，就应使用某种易与 Ca^{2+} 和 Mg^{2+} 结合生成极难解离（但可溶）的物质（例如配离子），使水中 Ca^{2+} 和 Mg^{2+} 浓度小于其与锅垢平衡的浓度（即 Ca^{2+}，Mg^{2+} 与有关阴离子的离子积小于锅垢的溶度积），这样，锅垢便可除去。

【例 3-9】 某厂排放的废水中含有 $96\ mg/L$ 的 Zn^{2+}，用化学沉淀法应控制 pH 为多少时才能达到排放标准（$5.0\ mg/L$）？

解:Zn^{2+} 排放标准(5.0 mg/L)换算成物质的量浓度为 7.7×10^{-5} mol/L,此时有

$$c(OH^-) \geqslant \sqrt{\frac{K_{sp}^{\ominus}[Zn(OH)_2]}{c(Zn^{2+})}} = \sqrt{\frac{3.0 \times 10^{-17}}{7.7 \times 10^{-5}}} = 6.2 \times 10^{-7}$$

$pH \geqslant 7.79$,才能达到排放标准。

【例 3 - 10】　现有含 Fe^{3+} 0.01 mol·L^{-1} 溶液,通过调整溶液 pH 而使 Fe^{3+} 开始沉淀到沉淀完全,试计算 Fe^{3+} 开始沉淀和 Fe^{3+} 沉淀完全时的 pH 多少?

解:通过调整溶液 pH,可以使 Fe^{3+} 以 $Fe(OH)_3$ 沉淀析出,开始沉淀时即为达沉淀溶解平衡时,有

$$K_{sp}^{\ominus} = c_r(Fe^{3+}) \cdot c_r^3(OH^-) = 2.64 \times 10^{-39}$$

$$c_r(OH^-) = (2.64 \times 10^{-39}/0.01)^{1/3} = 6.41 \times 10^{-13}$$

$$pH = 1.81$$

而沉淀完全时,即溶液中 Fe^{3+} 离子浓度小于 10^{-5} mol·L^{-1},有

$$c_r(OH^-) = (2.64 \times 10^{-39}/10^{-5})^{1/3} = 6.41 \times 10^{-12}$$

$$pH = 2.81$$

所以,只需要控制溶液 pH 在 $1.81 \sim 2.81$ 之间,即可使 Fe^{3+} 从开始沉淀到沉淀完全。

(2)分步沉淀。在例 3-8 中,根据溶度积规则判断了在含 Pb^{2+} 的溶液中,加入含 I^- 的试剂后,是否会生成 PbI_2 沉淀。实际上,溶液中常同时含有几种离子,当加入某种试剂时,可能会产生几种沉淀,或者同时析出沉淀,或者先后析出沉淀。我们可以根据溶度积规则来控制沉淀发生的次序,这种先后沉淀的现象叫作分步沉淀。

例如,在含 0.01 mol·L^{-1} Cl^- 和 $0.000\,5$ mol·L^{-1} CrO_4^{2-} 的混合溶液中,逐滴加入 $AgNO_3$ 溶液,开始生成白色的 $AgCl$ 沉淀,然后出现砖红色的 Ag_2CrO_4 沉淀。在分析化学上,用 K_2CrO_4 溶液作指示剂、用 $AgNO_3$ 溶液作沉淀剂来测定 Cl^- 的含量,就是根据分步沉淀的原理。随着 $AgNO_3$ 溶液从滴定管加到待测溶液中去,$AgCl$ 沉淀不断生成,最后,当出现砖红色时,滴定就达到终点。

根据溶度积规则,可以分别计算出上述溶液中生成 $AgCl$ 和 Ag_2CrO_4 沉淀所需的 Ag^+ 离子的最低浓度(加入 $AgNO_3$ 溶液所引起的体积变化,忽略不计)。

要沉淀浓度为 0.01 mol·L^{-1} 的 Cl^-,需要 Ag^+ 的最低浓度为

$$c(Ag^+) = \frac{K_{sp}^{\ominus}(AgCl)}{c(Cl^-)} = \frac{1.77 \times 10^{-10}}{0.01} = 1.77 \times 10^{-8}(mol·L^{-1})$$

要沉淀浓度为 $0.000\,5$ mol·$L^{-1} CrO_4^{2-}$,需要 Ag^+ 的最低浓度为

$$c(Ag^+) = \sqrt{\frac{K_{sp}^{\ominus}(Ag_2CrO_4)}{c(CrO_4^{2-})}} = \sqrt{\frac{1.12 \times 10^{-12}}{5.0 \times 10^{-4}}} = 4.73 \times 10^{-5}(mol·L^{-1})$$

由计算结果可知,沉淀 Cl^- 所需 Ag^+ 的浓度比沉淀 CrO_4^{2-} 所需 Ag^+ 的浓度小得多,所以 $AgCl$ 先沉淀,而 Ag_2CrO_4 后沉淀。

当 Ag_2CrO_4 沉淀刚析出时,Cl^- 的浓度又如何呢? 如果不考虑加入试剂所引起的溶液量变化,可以认为此时溶液中 Ag^+ 的浓度为 4.73×10^{-5} mol·L^{-1},则 Cl^- 浓度为

$$c(Ag^+) = \frac{K_{sp}^{\ominus}(AgCl)}{c(Cl^-)} = \frac{1.77 \times 10^{-10}}{4.73 \times 10^{-5}} = 3.74 \times 10^{-6}(mol·L^{-1})$$

这就说明,当 Ag_2CrO_4 沉淀开始析出时,Cl^- 已经沉淀完全了(一般认为,溶液中离子浓度小于 10^{-5} mol·L^{-1} 即沉淀完全)。

3. 沉淀的溶解

在实际工作中,经常需要将难溶固体物质转化为溶液。例如,矿样的分析、锅炉锅垢的清除、物质的提纯、影像的定影(除去胶片上的 $AgBr$)等,都要将固体物质溶解。根据溶度积规则,只要使 $Q<K_{sp}^{\ominus}$,即在难溶电解质的多相平衡体系中,能除去某种离子,使离子浓度(适当方次)的乘积小于其溶度积,则沉淀会溶解。通常采用下列方法:

(1)生成气体。加入适当物质,与溶液中某离子结合,生成微溶的气体。

例如,在有关"溶度积规则"内容中提到,碳酸钙和盐酸作用生成二氧化碳使碳酸钙溶解,使用乙酸也能使碳酸钙溶解。

又如,FeS 溶解于盐酸,生成 H_2S 气体,其反应可以用离子方程式表示:

$$FeS(s)+2H^+ = Fe^{2+}+H_2S(g)$$

(2)生成弱电解质。加入适当的离子,与溶液中某离子结合生成弱电解质,而使沉淀溶解平衡向右移动,即沉淀溶解的方向。

例如,氢氧化铜与盐酸作用,生成弱电解质水而使氢氧化铜溶解。

$$Cu(OH)_2(s)+2H^+ = Cu^{2+}+2H_2O$$

反应中 H^+ 与 $Cu(OH)_2$ 解离出来的 OH^- 结合生成弱电解质 H_2O,使溶液中 OH^- 浓度减小,$c_r(Cu^{2+})·c_r^2(OH^-)<K_{sp}^{\ominus}[Cu(OH)_2]$,结果 $Cu(OH)_2$ 溶解。

又如,$Mg(OH)_2$ 溶于铵盐中:

$$Mg(OH)_2(s)+2NH_4^+ = Mg^{2+}+2NH_3+2H_2O$$

反应中 NH_4^+ 与 $Mg(OH)_2$ 解离出来的 OH^- 结合,生成弱电解质 H_2O 和 NH_3,且 NH_3 以气体形式逸出,使溶液中 OH^- 浓度减小,$c_r(Mg^{2+})·c_r^2(OH^-)<K_{sp}^{\ominus}(Mg(OH)_2)$,结果 $Mg(OH)_2$ 溶解。

(3)生成氧化产物。加入氧化剂或还原剂,与溶液中某一离子发生氧化还原反应,以降低该离子浓度,而使沉淀溶解平衡向右移动,即沉淀溶解的方向。

例如,硫化铜与氧化性的硝酸作用,生成单质 S 而使硫化铜溶解,即

$$3CuS(s)+8HNO_3 = 3Cu(NO_3)_2+3S\downarrow+2NO\uparrow+4H_2O$$

反应中的 HNO_3 将 CuS 解离出来的 S^{2-} 氧化成 S,使得溶液中 S^{2-} 浓度减少,$c_r(Cu^{2+})·c_r^2(S^{2-})<K_{sp}^{\ominus}(CuS)$,导致 CuS 溶解。

对于像 HgS 等溶度积[$K_{sp}^{\ominus}(HgS)=6.44×10^{-53}$]很小的物质,即使在浓 HNO_3 中也不能溶解,只有在王水中才能使其溶解。反应中 S^{2-} 被王水中的 HNO_3 氧化,Hg^{2+} 与王水中的 Cl^- 结合形成配离子 $[HgCl_4]^{2-}$(见第七章)。这样,在氧化和配合的双重作用下,HgS 溶液中 S^{2-} 和 Hg^{2+} 浓度不断减小,$m(Hg^{2+})·m(S^{2-})<K_{sp}^{\ominus}(HgS)$,结果 HgS 溶解。其反应可以离子方程式表示:

$$3HgS(s)+8H^++2NO_3^-+12Cl^- = 3[HgCl_4]^{2-}+3S(s)+2NO(g)+4H_2O$$

(4)生成配离子(见本章第四节)。加入合适的配合剂,与溶液中某一离子形成稳定的可溶性配合物,而使沉淀溶解平衡向右移动,即沉淀溶解的方向。

例如,卤化银($AgCl,AgBr,AgI$)都是难溶于水的,酸、碱也不能使它们溶解,若借助于生

成可溶性的配合物,则可溶解。其中 AgCl 很易溶于 $NH_3 \cdot H_2O$ 中,生成 $[Ag(NH_3)_2]^+$ 配离子,AgBr 则比较困难,而 AgI 基本不溶于 $NH_3 \cdot H_2O$ 中,但可以选用形成更稳定配合物的配合剂,如 AgBr 可选用海波($Na_2S_2O_3 \cdot 5H_2O$),AgI 可选用 KCN,它们分别生成更稳定的配离子 $[Ag(S_2O_3)_2]^{3-}$ 和 $[Ag(CN)_2]^-$,而使 AgBr 和 AgI 溶解。具体反应如下:

$$AgCl(s) + 2NH_3 \cdot H_2O = [Ag(NH_3)_2]^+ + Cl^- + 2H_2O$$
$$AgBr(s) + 2Na_2S_2O_3 = [Ag(S_2O_3)_2]^{3-} + Br^- + 4Na^+$$
$$AgI(s) + 2KCN = [Ag(CN)_2]^- + I^- + 2K^+$$
$$Al(OH)_3(s) + OH^- = [Al(OH)_4]^-$$

4. 沉淀的转化

把一种沉淀转化为另一种沉淀的过程叫作沉淀的转化。沉淀总是向着 $K_{sp}^{\ominus}$ 更小的物质转化,也就是向着更稳定的沉淀方向进行。

例如,工业上的锅炉用水,水中杂质常结成锅垢,如不及时清除,不仅消耗燃料,也易发生事故。锅垢中含有的 $CaSO_3$ 既难溶于水又难溶于酸,很难去除。但是我们可以设法加入某种试剂,把 $CaSO_4$ 沉淀 $[K_{sp}^{\ominus}(CaSO_4) = 7.1 \times 10^{-5}]$ 转化为既疏松而又可溶于酸的 $CaCO_3$ 沉淀 $[K_{sp}^{\ominus}(CaCO_3) = 4.96 \times 10^{-6}]$,以利于锅垢的清除,其反应为

$$CaSO_4(s) + Na_2CO_3 = CaCO_3(s) + 2Na^+ + SO_4^{2-}$$

【例 3-11】 工业上常用石灰苏打法软化硬水(Ca^{2+} 和 Mg^{2+} 较多)。试通过计算说明,要同时加入 Na_2CO_3 与 $Ca(OH)_2$ 两种物质,才能得到软化水,而不能只用 Na_2CO_3。已知有关几种物质的溶度积如下:

$$K_{sp}^{\ominus}[Mg(OH)_2] = 5.61 \times 10^{-12}$$
$$K_{sp}^{\ominus}(MgCO_3) = 6.82 \times 10^{-6}$$
$$K_{sp}^{\ominus}(CaCO_3) = 4.96 \times 10^{-9}$$

解:若单独采用 Na_2CO_3 与 $Ca(OH)_2$,假设浓度为 0.001 mol/L,则平衡时

$$c_r(Ca^{2+}) = \frac{K_{sp}^{\ominus}(CaCO_3)}{c_r(CO_3^{2-})} = \frac{4.96 \times 10^{-6}}{0.001} = 4.96 \times 10^{-6}$$

$$c_r(Mg^{2+}) = \frac{K_{sp}^{\ominus}(MgCO_3)}{c_r(CO_3^{2-})} = \frac{6.82 \times 10^{-6}}{0.001} = 6.82 \times 10^{-3}$$

由 $K_{sp}^{\ominus}$ 数据可以看出,如果只用 Na_2CO_3,则因 $K_{sp}^{\ominus}(CaCO_3)$ 很小,Ca^{2+} 可以沉淀得比较完全,而 Mg^{2+} 离子则沉淀很不完全。因为 $K_{sp}^{\ominus}(MgCO_3)$ 较大,反应后留在溶液中的 Mg^{2+} 离子浓度还较大,不符合软水的要求。

同时加入 $Ca(OH)_2$,则生产 $Mg(OH)_2$,此时:

$$c_r(Mg^{2+}) = \frac{K_{sp}^{\ominus}(Mg(OH)_2)}{c_r^2(OH^-)} = \frac{5.61 \times 10^{-12}}{0.001^2} = 6.82 \times 10^{-6}$$

可将 Mg^{2+} 沉淀完全。

对于某些要求更高的锅炉用水,往往先采用 Na_2CO_3 处理,再用 Na_3PO_4 补充处理。读者请查阅相关数据,通过计算说明 Na_3PO_4 处理效果好于 Na_2CO_3。

又如在海港建筑中,海水中的 Mg^{2+} 对水泥[含有 $Ca(OH)_2$]有侵蚀作用,是由于 $Ca(OH)_2$ 沉淀 $[K_{sp}^{\ominus}(Ca(OH)_2) = 4.68 \times 10^{-6}]$ 转化为 $Mg(OH)_2$ 沉淀 $[K_{sp}^{\ominus}(Mg(OH)_2) = 5.61 \times 10^{-12}]$,

其反应为

$$Ca(OH)_2(s)+Mg^{2+}=Mg(OH)_2(s)+Ca^{2+}$$

近年来,常利用沉淀转化的原理进行废水处理。例如,用 FeS 可处理含 Hg^{2+} 或 Cu^{2+} 的废水,收效甚佳。反应式可表示如下:

$$FeS(s)+Cu^{2+}=CuS(s)+Fe^{2+}$$
$$FeS(s)+Hg^{2+}=HgS(s)+Fe^{2+}$$

很显然,在反应中两种难溶电解质的 $K_{sp}^{\ominus}$ 相差愈大,加入转化离子的浓度又较大,则沉淀的转化就愈完全。

第四节　配位平衡

18 世纪初,德国的美术颜料制造家迪士巴赫(Diesbach)制备出一种组成为 $KCN \cdot Fe(CN)_2 \cdot Fe(CN)_3$ 的蓝色颜料并将其命名为普鲁士蓝。经过了将近一个世纪,法国化学家塔索尔特(B. M. Tassaert)于 1798 年制备出三氯化钴的六氨合物 $CoCl_3 \cdot 6NH_3$。正如当时的化学式所表示的那样,两种物质都是由简单化合物形成的复杂化合物,而现在通常称之为配位化合物(Coordination compounds)。这两个也许是最早制得的配位化合物,其化学式分别书写为 $KFe[Fe(CN)_6]$ 和 $[Co(NH_3)_6]Cl_3$。同时,塔索尔特还敏锐地认识到,满足了价键要求的简单化合物之间形成稳定的复杂化合物这一事实,肯定具有当时化学家尚不了解的新含义。$CoCl_3 \cdot 6NH_3$ 的制备成功激起了化学家对类似体系进行研究的极大兴趣,标志着配位化学的真正开始。

又过了将近一个世纪,人们才真正理解了塔索尔特意识到的那种新含义。我们现在对金属配合物本性的了解,建立在瑞士青年化学家维尔纳(A. Werner)在 1893 年提出的见解上。他的见解被后人称为维尔纳配位学说,他因此获得了 1913 年诺贝尔化学奖。该学说对 20 世纪无机化学和化学键理论的发展产生了深远的影响。

当今,配位化学已经发展成为化学的一个专门学科。现代生物化学和分子生物学的研究发现,配位化合物在生物的生命活动中起着重要的作用。它不仅是现代无机化学学科的中心课题,而且对分析化学、催化动力学、电化学、量子化学等方面的研究都有重要的意义。

一、配位化合物

1. 配位键和配位化合物

由某一原子(或离子)单方面提供共用电子对与另一原子(或离子)提供空轨道而形成的共价键叫作配位键。如 AgCl 溶于过量氨水的反应:

$$H_3N:+AgCl+:NH_3 \longrightarrow [H_3N:Ag:NH_3]^+ +Cl^-$$

反应中提供共用电子对的原子(或离子)成为电子对的给予体,它一般应有孤对电子。如上例中 NH_3 分子的 N 原子。接受共用电子对的原子(或离子)叫作电子对的接受体,它必须有空轨道,如上例中的 Ag^+。生成的 $[Ag(NH_3)_2]^+$ 叫作配位离子(简称"配离子"),该配位正离子与 Cl^- 组成化合物 $[Ag(NH_3)_2]Cl$。也可以是配位负离子与另一正离子组成化合物,如 $K_3[Fe(CN)_6]$。像这类含有配离子的化合物叫作配盐。还有一些是由中性分子与中性原子配合生成的,不带电荷的分子称为配位分子,如 [Ni(CO)₄]。配盐与配位分子统称为配位化合物,简称"配合物"。

2. 配合物的组成与类型

(1)配合物的组成。配合物的组成是可以测定的。如在 $CoCl_2$ 的氨溶液中加入 H_2O_2 可以得到一种橙黄色晶体 $CoCl_3 \cdot 6NH_3$。将此晶体溶于水后,加入 $AgNO_3$ 溶液则立即析出 AgCl 沉淀,沉淀量相当于该化合物中氯的总量:

$$CoCl_3 \cdot 6NH_3 + 3AgNO_3 \longrightarrow 3AgCl\downarrow + Co(NO_3)_3 \cdot 6NH_3$$

显然,该化合物中氯离子都是自由的,能独立地显示其化学性质。虽然在此化合物中氨的含量很高,但是它的水溶液却呈中性或弱酸性反应,在室温下加入强碱也不产生氨气,只有加热至沸腾时,才有氨气放出并产生三氧化二钴沉淀,即

$$2(CoCl_3 \cdot 6NH_3) + 6KOH \xrightarrow{\text{沸腾}} Co_2O_3\downarrow + 12NH_3\uparrow + 6KCl + 3H_2O$$

该化合物的水溶液用碳酸盐或磷酸盐试验,也检验不出钴离子的存在。这些试验证明,化合物中的 Co^{3+} 和 NH_3 分子已经配合,形成配离子$[Co(NH_3)_6]^{3+}$,从而在一定程度上丧失了 Co^{3+} 和 NH_3 各自独立存在时的化学性质。

在上述配合物中,Co^{3+} 是中心离子(或中心原子 Central atom,在本书中不严格区分两者),它可以是金属离子或原子,也可以是非金属原子(如 Si 原子),但都是电子对接受体。6个配位的 NH_3 分子,叫作配位体(简称配体,Ligand)。配位体中与中心离子直接键合的原子叫作配位原子,它是电子对给予体。

中心离子与配位体构成了配合物的内配位层(或称内界)。内界之外的其余部分称为外配位层(或称外界)。内、外界之间是离子键,在水中全部解离。

就配合物整体而言,内界是配位个体的结构单元,是配合物的特征部分,在化学式中通常用一个方括号把它括起来,方括号以内代表内界,方括号以外的是外界(见图 3-5)。对于中性的配位分子而言则无内界和外界之分,一般把整个分子看作内界,如$[Pt(NH_3)_2Cl_2]$。

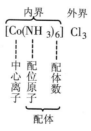

图 3-5　配位化合物的组成

在配体中,与中心离子或中心原子成键的原子称为配位原子,配位原子具有弧电子对,常见的配位原子有 F,Cl,Br,I,O,S,U,C 等。只含 1 个配位原子的配位体叫作单齿配位体(Monodentate ligand),如 F^-,Cl^-,Br^-,I^-,OH^-(羟基),H_2O,SCN^-,NH_3,CN^-,CO 等。含 2个、3个……配位原子的配位体叫双齿、三齿……配位体,总称为多齿配位体(Polydentate ligand)。表 3-7 列出了几种有代表性的多齿配位体。

多齿配位体以 2 个或 2 个以上配位原子配位于中心离子形成所谓的螯合物(Chelate),从这一角度考虑将能用作多齿配体的试剂叫作螯合剂(Chelating agents)。螯合物的形成犹如

螃蟹钳住中心离子,从而使配合物因具有环状结构而更加稳定(见图3－6)。

表3－7　常见多齿配位体举例

符　号	名　　称	化　学　式	齿合原子数
en	乙二胺	$NH_2CH_2CH_2NH_2$	2
tm	三亚甲基二胺	$NH_2CH_2CH_2CH_2NH_2$	2
dien	二乙基三胺	$NH_2CH_2CH_2NHCH_2CH_2NH_2$	3
gly	氨基乙酸根离子	$NH_2CH_2COO^-$	2
ox	草酸根离子	$\begin{bmatrix} :O{-}C{=}O \\ :O{-}C{=}O \end{bmatrix}^{2-}$	2
EDTA	乙二胺四乙酸根离子	$\begin{array}{cc} ^-:OOCCH_2 & CH_2COO:^- \\ & NCH_2CH_2N \\ ^-:OOCCH_2 & CH_2COO:^- \end{array}$	6
bipy	2,2′-联吡啶	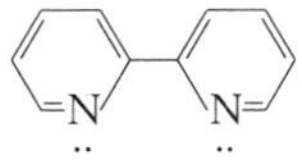	2
phen	1,10-菲咯啉	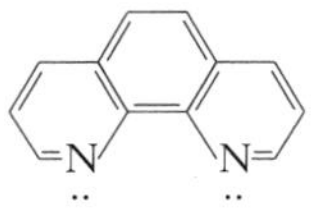	2

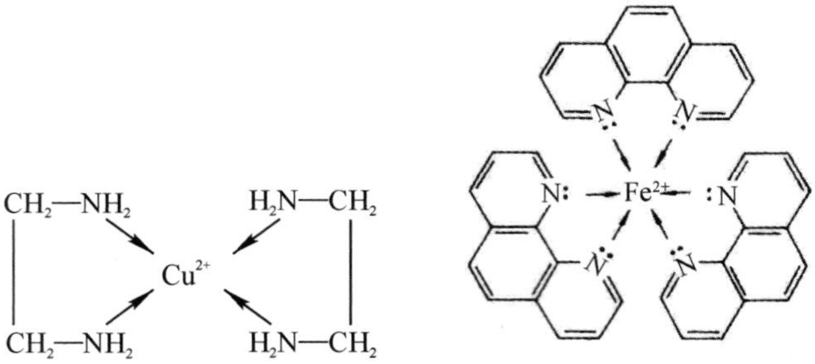

图3－6　两种螯合物

在配位体中,与中心离子成键的配位原子的数目称为配位数(Coordination number)。配位体为单齿配体时,中心离子的配位数等于配体的数目,如$[Ag(NH_3)_2]^+$,Ag^+的配位数为2。配位体为多齿配体时,中心离子的配位数等于每个配位体的齿数与配位体的乘积。如图3－6所示,$[Cu(en)_2]^{2+}$中,每个乙二胺分子中两个N原子各提供一对孤对电子与Cu^{2+}形成配位键,每个配位体与中心离子Cu^{2+}形成一个五元环,两个配位体形成两个五元环,Cu^{2+}的配位数为4。$[Fe(phen)_3]^{2+}$ Fe^{2+}的配位数为6而不是3。表3－8给出了一些常见金属离子的配位数。

配位数的大小不但与中心离子和配位体的性质有关,而且依赖于配合物的形成条件。大体积配位体有利于形成低配位数配合物,大体积高价阳离子有利于形成高配位数配合物。Ce^{4+} 和 Th^{4+} 的配位数可达 12,U^{4+} 甚至可以形成配位数为 14 的配合物。高配位数配合物为数很少,最常见的金属离子配位数为 4 和 6。

表 3-8 常见金属离子的配位数

1 价金属离子		2 价金属离子		3 价金属离子	
Cu^+	2,4	Ca^{2+}	6	Al^{3+}	4,6
Ag^+	2	Mg^{2+}	6	Cr^{3+}	6
Au^+	2,4	Fe^{2+}	6	Fe^{3+}	6
		Co^{2+}	4,6	Co^{3+}	6
		Cu^{2+}	4,6	Au^{3+}	4
		Zn^{2+}	4,6		

(2)配合物的分类。根据配合物的组成,可将配合物分为以下几类:

1)简单配合物。配合物分子或离子中只有一个中心离子(原子),每个配位体只有一个配位原子(单齿配体)与中心离子成键。例如[$Ag(NH_3)_2$]$^+$,[$Pt(NH_3)_6$]$^{4+}$,BF_4^- 等。

2)螯合物。配合物分子或离子中的配位体为多齿配体,配体与中心离子成键,形成环状结构。

3)多核配合物。多核配合物分子或离子含有两个或两个以上的中心离子。两个中心离子之间常以配位体相连接。例如,μ-二羟基八水合二铁(Ⅲ)离子,即[$(H_2O)_4Fe(OH)_2Fe(H_2O)_4$]$^{4+}$ 离子中有两个中心离子 Fe^{3+},其结构式如右图所示。

4)羰合物。某些 d 区元素以 CO 为配位体形成的羰合物。例如 $Ni(CO)_4$,$Fe(CO)_5$ 等。

5)烯烃配合物。这类配合物的配体是不饱和烃,如乙烯 C_2H_4、丙烯 C_3H_6 等。它们常与一些 d 区元素的金属离子形成配合,例如[AgC_2H_4]$^+$,[$PdCl_3(C_2H_4)$]$^-$。

6)多酸型配合物。这类配合物是一些复杂的无机含氧酸及其盐类。如磷钼酸铵 $(NH_3)_3$[$P(Mo_3O_{10})_4$]·$6H_2O$,其中 P(Ⅴ)是中心离子,$Mo_3O_{10}^{2-}$ 是配体。

此外,今年来还发展出一些新型配合物,如金属簇合物、大环配合物和配位聚合物等。

随着配位化学学科不断的发展,各种构型新颖的配合物被不断发现。例如,1965 年加拿大化学家阿仑(A. D. Allen)和塞诺夫(C. V. Senoff)制得的第一个分子氮配合物[$Ru(NH_3)N_2$]Cl_2,启发了人们探索常温常压下固氮的研究,继而开始的固氮酶的结构和作用机理研究兴起了化学模拟生物固氮这门边缘学科。科学家卢嘉锡等人在这方面取得了世界水平的成果。1927 年合成的第一个烯烃配合物 Zeise 盐 K[$PtCl_3(C_2H_4)$]·H_2O[见图 3-7(a)]和 1951 年制备成功的二茂铁[$Fe(C_5H_5)_2$][见图 3-7(b)]使人们意识到含有不饱和键及 π 轨道有离域电子的碳氢化合物(如乙烯、苯 C_6H_6、环戊二烯基 C_5H_5 等)也可以作为电子给予体而形成配合物。二茂铁著名的"夹心"结构很快由 IR 光谱推知并接着由 X 射线衍射测得详尽的结构数据。二茂铁的稳定性、结构和成键状况大大激发了化学家的想象力,推动了一系列合成、表征和理论工作,从而导致 d 区金属有机化学的迅速发展。两位成果丰硕的化学家——德国的菲希尔(E. Fischer)和英国的维尔金森(G. Wilkinson)——由于在该领域的杰出贡献获得了 1973 年的诺贝尔奖[①]。同样,在 20 世纪 70 年代后期成功制备了五甲基环戊二烯基(C_5Me_5)与 f 区元素形成的稳定化合物[见图 3－7(d)],很快迎来了 f 区金属有机化学发展的兴旺时期。

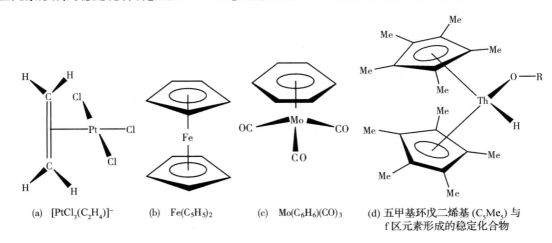

(a) $[PtCl_3(C_2H_4)]^-$ (b) $Fe(C_5H_5)_2$ (c) $Mo(C_6H_6)(CO)_3$ (d) 五甲基环戊二烯基(C_5Me_5)与 f 区元素形成的稳定化合物

图 3－7 配合物结构的多样性

3. 配合物的化学式和命名

随着配位化学的不断发展,配合物的组成日趋复杂化。中国化学会无机化学专业委员会制定了一套命名规则,这里通过表 3－9 的实例加以说明。

表 3－9 一些配合物的化学式及系统命名

类　别	化　学　式	系　统　命　名	编　序
配位酸	$H_2[SiF_6]$	六氟合硅(Ⅳ)酸	(a)
配位碱	$[Ag(NH_3)_2](OH)$	氢氧化二氨合银(Ⅰ)	(b)
配位盐	$[Cu(NH_3)_4]SO_4$	硫酸四氨合铜(Ⅱ)	(c)
	$[CrCl_2(H_2O)_4]Cl$	一氯化二氯·四水合铬(Ⅲ)	(d)
	$[Co(NH_3)_5(H_2O)]Cl_3$	三氯化五氨·一水合钴(Ⅲ)	(e)
	$K_4[Fe(CN)_6]$	六氰合铁(Ⅱ)酸钾	(f)
	$Na_3[Ag(S_2O_3)_2]$	二(硫代硫酸根)合银(Ⅰ)酸钠	(g)
	$K[PtCl_5(NH_3)]$	五氯·一氨合铂(Ⅳ)酸钾	(h)
	$[Pt(NH_3)_6][PtCl_4]$	四氯合铂(Ⅱ)酸六氨合铂(Ⅱ)	(i)
非电解质配合物	$[Fe(CO)_5]$	五羰基合铁(0)	(j)
	$[Co_2(CO)_8]$	八羰基合二钴(0)	(k)
	$[PtCl_4(NH_3)_2]$	四氯·二氨合铂(Ⅳ)	(l)

(1)关于化学式书写原则的说明。

---

① Wilkinson 的说明参见 The iron sandwich. A recollection of the first four months. *J. Organometal. Chem.*, 100, 273(1975).

1)对含有配离子的配合物而言,阳离子放在阴离子之前,如表 3-9 所示的(a)~(i);

2)对配离子个体而言,先写中心原子的元素符号,再依次列出阴离子配位体和中性分子配位体,如表 3-9 所示的(d)(h)和(l);同类配位体(同为负离子或同为中性分子)以配位原子元素符号英文字母的先后排序[①],如表 3-9 所示(e)中 NH_3 和 H_2O 两种中性分子配体的配位原子分别为 N 原子和 O 原子,因而 NH_3 写在 H_2O 之前。最后,将整个配离子或分子的化学式写在[]中。

(2)关于命名原则的说明。

1)含配离子的配合物遵循一般无机化合物的命名原则:阴离子名称在前,阳离子名称在后,阴、阳离子之间用"化"字或者"酸"字相连。只要将配阴离子分清是简单阴离子还是含氧酸根离子,就不难区分"化"字与"酸"字的不同应用场合。

2)配位个体的命名:配体名称在前,中心原子名称在后;配体命名的顺序与中心离子后的配体书写顺序一致[②],不同配体相互之间以中圆点"·"分开;最后一种配位体名称之后缀以"合"字;配体名称前用汉字"一""二""三"等标明其数目;中心原子名称后用罗马数字Ⅰ,Ⅱ,Ⅲ等加括号表示其氧化数。

3)配体的命名次序如下:

a. 无机配体:通常先列出阴离子的名称,后列出中性分子的名称,见表 3-9 中的(h);

b. 中性分子或阴离子配体:按配位原子元素符号的英文字母顺序排列,见表 3-9 中的(e);

c. 配位原子相同的不同配体之间:将含较少原子数的配体排在前面,较多原子数的配体排在后面;若配位原子相同且不同配体中含有的原子数目也相同,则按配体结构中与配位原子相连的非配位原子的元素符号的英文字母顺序排列。如[$PtNH_2NO_2(NH_3)_2$]为氨基·硝基·二氨合铂(Ⅱ)。

配体中既有无机配体也有有机配体,则无机配体在前,有机配体在后。

二、配离子在溶液中的配位平衡

1. 配离子的解离平衡及其标准平衡常数

配合物的内界与外界之间在溶液中的解离类似于强电解质的解离,内界的中心离子与配位体之间的解离类似于弱电解质的解离。如由 $CuSO_4$ 与浓氨水所形成的深蓝色[$Cu(NH_3)_4$]SO_4 溶液中有如下两种解离方式:

完全解离 $\qquad$ [$Cu(NH_3)_4$]$SO_4 \longrightarrow$ [$Cu(NH_3)_4$]$^{2+}+SO_4{}^{2-}$

部分解离 $\qquad$ [$Cu(NH_3)_4$]$^{2+}\rightleftharpoons Cu^{2+}+4NH_3$

标准解离常数表达式为 $\qquad K^{\ominus}=\dfrac{c_r(Cu^{2+})c_r^4(NH_3)}{c_r([Cu(NH_3)_4]^{2+})}$

标准解离常数 $K^{\ominus}$ 的数值越大,说明溶液中的中心离子和配体浓度越大,即配离子的解离

---

① 在实际运用中,当讨论配合物的结构和反应时,其化学式有时也可以根据需要而不必拘泥于"原则"所规定的顺序来书写。

② IUPAC 1970 的规则不同,是按配体的英文名称词头字母的英文字母顺序命名的,故与化学式的顺序不一定一致。

趋势越大，配离子越不稳定[①]。因此，通常把标准解离常数叫作标准不稳定常数，以 $K_{\text{不稳}}^{\ominus}$（或 $K_{d}^{\ominus}$）表示。配离子在溶液中的稳定性也可用配合平衡的常数来表示：

$$Cu^{2+} + 4NH_3 \Longrightarrow [Cu(NH_3)_4]^{2+}, \quad K_{\text{稳}}^{\ominus} = \frac{c_r([Cu(NH_3)_4]^{2+})}{c_r(Cu^{2+})c_r^4(NH_3)}$$

$K_{\text{稳}}^{\ominus}$（或 $K_{f}^{\ominus}$）叫作配离子的标准稳定常数。对同类型的配离子来说，$K_{\text{稳}}^{\ominus}$ 值越大配离子越稳定；反之则越不稳定。显然，$K_{\text{稳}}^{\ominus}$ 与 $K_{\text{不稳}}^{\ominus}$ 互为倒数关系：

$$K_{\text{稳}}^{\ominus} = (K_{\text{不稳}}^{\ominus})^{-1}$$

一些配离子的标准稳定常数列于表 3-10 中。实际上，像 $[Cu(NH_3)_4]^{2+}$ 这类配位数大于 1 的配离子在溶液中的形成是分级进行的，存在着各级平衡。

表 3-10 一些配离子的标准稳定常数

配 离 子	$K_{\text{稳}}^{\ominus}$	$\lg K_{\text{稳}}^{\ominus}$
$[Ag(CN)_2]^-$	1.26×10^{21}	21.2
$[Ag(NH_3)_2]^+$	1.12×10^7	7.05
$[Ag(S_2O_3)_2]^{3-}$	2.89×10^{13}	13.46
$[AgCl_2]^-$	1.10×10^5	5.04
$[AgBr_2]^-$	2.14×10^7	7.33
$[AgI_2]^-$	5.50×10^{11}	11.74
$[Ag(py)_2]^+$	1.0×10^{10}	10.0
$[Co(NH_3)_6]^{2+}$	1.29×10^5	5.11
$[Cu(CN)_2]^-$	1.00×10^{24}	24.0
$[Cu(SCN)_2]^-$	1.52×10^5	5.18
$[Cu(NH_3)_2]^+$	7.24×10^{10}	10.86
$[Cu(NH_3)_4]^{2+}$	2.09×10^{13}	13.32
$[Cu(P_2O_7)_2]^{6-}$	1.0×10^9	9.0
$[FeF_6]^{3-}$	2.04×10^{14}	14.31
$[Fe(CN)_6]^{3-}$	1.0×10^{42}	42
$[Hg(CN)_4]^{2-}$	2.51×10^{41}	41.4
$[HgI_4]^{2-}$	6.76×10^{29}	29.83
$[HgBr_4]^{2-}$	1.0×10^{21}	21.00
$[HgCl_4]^{2-}$	1.17×10^{15}	15.07
$[Ni(NH_3)_6]^{2+}$	5.50×10^8	8.74

---

① 配合物稳定性的讨论通常会区分热力学稳定性和动力学稳定性。由标准稳定常数表征的稳定性是热力学稳定性。动力学稳定性按反应速率将配合物区分为活性（Labile）和惰性（Intert）两大类，前一概念是指配体可被其他配体快速取代的配合物，后者则指取代缓慢的配合物。热力学稳定性只与产物和反应物的能量差有关，动力学稳定性即反应速率的大小则取决于反应的活化能。

续表

配 离 子	$K_{稳}^{\ominus}$	$\lg K_{稳}^{\ominus}$
$[Ni(en)_3]^{2+}$	2.14×10^{18}	18.33
$[Zn(CN)_4]^{2-}$	5.0×10^{16}	16.7
$[Zn(NH_3)_4]^{2+}$	2.87×10^9	9.46
$[Zn(en)_2]^{2+}$	6.76×10^{10}	10.83

在比较不同配离子的稳定性时应考虑以下两个问题。

(1)对于中心离子的配体数相同的配离子,如$[HgI_4]^{2-}$和$[Cu(NH_3)_4]^{2+}$,其稳定性可直接比较其标准稳定常数(或标准不稳定常数)。$K_{稳}^{\ominus}$越大(或 $K_{不稳}^{\ominus}$越小)的配离子越稳定。例如,$[HgI_4]^{2-}$($K_{稳}^{\ominus}=6.76 \times 10^{29}$)比$[Cu(NH_3)_4]^{2+}$($K_{稳}^{\ominus}=2.09 \times 10^{13}$)稳定。

(2)对于不同中心离子形成的各种类型的配离子(即配体数不同者),不能根据 $K_{稳}^{\ominus}$(或 $K_{不稳}^{\ominus}$)的数值大小简单地比较其稳定性,需要通过实验或计算才能确定。如$[AgCl_2]^-$和$[CO(M_3)_3]^{2+}$不能根据其 $K_{稳}^{\ominus}$值比较两者稳定性的强弱。

【例 3-12】 在 1.0 L 6.0 mol·L^{-1}氨水中加入 0.10 mol 的 $CuSO_4$,求溶液中各组分的物质的量浓度。

解:因氨水浓度远大于 Cu^{2+} 浓度,故可以认为 0.1 mol·L^{-1} 的 Cu^{2+} 几乎全部被 NH_3 配合为配离子,则溶液中应含有 0.1 mol·L^{-1} 的$[Cu(NH_3)_4]^{2+}$,自由氨的浓度为$(6.0-4 \times 0.1)$ mol·L$^{-1}=5.6$ mol·L^{-1},并设溶液中 Cu^{2+} 浓度为 x mol·L^{-1},则

$$Cu^{2+} + 4NH_3 \Longleftrightarrow [Cu(NH_3)_4]^{2+}$$

平衡浓度/(mol·L^{-1}) $\quad x \qquad 5.6+4x \qquad\qquad 0.10-x$

由于 $K_{稳}^{\ominus}$(2.1×10^{13})相当大,可以认为 $0.10-x \approx 0.1$,$5.6+4x \approx 5.6$。

$$K_{稳}^{\ominus} = \frac{c_r([Cu(NH_3)_4]^{2+})}{c_r(Cu^{2+})c_r^4(NH_3)} = \frac{0.10}{x(5.6)^4} = 2.1 \times 10^{13}$$

$$x = \frac{0.10}{(5.6)^4 \times 2.1 \times 10^{13}} = 4.8 \times 10^{-18}$$

因此,溶液中各组分的浓度为

$$c([Cu(NH_3)_4]^{2+}) = 0.10 \text{ mol·L}^{-1}$$

$$c(NH_3) = 5.6 \text{ mol·L}^{-1}$$

$$c(SO_4^{2-}) = 0.10 \text{ mol·L}^{-1}$$

$$c(Cu^{2+}) = 4.8 \times 10^{-18} \text{ mol·L}^{-1}$$

仿照例 3-12 计算浓度相同的不同配体数的配离子溶液的中心离子浓度,才能比较出相应配离子的稳定性。

三、配离子的解离平衡的移动

与其他平衡一样,改变平衡条件,配离子的解离平衡也会移动。如果减少配体或中心离子的浓度,则配离子的解离平衡向解离方向移动,直到新平衡建立为止。

1. 难溶物质的沉淀或溶解

在$[Ag(S_2O_3)_2]^{3-}$溶液中加入Na_2S溶液后,由于生成溶解度很小的Ag_2S沉淀,溶液中Ag^+浓度减小,平衡就向着配离子$[Ag(S_2O_3)_2]^{3-}$解离的方向移动。

$$2[Ag(S_2O_3)_2]^{3-} \Longrightarrow 2Ag^+ + 4S_2O_3^{2-}$$
$$+$$
$$Na_2S \longrightarrow S^{2-} + 2Na^+$$
$$\Downarrow$$
$$Ag_2S\downarrow$$

离子方程式为

$$2[Ag(S_2O_3)_2]^{3-} + S^{2-} \Longrightarrow Ag_2S\downarrow + 4S_2O_3{}^{2-}$$

反之,将$AgBr(s)$加入$Na_2S_2O_3$溶液后,有

$$AgBr(s) \Longrightarrow Ag^+ + Br^-$$
$$+$$
$$2S_2O_3{}^{2-}$$
$$\Downarrow$$
$$[Ag(S_2O_3)_2]^{3-}$$

由于生成稳定的$[Ag(S_2O_3)_2]^{3-}$,溶液中Ag^+浓度减小,$c_r(Ag^+)c_r(Br^-) < K_{sp}^{\ominus}(AgBr)$,结果$AgBr(s)$溶解。其离子方程式为

$$AgBr(s) + 2S_2O_3{}^{2-} \Longrightarrow [Ag(S_2O_3)_2]^{3-} + Br^-$$

从上面两例可以看出,体系中同时存在着配位平衡和溶解平衡时,沉淀剂(S^{2-}和Br^-)与配合剂($S_2O_3{}^{2-}$)争夺金属离子。争夺能力的大小主要取决于配离子的稳定性和难溶物质的溶解性。一般是,当配离子的$K_{稳}^{\ominus}$较大而难溶物的$K_{sp}^{\ominus}$不很小时,难溶物质易与配合剂配合而溶解;当配离子的$K_{稳}^{\ominus}$和难溶物的$K_{sp}^{\ominus}$都较小时,配离子易被沉淀剂沉淀而破坏。如果需要准确地判断,则要通过计算给予说明。

2. 生成更稳定的配离子

在含$[Ag(NH_3)_2]^+$配离子的溶液中加入足量的$NaCN$,则$[Ag(NH_3)_2]^+$配离子几乎可全部解离而生成$[Ag(CN)_2]^-$配离子。该反应式为

$$[Ag(NH_3)_2]^+ + 2CN^- \longrightarrow [Ag(CN)_2]^- + 2NH_3\uparrow$$

上述反应能发生的原因是$[Ag(CN)_2]^-$配离子的稳定性($K_{稳}^{\ominus} = 1.26 \times 10^{21}$)比$[Ag(NH_3)_2]^+$配离子的稳定性($K_{稳}^{\ominus} = 1.12 \times 10^7$)大。

这类反应的实质是两种稳定性不同的配离子平衡移动的结果。上述反应过程为

$$[Ag(NH_3)_2]^+ \Longrightarrow Ag^+ + 2NH_3$$
$$+$$
$$2NaCN \longrightarrow 2CN^- + 2Na^+$$
$$\Downarrow$$
$$[Ag(CN)_2]^-$$

通过这个例子可以知道,由同一中心离子形成的两种配离子间的转化,总是$K_{稳}^{\ominus}$小的配离子转化为$K_{稳}^{\ominus}$大的配离子。当然,这种转化也与配合剂和沉淀剂的浓度有关。当不容易定性

判断时,便需要通过计算来确定。

3. 生成难解离的物质

如果配离子解离产生的配位体能与其他物质反应生成更难解离的物质,可使配离子的解离平衡向解离方向移动。例如,向含有$[Cu(NH_3)_4]^{2+}$配离子的溶液中加入酸(如 HCl),由于酸中的 H^+ 易与 NH_3 分子结合成更稳定的 NH_4^+,溶液中 NH_3 浓度减小,因而$[Cu(NH_3)_4]^{2+}$配离子的解离平衡向解离方向移动:

$$[Cu(NH_3)_4]^{2+} \Longrightarrow Cu^{2+} + 4NH_3$$
$$+$$
$$4HCl \longrightarrow 4Cl^- + 4H^+$$
$$\Downarrow$$
$$4NH_4^+$$

总反应方程式为

$$[Cu(NH_3)_4]^{2+} + 4H^+ \longrightarrow Cu^{2+} + 4NH_4^+$$

4. 发生氧化还原反应

当配离子解离产生的配体能与某种物质发生氧化还原反应时,配离子的解离平衡将向解离方向移动。例如,往$[Cu(CN)_4]^{2-}$配离子溶液中加入 NaClO 溶液,由于 ClO^- 是氧化剂,可把$[Cu(CN)_4]^{2-}$配离子解离产生的 CN^- 浓度减小,于是$[Cu(CN)_4]^{2-}$配离子的解离平衡向解离方向移动:

$$[Cu(CN)_4]^{2-} \Longrightarrow Cu^{2+} + 4CN^-$$
$$+$$
$$4NaClO \longrightarrow 4Na^+ + 4ClO^-$$
$$\Downarrow$$
$$4CNO^- + 4Cl^-$$

总反应方程式为

$$[Cu(CN)_4]^{2-} + 4ClO^- \longrightarrow Cu^{2+} + 4CNO^- + 4Cl^-$$

这个反应是环境保护工作中用碱性氯化法处理含氰废水的主要化学反应。

应当指出,有一些与配盐相似的化合物[1],如复盐[明矾 $KAl(SO_4)_2 \cdot 12H_2O$],它们与配盐不同,溶于水后全部解离为简单 K^+,Al^{3+} 和 SO_4^{2-} 的水合离子,只有微乎其微的$[Al(SO_4)_2]^-$,而不存在大量的配离子。但这个区别也无绝对的界线,如前述配离子$[Cu(NH_3)_4]^{2+}$ 等仍能解离为少量的 Cu^{2+} 与 NH_3。而有些复盐如 $KCl \cdot MgCl_2 \cdot 6H_2O$,在溶液中也有不稳定的$[MgCl_3]^-$ 存在。因此,也可以把复盐看作为内界极不稳定的配盐。

很多化合物是以配合物形式存在的。常见的结晶水合物有许多是配合物。如含有 6 个结晶水分子的氯化镁和氯化铝等盐类的结构式分别是$[Mg(H_2O)_6]Cl_2$ 和$[Al(H_2O)_6]Cl_3$ 等。但是,某些结晶水合物中部分结晶水也可以位于外界,如胆矾 $CuSO_4 \cdot 5H_2O$ 的结构式是$[Cu(H_2O)_4]SO_4 \cdot H_2O$。胆矾的蓝色和通常铜盐溶液的蓝色实际上都是$[Cu(H_2O)_4]^{2+}$ 的

---

① 配盐如$[Cu(NH_3)_4]SO_4$是简单分子 $CuSO_4$ 与 NH_3 的加合。同样,复盐 $KAl(SO_4)_2 \cdot 12H_2O$ 也可视为简单分子 $K_2SO_4 \cdot Al_2(SO_4)_3$ 与 H_2O 的加合,因此说配盐与复盐相似。

颜色。

思考题与练习题

一、思考题

1.何谓蒸气压？它与哪些因素有关？试以水为例进行说明。

2.溶液蒸气压下降的原因何在？如何用蒸气压下降来解释溶液的沸点上升和凝固点下降？

3.什么叫沸点？什么叫凝固点？外界压力对它们有无影响？如何影响？

4.纯水的凝固点为什么是 0.009 9℃而不是 0℃？

5.什么叫拉乌尔定律？什么叫沸点上升常数和凝固点下降常数？

6.回答下列问题：

(1)为什么在高山上烧水，不到 100℃就沸腾了？

(2)为什么海水较河水难结冰？

(3)为什么高压锅煮食物容易熟？

(4)为什么在盐碱土地上栽种的植物难以生长？

(5)0.1 mol·kg^{-1}葡萄糖(相对分子质量 180)水溶液的沸点与 0.1 mol·kg^{-1}尿素(相对分子质量 60)水溶液的沸点是否相等？

7.难挥发物质的稀溶液蒸发时，蒸气分子是什么物质的分子？当不断沸腾时，其沸点是否恒定？当冷却时，开始是什么物质凝固？在继续冷却过程中，其凝固点是否恒定？为什么？何时溶质与溶剂才同时析出？

8.比较 0.1 mol·kg^{-1}蔗糖溶液，0.1 mol·kg^{-1}食盐溶液和 0.1 mol·kg^{-1}氯化钙溶液的凝固点高低，并解释之。

9.什么叫渗透、渗透压和反渗透？有何实际意义？

10.什么叫解离度、解离常数？浓度对它们有何影响？什么叫分级解离？并比较各级解离度的大小。

11.有人说，根据 $K=c\alpha^2$，弱电解质溶液的浓度愈小，则解离度愈大，因此，对弱酸来说，溶液愈稀，酸性愈强(即 pH 愈小)。你以为如何？

12.下列说法是否正确：相同浓度的一元酸溶液中 H^+ 的浓度都是相同的，理由是分别中和同体积、同浓度的乙酸溶液和盐酸溶液，所需的碱是等量的。

13.什么叫同离子效应、缓冲溶液？它们的作用如何？举例并用平衡观点加以解释。

14.向缓冲溶液中加入大量的酸或碱，或用大量的水稀释时，pH 是否基本保持不变？为什么？

15.什么叫溶度积？若要比较一些难溶电解质的溶解度大小，是否可以根据各难溶电解质的溶度积大小直接比较，即溶度积大的，溶解度也大，溶度积小的，溶解度也小？为什么？

16.什么叫溶度积规则？什么叫分步沉淀？试举例说明。

17.如果 AgCl(s)与它的离子 Ag^+ 和 Cl^- 的饱和溶液处于平衡状态，在下列各种情况中对平衡产生什么影响？

(1)加入更多的 $AgCl(s)$；

(2)加入 $AgNO_3$ 溶液；

(3)加入 $NaCl$ 溶液；

(4)加入 KI 溶液；

(5)加入氨水。

18.什么叫配位化合物？它与简单化合物有哪些区别？举例说明。

19.配离子是由哪两部分组成的？举例说明其各部分的名称。

20.形成配离子的条件是什么？形成配离子时常有哪些特征？举例说明。

21.为什么过渡元素的离子易形成配离子？为什么 F,Cl,Br,I,C,N 等常作配位原子？

22.什么叫配离子的标准稳定常数和标准不稳定常数？两者的关系如何？

23.举例说明配离子平衡的移动。

24.试从配离子的稳定性和难溶物质的溶解性解释以下事实：

(1)$AgCl$ 能溶于稀氨水，$AgBr$ 只能微溶，而在 $Na_2S_2O_3$ 溶液中 $AgCl$ 和 $AgBr$ 都能溶解；

(2)在 $[Ag(NH_3)_2]^+$ 溶液中加入 I^- 能得到 AgI 沉淀，但在 $[Ag(CN)_2]^-$ 溶液中加入 I^- 不能得到 AgI 沉淀。

二、练习题

1.溶解 0.324 g 的 S 于 4.00 g 的苯(C_6H_6)中，使 C_6H_6 的沸点上升了 $0.81℃$。问此溶液中的 S 分子是由几个原子组成的？

2.26.6 g 的氯仿($CHCl_3$)中溶有 0.402 g 萘($C_{10}H_8$)的溶液，其沸点比纯氯仿的沸点高 $0.455℃$，求氯仿的沸点上升常数。

3.某稀溶液在 $25℃$ 时蒸气压为 3.127 kPa，纯水在此温度的蒸气压为 3.168 kPa，求溶液的质量摩尔浓度。已知 K_b 的值为 $0.51℃\cdot kg\cdot mol^{-1}$，求此溶液的沸点。

4.在 $1\,000$ g 水中加入多少克乙二醇($C_2H_6O_2$)，方可把溶液的凝固点降到 $-10℃$。

5.将下列两组水溶液，按照它们的蒸气压从小到大的顺序排列。

(1)浓度均为 0.1 $mol\cdot kg^{-1}$ 的 $NaCl,H_2SO_4,C_6H_{12}O_6$(葡萄糖)；

(2)浓度均为 0.1 $mol\cdot kg^{-1}$ 的 $CH_3COOH,NaCl,C_6H_{12}O_6$。

6.某糖水溶液的凝固点为 $-0.186℃$，求其沸点。

7.将 5.0 g 溶质溶于 60 g 苯中，该溶液的凝固点为 $1.38℃$，求溶质的相对分子质量。

8.0.1 $mol\cdot L^{-1}$ 的 HCl 与 1 $mol\cdot L^{-1}$ HAc 的氢离子浓度各为多少？哪个酸性强？

9.将 0.2 $mol\cdot L^{-1}$ 的 HF 与 0.2 $mol\cdot L^{-1}$ 的 NH_4F 溶液等量混合，计算所得溶液的 pH 和 HF 的解离度。

11.欲配制 pH$=4.70$ 的缓冲溶液，需向 500 mL 的 0.10 $mol\cdot L^{-1}$ HAc 溶液中加入 NaAc 固体多少克(忽略体积变化)？向所得溶液中再加入 100 mL 的 0.2 $mol\cdot L^{-1}$ HCl 溶液，体系的 pH 变为多少？

12.今有 2.00 L 的 0.500 $mol\cdot L^{-1}NH_3$(aq)和 2.00 L 的 0.500 $mol\cdot L^{-1}$ HCl 溶液，

(1)两份溶液混合后，所得溶液是否是缓冲溶液？为什么？

(2)若要配制 pH$=9$ 的缓冲溶液，不允许再加水，最多能配制多少升缓冲溶液？其中 $c(NH_3),c(NH_4^+)$ 各为多少？

13. 室温时 100 mL 水中能溶解 0.003 3 g 的 Ag_2CrO_4，求其溶度积。

14. 某溶液含 0.10 $mol \cdot L^{-1}$ 的 Cl^- 和 0.10 $mol \cdot L^{-1}$ 的 CrO_4^{2-}，如果向该溶液中慢慢加入 Ag^+，哪种沉淀先产生？当第二种离子沉淀时，第一种离子浓度是多少？

15. 在氯化铵溶液中有 0.01 $mol \cdot L^{-1}$ 的 Fe^{2+}，若要使 Fe^{2+} 生成 $Fe(OH)_2$ 沉淀，需将 pH 调节到多少时才开始产生沉淀？

16. 命名下列配合物，并指出配离子和中心离子的价数。

(1) $[Co(NH_3)_6]Cl_2$；(2) $K_2[Co(SCN)_4]$；(3) $Na_2[SiF_6]$；

(4) $K[PtCl_5(NH_3)]$；(5) $[Fe(CO)_5]$；(6) $H_2[PtCl_6]$

17. 无水 $CrCl_3$ 和 NH_3 化合时，能生成两种配位化合物，其组成为 $CrCl_3 \cdot 6NH_3$ 和 $CrCl_3 \cdot 5NH_3$。硝酸银能从第一种配合物的水溶液中将几乎全部 Cl^- 沉淀为 AgCl，而从第二种配合物的水溶液中只能沉淀出组成中所含 Cl^- 的 2/3，试写出这两种配合物的结构式及名称，并分别列出配离子的解离平衡式。

18. 在浓度为 0.1 $mol \cdot L^{-1}$ 的 $[Ag(NH_3)_2]^+$ 溶液中，已测得平衡浓度 $c(NH_3) = 1.0$ $mol \cdot L^{-1}$，求溶液中游离 Ag^+ 的浓度。

19. 将浓度为 0.02 $mol \cdot L^{-1}$ 的 $CuSO_4$ 与 1.08 $mol \cdot L^{-1}$ 的氨水等量混合后，溶液中游离铜离子的浓度为多少？

20. 测定溶液中的 Fe^{3+} 离子用去 0.010 0 $mol \cdot kg^{-1}$ 的 EDTA 溶液 20.00 g，求溶液中含铁量。[注：定量分析中用 EDTA 离子（常以 Y^{4-} 表示）滴定 Fe^{3+}，其反应为 $Fe^{3+} + Y^{4-} === [FeY]^-$。]

21. 利用 $K_稳$ 计算下列反应的平衡常数，判断反应方向，并作解释。

(1) $[Cu(CN)_2]^- + 2NH_3 === [Cu(NH_3)_2]^+ + 2CN^-$

(2) $[FeF_6]^{3-} + 6CN^- === [Fe(CN)_6]^{3-} + 6F^-$

(3) $[HgCl_4]^{2-} + 4I^- === [HgI_4]^{2-} + 4Cl^-$

22. 有两种溶液，第一种溶液中 $c([Ag(NH_3)_2]^+) = 0.05$ $mol \cdot L^{-1}$，$c(NH_3) = 0.1$ $mol \cdot L^{-1}$，第二种溶液中 $c([Ag(CN)_2]^-) = 0.05$ $mol \cdot L^{-1}$，$c(CN^-) = 0.1$ $mol \cdot L^{-1}$。根据计算指出，在两种溶液中分别加入 NaCl，使 $c(Cl^-) = 0.05$ $mol \cdot L^{-1}$（设体积不变），是否有 AgCl 沉淀生成？

第四章　电化学原理及应用

电化学(Electrochemistry)是研究化学能与电能相互转化规律的一门学科。这样的转化关系及转化规律决定了电化学过程都是在氧化还原反应的基础上得以实现的。因此,学习电化学必须熟悉氧化还原反应的基本规律。自发的氧化还原反应的化学能通过原电池而转化为电能。在电解池中,电能将迫使非自发的氧化还原反应进行而将电能转化为化学能。本章讨论衡量物质氧化还原能力强弱的"标准电极电势"的概念及影响电极电势的因素;结合热力学函数与反应速率理论,分析反应方向、限度和阻力;讨论电解的基本原理和影响电极反应的主要因素;介绍电解的应用、金属电化学腐蚀和防护的基本知识,以及化学电源的新发展。

第一节　原电池与氧化还原反应

一、氧化数

氧化数(Oxidation number)也称氧化值,表示某元素一个原子所带的表观电荷数(Apparent charge number)。表观电荷是指把分子中的键合电子指定给电负性较大的原子后,该原子净得的电荷,也称形式电荷。确定氧化数的规则如下。

(1)在单质中,原子的氧化数为零。

(2)在离子型化合物中,元素原子的氧化数等于该元素的离子电荷数。

(3)在共价型化合物中,原子的氧化数就是原子所带的表观电荷数。

(4)在未知结构的化合物中,原子的氧化数可以用下面的方法计算得到:

1)中性化合物中,所有原子的氧化数总和等于零;

2)单原子离子的氧化数等于它所带的电荷数,多原子离子中,所有原子氧化数总和等于该离子所带的电荷数;

3)氢在化合物中的氧化数一般为$+1$,但在金属氢化物(如 LiH)中为-1;

4)氧在化合物中的氧化数一般为-2,但在过氧化物(如 H_2O_2)中为-1,在超氧化物(如 KO_2)中为 $-1/2$,在 OF_2 中为$+2$;

5)氟是电负性最大的元素,在所有化合物中氧化数均为-1。

(5)有机化合物中碳原子的氧化数可按下面规则计算得到:

1)碳原子和碳原子相连接,无论是单键还是多重键,碳原子的氧化数均为零;

2)碳原子与氢原子相连接算作-1;

3)碳原子以单键、双键或三键与电负性比碳大的 O,N,S,F,Cl,Br 等杂原子连接,碳原子的氧化数算作＋1,＋2 或＋3。

根据这些规则,可以确定化合物中原子的氧化数。

【例 4-1】 求 $Cr_2O_7^{2-}$ 中 Cr 的氧化数。

解:已知 O 的氧化数为 -2,设 Cr 的氧化数为 x,则
$$2x + 7 \times (-2) = -2, \quad x = +6$$

【例 4-2】 求 Fe_3O_4 中 Fe 的氧化数。

解:已知 O 的氧化数为 -2,设 Fe 的氧化数为 x,则
$$3x + 4 \times (-2) = 0, \quad x = +8/3$$

由此例可见,氧化数与物质的真实结构无关,它只是某元素一个原子的形式电荷数。

【例 4-3】 分别求 CH_3COOH 中甲基和羧基上碳原子的氧化数。

解:CH_3COOH 中甲基和羧基上的碳原子的氧化数分别为 -3 和 +3。

虽然在许多化合物中原子的氧化数和化合价的数值相同,但是氧化数和化合价是两个不同的概念。氧化数是某元素一个原子的表观电荷数,可以是整数、分数或小数;而化合价是各种元素的原子相互化合的数目,只为整数。

二、氧化还原反应及其方程式的配平

对于化学反应来说,凡在化学反应过程中物质的氧化数有变化的反应即为氧化还原反应(Oxidation-reduction reactions)。在氧化还原反应过程中电子得与失一定同时发生,如在
$$Zn + Cu^{2+} \Longrightarrow Zn^{2+} + Cu$$
的反应里,1 mol Zn 原子失去 2 mol 电子,同时 1 mol Cu^{2+} 就得到 2 mol 电子。但有的反应,如在 H_2 和 O_2 的反应里
$$H_2 + 1/2\ O_2 \Longrightarrow H_2O$$
电子的得失关系就没有那么明显了。

根据氧化数的概念,上面的反应由于氧的电负性大于氢,就这对电子的归属而言,通常算它归属氧,由此可看作 H 原子失去 1 个电子,"形式电荷"为 +1,而 O 原子由于得到 2 个电子,"形式电荷"为 -2。

电化学实验证明,1 mol MnO_4^- 还原为 MnO_2 时需要得到 3 mol 电子,而还原为 Mn^{2+} 时则需得到 5 mol 电子,即
$$\overset{+7}{Mn}O_4^- + 4H^+ + 3e^- = \overset{+4}{Mn}O_2 + 2H_2O$$
$$\overset{+7}{Mn}O_4^- + 8H^+ + 5e^- = Mn^{2+} + 4H_2O$$

1 mol Mn 的氧化数由 +7 降为 +4 需要获得 3 mol 电子,而由 +7 降为 +2 则需获得 5 mol 电子。由此可见,氧化数也反映了元素所处的氧化状态。反应过程中氧化数的变化表明氧化剂和还原剂之间存在电子转移关系。

氧化还原反应的配平有离子电子法、氧化数法和矩阵法。这里只介绍氧化数法,即用氧化数升降的方法来配平。下面简单说明配平过程中应注意的几个问题。

配平过程可分为以下 3 个步骤:

(1)根据实验现象确定生成物并注意反应条件;

(2)确定有关元素氧化数的变化;

（3）按氧化（Oxidation）和还原（Reduction）同时发生，电子得失数目必须相等的原则进行配平。水溶液中反应根据实际情况用 H^+，OH^-，H_2O 等配平 H 和 O 原子。

【例 4 - 4】　将 $FeSO_4$ 溶液加入酸化后的 $KMnO_4$ 溶液中，MnO_4^- 的紫红色褪去，生成了 Mn^{2+} 的无色溶液，写出离子反应方程式。

解：由于反应是在酸性介质中进行的，其离子反应式如下：

第一步　　　　　　　　　　　　　　$Fe^{2+} \rightarrow Fe^{3+}$

$$MnO_4^- + 8H^+ \rightarrow Mn^{2+} + 4H_2O$$

第二步　　　　　　　　　　　　　$Fe^{2+} - e^- \rightarrow Fe^{3+}$

$$MnO_4^- + 8H^+ + 5e^- \rightarrow Mn^{2+} + 4H_2O$$

第三步　　　　　　　　　　　　$5Fe^{2+} - 5e^- \rightarrow 5Fe^{3+}$

$$MnO_4^- + 8H^+ + 5e^- \rightarrow Mn^{2+} + 4H_2O$$

第四步　　　$5Fe^{2+} + MnO_4^- + 8H^+ = Mn^{2+} + 5Fe^{3+} + 4H_2O$

若忽略反应条件而写成下例两个反应式，表面上看也是配平的，但是与事实不符，都不能代表上述反应。

$$5Fe^{2+} + MnO_4^- + 4H_2O = Mn^{2+} + 5Fe^{3+} + 8OH^-$$

$$3Fe^{2+} + MnO_4^- + 4H^+ = MnO_2 + 3Fe^{3+} + 2H_2O$$

在前一反应方程式中表示的是在中性条件下的反应，反应后有 OH^- 生成。但是，若在中性条件下，MnO_4^- 不能被还原成 Mn^{2+}，只能还原成 MnO_2，理论与实际不符，并且 Fe^{3+} 和 Fe^{2+} 与 OH^- 将生成 $Fe(OH)_3$ 和 $Fe(OH)_2$ 沉淀；在后一反应方程式里有 MnO_2 生成，它是棕色沉淀，与无色溶液不符，且电荷数也未配平。

三、原电池的构造

原电池是借助自发进行的氧化还原反应，将化学能直接转变为电能的装置。当把锌片放入硫酸铜溶液中时，就会发生如下的氧化还原反应：

$$Zn + CuSO_4 =\!=\!= Cu + ZnSO_4$$

在这个反应过程中，由于锌和硫酸铜溶液直接接触，电子从锌原子直接转移到 Cu^{2+} 上。这里电子的流动是无序的，随着反应的进行，溶液的温度有所升高，即反应时的化学能转变成为热能，如上述反应的 $\Delta_r H_m^\ominus = -211.4 \ kJ \cdot mol^{-1}$。要利用氧化还原反应构成原电池，使化学能转化为电能，必须满足以下 3 个条件才能使电荷定向移动，进行有秩序的交换：

（1）必须是一个可以自发进行的氧化还原反应；

（2）氧化反应与还原反应要分别在两个电极上自发进行；

（3）组装成的内外电路要构成通路。

根据以上条件，把上述反应装配成 Cu - Zn 原电池，如图 4 - 1 所示。在两个烧杯中分别盛装 $ZnSO_4$ 和 $CuSO_4$ 溶液，在盛有 $ZnSO_4$ 溶液的烧杯中放入锌片，在盛有 $CuSO_4$ 溶液的烧杯中放入铜片，将两个烧杯的溶液用盐桥（其作用是接通内电路，中和两个半电池中的过剩电荷，使 Zn 溶解、Cu 析出的反应得以持续进行。一般用饱和 KCl 溶液和琼脂制成凝胶状，以使溶液不至流出，而离子却可以在其中自由移动）连接起来；将两个金属片用导线连接，并在导线中串联一个电流表。这样的装配使还原剂失去的电子沿着金属导线转移到氧化剂，并且使氧化反应和还原反应分别在两处进行，电子不直接从还原剂转移到氧化剂，而是通过电路进行传递,按一定方向流动,从而产生电流,使化学能转化为电能。按这个原理组装的实用铜锌电池称为丹尼尔电池(Daniell cell)。这个电池在 19 世纪是普遍实用的化学电源。

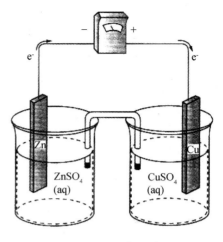

图 4-1 丹尼尔电池

四、电极、电池反应及电池符号

任意一个自发进行的氧化还原反应,选择适当电极便可组装成一个原电池,使电子沿一定方向流动产生电流。这里所说的电极绝非泛指一般电子导体,而是指与电解质溶液相接触的电子导体。它既是电子储存器,又是电化学反应发生的地点。不仅电化学中的电极总是与电解质溶液联系在一起的,而且电极的特性也与其上所进行的化学反应分不开。因此,电极是指电子导体与电解质溶液的整个体系。根据电极反应的性质,可以将电极分为三类:第一类电极,是由金属浸在含有该金属离子的溶液中所构成的,如 $Zn \mid Zn^{2+}$;第二类电极,是由氢、氧、卤素等气体浸在含有该气体组成元素的离子溶液中构成的气体电极,如 $Pt(H_2) \mid H^+$;第三类电极,包括金属及该金属难溶盐电极和氧化还原电极,如 $Pt \mid Fe^{2+}$, Fe^{3+}。

原电池的两个电极之间存在着电势差,电势较高或电子流入的电极是正极(Cathode),电势较低或电子流出的电极是负极(Anode)。电化学中规定,无论是在原电池(自发电池)、电解池(非自发电池)还是腐蚀电池(自发电池)中,都将发生氧化反应的电极称为阳极,发生还原反应的电极称为阴极。但当原电池转变为电解池(例如蓄电池放电后的再充电)时,它们的正负极符号不变,原来的阴极变为阳极,而原来的阳极变为阴极。这当然是与电极反应的方向对应的,电极反应方向改变,阴、阳极名称随之改变。这也就是人们为什么总是愿意用正、负极来表示原电池中两个电极名称的原因。按此规定,在 Cu-Zn 原电池中电极名称、电极反应、电池反应如下。

电极反应:负极(锌与锌离子溶液)　$Zn - 2e^- \rightarrow Zn^{2+}$　(氧化反应)

正极(铜与铜离子溶液)　$Cu^{2+} + 2e^- \rightarrow Cu$　(还原反应)

电池反应:两个电极反应相加即可得到

$$Zn + Cu^{2+} =\!=\!= Zn^{2+} + Cu \quad (氧化还原反应)$$

在上述两极反应进行的瞬间,Zn 片上的原子变成 Zn^{2+} 进入硫酸锌溶液,使硫酸锌溶液因 Zn^{2+} 增加而带正电荷;同时,由于 Cu^{2+} 变成 Cu 原子沉积在铜片上,使硫酸铜溶液中因 Cu^{2+} 减少而带负电荷。这两种电荷都会阻碍原电池反应中得失电子的继续进行,以致实际上不能产生电流。当有盐桥(Salt bridge)存在时,负离子可以向 $ZnSO_4$ 溶液扩散,正离子则向 $CuSO_4$ 溶液扩散,分别中和过剩的电荷,从而保持溶液的电中性,使得失电子的过程持续进行,不断产生电流。

为了方便地表述原电池,1953 年 IUPAC 协约用符号来表示原电池。原电池符号可按以下几条规则书写:

(1)以化学式表示电池中各种物质的组成,并需分别注明物态(固、液、气等)。气体需注明压力,溶液需注明浓度,固体需注明晶型等。

(2)以单竖线"│"表示不同物相之间的界面,包括电极与溶液界面,溶液与溶液界面等。用双竖线"‖"表示盐桥(消除液接电势)。

(3)电池的负极(阳极)写在左方,正极(阴极)写在右方,由左向右依次书写。书写电池符号表示式时,各化学式及符号的排列顺序要真实反应电池中各物质的接触顺序。

(4)溶液中有多种离子时,负极按氧化态升高依次书写,正极按氧化态降低依次书写。

根据上述规则 Cu-Zn 原电池可用符号表示为

$$(-)Zn \mid ZnSO_4(c_1) \parallel CuSO_4(c_2) \mid Cu(+)$$

不仅两个金属和其盐溶液构成的两个电极用盐桥连接能组成原电池,而且任何两种不同金属插入任何电解质溶液,都可组成原电池,其中较活泼的金属为负极,较不活泼的金属为正极,如伏特(Volta)电池:

$$(-)Zn \mid H_2SO_4 \mid Cu(+)$$

从原则上讲,任何一个可以自发进行的氧化还原反应,只要按原电池装置来进行,都可以组装成原电池,产生电流。例如,在一个烧杯中放入含 Fe^{2+} 和 Fe^{3+} 的溶液,另一烧杯中放入含 Sn^{2+} 和 Sn^{4+} 的溶液,分别插入铂片(或碳棒)作为电极,并用盐桥连接起来,再用导线连接两极后,就有电子从 Sn^{2+} 溶液中经过导线移向 Fe^{3+} 溶液而产生电流。电极反应分别为

电极反应:负极 $Sn^{2+}(aq) - 2e^- = Sn^{4+}(aq)$ (氧化反应)

    正极 $Fe^{3+}(aq) + e^- = Fe^{2+}(aq)$ (还原反应)

电池反应: $Sn^{2+}(aq) + 2Fe^{3+}(aq) = Sn^{4+}(aq) + 2Fe^{2+}(aq)$

该电池的符号为

$$(-)Pt \mid Sn^{2+}(c_1), Sn^{4+}(c_2) \parallel Fe^{3+}(c_3), Fe^{2+}(c_4) \mid Pt(+)$$
$$\text{(氧化反应)} \qquad\qquad \text{(还原反应)}$$

在这种电池中,Pt 不参加氧化还原反应,仅起导体的作用。

在原电池的每个电极反应中都包含同一元素不同氧化数的两类物质,其中低氧化数的可作还原剂(Reducing agent)的物质,叫作还原态(Reducing state)物质;高氧化数的可作氧化剂(Oxidizing agent)的物质,叫作氧化态(Oxidizing state)物质。例如,在 Cu-Zn 电池的两个电极反应中:

$$Zn - 2e^- \rightarrow Zn^{2+}(aq), \quad Cu^{2+}(aq) + 2e^- \rightarrow Cu$$
$$\text{还原态} \qquad \text{氧化态} \qquad\quad \text{氧化态} \qquad\qquad \text{还原态}$$

每个电极的还原态和相应的氧化态构成氧化还原电对(Redox couple),简称"电对"。电对可用符号"氧化态/还原态"表示,例如,锌电极和铜电极的电对分别为 Zn^{2+}/Zn 和 Cu^{2+}/Cu。不仅金属和它的离子可以构成电对,而且同一种金属的不同氧化态的离子或非金属的单质及其相应的离子都可以构成电对,例如,Fe^{3+}/Fe^{2+},Sn^{4+}/Sn^{2+},H^+/H_2,O_2/OH^- 和 Cl_2/Cl^- 等。但在这些电对中,由于它们自身都不是金属导体,因此,必须外加一个能够导电而又不参加电极反应的惰性电极,通常以铂或石墨作惰性电极。这些电对所组成的电极可用符号表示为:$Pt \mid Fe^{3+}, Fe^{2+}$;$Pt \mid Sn^{4+}, Sn^{2+}$(氧化还原电极);$Pt \mid H_2 \mid H^+$;$Pt \mid O_2 \mid OH^-$ 和 $Pt \mid Cl_2 \mid Cl^-$(气体电极)。

【例 4-5】 试写出由下列氧化还原反应构成的原电池的电池符号、电极反应、电对及电极:

$$2MnO_4^- + 10Cl^- + 16H^+ = 2Mn^{2+} + 5Cl_2 + 8H_2O$$

解：先根据方程中各物质氧化数变化找出氧化剂电对为 MnO_4^-/Mn^{2+}，还原剂电对为 Cl_2 / Cl^-。再写出该原电池的符号为

$$(-)Pt|Cl_2(p_1)|Cl^-(c_1) \| MnO_4^-(c_2), Mn^{2+}(c_3), H^+(c_4)|Pt(+)$$

两极反应分别为

负极 $\qquad\qquad\qquad\qquad 2Cl^- - 2e^- = Cl_2$

正极 $\qquad\qquad MnO_4^- + 8H^+ + 5e^- = Mn^{2+} + 4H_2O$

电对分别为 $\qquad\qquad Cl_2/Cl^-, MnO_4^-/Mn^{2+}$

电极分别为 $\qquad\qquad Pt|Cl_2|Cl^-, Pt|MnO_4^-, Mn^{2+}, H^+$

第二节　电极电势、能斯特方程及其应用

在原电池中用导线将两个电极连接起来，导线中就有电流通过，这说明两个电极间存在电势差。原电池两电极间有电势差，说明构成原电池的两个电极有着不同的电极电势 (Electrode potential)。也就是说，原电池电流的产生，是由于两个电极的电极电势不同而引起的。那么，电极电势是怎样产生的呢？

一、电极电势的产生

1. 电极电势的产生及双电层理论(Doublelayer theory)

电极与溶液接触形成新的界面时，来自溶液中的游离电荷或偶极①子，就在界面上重新排布，形成双电层，该双电层间存在着电势差 ，如图 4-2 所示。

双电层的形成可以从 Gibbs 函数结合金属内部结构来说明。如果电极是某种金属，则该金属是由自由离子和自由电子组成的。在一般情况下，金属相中金属离子的 Gibbs 函数与溶液相中同种离子的 Gibbs 函数并不相等。因此，当金属与溶液两相接触时，会发生金属离子在两相间的转移。例如，某温度下将 Zn 电极插入 $ZnCl_2$ 溶液中，Zn^{2+} 在金属锌中的 Gibbs 函数比它在某一浓度的 $ZnCl_2$ 溶液中高。当两相接触时，金属锌上的 Zn^{2+} 将自发地转入溶液中，发生锌的氧化反应。金属上 Zn^{2+} 转入溶液中以后，电子留在金属上，金属表面带负电。它将以库仑(Coulomb)力吸引

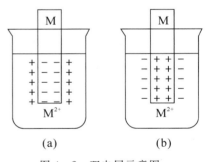

图 4-2　双电层示意图

溶液中的正电荷(例如 Zn^{2+})，使之留在电极表面附近处，因而在两相界面出现了电势差。这个电势差对 Zn^{2+} 继续进入溶液有阻滞作用，相反，却能促使溶液中 Zn^{2+} 返回金属。随着金属上 Zn^{2+} 进入溶液数量的增多，电势差变大，Zn^{2+} 进入溶液的速率逐渐变小，溶液中 Zn^{2+} 返回金属的速率不断增大。最后，在电势差的影响下建立起两个方向速率相等的状态，即达到了溶解-沉积平衡。这时在两相界面间形成了锌上带负电荷，而溶液带正电的离子双电层，如图 4-2(a)所示，这就是自发形成的离子双电层，也就使金属表面产生了一定的电极电势。

---

①　一个分子(或其他粒子)两端分别显正、负电荷就成为偶极。

如果金属上正离子(例如 Cu^{2+})的 Gibbs 函数比溶液中的低,则溶液中的正离子会自发地沉积在金属上,使金属表面带正电。正离子向金属的这种转移,也破坏了溶液的电中性,溶液中过剩的负离子被金属表面正电荷吸引在表面附近,形成了金属表面带正电、溶液带负电的离子双电层,如图 4-2(b)所示。

自发形成离子双电层的过程非常迅速,一般可以在百万分之一秒的瞬间完成。

在有些情况下,金属与溶液接触时并不能自发形成离子双电层。例如,纯汞放入 KCl 溶液中,由于汞相对稳定,不易被氧化,同时 K^+ 也很难被还原,因此,它常不能自发地形成离子双电层。

2.双电层中少量剩余电荷的巨大作用

双电层中剩余电荷不多(电极表面一般若有 10% 左右的原子有剩余电荷,即其覆盖度只有 0.1 左右),所产生的电势差也不太大,但它对电极反应的影响却很大。如果电势差为 1 V,界面间两层电荷距离的数量级为 10^{-10} m,则双层的场强应为

$$1 \text{ V}/10^{-10} \text{ m}=10^{10} \text{ V} \cdot \text{m}^{-1}$$

当场强的数量级超过 10^{10} $V \cdot m^{-1}$ 时,几乎对所有的电介质(绝缘体)都会引起火花放电而使电介质遭破坏。由于人们找不到能承受这么大场强的介质,在实际工作中就很难得到这么大的场强。在电化学的双电层中,两层电荷的距离很小,只有一两个水分子层。其他离子与分子差不多均处于双电层之外,而不是在它们的中间,因而不会引起电介质破坏的问题。

双电层所给出的巨大场强,既能使一些在其他条件下本来不能进行的化学反应得以顺利进行(例如,电解法可将 NaCl 分解为 Na 与 Cl_2),又可使电极过程的速率发生极大的变化。例如,界面间电势差改变 0.1~0.2 V,反应速率可以改变 10 倍左右。因此,电极过程的速率与双电层电势差间有着极其密切的关系。

二、标准电极电势的测定

金属电极电势的大小,反映出金属在其盐溶液中得失电子趋势的大小。如能定量地测出电极电势,则有助于我们判断氧化剂与还原剂的相对强弱。但是,到目前为止,金属在其盐溶液中电极电势的绝对值尚无法测出。通常是将某一电极的电极电势规定为零,并以此作为标准,将其他电极与此电极作比较,再测定出它们的电极电势。这种方法正如规定海平面为零而得到海拔高度一样。目前采用的标准电极是氢电极,称为标准氢电极(Standard hydrogen electrode)。

标准氢电极的组成是将镀有海绵状的蓬松铂黑的铂片插入 $c^{\ominus}(H^+)=1 \text{ mol} \cdot L^{-1}$ 的硫酸溶液中,在 298.15 K 下不断通入压力为 100 kPa 的纯氢气,氢气为铂黑所吸附,这样被氢气饱和的铂黑就成为一个由氢构成的电极。被铂黑吸附的氢气与溶液中氢离子组成电对 H^+/H_2,其电极反应为

$$1/2H_2(100 \text{ kPa})-e^- \rightarrow H^+(aq)(1 \text{ mol} \cdot L^{-1})$$

由于电极反应中各物质均处于标准态,故此装置就成了标准氢电极,如图 4-3 所示。它所具有的电势就称为标准氢电极的标准电极电势,其符号为 $\varphi^{\ominus}(H^+/H_2)$(有些教材用 $E^{\ominus}$ 表示标准电极电势,在本教材中,为了避免将电动势 E 与电极电势相混淆,采用 φ 表示电极电势)。标准氢电极作为参比基准,人为规定,在 298.15 K 下的标准电极电势(Standard

electrode potential)为 0 V,即

$$\varphi^{\ominus}(H^+/H_2)=0.000\ 0\ V$$

测定某电极的电极电势时,可将待测电极的标准电极与标准氢电极组成原电池,如图 4-4 所示。原电池的标准电池电动势($E^{\ominus}$)等于组成该原电池两个电极间的电势差。1953 年 IUPAC 认定还原电势称为电极电势。所谓"还原电势"就是构成测定用的原电池时,待测电极作为正极发生还原反应所测得的电极电势,其电极反应通式可写为

$$氧化态+ne^-=还原态$$

标准电池电动势为

$$E^{\ominus}=\varphi^{\ominus}_+(待测)-\varphi^{\ominus}_-(氢电极) \tag{4-1}$$

式中:$\varphi^{\ominus}_+$ 和 $\varphi^{\ominus}_-$ 分别表示正极和负极的标准电极电势。由于标准氢电极的电极电势为零,所以测得原电池的电动势的数值,就可以定出待测电极的电极电势的数值。由于电极电势不仅决定于物质的本性,还与温度、浓度等有关,为了便于比较,所以采用在温度为 298.15 K 下,当电极中的有关离子浓度为 1 mol·L^{-1},有关气体的压力为 100 kPa 时,所测得电极电势为标准电极电势,以 $\varphi^{\ominus}$ 表示。

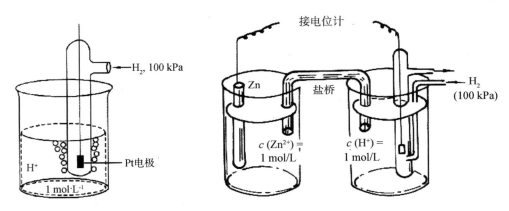

图 4-3   标准氢电极   图 4-4   测定标准电极电势的装置

如果待测电极是锌电极,原电池装置如图 4-4 所示,电势差计测得此原电池的电动势为 $-0.761\ 8$ V ,它等于待测电极电势与标准氢电极电势之差:

$$E^{\ominus}=\varphi^{\ominus}(Zn^{2+}/Zn)-\varphi^{\ominus}(H^+/H_2)=-0.761\ 8\ (V)$$

因为

$$\varphi^{\ominus}(H^+/H_2)=0.000\ 0\ (V)$$

所以

$$E^{\ominus}=\varphi^{\ominus}(Zn^{2+}/Zn)=-0.761\ 8\ (V)$$

式中:"一"表示该电极电势比标准氢电极电势低,Zn 比 H_2 易失电子,也表明该电极与标准氢电极组成原电池时,该电极实际应为负极。电极反应为

负极 $$Zn-2e^- \rightarrow Zn^{2+}$$

正极 $$2H^+ +2e^- \rightarrow H_2 \uparrow$$

电池反应 $$2H^+ +Zn === H_2 \uparrow + Zn^{2+}$$

如果将锌电极换成铜电极,再测原电池电动势为 0.341 9 V。

电动势 $$E^{\ominus}=\varphi^{\ominus}(Cu^{2+}/Cu)-\varphi^{\ominus}(H^+/H_2)=0.341\ 9\ (V)$$

因为 $\qquad\qquad\qquad\qquad\varphi^{\ominus}(H^+/H_2)=0.000\ 0\ (V)$

所以 $\qquad\qquad\qquad\qquad E^{\ominus}=\varphi^{\ominus}(Cu^{2+}/Cu)=0.341\ 9\ (V)$

式中："+"号表示该电极电势比标准氢电极电势高，H_2 比 Cu 易失电子，也表明该电极与标准氢电极组成原电池时，该电极实际应为正极。电极反应为

负极 $\qquad\qquad\qquad\qquad H_2-2e^-\longrightarrow 2H^+$

正极 $\qquad\qquad\qquad\qquad Cu^{2+}+2e^-\longrightarrow Cu$

电池反应 $\qquad\qquad\qquad\qquad H_2+Cu^{2+}\Longrightarrow 2H^++Cu$

利用类似的方法，可以测出各种物质组成的电对的标准电极电势值，有些物质的标准电极电势目前尚不能测定，但可利用间接方法推算出来（推算见后文）。将部分标准电极电势按顺序排列得表 4-1。

表 4-1　标准电极电势*（25℃）

电对（氧化态/还原态）	电极反应（a 氧化态 $+ne^-=b$ 还原态）	$\varphi^{\ominus}/V$
K^+/K	$K^++e^-=K$	-2.931
Ca^{2+}/Ca	$Ca^{2+}+2e^-=Ca$	-2.868
Na^+/Na	$Na^++e^-=Na$	-2.71
Mg^{2+}/Mg	$Mg^{2+}+2e^-=Mg$	-2.372
Al^{3+}/Al	$Al^{3+}+3e^-=Al$	-1.662
Mn^{2+}/Mn	$Mn^{2+}+2e^-=Mn$	-1.185
H_2O/H_2	$2H_2O+2e^-=H_2\uparrow+2OH^-$	$-0.827\ 7$（碱性）
Zn^{2+}/Zn	$Zn^{2+}+2e^-=Zn$	$-0.761\ 8$
Fe^{2+}/Fe	$Fe^{2+}+2e^-=Fe$	-0.447
Cd^{2+}/Cd	$Cd^{2+}+2e^-=Cd$	$-0.403\ 0$
PbI_2/Pb	$PbI_2+2e^-=Pb+2I^-$	-0.365
$PbSO_4/Pb$	$PbSO_4+2e^-=Pb+SO_4^{2-}$	$-0.358\ 8$
Co^{2+}/Co	$Co^{2+}+2e^-=Co$	-0.28
$PbCl_2/Pb$	$PbCl_2+2e^-=Pb+2Cl^-$	$-0.267\ 5$
Ni^{2+}/Ni	$Ni^{2+}+2e^-=Ni$	-0.257
Sn^{2+}/Sn	$Sn^{2+}+2e^-=Sn$	$-0.137\ 5$
Pb^{2+}/Pb	$Pb^{2+}+2e^-=Pb$	$-0.126\ 2$
Fe^{3+}/Fe	$Fe^{3+}+3e^-=Fe$	-0.037
H^+/H_2	$H^++e^-=1/2H_2\uparrow$	0.000
$S_4O_6^{2-}/S_2O_3^{2-}$	$S_4O_6^{2-}+2e^-=2S_2O_3^{2-}$	$+0.08$
S/H_2S	$S+2H^++2e^-=H_2S$	$+0.142$
Sn^{4+}/Sn^{2+}	$Sn^{4+}+2e^-=Sn^{2+}$	$+0.151$

续表

电对(氧化态/还原态)	电极反应(a 氧化态$+ne^-=b$ 还原态)	$\varphi^{\ominus}/V$
SO_4^{2-}/H_2SO_3	$SO_4^{2-}+4H^++2e^-=H_2SO_3+H_2O$	$+0.172$
$AgCl/Ag$	$AgCl+e^-=Ag+Cl^-$	$+0.222\ 33$
Hg_2Cl_2/Hg	$Hg_2Cl_2+2e^-=2Hg+2Cl^-$	$+0.268\ 08$
Cu^{2+}/Cu	$Cu^{2+}+2e^-=Cu$	$+0.341\ 9$
O_2/OH^-	$1/2O_2+H_2O+2e^-=2OH^-$	$+0.401$(碱性)
Cu^+/Cu	$Cu^++e^-=Cu$	$+0.521$
I_2/I^-	$I_2+2e^-=2I^-$	$+0.535\ 5$
I_3^-/I^-	$I_3^-+2e^-=3I^-$	$+0.536$
MnO_4^-/MnO_4^{2-}	$MnO_4^-+e^-=MnO_4^{2-}$	0.558
O_2/H_2O_2	$O_2+2H^++2e^-=H_2O_2$	$+0.695$
Fe^{3+}/Fe^{2+}	$Fe^{3+}+e^-=Fe^{2+}$	$+0.771$
Hg_2^{2+}/Hg	$1/2Hg_2^{2+}+e^-=Hg$	$+0.797\ 3$
Ag^+/Ag	$Ag^++e^-=Ag$	$+0.799\ 6$
Hg^{2+}/Hg	$Hg^{2+}+2e^-=Hg$	$+0.851$
NO_3^-/NO	$NO_3^-+4H^++3e^-=NO\uparrow+2H_2O$	$+0.957$
HNO_2/NO	$HNO_2+H^++e^-=NO\uparrow+H_2O$	$+0.983$
Br_2/Br^-	$Br_2(aq)+2e^-=2Br^-$	$+1.087\ 3$
MnO_2/Mn^{2+}	$MnO_2+4H^++2e^-=Mn^{2+}+2H_2O$	$+1.224$
O_2/H_2O	$O_2+4H^++4e^-=2H_2O$	$+1.229$
$Cr_2O_7^{2-}/Cr^{3+}$	$Cr_2O_7^{2-}+14H^++6e^-=2Cr^{3+}+7H_2O$	$+1.232$
Cl_2/Cl^-	$Cl_2+2e^-=2Cl^-$	$+1.358\ 27$
PbO_2/Pb^{2+}	$PbO_2+4H^++2e^-=Pb^{2+}+2H_2O$	$+1.455$
MnO_4^-/Mn^{2+}	$MnO_4^-+8H^++5e^-=Mn^{2+}+4H_2O$	$+1.507$
MnO_4^-/MnO_2	$MnO_4^-+4H^++3e^-=MnO_2+2H_2O$	$+1.679$
H_2O_2/H_2O	$H_2O_2+2H^++2e^-=2H_2O$	$+1.776$
$S_2O_8^{2-}/SO_4^{2-}$	$S_2O_8^{2-}+2e^-=2SO_4^{2-}$	$+2.010$
F_2/F^-	$F_2+2e^-=2F^-$	$+2.866$

＊由于溶液的酸碱度影响许多电对的电极电势,因此一般标准电极电势表,分酸表(记为 $\varphi_A^{\ominus}$)和碱表(记为 $\varphi_B^{\ominus}$)。表中的标准电极电势除 O_2/OH^- 和 H_2O/H_2 电对的电极电势外,其他皆为酸性溶液中的氢标准电极电势。数据录自 David R. Lide, CRC Hand book of chemistry and physics, Internet version 2005, CRC press, Boca Raton FL,2005。

由此可以看出,在实际工作中经常使用的电极电势并不是指单个电极上的电势差,而是指该电极与标准氢电极所组成的原电池,且该电极为正极,标准氢电极为负极时两个端点的电势差,即电动势,通常称之为氢标准电极电势。

$\varphi^{\ominus}$ 代数值的大小可以说明金属的活泼性,即标准电极电势的代数值越小,表示电对中还原态物质失电子的能力越大,而氧化态物质得电子的能力越小;标准电极电势的代数值越大,表示电对中还原态物质失电子的能力越小,而氧化态物质得电子的能力越大。

使用标准电极电势应该注意以下几点:

(1)同一物质在不同的介质中,其标准电极电势不同,氧化还原能力也不同。如 $KMnO_4$:

在酸性介质中 $MnO_4^- + 8H^+ + 5e^- = Mn^{2+} + 4H_2O$, $\varphi^{\ominus}(MnO_4^- / Mn^{2+}) = 1.507\ V$;

在中性介质中 $MnO_4^- + 2H_2O + 3e^- = MnO_2 + 4OH^-$, $\varphi^{\ominus}(MnO_4^- / MnO_2) = 0.595\ V$;

在强碱性介质中 $MnO_4^- + e^- \rightarrow MnO_4^{2-}$, $\varphi^{\ominus}(MnO_4^- / MnO_4^{2-}) = 0.558\ V$。

(2)对于相同介质下的同一电对,其平衡方程式中的计量数,对标准电极电势的数值没有影响。例如:

$$Zn^{2+} + 2e^- \rightarrow Zn, \qquad \varphi^{\ominus}(Zn^{2+} / Zn) = -0.761\ 8\ V$$
$$2Zn^{2+} + 4e^- \rightarrow 2Zn, \qquad \varphi^{\ominus}(Zn^{2+} / Zn) = -0.761\ 8\ V$$

(3)标准电极电势没有加和性。例如:

$$Fe^{2+} + 2e^- = Fe, \qquad \varphi^{\ominus}(Fe^{2+} / Fe) = -0.447\ V$$
$$+ \quad Fe^{3+} + e^- = Fe^{2+}, \qquad \varphi^{\ominus}(Fe^{3+} / Fe^{2+}) = 0.771\ V$$

$$Fe^{3+} + 3e = Fe, \qquad \varphi^{\ominus}(Fe^{3+} / Fe) \neq 0.324\ V$$
$$\varphi^{\ominus}(Fe^{3+} / Fe) = -0.037\ V$$
而

更多内容请看本章阅读材料。

(4)标准电极电势数值大小与其电对作原电池的正负极无关。例如,铜的标准电极电势为
$$\varphi^{\ominus}(Cu^{2+} / Cu) = 0.341\ 9\ V$$

它与锌标准电极组成原电池时作正极,电极反应为
$$Cu^{2+} + 2e^- \rightarrow Cu$$

而与银标准电极组成原电池时,铜为负极,电极反应为
$$Cu - 2e^- \rightarrow Cu^{2+}$$

无论作正极,还是作负极,它的标准电极电势都为
$$\varphi^{\ominus}(Cu^{2+} / Cu) = 0.341\ 9\ V$$

三、能斯特方程——浓度对电极电势的影响

1. 能斯特(Nernst)方程

标准电极电势 $\varphi^{\ominus}$ 是电极处于平衡状态(即图 4-4 回路电流无限接近 0),并且是在热力学标准状态(纯物质,各气体压力为 100 kPa,离子浓度为 1 mol·L^{-1})下测得的电极电势,它的数值反映了物质的本性——电对中氧化态和还原态物质得失电子的难易。

在实际应用中,并非总是在热力学标准状态,那么,非标准状态下,电极电势将发生怎样的变化? 根据双电层理论[见图 4-2(a)],如果正离子(氧化态物质)浓度大,它沉积到电极表面的速率增大,平衡时电极表面将有更多的正电荷,电极电势代数值就增大;如果溶液中的离子是还原态物质(如 Cl_2/Cl^- 电对中的 Cl^-),那么离子浓度越大,该电极的电势代数值越小。此外,电极电势也与温度有关(一般不说明条件时按 298.15 K 处理)。

本章主要讨论电极电势与浓度的关系,暂不涉及与温度的关系。电极电势与浓度的关系

是由 Nernst 方程表示的。若电极反应为

$$a\ 氧化态 + ne^- = b\ 还原态$$

则该电极的电极电势 φ 为

$$\varphi = \varphi^{\ominus} + \frac{RT}{nF}\ln\frac{c_r^a(氧化态)}{c_r^b(还原态)} \tag{4-2}$$

式中：φ 为任意浓度时的电极电势；$\varphi^{\ominus}$ 为该电极的标准电极电势；c_r(氧化态)为氧化态物质的相对浓度；c_r(还原态)为还原态物质的相对浓度；a,b 分别为它们在电极反应式中的计量数；n 为电极反应的电子数；T 为绝对温度(K)；R 为气体常数，$R = 8.314\ 5\ \text{J} \cdot \text{mol}^{-1} \cdot \text{K}^{-1}$；$F$ 为法拉第常数(Faraday constant)，$F = 964\ 85\ \text{C} \cdot \text{mol}^{-1}$。

式(4-2)称为 Nernst 方程，25 ℃($T = 298.15$ K)时，将上述各值代入式(4-2)，并变为常用对数，则

$$\varphi = \varphi^{\ominus} + \frac{8.314 \times 298.15 \times 2.302}{n \times 96\ 485}\lg\frac{c_r^a(氧化态)}{c_r^b(还原态)}$$

即

$$\varphi = \varphi^{\ominus} + \frac{0.059}{n}\lg\frac{c_r^a(氧化态)}{c_r^b(还原态)} \tag{4-3}$$

该 Nernst 方程可用于计算和讨论常温(25℃)下，不同浓度时电极的电极电势。

应用 Nernst 方程时还应注意以下几点：

(1)若组成电极的某一物质是固体或纯液体(其浓度规定为 1 mol $\cdot$ L^{-1})，则不列入 Nernst 方程式中：如果是气体，则代入该气体的相对分压($p/p^{\ominus}$)进行计算，如果是溶液，则代入相对浓度($c/c^{\ominus}$)进行计算。

(2)若电极反应式中氧化态和还原态物质前的计量数不等于1，则氧化态物质和还原态物质的浓度应以各自的计量数作为指数。

(3)若在电极反应中，有 H$^+$ 或 OH$^-$ 参加反应，则这些离子的浓度也应该根据配平的电极反应式写在 Nernst 方程中(原因后面讲)，但 H$_2$O 不写入(它是纯液体，浓度为 1 mol $\cdot$ L^{-1})。

(4)应用范围：计算平衡时(即外路导线的电流趋于零)M^{n+}/M 的电极电势。

2.浓度对电极电势的影响

从能斯特方程中可以看出，电极反应中的离子浓度对电极电势有影响。下面我们通过几个例子来看一下其具体影响。

【例 4-6】 计算 25℃，$c(\text{Zn}^{2+}) = 0.001$ mol $\cdot$ L^{-1}时，Zn^{2+}/Zn 的电极电势。

解：
$$\text{Zn}^{2+} + 2e^- = \text{Zn}$$

$$\varphi = \varphi^{\ominus} + \frac{0.059}{n}\lg\frac{c_r^a(氧化态)}{c_r^b(还原态)} = \varphi^{\ominus} + \frac{0.059}{2}\lg\frac{c_r(\text{Zn}^{2+})}{1} =$$

$$-0.761\ 8 + \frac{0.059}{2} \times \lg 0.001 = -0.850\ 3\ (\text{V})$$

即 $c(\text{Zn}^{2+}) = 0.001$ mol $\cdot$ L^{-1}时，Zn^{2+}/Zn 的电极电势是 $-0.850\ 3$ V。

【例 4-7】 计算在 25℃，$p(\text{O}_2) = 100$ kPa，$c(\text{OH}^-) = 10^{-7}$ mol $\cdot$ L^{-1}时，O$_2$/OH$^-$ 电极的电极电势。

解：
$$\text{O}_2 + 2\text{H}_2\text{O} + 4e^- = 4\text{OH}^-$$

$$\varphi = \varphi^{\ominus} + \frac{0.059}{n} \lg \frac{c_r^a(\text{氧化态})}{c_r^b(\text{还原态})} = \varphi^{\ominus} + \frac{0.059}{4} \lg \frac{p_{O_2}/p^{\ominus}}{[c(OH^-)/c^{\ominus}]^4} = \varphi^{\ominus} + \frac{0.059}{4} \lg \frac{\frac{100}{100}}{(10^{-7})^4} =$$

$$0.401 + \frac{0.059}{4} \lg(10^{-7})^{-4} = 0.814 \ (V)$$

即 $p(O_2) = 100 \ kPa$，$c(OH^-) = 10^{-7} \ mol \cdot L^{-1}$ 时，O_2/OH^- 电极的电极电势是 0.814 V。

从以上两例可以看出：

(1)离子浓度对电极电势有影响，但影响不大。如在例 4-6 中，当金属离子浓度由 1 mol·L^{-1} 减小到 0.001 mol·L^{-1} 时，电极电势改变只有 0.088 5 V。

(2)当金属(或氢)离子(氧化态)浓度减小时，相应的电极电势代数值减小，金属(或氢)将较容易失去电子成为离子而进入溶液，也就是使金属(或氢)的还原性增强。相反，则还原性减弱。

(3)对于非金属负离子，当其离子(还原态)浓度减小时，相应的电极电势代数值增大，也就是使非金属的氧化性增强。相反，则氧化性减弱。

如前所述，若在电极反应中，有 H^+ 或 OH^- 参加反应，则这些离子的浓度也应该根据配平的电极反应式写在能斯特方程中，原因是 H^+ 或 OH^- 的浓度会影响电极电势大小进而影响对应电对的氧化还原能力，下面举例说明。

【例 4-8】 已知 $Cr_2O_7^{2-} + 14H^+ + 6e^- = 2Cr^{3+} + 7H_2O$，$\varphi^{\ominus} = 1.232$ V，用 Nernst 方程计算，当 $c(H^+) = 10 \ mol \cdot L^{-1}$ 及 $c(H^+) = 1.0 \times 10^{-3} \ mol \cdot L^{-1}$ 时的 φ 值各是多少？其他各离子浓度均为标准浓度。根据计算结果比较酸度对 $Cr_2O_7^{2-}$ 氧化还原性强弱的影响。

解：根据电极反应得

$$\varphi = \varphi^{\ominus} + \frac{0.059}{6} \lg \frac{c_r(CrO_7^{2-})c_r^{14}(H^+)}{c_r^2(Cr^{3+}) \cdot 1}$$

当 $c(H^+) = c(Cr^{3+}) = c(Cr_2O_7^{2-}) = 1 \ mol \cdot L^{-1}$ 时，有

$$\varphi = \varphi^{\ominus} = 1.232 \ (V)$$

当 $c(H^+) = 10 \ mol \cdot L^{-1}$ 和 $c(Cr^{3+}) = c(Cr_2O_7^{2-}) = 1 \ mol \cdot L^{-1}$ 时，有

$$\varphi = 1.232 + \frac{0.059}{6} \times \lg \frac{10^{14}}{1} = 1.369 \ 7 \ (V)$$

当 $c(H^+) = 1 \times 10^{-3} mol \cdot L^{-1}$ 和 $c(Cr^{3+}) = c(Cr_2O_7^{2-}) = 1 \ mol \cdot L^{-1}$ 时，有

$$\varphi = 1.232 + \frac{0.059}{6} \times \lg \frac{(1 \times 10^{-3})^{14}}{1} = 0.819 \ (V)$$

因此，上述 $\varphi(Cr_2O_7^{2-}/Cr^{3+})$ 的计算结果为：当 $c(H^+) = 10 \ mol \cdot L^{-1}$ 时，$\varphi = 1.369 \ 7$ V；当 $c(H^+) = 1 \ mol \cdot L^{-1}$ 时，$\varphi = 1.232$ V；当 $c(H^+) = 1.0 \times 10^{-3} mol \cdot L^{-1}$ 时，$\varphi = 0.819$ V。

由上例可以看出，$Cr_2O_7^{2-}$ 的氧化能力随酸度的降低而明显减弱。因此，凡有 H^+ 和 OH^- 参加的氧化还原反应，且 H^+ 和 OH^- 在反应式中计量数较大时，酸度对电极电势有较大的影响。也就是说，当计算任意浓度的电极电势时，必须先写出配平的电极反应式。

四、电极电势及电动势的应用

1. 判断原电池的正负极与电动势的计算

在原电池中电极电势高的电对总是作为原电池的正极，电极电势低的电对作为原电池的

负极,原电池的电动势 $E=\varphi_+ -\varphi_- >0$。

【例 4-9】 由锌电极 $Zn^{2+}(0.1\ mol \cdot L^{-1})|Zn$ 与铜电极 $Cu^{2+}(0.01\ mol \cdot L^{-1})|Cu$ 组成自发电池,试判断该电池正、负极,并计算出电池电动势。

解:查表 4-1 知,$\varphi^{\ominus}(Zn^{2+}/Zn)=-0.761\ 8\ V$,$\varphi^{\ominus}(Cu^{2+}/Cu)=0.341\ 9\ V$,则

$$\varphi(Zn^{2+}/Zn)=\varphi^{\ominus}(Zn^{2+}/Zn)+\frac{0.059}{2}\lg c_r(Zn^{2+})=$$

$$-0.761\ 8+\frac{0.059}{2}\times\lg 0.1=-0.791\ 3\ (V)$$

$$\varphi(Cu^{2+}/Cu)=\varphi^{\ominus}(Cu^{2+}/Cu)+\frac{0.059}{2}\lg c_r(Cu^{2+})=$$

$$0.341\ 9+\frac{0.059}{2}\times\lg 0.01=0.282\ 9\ (V)$$

由以上计算结果可知 $\varphi(Cu^{2+}/Cu)>\varphi(Zn^{2+}/Zn)$。故在该电池中,正极为铜电极 $Cu^{2+}(0.01\ mol \cdot L^{-1})|Cu$,负极为锌电极 $Zn^{2+}(0.1\ mol \cdot L^{-1})|Zn$。

电动势 $E=\varphi(Cu^{2+}/Cu)-\varphi(Zn^{2+}/Zn)=0.282\ 9-(-0.791\ 3)=1.074\ 2\ (V)$

如果一个电池反应为 $a\ A+b\ B=g\ G+d\ D$

则电池电动势与各物质浓度的关系可根据热力学函数与电动势的关系,以及热力学等温方程式(1-15)得出。因为

$$\Delta_r G_m = -nFE^{①}$$

$$\Delta_r G_m^{\ominus} = -nFE^{\ominus} \qquad\qquad (4-4)$$

$$\Delta_r G_m = \Delta_r G_m^{\ominus}+RT\ln \frac{c_r^g(G)c_r^d(D)}{c_r^a(A)c_r^b(B)}$$

所以

$$-nFE = -nFE^{\ominus}+RT\ln \frac{c_r^g(G)c_r^d(D)}{c_r^a(A)c_r^b(B)}$$

$$E = E^{\ominus}-\frac{RT}{nF}\ln \frac{c_r^g(G)c_r^d(D)}{c_r^a(A)c_r^b(B)}$$

代入各常数后有

$$E = E^{\ominus}-\frac{0.059}{n}\lg \frac{c_r^g(G)c_r^d(D)}{c_r^a(A)c_r^b(B)} \qquad\qquad (4-5)$$

式中:n 为电池反应式配平后的得失电子数。

2.氧化剂、还原剂的强弱及选择

(1)电极电势与氧化剂、还原剂的强弱。已知锌电极的 $\varphi^{\ominus}(Zn^{2+}/Zn)=-0.761\ 8\ V$,铜电极的 $\varphi^{\ominus}(Cu^{2+}/Cu)=0.341\ 9\ V$,由前所述,这两个电极构成的原电池一旦接通,负极金属锌失去电子,而正极溶液中铜离子得到电子,这说明标准电极电势代数值小的还原态 Zn,比标准电极电势大的还原态 Cu 失去电子的倾向大,而标准电极电势代数值大的氧化态 Cu^{2+} 比标准电极电势代数值小的氧化态 Zn^{2+} 得到电子的倾向大。因此,还原态物质失去电子倾向越大,其还原能力越强;氧化态物质得到电子倾向越大,其氧化能力越强。

应当注意,这里所说的还原能力(失去电子)或氧化能力(得到电子)是相对而言的,标准电极电势值的大小也是相对值。例如,Cu 失去电子的倾向虽比锌小,但如果把它与标准电极电

---

① 关于此式的说明可参考第四章第二节(四)"氧化还原反应方向的判断"。

势更大的 Ag 相比,Cu 失去电子倾向比 Ag 大,若由它们构成原电池,Cu 就会变成输出电子的负极。

由此可见,就一个电对而言,标准电极电势代数值越小,其还原态物质还原能力越强,而其相应的氧化态物质氧化能力越弱;相反地,一个电对的标准电极电势代数值越大,其氧化态物质氧化能力越强,其相应的还原态物质的还原能力越弱。因此,一个电对的标准电极电势代数值同时表示其氧化态物质的氧化能力和还原态物质的还原能力两种性质,其中一种性质若是强的,另一种性质就必然是弱的。因此,可以利用标准电极电势代数值的大小,判断氧化态物质的氧化能力,或还原态物质的还原能力的强弱。

在表 4-1 中,把一些常见的氧化还原电对的标准电极电势按其代数值递增的顺序排列起来,称为标准电极电势表。表中从上到下,一方面标准电极电势代数值增大,相应电对中氧化态物质得到电子的倾向增大,其氧化能力增大,在表的左下角的氧化态物质 F_2 得到电子的倾向最大,其氧化能力最强,它是最强的氧化剂;另一方面,相应的还原态物质失去电子的倾向减小,还原能力减小,在表的右上角的还原态物质 K 失去电子的倾向最大,其还原能力最强,它是最强的还原剂。当两电对 $\varphi^\ominus$ 差值很小又是非标准态时,就要根据 Nernst 方程计算后,用 φ 代数值大小判断氧化态物质的氧化能力,或还原态物质的还原能力的强弱。

(2)氧化剂、还原剂的选择。利用电极电势代数值大小判断出氧化剂或还原剂的强弱后,在实际中还可以将其用于特定反应中氧化剂或还原剂的选择。比如在某一混合体系中,如果只希望某种组分被氧化或被还原,而另外的组分不发生变化。这种情况下就需要选择合适的氧化剂或还原剂,通过电极电势代数值的比较可以达到这一目的。

【例 4-10】 在含有 Br^-,I^- 的混合溶液中,标准状态下,欲使 I^- 氧化成 I_2,而不使 Br^- 氧化成 Br_2,问选择 $Fe_2(SO_4)_3$ 和 $KMnO_4$ 中的哪一种氧化剂能满足要求?

分析:欲使 I^- 氧化成 I_2,而不使 Br^- 氧化成 Br_2,那么选择的氧化剂其氧化性应该大于 I_2 而小于 Br_2。因此,其对应电对的电极电势代数值应该大于 I_2/I^- 的而小于 Br_2/Br^- 的电极电势代数值。

解:查表 4-1 可知 $\varphi^\ominus(Br_2/Br^-)=1.0873\ V$, $\varphi^\ominus(I_2/I^-)=0.5355\ V$
$$\varphi^\ominus(Fe^{3+}/Fe^{2+})=0.771\ V, \quad \varphi^\ominus(MnO_4^-/Mn^{2+})=1.507\ V$$

很显然,应该选择电极电势代数值介于 $0.5355\ V$ 与 $1.0873\ V$ 之间的作为氧化剂,即应选择 $Fe_2(SO_4)_3$。

3.氧化还原反应方向的判断

根据第一章可知,一个化学反应能否自动进行,可由 Gibbs 函数的变化来判断,即

$$\Delta_r G_m > 0,正向反应不能自发进行$$
$$\Delta_r G_m < 0,正向反应能自发进行$$
$$\Delta_r G_m = 0,反应处于平衡状态$$

利用自发进行的氧化还原反应组装的原电池产生电流后,原电池就对环境(外路)做功,这种功叫电功 W,它等于由一极转移到另一极的电荷量(q)与电动势(E)的乘积,电池对环境做功为负号,即

$$W_{max} = -qE \tag{4-6}$$

如果电极发生了一定量的物质反应,有 1 mol 电子转移时,就会产生 96 485 C 的电量,即一个法拉第的电量(F)。如果反应中有 n mol 电子转移,即有 $n \times 96\ 485$ C 的电量,因此

$$W_{max} = -n \times 96\ 485 \times E = -nFE$$

电功和其他功相似,在恒温恒压可逆条件下的原电池反应,其 Gibbs 函数减小必然与系统对环境所做的电功相等,即

$$\Delta_r G_m = W_{max} = -nFE \qquad (4-7)$$

式中:n 和 F 都是正整数。通过式(4-7),可把判断反应方向的 $\Delta_r G_m$ 判据成功转换为电动势判据。再根据 $E = \varphi_+ - \varphi_-$,则有

$$E > 0 \quad 或 \quad \varphi_+ > \varphi_-,反应能正向自发进行$$
$$E < 0 \quad 或 \quad \varphi_+ < \varphi_-,反应正向不能自发进行$$
$$E = 0 \quad 或 \quad \varphi_+ = \varphi_-,反应处于平衡状态$$

这里注意两点:

(1)电动势为什么会有负值呢?这是因为按给定的反应是正向来看的。为了判断反应方向,计算 E 值时,一般应在反应物中确定氧化剂和还原剂,再按上式计算(而不能认为总是 φ 值大的减去 φ 值小的),所以 E 值可正、可负。

(2)E 为负值意味着什么?当 $E < 0$ 时,$\Delta_r G_m > 0$,则逆反应 $\Delta_r G_m < 0$,也就是逆反应自动进行,因此,$E < 0$ 并不是说该电池不存在,只是表明电池反应的方向与原来判断(或假设)的方向相反而已。

【例 4-11】 试判断下列氧化还原反应进行的方向:

$$2Fe^{2+} + I_2 = 2Fe^{3+} + 2I^-$$

设溶液中各种离子的浓度均为 $1\ mol \cdot L^{-1}$。

解:从反应式可以看出,若反应按正向进行,则电对 Fe^{3+}/Fe^{2+} 对应的电极应是负极,电对 I_2/I^- 对应的电极应是正极。此时

$$\varphi_+ = \varphi^{\ominus}(I_2/I^-) = 0.535\ 5\ (V)$$
$$\varphi_- = \varphi^{\ominus}(Fe^{3+}/Fe^{2+}) = 0.771\ (V)$$

即

$$E = \varphi_+ - \varphi_- = 0.535\ 5 - 0.771 = -0.235\ 5\ (V)$$

因为

$$E < 0$$

所以,此反应不能自动向右进行,而其逆反应必然 $E > 0$,可以自发进行。

【例 4-12】 试判断下列浓差电池反应进行的方向:

$$Cu + Cu^{2+}(1\ mol \cdot L^{-1}) = Cu^{2+}(1.0 \times 10^{-4}\ mol \cdot L^{-1}) + Cu$$

解:假设反应按照正反应方向进行,则 $Cu^{2+}(1.0 \times 10^{-4}\ mol \cdot L^{-1})|Cu$ 应为负极,$Cu^{2+}(1\ mol \cdot L^{-1})|Cu$ 应为正极。依据 nernst 方程有:

$$\varphi_+ = \varphi^{\ominus}(Cu^{2+}/Cu) = 0.341\ 9\ (V)$$

$$\varphi_- = \varphi^{\ominus}(Cu^{2+}/Cu) + \frac{0.059}{2}\lg c_r(Cu^{2+}) = 0.341\ 9 + \frac{0.059}{2} \times \lg 10^{-4} = 0.223\ 9\ (V)$$

电动势 $E = \varphi_+ - \varphi_- = 0.341\ 9 - 0.223\ 9 = 0.118\ (V)$。

由于 $E > 0$,所以该反应自发向右进行。

当判断氧化还原反应进行方向时,通常可用标准电动势作粗略的判断。这是由于在一般情况下,离子浓度对电极电势影响不大。但是,如果组成电池的两个电对的标准电极电势相差较小,$E^{\ominus}$ 或 $\Delta_r G_m^{\ominus}$ 数值不大时,则离子浓度的改变有可能会引起氧化还原反应向相反方向进行。

例如,在氧化还原反应 $Pb^{2+}+Sn=Pb+Sn^{2+}$ 中,当 $c(Pb^{2+})=c(Sn^{2+})=1\ mol \cdot L^{-1}$ 时,可以使用标准电极电势进行判断。

$$\varphi_+^{\ominus}=\varphi^{\ominus}(Pb^{2+}/Pb)=-0.126\ 2\ (V)$$

$$\varphi_-^{\ominus}=\varphi^{\ominus}(Sn^{2+}/Sn)=-0.137\ 5\ (V)$$

$$E^{\ominus}=\varphi_+^{\ominus}-\varphi_-^{\ominus}=-0.126\ 2-(-0.137\ 5)=0.011\ 3\ (V)$$

虽然 $E^{\ominus}$ 接近于零,但反应可以自发地向右进行。物质的氧化还原性比较:氧化性,$Pb^{2+}>Sn^{2+}$;还原性,$Sn>Pb$。

如果 $c(Sn^{2+})=1\ mol \cdot L^{-1}$,而 $c(Pb^{2+})=0.1\ mol \cdot L^{-1}$,那么,就不能用标准电极电势直接判断,而要另行计算。

$$\varphi(Pb^{2+}/Pb)=\varphi^{\ominus}(Pb^{2+}/Pb)+\frac{0.059}{2}lg0.1=-0.126\ 2-0.029\ 5=-0.155\ 7\ (V)$$

$$\varphi(Sn^{2+}/Sn)=\varphi^{\ominus}(Sn^{2+}/Sn)=-0.137\ 5\ (V)$$

$$E=\varphi(Pb^{2+}/Pb)-\varphi(Sn^{2+}/Sn)=-0.155\ 7-(-0.137\ 5)=-0.018\ 2\ (V)$$

即
$$E<0$$

结论和上面相反,上述反应不能自发向右进行。反应的自发方向为

$$Pb+Sn^{2+} \rightarrow Pb^{2+}+Sn$$

这是上述反应的逆反应,物质氧化还原性强弱发生了变化。结果是:氧化性,$Sn^{2+}>Pb^{2+}$;还原性,$Pb>Sn$。

因此,当应用电极电势讨论问题时,如果两电对的标准电极电势相差较小(一般小于 $0.3\ V$),其离子浓度不是 $1\ mol \cdot L^{-1}$ 时,就要通过能斯特方程计算后才能得出正确结论。

另外,利用氧化剂、还原剂的强弱,可以不通过计算而定性地判断氧化还原反应的方向,这在氧化剂及还原剂强度相差比较大时是可行的。

表 4-1 中右上方,$\varphi^{\ominus}$ 代数值较小的电对中的还原态是强的还原剂。表 4-1 中左下方,$\varphi^{\ominus}$ 代数值较大的电对中的氧化态是较强的氧化剂。氧化还原反应进行的方向是较强的氧化剂与较强的还原剂作用生成较弱的氧化剂和较弱的还原剂,即

(强氧化剂)$_1$ + (强还原剂)$_2$ → (弱还原剂)$_1$ + (弱氧化剂)$_2$

例如 　　　　$Sn^{4+}+2e^-=Sn^{2+}$, 　　$\varphi^{\ominus}(Sn^{4+}/Sn^{2+})=0.151\ V$

　　　　　　$Fe^{3+}+e^-=Fe^{2+}$, 　　$\varphi^{\ominus}(Fe^{3+}/Fe^{2+})=0.771\ V$

可得 　　　　$2\ Fe^{3+}+Sn^{2+}=2\ Fe^{2+}+Sn^{4+}$

　　　　　　(强) 　　(强) 　　(弱) 　　(弱)

可见,表 4-1 中右上方的还原态作还原剂,左下方的氧化态作氧化剂,反应可自发进行。这种对角线方向相互反应的规则通俗地称为"对角线规则"。

当然,当反应有关的两个电对 $\varphi^{\ominus}$ 差值很小,且又在非标准条件下时,用 $\varphi^{\ominus}$ 判断反应方向是不准确的,需要通过能斯特方程计算 φ 后得到电动势 E 再来判断。

4.氧化还原反应的限度

氧化还原反应进行的程度,可由氧化还原反应的标准平衡常数 $K^{\ominus}$ 的大小看出,而标准平衡常数可由氧化还原反应组成电池的标准电动势计算得出。

因为 　　　　　　　　　　　$\Delta_r G_m^{\ominus}=-2.303RTlgK^{\ominus}$

$$\Delta_r G_m^{\ominus} = -nFE^{\ominus}$$

故
$$nFE^{\ominus} = 2.303RT\lg K^{\ominus}$$

如果将 $F = 96\,485\ \text{C} \cdot \text{mol}^{-1}$，$R = 8.314\ \text{J} \cdot \text{K}^{-1} \cdot \text{mol}^{-1}$，$T = 298.15\ \text{K}$ 代入，可得

$$E^{\ominus} = \frac{2.303 \times 8.314 \times 298.15}{n \times 96\,485}\lg K^{\ominus} = \frac{0.059}{n}\lg K^{\ominus}$$

$$\lg K^{\ominus} = \frac{nE^{\ominus}}{0.059} \qquad\qquad (4-8)$$

因此，只要知道由氧化还原反应所组成原电池的标准电动势，就可以计算出氧化还原反应的标准平衡常数，从而可以判断其反应进行的程度。但应注意，式中的 n 是总反应配平后的电子转移数。

【例 4-13】 判断下列反应进行的程度：

$$Cu + 2Ag^+ = Cu^{2+} + 2Ag$$

解：假设上述反应向正方向进行，则其负极为 $Cu \mid Cu^{2+}$，正极为 $Ag^+ \mid Ag$。

该反应对应原电池的标准电动势为

$$E^{\ominus} = \varphi^{\ominus}(Ag^+ / Ag) - \varphi^{\ominus}(Cu^{2+}/Cu) = 0.799\,6 - 0.341\,9 = 0.457\,7\ (V)$$

$$\lg K^{\ominus} = \frac{nE^{\ominus}}{0.059} = \frac{2 \times 0.457\,7}{0.059} = 15.52$$

$$K^{\ominus} = 3.31 \times 10^{15}$$

标准平衡常数 3.31×10^{15} 是很大的，因此，此反应正向会进行得很彻底。若上述反应式颠倒，$E^{\ominus}$ 值及 $K^{\ominus}$ 值如何计算？请读者自己考虑。

应当指出，根据电动势（电极电势），虽然可以判断氧化还原反应进行的方向和程度，但是对反应速率的大小还要进行具体的分析。例如，电极电势表中可查得氢是较强的还原剂，氧是较强的氧化剂，氢与氧可以相互作用生成水。但是，在常温下，这一反应速率很小，几乎觉察不出。这说明一个氧化还原反应能否具体实现，与反应速率有很大关系，必须通过实验予以确定。

5. 由已知电极电势求未知电极电势

例如，已知电极反应(1)$Sn^{4+} + 2e^- = Sn^{2+}$，(2)$Sn^{2+} + 2e^- = Sn$ 的标准电极电势，欲求电极反应(3)$Sn^{4+} + 4e^- = Sn$ 的标准电极电势，可以通过如下方法求得。

设上述三个电极反应的 Gibbs 函数变化分别为 $\Delta_r G_{1m}^{\ominus}$，$\Delta_r G_{2m}^{\ominus}$，$\Delta_r G_m^{\ominus}$。

由盖斯定律可有

$$\Delta_r G_m^{\ominus} = \Delta_r G_{1m}^{\ominus} + \Delta_r G_{2m}^{\ominus}$$

再由上述三个电极反应分别与标准氢电极组装成三个自发电池，设其电动势分别为 $E_1^{\ominus}$，$E_2^{\ominus}$，$E^{\ominus}$，根据 $\Delta_r G_m^{\ominus} = -nFE^{\ominus}$，有

$$-4FE^{\ominus} = -2FE_1^{\ominus} - 2FE_2^{\ominus}$$

则

$$E^{\ominus} = \frac{E_1^{\ominus} + E_2^{\ominus}}{2} \text{①}$$

---

① 此式的一般通式为 $E^{\ominus} = \dfrac{n_1 E_1^{\ominus} + n_2 E_2^{\ominus}}{n_1 + n_2}$。

对于电池(1)：

$$E_1^{\ominus} = \varphi_{(Sn^{4+}/Sn^{2+})}^{\ominus}$$

对于电池(2)：

$$E_2^{\ominus} = \varphi_{(Sn^{2+}/Sn)}^{\ominus}$$

对于电池(3)：

$$E^{\ominus} = \varphi_{(Sn4+/Sn)}^{\ominus}$$

因此,电极反应(3)$Sn^{4+} + 4e^- = Sn$ 的标准电极电势为

$$\varphi_{(Sn^{4+}/Sn)}^{\ominus} = \frac{\varphi_{(Sn^{4+}/Sn^{2+})}^{\ominus} + \varphi_{(Sn^{2+}/Sn)}^{\ominus}}{2}$$

这种方法通常用于计算具有多种氧化态的元素其相关电对的电极电势。

第三节 电 解 池

一、电解池的组成和电极反应

使电流通过电解池溶液(或熔盐)而发生氧化还原反应的过程叫作电解(Electrolysis),这种过程是非自发过程,是借助于外电源使某些 $\Delta_r G_m > 0$ 的氧化还原反应得以进行的过程。能完成这一过程并将电能转化为化学能的装置叫作电解池(Electrolytic cell)(非自发电池)。在电解池中,与电源正极相连接的电极称为阳极(Anode),与电源负极相连接的电极称为阴极(Cathode)。一方面,电子从电源的负极沿导线流入电解池的阴极;另一方面,电子从电解池的阳极离开,沿导线流回电源的正极。因此,电解液中氧化态离子移向阴极,在阴极上得到电子进行还原反应;还原态离子移向阳极,在阳极上失去电子进行氧化反应。在电解池的两极反应中,氧化态离子得到电子,或还原态离子失去电子的过程都叫作放电(Discharge)。

应该注意,在电解池中,电极名称、电极反应及电子流的方向与原电池均有区别,不可相互混淆。

二、影响电极反应的主要因素

当电解盐的水溶液时,电解质溶液中除了电解质的离子以外,还有由水解离出来的 H^+ 和 OH^-。因此,可能在阴极放电的氧化态物质离子至少有两种,通常是金属离子和 H^+;可能在阳极上放电的还原态物质离子也至少有两种,即酸根离子和 OH^-。究竟是哪一种物质先放电,物质放电顺序取决于哪些因素,这要从电极电势及超电势来分析。

1. 电极电势

因为在电解池中,阳极进行的是氧化反应,阴极进行的是还原反应。所以,在阳极是阴离子移向,为还原型离子,必定是容易失去电子的物质,即 φ 代数值较小的还原态物质先放电;在阴极是阳离子移向,为氧化型离子,必定是容易得到电子的物质,即 φ 代数值较大的氧化态物质先放电。

在本章第二节中已知道,φ 与物质的本性($\varphi^{\ominus}$)、离子浓度等有关,它可以用能斯特方程计算得到,我们称它为理论析出电势 $\varphi_{理论}$。从理论上讲,只要计算出在两极可能放电的各物质

的 $\varphi_{理论}$ 值,根据上述原则便可确定在两极是何种物质首先放电。

例如,电解 $1\ mol \cdot L^{-1} CuCl_2$ 水溶液(产生的气体均为 $100\ kPa$),H^+ 与 Cu^{2+} 离子趋向阴极,电极反应为 $Cu^{2+} + 2e^- = Cu, 2H^+ + 2e^- = H_2$,$H^+$ 离子的 $\varphi^{\ominus} = 0.000\ 0\ V$,浓度为 $10^{-7}\ mol \cdot L^{-1}$,而 Cu^{2+} 离子的 $\varphi^{\ominus} = 0.341\ 9\ V$,浓度为 $1\ mol \cdot L^{-1}$,据此计算可知

$$\varphi(Cu^{2+}/Cu) = \varphi^{\ominus}(Cu^{2+}/Cu) = 0.341\ 9\ (V)$$

$$\varphi(H^+/H_2) = \varphi^{\ominus}(H^+/H_2) + \frac{0.059}{2} \times \lg \frac{\left(\frac{10^{-7}}{1}\right)^2}{\left(\frac{100}{100}\right)} = -0.413\ (V)$$

Cu^{2+} 的理论析出电势大于 H^+ 的理论析出电势,即

$$\varphi(Cu^{2+}/Cu)_{理论} > \varphi(H^+/H_2)_{理论}$$

因此,在阴极是 Cu^{2+} 离子首先放电。

在阳极可能放电的是 OH^- 和 Cl^-,电极反应为 $2Cl^- - 2e^- = Cl_2, 4OH^- - 4e^- = O_2 + 2H_2O$。按 OH^- 离子浓度为 $10^{-7}\ mol \cdot L^{-1}$ 计算时,有

$$\varphi(O_2/OH^-) = \varphi^{\ominus}(O_2/OH^-) + \frac{0.059}{4} \times \lg \frac{\left(\frac{100}{100}\right)}{\left(\frac{10^{-7}}{1}\right)^4} = 0.401 + 0.413 = 0.814\ (V)$$

$$\varphi(Cl_2/Cl^-) = \varphi^{\ominus}(Cl_2/Cl^-) + \frac{0.059}{2} \times \lg \frac{\left(\frac{100}{100}\right)}{\left(\frac{2}{1}\right)^2} = 1.358 - 0.017\ 7 = 1.341\ 7\ (V)$$

OH^- 的理论析出电势,远小于 $\varphi(Cl_2/Cl^-)$,按照前述原则,阳极应是 φ 代数值较小的还原态物质首先放电,即 OH^- 放电,可是,实际上却是 Cl^- 离子首先放电? 为什么? 一定还有其他影响因素!

2. 电极的极化

电解时,必须外加直流电源,通以电流。在氧化态、还原态物质分别向阴、阳极移动并放电的过程中,并非经过一步的简单反应,就能得到氧化还原产物,而要受若干因素的影响,使离子在电极实际析出的电势 $\varphi_{实际}$ 常要偏离 $\varphi_{理论}$ 的数值。这种当电流通过电极时,电极电势偏离其平衡值 $\varphi_{理论}$ 的现象叫作电极的极化(Polarization)。产生极化现象的原因不同,最常发生的极化有浓差极化、电化学极化及电池的 IR 降等。

(1)浓差极化。当电极处于平衡状态时,溶液中电解质的分布是均匀的。电流流通之后,情况就变了,随着电极反应的进行,电极表面及其附近的反应物一直在消耗,而产物又不断生成。为了维持电流稳定,最理想的情况是电极表面的反应物能够及时得到溶液深处反应物的补充,而生成物又能立即离去。然而,实际情况往往是反应物和生成物各自的扩散迁移速率赶不上反应的速率,造成电极附近电解质浓度发生变化,从而在溶液中形成浓度梯度。对阴极来说,电极表面溶液中的氧化态物质浓度变小了,而还原态物质的浓度相对变大,假若仍以能斯特公式计算,显然此时的实际电极电势将减小;而阳极则相反,实际电势将增大。这种由于电极表面附近离子浓度与平衡时离子浓度的差别所引起的极化现象称为浓差极化。可见,浓差极化时,电流受离子移动的速度控制。

（2）电化学极化。电极反应是在电极表面处进行的非均相化学反应。反应进行时自然要受到动力学因素的约束，因此，我们不得不考虑反应速率的问题。通常，每个电极反应都是由多个连续的基本步骤（如离子放电、原子结合成分子、气泡的形成和逸出等）组成的。而它们中又可能有一个是活化能最高的，因而是速率最慢的一步，从而成为电极过程的控制步骤。为了使电极反应能够持续不断地进行，外电源需要额外增加一定的电压去克服反应的活化能。这种由于电极反应速率的迟缓所引起的极化作用称为电化学极化（又称动力学极化或活化能极化）。在电化学极化的情况下，流过电极的电流受电极反应速率所控制。

（3）电池的 IR 降。对于电化学体系的电池来说，无论是电解池还是原电池，都存在着除浓差极化和电化学极化之外的另一种极化因素，这就是电池的 IR 降（R 又称为欧姆内阻）。这是由于当电流流过电解质溶液时，氧化态、还原态离子各向两极迁移，由于电池本身存在一定的内阻 R，离子的运动受到一定的"阻力"。为了克服内阻就必须额外加一定的电压去"推动"离子的前进。此种克服电池内阻所需的电压等于电流 I 与电池内阻 R 的乘积，即 IR 降。它通常以热的形式转化给环境了。这个额外损耗的电能为 I^2R。

3. 超电势

上面讨论了电极的极化现象。为了衡量电极极化的程度，需要引入一个新的概念——超电势（Overpotential）。

电极上由于极化现象的存在，电极的实际电势与平衡电势间产生了偏离值。这一偏离值称为超电势（或过电势），用符号 η 表示。应当指出，当极化出现时，阳极电势 $\varphi_{阳}$ 升高，而阴极电势 $\varphi_{阴}$ 降低。但习惯上 η 均取正值，以 $\eta_{阴}$ 和 $\eta_{阳}$ 分别代表阴、阳两极的超电势；$\varphi_{阴(理)}$ 和 $\varphi_{阳(理)}$ 分别代表阴、阳两极的平衡电势（也称理论电势）；$\varphi_{阴(实)}$ 和 $\varphi_{阳(实)}$ 分别代表阴、阳两极的实际析出电势。则

$$\varphi_{阴(实)}=\varphi_{阴(理)}-\eta_{阴}, \qquad \eta_{阴}=\varphi_{阴(理)}-\varphi_{阴(实)} \tag{4-9}$$

$$\varphi_{阳(实)}=\varphi_{阳(理)}+\eta_{阳}, \qquad \eta_{阳}=\varphi_{阳(实)}-\varphi_{阳(理)} \tag{4-10}$$

这与前面所说的极化使阴极电势减小使阳极电势增大是一致的。

根据产生极化的几种原因，对于单个电极总的超电势 η 应是浓差超电势 $\eta_{浓差}$（Concentration overpotential）、电化学超电势 $\eta_{电化}$（Electrotrchemical overpotential）、欧姆电压降 $\eta_{欧姆}$ 等之和，即

$$\eta=\eta_{浓差}+\eta_{电化}+\eta_{欧姆}+\cdots \tag{4-11}$$

目前超电势的数值还无法从理论上加以计算，困难在于影响因素中包含一些无法预计和控制的因素，但可以通过实验来测定超电势。由实验可知，对同一物质来说，超电势不是一个常数，它与下列因素有关：

（1）电解产物不同，超电势数值不同。金属的超电势一般较小，但铁、钴、镍的超电势较大。对气体产物，尤其是氢气和氧气的超电势较大，而卤素的超电势较小（见表 4-2 和表 4-3）。

（2）电极材料和表面状态不同，即使电解产物为同一物质，其超电势也不同，在锡、铅、锌、银、汞等"软金属"电极上，η 很显著，尤其是汞电极（见表 4-2）。

（3）电流密度越大，超电势越大（见表 4-3 和表 4-4）。

（4）温度升高（或通过搅拌），超电势将减小。

表 4-2　在不同金属上氢和氧的超电势*（25℃）

电极材料	超电势/V	
	氢	氧
Pt(镀铂黑的)	0.00	0.25
Pd	0.00	0.43
Au	0.02	0.53
Fe	0.08	0.25
Pt(平滑的)	0.09	0.45
Ag	0.15	0.41
Ni	0.21	0.06
Cu	0.23	
Cd	0.48	0.43
Sn	0.53	
Pb	0.64	0.31
Zn	0.70	
Hg	0.78	
石墨	0.90	1.09

* 在刚开始有显著气泡出现时的电流密度条件下测定的。

表 4-3　25℃时饱和 NaCl 溶液中氯在石墨电极上析出的超电势

电流密度/(A·m^{-2})	400	700	1 000	2 000	5 000	10 000
超电势/V	0.186	0.193	0.251	0.298	0.417	0.495

表 4-4　25℃时 1 mol·L^{-1} KOH 溶液中氧在石墨电极上析出的超电势

电流密度/(A·m^{-2})	100	200	500	1 000	2 000	5 000
超电势/V	0.869	0.963		1.091	1.142	1.186

三、分解电压与超电压

电解时，在电解池的两极上必须外加一定的电压，才能使电极上的反应顺利进行。究竟应加多大电压呢？这与超电势有关。现在以铂作电极，电解 $c(NaOH)=0.1$ mol·L^{-1} 水溶液为例进行说明（产生的气体均为 100 kPa）。

电解 NaOH 水溶液时，在阴极析出氢，在阳极析出氧，而部分的氢气和氧气分别吸附在铂片的表面，这样就组成了如下的原电池：

$$（-）Pt \mid H_2 \mid NaOH(c=0.1 \text{ mol·L}^{-1}) \mid O_2 \mid Pt（+）$$

它的电动势是正极（氧极）的电极电势与负极（氢极）的电极电势之差，其值可计算如下：

在 $c(NaOH) = 0.1\ mol \cdot L^{-1}$ 的水溶液中，$c(OH^-) = 0.1\ mol \cdot L^{-1}$，则

正极反应 $\qquad O_2 + 2H_2O + 4e^- = 4OH^-$，$\quad \varphi^\ominus(O_2/OH^-) = 0.401\ (V)$

正极电势 $\quad \varphi = \varphi^\ominus + \dfrac{0.059}{4} \times \lg \dfrac{\left[\dfrac{p(O_2)}{p^\ominus}\right]}{c_r^4(OH^-)} = 0.401 + \dfrac{0.059}{4} \times \lg(0.1)^{-4} = 0.46\ (V)$

负极反应 $\qquad 2OH^- + H_2 - 2e^- = 2H_2O$，$\quad \varphi^\ominus(H_2O/H_2) = -0.827\ 7\ (V)$

负极电势 $\qquad\qquad \varphi = \varphi^\ominus + \dfrac{0.059}{2} \lg \dfrac{1}{\left[\dfrac{p(H_2)}{p^\ominus}\right] c_r^2(OH^-)} =$

$$-0.827\ 7 + \dfrac{0.059}{2} \times \lg(0.1)^{-2} = -0.768\ 7\ (V)$$

此氢氧原电池的电动势为

$$E = \varphi_+ - \varphi_- = 0.46 - (-0.768\ 7) = 1.227\ 7\ (V)$$

电池中电流的方向与外加直流电源的方向正好相反。据此，从理论上讲，当外加电压等于该氢氧原电池的电动势时，电极反应处于平衡状态。而只要当外加电压略微超过该电动势（1.227 7 V）时，电解似乎应当能够进行，但实验结果与理论计算却有较大的差别，即电压并非为 1.227 7 V 而是 1.787 V（见图 4-5 所示中 A 和 C 两点差值）。也就是说，当外加电压达 1.768 7 V 时，两极上才有明显的气泡产生（此时电流应为 B 点指示值），电解才能顺利进行，这种能使电解顺利进行的最低电压即为实际分解电压。各种物质的实际分解电压是通过实验测定的，如 $c(HCl) = 1\ mol \cdot L^{-1}$ 的分解电压为 1.31 V；$c(HBr) = 1\ mol \cdot L^{-1}$ 的分解电压是 0.94 V，$c(HI) = 1\ mol \cdot L^{-1}$ 的分解电压为 0.54 V，电解食盐水（隔膜法）的分解电压为 3.4 V。

电解质的分解电压与电极反应有关，表 4-5 所示中 $NaOH$，KOH，KNO_3 溶液的分解电压很相近，这是因为这些溶液的电极反应产物都是 H_2 和 O_2。

表 4-5　几种电解质溶液（$c = 1\ mol \cdot L^{-1}$）的分解电压（25℃，铂电极）

电解质	HCl	KNO₃	KOH	NaOH
分解电压/V	1.31	1.69	1.67	1.69

为什么实际分解电压与理论分解电压（Theoretical decomposition voltage）会有差值呢？原因之一是溶液与导线都有电阻，通电时会有电压降（IR）。但一般电解中，若电流 I 和电阻 R 都不大，则 IR 的数值不大[①]。

另一主要原因是由于电极的极化而产生超电势，由超电势引起超电压，因此，实际分解电压（$V_{实}$）常大于理论分解电压（$V_{理}$）。

实际分解电压就是两极产物的析出电势之差，它与理论分解电压、超电压的关系（见图 4-5）如下：

$$V_{实} = \varphi_{阳(实)} - \varphi_{阴(实)} = (\varphi_{阳(理)} + \eta_{阳}) - (\varphi_{阴(理)} - \eta_{阴}) =$$
$$(\varphi_{阳(理)} - \varphi_{阴(理)}) + (\eta_{阴} + \eta_{阳}) = 理论分解电压 + 超电压 \qquad (4-12)$$

---

① 在某些过程中（如电解加工、高速电镀），电流 I 很大，便应考虑 IR 值的影响。

由式(4-12)可知，两极超电势之和即为电解池的超电压，而实际分解电压主要是理论分解电压与超电压之和。如上述实验的分解电压(1.768 7 V)即为

$$0.46-(-0.768\ 7)+0.45+0.09=1.768\ 7\ (V)$$

一方面，超电势的存在使电解多消耗了一些电能，这是不利的。一般电解时总希望减小超电势，以节省电能，提高生产率。如工业上电解水（NaOH 溶液）时，以镍作阳极[1]，铁作阴极，这是由于氧在镍上的超电势较小，而氢在铁上的超电势也小。另一方面，超电势在生产上又有重要意义。例如，由于 H_2 有很大的超电势，当电解较活泼的金属盐（如锌盐）溶液时，才有在阴极析出的可能。用电解法从锌盐溶液炼锌，以及在弱酸性(pH=5)锌盐溶液中电镀锌，就是利用了这个原理。在某些工艺过程，电镀和电解加工中，合理地利用极化作用，可以改善产品质量。

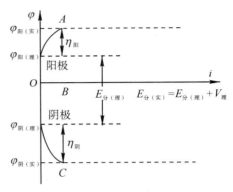

图 4-5　电解时阴、阳极电势示意图

四、电解产物的一般规律

在了解影响电极反应的因素和分解电压、超电压概念之后，便可以进一步讨论电解产物的一般规律。下面以电解食盐水制备烧碱为例，从电极电势、浓度和超电压等因素判断电极的产物和所需要的分解电压。

电解饱和食盐水所用 NaCl 的浓度一般不小于 315 g·kg^{-1}，溶液的 pH 控制在 8 左右，用石墨作阳极，用铁作阴极，产生的气体均为 100 kPa。NaCl 溶液通电后，Na^+ 和 H^+ 移向阴极，Cl^- 和 OH^- 移向阳极，在电极上哪种离子先放电，取决于各种物质的实际析出电势。

在阴极　　　　　　$\varphi^{\ominus}(H^+/H_2)=0.000\ 0V$，　　$\varphi^{\ominus}(Na^+/Na)=-2.71\ V$

电极反应　　　　　　$2H^++2e^-=H_2$，　　$Na^++e^-=Na$

因为溶液 pH=8，则通电时，$c(H^+)=10^{-8}mol·L^{-1}$，算出 H_2 的理论电极电势为

$$\varphi[H^+/H_2(理)]=\varphi^{\ominus}(H^+/H_2)+\frac{0.059}{2}\lg p_r(H_2)=0+0.059\lg10^{-8}=-0.472\ (V)$$

查表 4-2 知 H_2 在铁上的超电势是 0.08 V，因此，H_2 的实际析出电势为

$$\varphi[H^+/H_2(实)]=\varphi[H^+/H_2(理)]-\eta_{H_2}=-0.472-0.08=-0.552\ (V)$$

这个数值远大于钠的标准电极电势(-2.71 V)，即使在 NaCl 的饱和溶液中 Na^+ 离子浓度较大，会使其电极电势增大一些，也不可能大到-0.552 V。因此，在阴极是 H^+ 离子放电，即

$$2H^++2e^-=H_2\uparrow$$

随着 H^+ 离子的放电，阴极区溶液碱性逐渐增强，最后 NaOH 浓度为 10%(2.7 mol·L^{-1})左右。此时，可以计算出 $\varphi[H^+/H_2(理)]=-0.85\ V$，$\varphi[H^+/H_2(实)]=-0.93\ V$，仍然远大于钠的电极电势，因此，电解 NaCl 的溶液时，阴极总是得到氢气。

在阳极　　　　　　$\varphi^{\ominus}(Cl_2/Cl^-)=1.358\ V$，　　$\varphi^{\ominus}(O_2/OH^-)=0.401\ V$

---

① 从电极电势可以看出，Ni 比 OH^- 更容易失去电子，但在这里，镍并不溶解，这是因为在碱性溶液中镍被钝化的缘故。

电极反应　　　　　$Cl_2+2e^-=2Cl^-$,　　$2H_2O+O_2+4e^-=4OH^-$

在电解食盐水中,NaCl 浓度不小于 315 g·kg^{-1},即为 5.38 mol·L^{-1},$c(Cl^-)=5.38$ mol·L^{-1},氯气析出时,它的分压为 100 kPa,则氯的理论电极电势为

$$\varphi[Cl_2/Cl^-(\text{理})]=1.358+\frac{0.059}{2}\times\lg\frac{100/100}{(5.38/1)^2}=1.315\ (\text{V})$$

而氯在石墨上的超电势为 0.25 V,则氯的实际析出电势为

$$\varphi[Cl_2/Cl^-(\text{实})]=\varphi[Cl_2/Cl^-(\text{理})]+\eta_{Cl_2}=1.315+0.25=1.565\ (\text{V})$$

当 pH=8 时　　　　　　　　　$c(OH^-)=10^{-6}\text{ mol·L}^{-1}$

$$\varphi[O_2/OH^-(\text{理})]=0.401+\frac{0.059}{4}\times\lg\frac{1}{(10^{-6})^4}=0.754\ (\text{V})$$

而氧气在石墨上的超电势为 1.09 V,则氧气的实际析出电势为

$$\varphi[O_2/OH^-(\text{实})]=\varphi[O_2/OH^-(\text{理})]+\eta_{O_2}=0.754+1.09=1.844\ (\text{V})$$

因此,阳极应是实际析出电极电势代数值小的还原态物质,即 Cl$^-$ 离子放电而析出氯气:

$$2Cl^--2e^-=Cl_2\uparrow$$
$$V_{\text{理}}=\varphi_+-\varphi_-=1.315-(-0.472)=1.787\ (\text{V})$$
$$V_{\text{实}}=\varphi_{\text{阳(理)}}-\varphi_{\text{阴(理)}}+\eta_{\text{阳}}+\eta_{\text{阴}}=1.787+0.33=2.117\ (\text{V})$$

即外加电压必须大于 2.117 V 时,电解才可能顺利进行。在实际生产中所采用的电压还要更大些,用以克服电解液和隔膜的电压损失等。

一般情况下,水溶液中的电解质不外乎是卤化物、硫化物、含氧酸盐和氢氧化物等。对这些物质的电解产物的研究,前人做了不少的工作,已经得到一般的规律,这里根据电极和超电势的概念举例说明之。

(1)用石墨作电极,电解 CuCl$_2$ 水溶液。溶液中有 Cu^{2+},H$^+$,Cl$^-$ 和 OH$^-$,通电后 Cu^{2+} 和 H$^+$ 移向阴极,Cl$^-$ 和 OH$^-$ 则移向阳极。

在阴极,本节开始时已经述及,由于 $\varphi^\ominus(Cu^{2+}/Cu)>\varphi^\ominus(H^+/H_2)$,$c(Cu^{2+})\gg c(H^+)$,所以 $\varphi[Cu^{2+}/Cu(\text{理})]>\varphi[H^+/H_2(\text{理})]$,而且铜的超电势很小,而氢在石墨上的超电势相当大(0.9 V),那么,$\varphi[Cu^{2+}/Cu(\text{实})]$ 要比 $\varphi[H^+/H_2(\text{实})]$ 大得多,因此,无疑的是 Cu^{2+} 离子放电。

在阳极,根据与上例类似的分析,可以知道,$\varphi[Cl_2/Cl^-(\text{实})]<\varphi[O_2/OH^-(\text{实})]$,因此是 Cl$^-$ 离子放电,析出氯气。

两极反应及总反应如下:

阴极反应(还原)　　　　　　$Cu^{2+}+2e^-=Cu$

阳极反应(氧化)　　　　　　$2Cl^--2e^-=Cl_2\uparrow$

总反应式　　　　　　$Cu^{2+}+2Cl^-=Cu+Cl_2\uparrow$

与此类似,当电解溴化物、碘化物或硫化物溶液时,在阳极上通常得到溴、碘或硫;当电解电极电势序中位于氢后面的其他金属的盐溶液时,在阴极上通常得到相应的金属。

(2)用石墨作电极,电解 Na$_2$SO$_4$ 水溶液。溶液中有 Na$^+$,H$^+$,SO$_4^{2-}$ 和 OH$^-$,通电后 Na$^+$ 和 H$^+$ 移向阴极,SO$_4^{2-}$ 和 OH$^-$ 移向阳极。

由于 $\varphi^\ominus(Na^+/Na)=-2.71$ V,$\varphi^\ominus(H^+/H_2)=0.0000$ V,虽然 Na$^+$ 浓度大大超过 H$^+$ 浓度,且氢的超电势较大,但氢的实际析出电势远远大于钠的电势,因此,在阴极是 H$^+$ 放电而析出氢气(计算见上例)。

在阳极，由于 $\varphi^{\ominus}(S_2O_8^{2-}/SO_4^{2-})=+2.010$ V，$\varphi^{\ominus}(O_2/OH^-)=+0.401$ V，虽然 OH^- 的浓度远小于 SO_4^{2-} 浓度，且氧的超电势数值也较大，但二者的标准电极电势相差甚大，因此，氧的实际析出电势仍小于 SO_4^{2-} 离子电势，在阳极还是 OH^- 离子放电而析出氧气。反应式如下：

阴极反应（还原） $\qquad 4H^+ + 4e^- = 2H_2 \uparrow$

阳极反应（氧化） $\qquad 4OH^- - 4e^- = 2H_2O + O_2 \uparrow$

总反应式 $\qquad 2H_2O = 2H_2 \uparrow + O_2 \uparrow$

同样，当电解其他含氧酸盐的溶液时，在阳极上通常得到氧气；当电解活泼金属（电极电势在 Al 以前）的盐溶液时，在阴极上通常得到氢气。含氧酸盐的作用在于增加溶液中离子浓度，从而增加溶液的导电能力。

（3）用金属镍作阳极，电解硫酸镍水溶液。当使用金属作阳极时，必须考虑金属是否参加反应。

在阳极，$\varphi^{\ominus}(Ni^{2+}/Ni)=-0.257$ V，$\varphi^{\ominus}(O_2/OH^-)=0.401$ V，$\varphi^{\ominus}(S_2O_8^{2-}/SO_4^{2-})=2.010$ V，由于镍的电极电势远远小于其他二者的电极电势，因此，在阳极是金属 Ni 失去电子，被氧化为 Ni^{2+}。

在阴极，镍的电极电势与氢的电极电势相差不很大，同时 Ni^{2+} 浓度大于 H^+ 浓度，且氢的超电势较大，结果使 Ni^{2+} 的析出电势大于 H^+ 的析出电势，因此，在阴极是 Ni^{2+} 放电析出 Ni，而不是 H^+ 放电析出氢气。反应式如下：

阴极反应（还原） $\qquad Ni^{2+} + 2e^- = Ni$

阳极反应（氧化） $\qquad Ni - 2e^- = Ni^{2+}$

总反应式 $\qquad Ni + Ni^{2+} = Ni^{2+} + Ni$

此时的电能消耗用于将镍从阳极移到阴极。

同样，电解在电极电势序中位于氢前面的而离氢不太远的其他金属（如锌、铁）的盐溶液时，在阴极通常得到相应的金属[1]，而用一般金属[除很不活泼的金属（如铂），以及在电解时易钝化的金属（如铬、铅等外）]作阳极进行电解时，通常是阳极溶解。

应当指出，电解时用不活泼金属作阳极，常称为惰性电极，这是指一般情况而言。如果外加电压大到使阳极电势达到或超过电极材料本身的析出电势时，电极也就要溶解了。因此，所谓惰性电极是有条件的。

电解熔融盐时，电解液中无 H^+ 和 OH^-，两极都是盐的离子放电。

电解过程中，当有多种阴、阳离子时，原则上应该通过计算实际析出电极电势后，才能准确地判断出阴、阳极是哪一种离子放电，以及放电的顺序。

五、电解的应用

电解的应用很广，在机械工业和电子工业中广泛应用电解方法进行机械加工和表面处理。如电镀、电抛光、阳极氧化和电解加工等。

1. 电镀

电镀（Electroplating）是应用电解的方法将一种金属（或非金属）镀到另一种金属（或非金

---

[1] 随电解条件的不同，有时也会有氢气同时析出。

属)零件表面上的过程。

以镀锌为例,镀锌时把被镀零件作阴极,用金属锌作阳极。电镀液通常不能直接用简单锌离子的盐溶液。若用硫酸锌做电镀液,由于锌离子浓度较大,结果使镀层粗糙,厚薄不均匀,与基体金属结合力差。如采用碱性锌酸盐镀锌,则镀层细致光滑,这种电镀液是由氧化锌、氢氧化钠和添加剂等配制而成的。氧化锌在氢氧化钠溶液中主要形成 $Na_2[Zn(OH)_4]$(习惯上写为锌酸钠 Na_2ZnO_2),即

$$ZnO + 2NaOH + H_2O = Na_2[Zn(OH)_4]$$

$[Zn(OH)_4]^{2-}$ 在溶液中又存在如下的平衡:

$$[Zn(OH)_4]^{2-} = Zn^{2+} + 4OH^-$$

由于 $[Zn(OH)_4]^{2-}$ 的生成降低了 Zn^{2+} 的离子浓度,金属晶体在镀件上析出的过程中晶核生成速率[①]减小,从而有利于新晶核的形成,可得到结晶细致的光滑镀层。随着电镀的进行,Zn^{2+} 不断放电,同时上式平衡不断向右移动,从而保证电镀液中 Zn^{2+} 的浓度基本稳定。两极主要反应为

阴极 $\qquad\qquad\qquad Zn^{2+} + 2e^- = Zn$

阳极 $\qquad\qquad\qquad Zn - 2e^- = Zn^{2+}$

电镀后将镀件放在铬酸溶液中进行钝化,以增加镀层的美观和耐腐蚀性。

2. 电抛光

电抛光是金属表面精加工方法之一,用电抛光可获得平滑和光泽的表面。

电抛光的原理:在电解过程中,利用金属表面上凸出部分的溶解速率大于金属表面上凹入部分的溶解速率,从而使表面平滑光亮。

电抛光时,把工件(钢铁)作阳极,用铅板作阴极,用含有磷酸、硫酸和铬酐(CrO_3)的电解液进行电解,此时工件阳极铁被氧化而溶解。

阳极反应 $\qquad\qquad\qquad Fe - 2e^- = Fe^{2+}$

然后 Fe^{2+} 与溶液中的 $Cr_2O_7^{2-}$(铬酐在酸性介质中形成 $Cr_2O_7^{2-}$)发生氧化还原反应,即

$$6Fe^{2+} + Cr_2O_7^{2-} + 14H^+ = 6Fe^{3+} + 2Cr^{3+} + 7H_2O$$

Fe^{3+} 进一步与溶液中的磷酸氢根形成磷酸氢盐 $[Fe_2(HPO_4)_3$ 等$]$ 和硫酸盐生成 $Fe_2(SO_4)_3$。

阴极主要是 H^+ 和 $Cr_2O_7^{2-}$ 的还原反应:

$$2H^+ + 2e^- = H_2 \uparrow$$

$$Cr_2O_7^{2-} + 14H^+ + 6e^- = 2Cr^{3+} + 7H_2O$$

3. 电解加工

电解加工是利用金属在电解液中可以发生阳极溶解的原理,将工件加工成型,其原理和电抛光相同。电解加工过程中,电解液的选择和被加工材料有密切的关系。常用的电解液是 $2.7 \sim 3.7\ mol \cdot L^{-1}$ 的氯化钠的溶液,适用于大多数黑色金属或合金的电解加工,下面以钢件加工为例,说明电解过程的电极反应。

阳极反应 $\qquad\qquad\qquad Fe - 2e^- = Fe^{2+}$

---

① 结晶分两个步骤进行,晶核的形成和晶核的生长。如果晶核形成的速率较快,而晶核的生长速率较慢,则生成的结晶数目较多,晶粒较细;反之,晶粒较粗。

阴极反应 $\qquad\qquad\qquad 2H^+ + 2e^- = H_2\uparrow$

反应产物 Fe^{2+} 与溶液中 OH^- 结合生成 $Fe(OH)_2$,并可再被溶解在电解液中的氧气氧化而生成 $Fe(OH)_3$。

电解加工的范围广,能加工高硬度金属或合金,以及复杂型面的工件,且加工质量好,节省工具。但这种方法只能加工能电解的金属材料,精密度只能满足一般要求。

4.阳极氧化

有些金属在空气中就能生成氧化物保护膜,而使内部金属在一般情况下免遭腐蚀。例如,金属铝与空气接触后即形成一层均匀而致密的氧化膜(Al_2O_3)起到保护作用。但是,这种自然形成的氧化膜(仅 $0.02\sim1\ \mu m$)不能达到保护工件的要求。阳极氧化就是把金属在电解过程中作为阳极,氧化而得到厚度为 $3\sim250\ \mu m$ 的氧化膜。现以铝及铝合金的阳极氧化为例来说明。

铝及铝合金工件在经过表面除油等处理后,用铅板作为阴极,铝制件作为阳极,用稀硫酸(或铬酸)溶液作为电解液,通电后,适当控制电流和电压条件,阳极的铝制件上就能生成一层氧化铝膜。但因氧化铝能溶解于硫酸溶液,所以电解时,要控制硫酸浓度、电压、电流密度等,使铝阳极氧化所生成氧化铝的速率比硫酸溶解它的速率快,反应如下:

阳极 $\qquad\qquad 2Al + 3H_2O - 6e^- = Al_2O_3 + 6H^+$

$$H_2O - 2e^- = \frac{1}{2}O_2\uparrow + 2H^+$$

阴极 $\qquad\qquad\qquad 2H^+ + 2e^- = H_2\uparrow$

阳极氧化所得氧化膜与金属结合得非常牢固,因而大大提高了铝及合金耐腐蚀性能。除此以外,氧化铝保护膜还富有多孔性,具有很好的吸附能力,能吸附各种颜料,平日看到各种颜色的铝制品就是用染料填充氧化膜孔隙而制得的,如光学仪器和仪表中有些需要降低反光性能的铝制件,常常用黑色颜料填封而得。

最后需要指出的是,在电解应用中,所采用的溶液或其产物,有可能造成环境污染,这是应当加以妥善解决的问题。

第四节　金属的腐蚀与防护

当金属和周围介质(空气,CO_2,H_2O,酸,碱,盐等)相接触时,会发生不同程度的破坏。产生这种现象之后,金属本身的外形、色泽、机械性能都起了变化。这种金属受周围介质的作用而引起破坏的现象,称为金属的腐蚀(Corrosion of metal)。

金属由于腐蚀而受到的损失是严重的,不仅给国民经济造成很大的危害,而且金属结构(如机器、设备和仪器等)的损失,所引起的产品质量降低、环境污染、飞机失事、轮船漏水、停电、停水以及爆炸等后果,更不是用损失的金属量所能计算的。因此,工程技术人员应当了解腐蚀的基本原理,在施工和设计中,尽量减小或避免腐蚀因素,或采取有效的防护措施,这对于增产节约、安全生产有着十分重大的意义。

根据金属腐蚀的机理,可将腐蚀分成化学腐蚀(Chemical corrosion)和电化学腐蚀(Electro-chemical corrosion)两大类。化学腐蚀是金属表面和干燥气体或非电解质发生化学作用而引起的腐蚀。它在常温、常压下不易发生,同时,这类腐蚀往往只发生在金属表面,危害性一般比电化学腐蚀小。电化学腐蚀是指金属表面与电解质溶液形成原电池,发生电化学反应时,金属作为阳极溶解而引起的腐蚀。它在常温、常压下就能发生,并可渗透到金属内部。与化学腐蚀相比,它的危害性更严重,发生更普遍,因而,下面着重讨论金属的电化学腐蚀。

一、电化学腐蚀的原理

金属的电化学腐蚀,是金属与介质由于发生电化学作用而引起的破坏,这里所说的电化学作用,其实质是由于金属表面电极电势不同而形成原电池的结果,所形成的原电池称为腐蚀电池(腐蚀微电池)。在腐蚀电池中,负极[①]上进行氧化反应,常叫作阳极,发生阳极溶解而被腐蚀;正极上进行还原反应,常叫作阴极,一般阴极只起传递电子的作用,不被腐蚀。

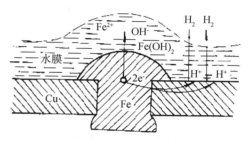

图 4-6　铜与铁接触的腐蚀情况

为了说明金属的电化学腐蚀原因,现以两种金属相接触时,在常温下发生的大气腐蚀为例进行分析,如图 4-6 所示。由于空气中含有水蒸气、CO_2 和 SO_2 等气体,水蒸气被金属表面吸附,在金属表面覆盖着一层很薄的水膜,铁和铜就好像浸在含有 H^+,OH^-,HSO_3^-,HCO_3^- 等的溶液中一样,形成了 Cu-Fe 腐蚀电池,从而发生电化学腐蚀。因铁比铜的电极电势低,所以铁为阳极,铜为阴极。其两极反应为

阳极(铁)　　　　　　　$Fe - 2e^- = Fe^{2+}$　　(氧化反应)

　　　　　　　　　　　$Fe^{2+} + 2OH^- = Fe(OH)_2 \downarrow$

阴极(铜)　　　　　　　$2H^+ + 2e^- = H_2 \uparrow$　　(还原反应)

或　　　　　　　　　　　$O_2 + 4e^- + 2H_2O = 4OH^-$

腐蚀电池反应　　　　　　$Fe + 2H_2O = Fe(OH)_2 \downarrow + H_2 \uparrow$

　　　　　　　　　　　$2Fe + O_2 + 2H_2O = 2Fe(OH)_2 \downarrow$

然后,$Fe(OH)_2$ 被空气中的氧气氧化为 $Fe(OH)_3$(或 $Fe_2O_3 \cdot nH_2O$),并部分脱水成为铁锈。

从上例中可以看出,这是两种不同金属与电解质溶液相接触的电化学腐蚀,是肉眼可以看到的,故称为宏电池腐蚀。

若一种金属不与其他金属接触,放在电解质溶液中,也能发生电化学腐蚀。因为,一般工业纯的金属常常含有杂质。例如,工业锌中的铁杂质 FeZn,钢中的 Fe_3C,铸铁中的石墨等,由于这些成分的电势较高,当它们与电解质溶液相接触时,在金属的表面上,就能形成许多微阴极,电势较低的金属作为阳极,构成无数个微电池(Microcell),而引起金属的腐蚀。我们称这样的腐蚀为微电池腐蚀,如图 4-7 所示。

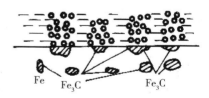

图 4-7　钢铁的腐蚀情况

---

① 正、负极是根据电极电势代数值的大小区分的,阴、阳极则是根据电极反应的性质(阳极发生氧化反应,阴极发生还原反应)来区分的。当讨论腐蚀电池时,常用阴、阳极而不用正、负极。

综上所述,不难看出,引起金属电化学腐蚀的必备条件如下:

(1)金属表面有不同电极电势的区域;

(2)有电解质溶液存在。

其腐蚀过程可看作由 3 个环节组成的,即

(1)在阳极上,金属溶解变成离子转入溶液中,发生氧化反应,即 $M-ne^- \rightarrow M^{n+}$

(2)电子从阳极流到阴极;

(3)在阴极上,电子被溶液中能与电子结合的物质所接受,发生还原反应。在大多数的情况下,是溶液中的 H^+ 或 O_2,即

$$2H^+ + 2e^- = H_2 \uparrow \quad 析氢腐蚀(Hydrogen\ corrosion)$$

$$O_2 + 4e^- + 2H_2O = 4OH^- \quad 吸氧腐蚀(Oxygen\ corrosion)$$

前者往往在酸性溶液中发生,后者在中性或碱性溶液中发生。这 3 个环节是相互联系的,缺一不可,否则整个腐蚀过程也就停止。

了解了产生电化学腐蚀的原因与条件,便可以判断在某些条件下,金属发生腐蚀的可能性。但要了解腐蚀进行的现实性,还有必要知道腐蚀的速率问题,那么,哪些主要因素会影响腐蚀速率呢?

二、腐蚀电池的极化与影响腐蚀速率的因素

在腐蚀电池中,阳极的金属失去电子而溶解,被腐蚀。显然,金属失去电子越多,从阳极流出的电子越多,金属溶解腐蚀的量也就越多。金属溶解腐蚀的量与电量之间的关系可用Faraday定律表示:

$$W = \frac{QA}{nF} = \frac{ItA}{nF} \tag{4-13}$$

式中:W 为金属腐蚀量;Q 为流过的电量(在 t s 内);F 为 Faraday 常数;n 为金属的氧化数;A 为金属的相对原子质量;I 为电流强度(单位为 A)。

腐蚀速率(v)是指金属在单位时间内单位面积上所损失的质量($g \cdot m^{-2} \cdot h^{-1}$),可用下式表示:

$$v = QA/nF = 3\ 600 IA/SnF \tag{4-14}$$

式中:S 为腐蚀的面积。从式(4-14)可以看出,腐蚀电池的电流强度(I)越大,金属腐蚀速率越大。因此,通过电流强度的数值即可衡量腐蚀速率的大小。

根据欧姆定律,I 与两极电势差以及电池的电阻关系为

$$I_{腐} = \frac{\varphi_{始阴} - \varphi_{始阳}}{R_{始}} = \frac{E_{始}}{R_{始}} \tag{4-15}$$

式中:$\varphi_{始阴}$ 和 $\varphi_{始阳}$ 分别为阴、阳极在腐蚀开始时的电势;$R_{始}$ 为开始时的电池电阻。

1. 腐蚀电池的极化

从式(4-15)明显看出,影响 $I_{腐}$ 的有两个因素,一是两极间的电势差,二是电池电阻。

腐蚀电池也会发生电极极化,其结果是使阳极电势升高,阴极电势降低,从而引起两极间的电势差减小,如图 4-8 所示。

$$E_{实} = (\varphi_{阴理} - \eta_{阴}) - (\varphi_{阳理} + \eta_{阳}) = \varphi_{阴实} - \varphi_{阳实} \tag{4-16}$$

$$I_{实腐} = \frac{\varphi_{阴实} - \varphi_{阳实}}{R_{实}} = \frac{E_{实}}{R_{实}} \tag{4-17}$$

从 $E_{起} \rightarrow E_{实}$，是由于腐蚀电池电极的极化而引起的。

$R_{实}$ 是腐蚀电池的实际电阻，它实际上不是单一不变的数值。例如：阴、阳极界面附近两极距离很近，$R_{实}$ 很小，离界面较远处 $R_{实}$ 较大；随着阳极被腐蚀，原来包在内部的杂质（阴极）又会显露出来，同时阳极面积也就不断变化，这些都使 $R_{实}$ 随之变化。目前还没有好的办法计算出腐蚀电流的分布状况。

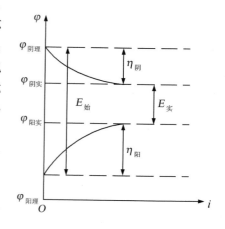

图 4-8 腐蚀时阴、阳极电势变化示意图

金属的腐蚀速率决定于腐蚀电池的电流强度大小。因而凡是影响 $I_{腐}$ 的因素都会影响腐蚀速率。

2．影响腐蚀速率的主要因素

（1）金属的电极电势。从式（4-15）可以看出，起始电势越大，$I_{腐}$ 越大。因此，金属构件在潮湿空气或在水溶液中，与所接触的不同金属或杂质间的起始电势差越大，构成两极的金属腐蚀越快。金属构件中存在应力与形变的部分，以及晶界处电势差越大也易被腐蚀。

（2）电极的极化与介质的性质。从式（4-17）看出，一般情况下，若其他条件相同，电极极化程度越小，$I_{腐}$ 越大。不同金属的极化程度不同，腐蚀速率就会不同。

此外，超电势与电流密度有关，因此，在腐蚀电池中，阴极的电极面积大小，对腐蚀速率也有影响。阴极面积越小，电流密度越大，氢的超电势越大，腐蚀速率越小。反之，腐蚀速率加快，因而，从防止腐蚀的观点出发，就应避免用非常大的阴极连接到很小的阳极上。

由此可知，溶液中的离子或一些添加剂，能加强极化作用或提高电池电阻值的就能减慢腐蚀。反之，将使腐蚀加速。例如，能和阳极金属溶解的离子形成配离子[①]的配合剂，如 NH_3 及 CN^-，Cl^-，Br^-，I^- 等活性离子，能加速钢铁的腐蚀，因而在金属制件进行熔盐淬火处理或电镀后，必须清洗干净，以免 Cl^- 加速腐蚀。

当溶液中溶解的氧或氧化剂能使金属表面生成致密的氧化膜时，这就提高了电阻值，引起了电极电势的变化，从而使腐蚀减慢。如 Al，Cr，Ni 等电极电势都较负，在含有氧化剂的介质中却不易腐蚀，就是因为这些金属表面生成一层氧化膜，紧密而牢固地覆盖在金属表面，使金属不再受到腐蚀，这种现象称为金属钝化（Passivation）。

要使氧化膜能起保护作用，形成的氧化膜必须是连续的，也就是生成的氧化物的体积必须大于所消耗的单质的体积。若以 $V_{氧化物}$ 表示单质氧化后生成的氧化物的体积，以 $V_{单质}$ 表示被氧化而消耗的单质的体积，则当 $V_{氧化物}/V_{单质} > 1$ 时，氧化物才能形成连续的表面膜，遮盖住金属表面，具有保护作用。若 $V_{氧化物}/V_{单质} < 1$，由于氧化膜不可能是连续的，无法遮盖住金属，因而不具有保护作用。表 4-6 列出了一些氧化物与单质的体积比。

从表 4-6 中可以看出，s 区金属（除 Be 外）的氧化膜是不可能连续的，对金属在空气中的氧化没有保护作用。铝、铬、镍、铜、硅等的氧化膜是可能连续的，有可能形成保护膜。但是，$V_{氧化物}/V_{单质} > 1$，是表面膜具有保护性的必要条件，而不是唯一的条件。如果氧化物的稳定性较差，或者膜与单质的热膨胀系数相差较大，或者 $V_{氧化物}/V_{单质} \gg 1$，但膜比较脆，容易破裂而变

---

① 配离子及配合剂的概念见第七章。

成不连续的结构,这些都没有保护作用。例如,钼的氧化物 MoO_3,当温度超过 520℃时就开始挥发,当然就失去保护作用。又如 $V_{WO_3}/V_W=3.35(\gg 1)$,然而 WO_3 膜比较脆,容易破裂,这种膜的保护作用就差。铝、铬、硅等之所以在空气中相当稳定并能用作高温耐热(抗氧化)合金元素,不仅与氧化膜的连续性结构有关,而且与氧化物(Al_2O_3,Cr_2O_3,SiO_2 等)具有高度热稳定性有关。铁在一定条件下能形成一层致密的氧化物保护膜(如发黑生成的 Fe_3O_4),但通常生成的氧化皮或铁锈,其组成随温度而有变化,结构较疏松,保护性能差,在电化学腐蚀中反而起了加速腐蚀的作用。

表 4-6 一些氧化物质与单质的体积比

单质	氧化物	$V_{氧化物}/V_{单质}$	单质	氧化物	$V_{氧化物}/V_{单质}$
K	K_2O	0.45	Zr	ZrO_2	1.35
Na	Na_2O	0.55	Zn	ZnO	1.57
Ca	CaO	0.64	Ni	NiO	1.60
Ba	BaO	0.67	Be	BeO	1.70
Mg	MgO	0.81	Cu	Cu_2O	1.70
Cd	CdO	1.21	Si	SiO_2	1.88
Ge	GeO	1.23	U	UO_2	1.94
Al	Al_2O_3	1.28	Cr	Cr_2O_3	2.07
Pb	PbO	1.29	Fe	Fe_2O_3	2.14
Sn	SnO_2	1.31	W	WO_3	3.35
Th	ThO_2	1.32	Mo	MoO_3	3.45

(3)温度和湿度。升高温度可使多数的化学反应加速,而使电池电阻值降低,电极极化减小,因此也能使腐蚀速率加快。但事物往往具有两面性,对吸氧腐蚀,由于温度升高,溶解氧减少,因而有时腐蚀速率反而减慢。大气腐蚀时,大气中的相对湿度对腐蚀速率影响较大,因湿度大,金属表面水膜厚,溶液电阻小,腐蚀就快。

以上对影响金属腐蚀速率的主要因素的分析,其目的是为了掌握控制腐蚀速率和防止电化学腐蚀的手段和方法。

三、防止金属腐蚀的主要方法

从式(4-17)不难看出,凡能减小 $I_腐$,或使 $I_腐=0$ 的一切措施,都能有效地防止电化学腐蚀。

首先,可以通过各种措施尽量减小 $\varphi_{始阴}$ 与 $\varphi_{始阳}$ 的电势差,来减小腐蚀发生的可能性。其次,可以增大腐蚀电池电阻以及电池电极极化。在生产实际中,要防止金属腐蚀往往需要综合考虑上述各种因素进行分析,选择最佳方案。

1.改善金属防腐性能

尽量除去或减少金属中的有害杂质,减少形成腐蚀电池的可能性,或增加一些能加大电池电阻及电极极化的成分以减小腐蚀速率,这些都能改善金属的防腐性能,如在铁中加入 18% 的 Cr 和 8% 的 Ni 及少量的钛可制成不锈钢。另外,降低金属表面的粗糙度也能提高其防腐性能。利用退火消除金属构件的内应力也可减少应力腐蚀的可能性。

2.采用各种保护层

采用各种保护层的方法实质就是使金属与周围介质隔绝,以防止金属表面腐蚀电池的形成。其要求就是保护层应具有很好的连续性和致密性,同时本身在使用介质中保持高度的稳定性和牢固性。生产实际中可以根据金属制件的使用情况,合理地选择各种保护层。常用的保护层有金属层和非金属层两大类。金属保护层保持了金属的光泽、导电、导热等特性。非金属保护层成本低,工艺比较简单,但埋没了金属的特性。有色金属铝的阳极氧化,黑色金属及合金的发黑、发蓝及磷化,都有防止金属产生电化学腐蚀的作用,但易受摩擦的机器零件,不宜采用这些方法。总之,采用什么保护层比较合适,要考虑金属制件使用的条件和对防护的要求。

常用的保护层具体分类见表 4-7。

表 4-7 常用的保护层具体分类

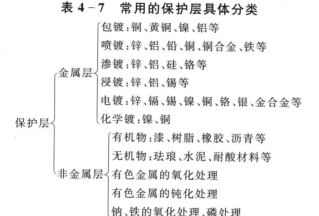

3.缓蚀剂法

在介质中,加入少量能阻滞或使电极过程减慢的物质来防止金属的腐蚀,这种方法称为缓蚀剂法,所加的物质称为缓蚀剂(Corrosion inhibitor)或阻化剂。缓蚀剂的实质是增加电阻及电极极化,使 $I_腐$ 减小。能增大阳极钝化及极化使 $I_腐$ 减小的物质称为阳极缓蚀剂,常用的阳极缓蚀剂有氧化性物质,如铬酸盐、重铬酸盐、硝酸盐、亚硝酸盐等,使在阳极形成钝化膜阻止金属腐蚀;能增大阴极电阻及极化使 $I_腐$ 减小的物质称为阴极缓蚀剂,常用的阴极缓蚀剂,如锌盐、碳酸氢钙、重金属盐类及有机胺类、琼脂、糊精、动物胶等,这些物质有些能与阴极附近的 OH^- 生成难溶的氢氧化物或碳酸盐,覆盖在阴极表面,使阴极电阻增大及阴极极化,减小 $I_腐$(吸氧腐蚀)。有机胺类的缓蚀作用,一般认为

$$R_3N + H^+ = (R_3NH)^+$$

生成的 $(R_3NH)^+$ 吸附在金属表面,阻止 H^+ 放电,从而减小阳极的腐蚀。

近年来,由于一些设备和仪器结构日趋复杂,要求在所有的孔隙及缝隙都充入缓蚀剂一般是困难的。因此,开始对挥发性化合物进行研究,将它们放入包装材料中,或放入储藏被保护

制品的封闭空间中,就能避免大气腐蚀。这种化合物通常称为气相缓蚀剂。如苯骈三氮唑为一种固体化合物,因为它具有较大的蒸气压,其蒸气能非常快地使空间饱和并为金属表面所吸附,所以,即使有电解质溶液聚集在金属表面,也能阻碍腐蚀过程的进行。

4. 电化学防护

电化学防护的实质就是外加直流电源(或加保护屏)使金属为阴极,进行阴极极化使其被保护(称为阴极保护);或是将金属与直流电流的正极相连进行阳极极化,使金属发生钝化,从而使金属腐蚀的速率急剧减小(称为阳极保护)。

(1)阴极保护(Cathodic protection)。其是防止金属腐蚀的有效方法之一,多用在地下管道、冷却器、船舰、水上飞机、海底金属设备等的防腐保护上,如图 4-9 所示。

在阴极保护法中,也可以在金属设备上连接一种电势更负的金属或合金,依靠两者存在较大的电势差所产生的电流来使被保护金属成为阴极而被保护,这一电势较负的金属或合金作为阳极被腐蚀,故称之为牺牲阳极保护法(Sacrificial anodic protection)或保护屏保护法,如图 4-10 所示。

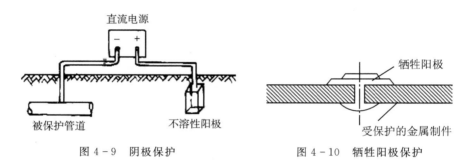

图 4-9　阴极保护　　　　　图 4-10　牺牲阳极保护

(2)阳极保护(Anodic protection)。其不如阴极保护应用的范围广,常对被保护金属有一定的条件要求,即该金属在给定介质的条件下有可能产生稳定的钝化膜,介质必须有一定的钝化能力,并且在不大的阳极电流密度下能保护钝化。如不锈钢在 $9.3\sim15.1$ mol·L^{-1} H_2SO_4 中,于 $18\sim50℃$ 温度下,可使腐蚀速率急剧降低。

防止金属腐蚀的方法很多,但究竟采用那一种,要从金属的性质、使用条件、对防护的要求、经济核算等方面来考虑,也可以几种方法同时采用,取长补短。因此,学会正确选用耐蚀金属来制造金属构件,结合使用条件合理地进行金属构件设计,针对电化学腐蚀的原因选择保护金属的方法,是工程技术人员必须掌握的知识。

金属的腐蚀虽然可能对生产带来很大的危害,但是,也可以利用腐蚀原理为生产服务。例如,化学切削和在印刷电路制版工艺中,就是利用腐蚀进行加工的。下面简单介绍印刷电路制版法的原理。

印刷电路的一种制法是在敷铜板(在一个面上敷有铜箔的玻璃钢绝缘板)上,先用照相复印的方法将线路印在铜箔上,然后将图形以外不受感光胶保护的铜用三氯化铁溶液腐蚀,这就可以得到线路清晰的印刷电路板。三氯化铁之所以能腐蚀铜,可以从电极电势的代数值看出:

$$\varphi^{\ominus}(Fe^{3+}/Fe^{2+})=+0.771\ V,\quad \varphi^{\ominus}(Cu^{2+}/Cu)=+0.341\ 9\ V,\quad \varphi^{\ominus}(Cu^{+}/Cu)=+0.521V$$

由于铜的电极电势比 Fe^{3+}/Fe^{2+} 电对的电极电势代数值小,因此,铜在三氯化铁溶液中能作还原剂,而 $FeCl_3$ 作氧化剂。反应如下:

$$2FeCl_3 + Cu = 2FeCl_2 + CuCl_2$$
$$FeCl_3 + Cu = FeCl_2 + CuCl \downarrow$$

第五节 化 学 电 源

化学电源(Battery)是现代生产和生活中常用的主要电源之一。前面讨论的原电池属于化学电源的一种(一次电池)。此外,还有蓄电池(Storage cell)(二次电池)、燃料电池和储备电池。储备电池是在储存时把电解质(液)和电池堆分开,使用时加注电解液和水才能放电的一次电池。目前,还研制出了为心脏起搏器提供微安电流的固体介质电池,如 $Li - I_2$,$Ag - R_4NI_3$ 等。化学电源种类繁多,新型电源不断出现,本节只介绍常用的需要量较大的几种。为了对化学电源的概貌有个大致的了解,这里首先介绍化学电源的分类。

一、化学电源分类

化学电源的分类见表 4-8。

表 4-8 化学电源的分类

```
                    储备电池 ┌ 人工激活电池
                            └ 自动激活电池
                                    ┌ 锌锰干电池
                            干电池 ┤ 碱性锌锰干电池
                                    └ 扣式银锌干电池
                    原电池 ┤ 湿电池 ┌ 空气湿电池
                                    └ 维斯顿标准电池
                                            ┌ 钠镍固体电解质电池
                            固体电解质电池 ┤ 锂碘固体电解质电池
    化学电源 ┤                            └ Ag-R₄NI₃ 固体电解质电池
                            铅酸蓄电池
                    蓄电池 ┤ 碱性蓄电池 ┌ 镉镍电池
                                        ┤ 银锌电池
                                        └ 金属-氢电池
                            熔融盐蓄电池
                                    ┌ 肼燃料电池
                    燃料电池 ┤ 氨燃料电池
                                    └ 氢-空气燃料电池
```

二、化学电源的电动势、开路电压和工作电压

化学电源是使化学能转化为电能的装置。根据热力学知识,系统 Gibbs 函数的减少等于系统在等温、等压下可逆过程所做的最大有用功。用公式表示为

$$\Delta_r G_m = -nFE$$

式中:E 为可逆电池电动势。可逆电池必须是在两个电极上反应,可以正、逆两方向进行,放电过程按可逆的方式进行,即无论充电还是放电的电流要十分微小,电池在接近平衡状态下工作。E 值可根据电池反应中的热力学数据计算。

电池的开路电压是指电池全充电的"新"电池的端电压。只有可逆电池的开路电压才是它的电动势。一般电池的开路电压只是接近它的电动势。化学能源中的一次电池均为不可逆电池，一次电池的开路电压小于它的电动势。而二次电池和燃料电池的开路电压才等于它的电动势。

电池的工作电压是指电池接通负载时的放电电压，也就是电池没有电流通过时的端电压。它随输出电流、放电深度和温度的改变而变化。电池有电流通过时，同样存在3种极化（电化学极化、浓差极化和欧姆极化），使电池的放电电压低于开路电压。如电池为可逆电池（蓄电池），电池放电时它的端电压低于电动势，充电时它的端电压高于电动势。工作电压 V_i 为

放电时工作电压 $\qquad V_i = E - \eta_{阳} - \eta_{阴} - IR$

充电时工作电压 $\qquad V_i = E + \eta_{阳} + \eta_{阴} + IR$

式中：$\eta_{阳}$ 为阳极的超电势；$\eta_{阴}$ 为阴极的超电势；IR 为充、放电时电池的欧姆电压降。

化学电池的电动势、开路电压和工作电压与电流的关系如图 4-11 所示。

三、一次电池

一次电池是一种放电后不宜再充电只得抛弃的电池，如锌锰干电池、锌汞电池等。为了携带和使用方便，将电解液吸在凝胶或糨糊中而不自由流动的干电池。下面介绍这类电池的性能和工作原理。

1. 酸性锌锰干电池

酸性锌锰干电池以锌筒作负极，MnO_2 和活性炭粉混合物作正极，用 NH_4Cl 和 $ZnCl_2$ 水溶液作电解质，加淀粉糊使电解液凝结而不流动。上部口用一些密封材料封闭，以保护电池内部潮气。电池符号为

$\qquad$（—）$Zn | NH_4Cl(3.37\,mol \cdot L^{-1})$,

$\qquad ZnCl_2(1\,mol \cdot L^{-1}) | MnO_2 | C$（+）

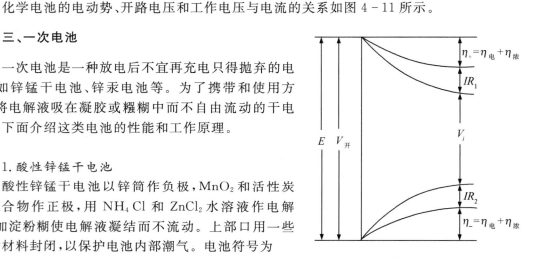

图 4-11 化学电池的电动势、开路电压、工作电压的关系

电池放电时，Zn 被氧化，MnO_2 被还原，开路电压为 $1.55 \sim 1.70$ V。

由于电解液是酸性的，电池两极的反应分别为

正极（+）$\qquad 2MnO_{2(固)} + 2H_2O + 2e^- \rightarrow 2MnOOH_{(固)} + 2OH^-$

负极（—）$\qquad\qquad Zn - 2e^- \rightarrow Zn^{2+}$

$\qquad\qquad Zn^{2+} + 4NH_4Cl \rightarrow (NH_4)ZnCl_4 + 2NH_4^+$

电池反应

$\qquad Zn + 2MnO_2 + H_2O + 4NH_4Cl \rightarrow (NH_4)_2ZnCl_4 + Mn_2O_3 + 2NH_3 \cdot H_2O$

由于电池中的电解液是酸性的（pH=5），电池反应产物中没有 Zn^{2+} 离子与 NH_3 形成的锌氨配位离子，而 Cl^- 与 Zn^{2+} 形成 $(ZnCl_4)^{2-}$ 配位离子。

3.37 mol $\cdot L^{-1} NH_4Cl$ 溶液在 -20℃时也会结冰，析出 NH_4Cl 晶体。因此，电池的最适宜使用温度为 $15 \sim 35$℃，当温度低于 -20℃时，此电池不能工作。高寒地区可使用碱性锌锰干电池。

2. 碱性锌锰干电池

碱性锌锰干电池有时也称碱性锰电池。它与酸性锌锰干电池的主要区别是电解液为

KOH 的水溶液,负极是汞齐化的 Zn 粉(不是 Zn 筒),正极是 MnO_2 粉和炭粉混合物装在一个钢壳内。它可以连续地大电流放电,高速率放电时的电池容量是酸性锌锰电池的 3～4 倍。这种电池低温放电性能好,$-40℃$ 时仍可放电。放电时的反应为

$$正极(+) \qquad 2MnO_2+2H_2O+2e^-\rightarrow 2MnOOH+2OH^-$$

MnOOH 在碱性溶液中有一定的溶解度,则

$$2MnOOH+6OH^-+2H_2O\rightarrow 2Mn(OH)_6^{3-}$$

$$负极(-) \qquad Zn+2OH^-\rightarrow Zn(OH)_2+2e^-$$

$$Zn(OH)_2+2OH^-\rightarrow [Zn(OH)_4]^{2-}$$

电池反应 $2MnO_2+Zn+4H_2O+8KOH\rightarrow 2K_3[Mn(OH)_6]+K_2[Zn(OH)_4]$

电池的正极反应不全是固相反应,负极的产物是可溶性的 $[Zn(OH)_4]^{2-}$,因此可以大电流放电,也可供高寒地区使用。其缺点是存在的"爬碱"问题未能解决。

锌锰电池是不可逆电池,它的开路电压在 1.5 V 附近,工作电压很不稳定;它的另一缺点是自放电严重,因此储存性能差,一般只能存放 6 个月。

四、二次电池(蓄电池)

二次电池是一种能的存储器,电池反应可以沿着正向和逆向进行。蓄电池放电时为自发电池,充电时为一个电解池(非自发电池)。蓄电池充电后电池的容量得到恢复,充电、放电次数可达千百次。下面仅介绍几种常用蓄电池的原理、特点和维护方法。

1. 铅酸蓄电池

负极为海绵铅,正极为 PbO_2(附在铅板上),电解液为密度 1.25～1.28 $g\cdot cm^{-3}$ 的硫酸溶液。放电时的反应如下:

$$正极(+) \qquad PbO_2+H_2SO_4+2H^++2e^-\rightarrow PbSO_4+2H_2O$$
$$负极(-) \qquad Pb+H_2SO_4-2e^-\rightarrow PbSO_4+2H^+$$

电池反应为 $\qquad Pb+PbO_2+2H_2SO_4\underset{充}{\overset{放}{\rightleftharpoons}}2PbSO_4+2H_2O$

放电时两极活性物质都逐渐与硫酸作用转化为 $PbSO_4$,电解液中的 H_2SO_4 逐渐减少,密度逐渐下降。当两极上的活性物质的表面被不导电的 $PbSO_4$ 所覆盖时,放电电压下降很快。电池的开路电压可用能斯特公式计算:

$$\varphi_-=\varphi^\ominus(Pb^{2+}/Pb)+\frac{RT}{2F}\ln\frac{c_r^2(H^+)}{c_r^2(H^+)c_r(SO_4^{2-})}=-0.3588+\frac{RT}{2F}\ln\frac{1}{c_r(SO_4^{2-})}$$

$$\varphi_+=\varphi^\ominus(PbO_2/Pb^{2+})+\frac{RT}{2F}\ln c_r^4(H^+)c_r(SO_4^{2-})=1.455+\frac{RT}{2F}\ln c_r^4(H^+)c_r(SO_4^{2-})$$

$$E=\varphi_+-\varphi_-=1.8138+\frac{RT}{2F}\ln c_r^4(H^+)c_r^2(SO_4^{2-})=1.8138+\frac{RT}{F}\ln c_r^2(H^+)c_r(SO_4^{2-})$$

此电池的开路电压(即电池的电动势)随温度和 H_2SO_4 的浓度不同而略有差别,一般为 2.05～2.1 V。蓄电池的端电压随放电速率不同而变化,放电速率大,极化程度大,端电压下降快。反之,电池放电速率小,极化程度也小,端电压下降缓慢。因此,电池放电的截止电压也随放电速率不同而不同。放电截止后须立即充电。

2. 镉镍蓄电池

镉镍蓄电池根据板的制作方法不同,分为烧结式和有极板盒的两种。正极的活性物质为羟基氧化镍,为增加导电性在羟基氧化镍中添加石墨。负极物质为海绵状金属镉,装在带孔的

镀镍极板盒中或烧结在基体上。电解质选用密度为 $1.16\sim1.19\ g\cdot cm^{-3}$ 的 KOH 溶液。放电时反应为

正极（＋）　　　　　$2NiO(OH)+2H_2O+2e^-\rightarrow 2Ni(OH)_2+2OH^-$

负极（－）　　　　　　　　　$Cd+2OH^--2e^-\rightarrow Cd(OH)_2$

电池反应　　　　$2NiO(OH)+Cd+2H_2O\underset{充}{\overset{放}{\longleftrightarrow}}2Ni(OH)_2+Cd(OH)_2$

此电池的开路电压为 1.38 V，充电到 1.40～1.45 V 截止。此种干蓄电池不需要维护，携带使用方便，目前主要用在计算器、微型电子仪器、卫星、宇宙探测器上。使用寿命长是这种电池的优点之一。

五、燃料电池

1.燃料电池的原理及意义

燃料在电池中直接氧化而发电的装置叫燃料电池。这种化学电源与一般的电池不同，一般的电池是将活性物质全部储存在电池体内，而燃料电池是燃料不断输入负极作活性物质，把氧或空气输送到正极作氧化剂，产物不断排出。正、负极不包含活性物质，只是个催化转换元件。因此，燃料电池是名副其实的把化学能转化为电能的"能量转换机器"。一般燃料的利用须先经燃料把化学能转换为热能，然后再经热机把热能转换为电能，因此受到"热机效率"的限制。经热转换最高的能量利用率（柴油机）不超过 40%，蒸汽机火车头的能量利用率不到 10%，大部分能量都散发到环境中去了，造成环境污染，能源浪费。燃料电池将燃料直接氧化，可看作是恒温的能量转换装置，不受热机效率的限制，能量利用率可以高达 80% 以上，且无废气排出，不污染环境。另外，在开辟新的能源方面，燃料电池也起着重要的作用。未来的能源将主要是原子能和太阳能。利用原子能发电，电解水产生大量的氢气，用管道将氢气送给用户（工厂和家庭），或将氢液化运往边远地区，通过氢-氧燃料电池产生电能供人们使用；也可将利用太阳能电池电解水产生的氢气储存起来，当没有太阳能时，将氢气通过氢-氧燃料电池产生电能。这样就克服了利用太阳能受时间、气候变化的影响。

现以酸性氢-氧燃料电池为例来说明燃料电池的原理。氢气流经电极解离为原子，因氢原子在电极上放出电子形成氢离子、电子流经外电路推动负载而流到通氧气的电极，氧与溶液中来自另一电极的 H^+ 结合，在氧极上生成水。反应如下：

负极（－）　　　　　　　$H_2-2e^-\rightarrow 2H^+$

正极（＋）　　　　　　$\dfrac{1}{2}O_2+2H^++2e^-\rightarrow H_2O$

电池反应　　　　　　$H_2+\dfrac{1}{2}O_2\rightarrow H_2O$

2.燃料电池的种类

燃料电池种类繁多，主要可分为以下几类。

(1)氢-氧燃料电池。氢-氧燃料电池是目前最重要的燃料电池。根据电解质性质的不同，它又可分为酸性、碱性和熔融盐等类型的燃料电池。

1)碱性燃料电池是以氢氧化钾溶液为电解质的燃料电池。氢氧化钾的质量分数一般为 30%～45%，最高可达 85%。在碱性电解质中氧化还原反应比在酸性电解质中容易。碱性燃料电池是 20 世纪 60 年代大力研究开发并在载人航天飞行中获得成功应用的一种燃料电池，可为航天飞行提供动力和水，并且具有高的比功率和比能量。

阳极上的氢的氧化反应为

$$H_2 + 2OH^- \rightarrow 2H_2O + 2e^- \quad (\varphi_1 = -0.828 \text{ V})$$

阴极上的氧的还原反应为

$$\frac{1}{2}O_2 + H_2O + 2e^- \rightarrow 2OH^- \quad (\varphi_2 = 0.401 \text{ V})$$

电池反应为

$$H_2 + \frac{1}{2}O_2 \rightarrow H_2O + 电能 + 热量 \quad (\varphi_0 = \varphi_2 - \varphi_1 = 1.229 \text{ V})$$

提到碱性电池,就不能不提美国的 Apollo 登月计划。20 世纪六七十年代,航天探索是几个发达国家竞争的焦点。由于载人航天飞行对高功率密度、高能量密度的迫切需求,国际上出现了碱性燃料电池的研究热潮。与一般民用项目不同的是,在电源的选择上不需要过多地考虑成本,只需严格地考察性能。通过与各种化学电池、太阳能电池甚至核能的对比,结果认定燃料电池最适合宇宙飞船使用。

Apollo 系统使用纯氢作燃料,纯氧作氧化剂。阳极为双孔结构的镍电极,阴极为双孔结构的氧化镍,并添加了铂,以提高电极的催化反应活性。

在美国国家航天航空局的资助下,航天飞机用石棉膜型碱性燃料电池系统开发成功。该电池组由 96 个单电池组成,尺寸为 35.6 cm×38.1 cm×114.3 cm,质量为 118 kg,输出电压为 28 V,平均输出功率为 12 kW,最高可达 16 kW,系统效率为 70%,于 1981 年 4 月首次用于航天飞行,至今累计飞行 113 次,运行时间约为 90 264 h。电池系统每 13 次飞行(运行时间约为 2 600 h)检修一次,后来检修间隔时间延长至 5 000 h。碱性燃料电池在航天飞行中的成功应用,不但证明了碱性燃料电池具有较高的质量/体积功率密度和能量转化效率(50%~70%),而且充分证明这种电源有很高的稳定性与可靠性。

2) 磷酸燃料电池(PAFC)是以磷酸为电解质的燃料电池,阳极通以富含氢并含有二氧化碳的重整气体,阴极通以空气,工作温度在 200℃ 左右。磷酸燃料电池适于安装在居民区或用户密集区,其主要特点是高效、紧凑、无污染,而且磷酸易得,反应温和,是目前最成熟和商业化程度最高的燃料电池。

3) 熔融碳酸盐燃料电池(MCFC)的概念最早出现于 20 世纪 40 年代,50 年代 Broes 等人演示了世界上第一台熔融碳酸盐燃料电池,80 年代加压工作的熔融碳酸盐燃料电池开始运行。预计它将继第一代磷酸盐燃料电池之后进入商业化阶段,因此通常称其为第二代燃料电池。熔融碳酸盐燃料电池是一种高温电池,可使用的燃料很多,如氢气、煤气、天然气和生物燃料等,电池构造材料价廉,电极催化材料为非贵金属,电池堆易于组装,同时还具有高效率(40%以上)、噪声低、无污染、余热利用价值高等优点,是可以广泛使用的绿色电站。

4) 固体氧化物燃料电池(SOFC)是一种理想的燃料电池,适于大型发电厂及工业应用。固体氧化物燃料电池不但具有与其他燃料电池类似的高效、环境友好的优点。固体氧化物燃料电池近年来发展迅速,2003 年以来固体氧化物燃料电池俨然成为高温燃料电池的代表。若将余热发电计算在内,固体氧化物燃料电池的燃料至电能的转化率高达 60%。最近,科学家发现固体氧化物燃料电池可以在相对低的温度(600℃)下工作,这在很大程度上拓宽了电池材料的选择范围,简化了电池堆和材料的制造工艺,降低了电池系统的成本。

质子交换膜燃料电池(PEMFC)又称聚合物电解质膜燃料电池,最早由通用电气公司为美国宇航局开发。质子交换膜燃料电池除具有燃料电池的一般优点外,还具有可在室温下快速启动、无电解质流失及腐蚀问题、水易排出、寿命长、比功率和比能量高等突出特点。因此,质子交换膜燃料电池不仅可用于建设分散电站,也特别适于用作可移动式动力源。

5)质子交换膜燃料电池的研究与开发已取得实质性的进展。继加拿大 Ballard 电力公司1993 年成功演示了质子交换膜燃料电池电动巴士以来,国际上著名的汽车公司对质子交换膜燃料电池均给予了高度重视,先后推出了各自的概念车并相继投入了示范性运行。2004 年 11月 16 日,日本本田公司宣布将两辆 2005 FCX 型本田汽车租给纽约州作整年示范运行,2005FCX 型电动轿车以高压氢气为燃料,电池组功率为 86 kW,发动机功率为 80 kW,可在低于 0℃下启动,该车最高时速达 150 km/h,一次加氢可行驶 306 km。

质子交换膜燃料电池另一个巨大的市场是潜艇动力源。核动力潜艇造价高,退役时核材料处理难;以柴油机为动力的潜艇工作时噪声大,发热高,潜艇的隐蔽性差。因此,德国西门子公司先后建造了 4 艘以 300 kW 质子交换膜燃料电池为动力的混合驱动型潜艇,计划用作海军新型 212 潜艇的动力能源。随着质子交换膜燃料电池技术的日趋完善和成本的不断降低,新的应用市场必将不断显露出来。

(2)有机化合物-氧燃料电池。直接甲醇燃料电池(DMFC)是一种低温有机燃料电池。正、负极都可用多孔的铂制成,也可以用其他材料来作电极。如负极用少量贵金属作催化剂的镍电极,正极用银或载有催化剂的活性炭电极。电解液可用 H_2SO_4 溶液,也可以用 KOH 水溶液。燃料为甲醇,甲醇溶解于电解液中,通过电解液的循环流动把它带到电极上进行反应。氧或空气为氧化剂,具体反应如下:

负极(—) $\qquad CH_3OH + H_2O - 6e^- \rightarrow CO_2 \uparrow + 6H^+$

正极(+) $\qquad \dfrac{3}{2}O_2 + 6H^+ + 6e^- \rightarrow 3H_2O$

电池反应 $\qquad CH_3OH + \dfrac{3}{2}O_2 \rightarrow CO_2 \uparrow + 2H_2O$

电池的电动势为 1.20 V,而开始电压都为 0.8~0.9 V,工作电压为 0.4~0.7 V,工作温度为 60℃。甲醇是液体燃料,在储存和运输上都十分方便。它在电解液中易于溶解,与气体燃料相比十分优越,在电化学反应上也是一种较活泼的有机燃料。但甲醇除了在电极上发生电化学氧化外,还发生化学氧化,因此,电池的开路电压仅为电动势的 65%。

直接甲醇燃料电池(DMFC)尽管起步较晚,但近年来发展迅速。由于结构简单,体积小,方便灵活,燃料来源丰富,价格便宜,便于携带和存储,现已成为国际上燃料电池研究与开发的热点之一。直接甲醇燃料电池的理论能量密度约为锂离子电池的 10 倍,在比能量密度方面与各种常规电池相比具有明显的优势。在军用移动电源(如国防通信电源、单兵作战武器电源、车载武器电源、微型飞行器电源等)和电子设备电源(如移动电话、笔记本电脑)等方面有潜在的应用。

(3)金属-氧燃料电池。各种金属-氧燃料电池,如镁-氧、铅-氧、锌-氧等燃料电池,是目前正在研究的几种电池。金属燃料电池的优点是十分安全和便于使用。其缺点是易发生金属的自溶解作用而放出氢气,并且金属作燃料价格较高。燃料电池还有多种,如肼-氧燃料电池、再生式燃料电池等,这里就不再一一介绍了。

六、化学电源对环境的污染及处理措施

随着我国经济的高速发展及电子工业技术的不断更新,我国居民对各种化学电池的使用量急剧上升,主要用于各类数码产品、电动摩托车、各种小型电子器件等领域。据统计,全世界的电池年产量约 250 亿只,其中我国占总量的 1/2 左右,并且以每年 20% 的速度增长。化学

电池的使用给人们的生活带来了很大的便利。然而,由于目前人们对废旧电池的回收处理意识比较淡薄,因而化学电源对环境造成了很大的污染。

电池中的有害物质主要有汞、镉、铅等重金属物质,这些物质如果经过丢弃的电池慢慢渗入土壤或水体当中,会对土壤及水体造成极大的污染。有关资料表明,一节一号电池在土壤中慢慢腐蚀变烂,会使 1 m² 的土壤永久失去使用价值。一粒纽扣电池中的重金属可使 600 t 水受到污染,这相当于一个人一生的饮水量。如果渗入土壤或水体的重金属再通过食物链转移入人体内,则会对人体健康造成极大的危害。如果汞进入人体的中枢神经系统,会引发神经衰弱综合征、神经功能紊乱、智力减退等症状。如果镉通过灌溉水进入大米中,人长期食用这种含镉的大米就会引起"痛痛病",病症表现为腰、手、脚等关节疼痛。病症持续几年后,患者全身各部位会发生神经痛、骨痛现象,行动困难,甚至呼吸都会带来难以忍受的痛苦。到了患病后期,患者骨骼软化、萎缩,四肢弯曲,脊柱变形,骨质松脆,就连咳嗽都能引起骨折。铅可对人的胸、肾脏、生殖、心血管等器官和系统产生不良影响,表现为智力下降、肾损伤、不育及高血压等。由此可知,废旧电池如果不加以有效回收利用或处理而直接丢弃,不但会造成资源的大量浪费,更会对环境及人体健康造成巨大危害,甚至会贻害子孙后代。因此,近年来电池的回收和利用也成了人们越来越关注的课题。

电池的回收不仅能够缓解环境污染问题,同时也能生成可再生利用的二次资源。例如,100 kg 废铅蓄电池可回收 50～60 kg 铅,100 kg 含镉废电池可回收 20 kg 左右的金属镉。国际上通行的废旧电池处理方式大致有 3 种:①固化深埋;②存放于矿井中;③回收利用。废旧干电池的回收利用技术主要有湿法和火法两种冶金处理方法。目前,发达国家在废旧电池的回收处理方面积累了较多成功的经验。如丹麦是欧洲最早对废旧电池进行循环利用的国家。德国最先从法律上确定了回收废电池的义务主体。由一个非营利性机构 GRS 严格操作整个系统,废电池在收集、运输完成后,进行严格分类、处置和回收。日本二次电池的回收率也已达 84%。美国目前是在废电池污染管理方面立法最多最细的国家,不仅建立了完善的废电池回收体系,而且建立了多家废电池处理厂。比较而言,我国对废旧电池污染的防治起步较晚。为规范废电池的管理,加强废电池污染的防治,国家环境保护总局于 2003 年发布了《废电池污染防治技术政策》,这是目前我国废电池管理方面唯一的专门性规定。但该政策也没有对电池回收制定细则,回收与不回收没有奖励、处罚,缺乏操作性。

由此可见,我国在废电池回收利用方面较发达国家还有较大差距,这就要求我们能够从自身做起,增强环保意识,大力宣传废弃电池对环境及人体健康造成的危害。并尽量减少电池的使用量。同时,政府部门也应该从立法方面高度重视,并建立相应的废旧电池回收处理机构。促进废旧电池的回收和循环利用形成产业化,实现废旧电池的减量化、资源化和无害化。

阅读材料

能斯特是德国卓越的物理学家、物理化学家和化学史家,是奥斯特瓦尔德的学生、热力学第三定律创始人、能斯特灯的创造者。1864 年 6 月 25 日,能斯特生于西普鲁士的布里森,1887 年毕业于维尔茨堡大学,并获博士学位,在那里,他认识了阿仑尼乌斯,阿仑尼乌斯把他推荐给奥斯特瓦尔德当助手。1888 年,他得出了电极电势与溶液浓度的关系式,即能斯特方程。

能斯特是一位法官的儿子。他的诞生地点离哥白尼诞生地很近。能斯特出生不久,父亲就带着全家搬到格劳登茨去了。在这个维斯瓦河畔风景如画的小镇上,能斯特度过了自由快乐的童年时光。能斯特在中学期间无意中被自然科学深深吸引并一发不可收拾。1889 年,他作为一个 25 岁的青年在物理化学上初露头角,他将热力学原理应用到了电池上,成为自伏打在将近一个世纪以前发明电池以来,第一个对电池为何会产生电势做出合理解释的人。同时,他在受化学平衡的数学标准和化学自发性的启发下,提出了预测化学反应的平衡条件解决方案。1906 年,能斯特提出了热力学第三定律:在绝对零度时,一切反应的反应熵等于零,等压反应热和自由能变化相等。热力学第三定律解决了化学反应理论中的一个重大的热力学问题,使人们可以直接根据各种热化学数据计算化学反应在不同温度下的平衡常数,对化学的发展产生了巨大的推动力。他由于在热化学研究方面的贡献,1920 年获得了诺贝尔化学奖。

能斯特自 1890 年起成为格廷根大学的化学教授,1904 年任柏林大学物理化学教授,后来被任命为那里的实验物理研究所所长(1924 — 1933)年。1933 年,他因不受纳粹的欢迎退休回到乡间别墅庄园,1941 年 11 月 18 日在柏林逝世,被葬于马克斯·普朗克墓附近,终年 77 岁。1951 年,他的骨灰移葬于格丁根大学。

能斯特把成绩的取得归功于导师奥斯特瓦尔德的培养,因而自己也毫无保留地把知识传给学生,他的学生中先后有三位获得诺贝尔物理学奖(米利肯 1923 年,安德森 1936 年,格拉泽 1960 年)。

思考题与练习题

一、思考题

1.标准电极电势有哪些应用?

2.由标准锌半电池和标准铜半电池组成一原电池:

$$(-)Zn|ZnSO_4(c=1\ mol \cdot L^{-1}) \parallel CuSO_4(c=1\ mol \cdot L^{-1})|Cu(+)$$

(1)下列条件改变对电池电动势有何影响?

1)增加 $ZnSO_4$ 溶液的浓度(或加入足量的氨水);

2)增加 $CuSO_4$ 溶液的浓度(或加入足量的氨水);

3)在 $CuSO_4$ 溶液中通入 H_2S。

(2)电池工作半个小时以后,电池的电动势是否发生改变? 为什么?

(3)在电池工作过程中锌的溶解和铜的析出有什么关系?

3.同种金属及其盐溶液能否组成原电池? 若能组成,必须具备什么条件?

4.当用标准银半电池和标准锡半电池组成原电池时,电池的反应式为

$$Sn+2Ag^+ = Sn^{2+}+2Ag$$

有人认为,由于 2 个银离子还原所得到的电子数等于 1 个锡原子氧化所失去的电子数,因此,当计算银的电极电势时应该是 $\varphi^{\ominus}(Ag^+/Ag)$ 值的 2 倍,你认为对吗?

5.判断氧化还原反应能否自动进行的标准有哪些?

6.在标准状态和非标准状态下判断氧化还原反应进行的程度依据是否相同? 为什么?

7.原电池和电解池在构造和原理上各有何特点? 各举一例说明(从电极名称、电子流方向、两极反应等方面进行比较)。

8.实际分解电压为什么高于理论分解电压? 怎样用电极电势来确定电解产物?

9.何谓电极极化? 产生极化的主要原因是什么?

10.说明下列现象发生的原因。

(1)硝酸能氧化铜而盐酸却不能;

(2)Sn^{2+} 与 Fe^{3+} 不能在同一溶液中共存;

(3)锡盐溶液中加入锡粒能防止 Sn^{2+} 的氧化;

(4)在 $KMnO_4$ 溶液中加入 H_2SO_4 能增加氧化性。

二、练习题

1. 如果把下列氧化还原反应装配成原电池,试以符号表示原电池:

(1)$Zn + CdSO_4 = ZnSO_4 + Cd$;

(2)$Fe^{2+} + Ag^+ = Fe^{3+} + Ag$。

2. 现有 3 种氧化剂 H_2O_2,$Cr_2O_7^{2-}$,Fe^{3+},试从标准电极电势分析,要使含有 I^-,Br^-,Cl^- 的混合溶液中的 I^- 氧化成 I_2,而 Br^- 和 Cl^- 却不发生变化,选哪种氧化剂合适?

3. 已知反应:

$$MnO_4^- + 8H^+ + 5e^- = Mn^{2+} + 4H_2O$$

$\Delta_f G_m^{\ominus}/(kJ \cdot mol^{-1})$　　　　-447.2　0　　　　-228.1　-237.1

试求出此反应的标准电极电势 $\varphi^{\ominus}(MnO_4^-/Mn^{2+})$ 是多少?

4. 将锡和铅的金属片分别插入含有该金属离子的盐溶液中组成原电池。

(1)$c(Sn^{2+}) = 1\ mol \cdot L^{-1}$,$c(Pb^{2+}) = 1\ mol \cdot L^{-1}$;

(2)$c(Sn^{2+}) = 1\ mol \cdot L^{-1}$,$c(Pb^{2+}) = 0.01\ mol \cdot L^{-1}$。

计算它们的电动势,分别写出电池的符号表示式、两极反应和总反应方程式。

5. 由标准氢电极和镍电极组成的原电池,如当 $c(Ni^{2+}) = 0.01\ mol \cdot L^{-1}$ 时,电池的电动势为 0.316 V,其中 Ni 为负极,计算镍电极的标准电极电势。

6. 已知 $\varphi^{\ominus}(Ag^+/Ag) = 0.799\ 6\ V$,试计算当 $c(Ag^+) = 0.1\ mol \cdot L^{-1}$,$0.001\ mol \cdot L^{-1}$ 时,Ag 的电极电势。

7. 用标准电极电势判断并解释:

(1)将铁片投入 $CuSO_4$ 溶液时,Fe 被氧化成 Fe^{2+} 还是 Fe^{3+}?

(2)金属铁和过量氯发生反应,产物是什么?

(3)下列物质中哪个是最强的氧化剂? 哪个是最强的还原剂?

$$MnO_4^-,\quad Cr_2O_7^{2-},\quad I^-,\quad Cl^-,\quad Na^+,\quad HNO_3$$

8. 由标准钴电极和标准氢电极组成原电池,测得其电动势为 1.636 5 V,此时钴电极作负极,现已知氯的标准电极电势为 $+1.358\ 3\ V$,问:

(1)此电池反应的方向如何?

(2)钴标准电极的电极电势是多少?

(3)当氯气的压力增大或减小时,电池的电动势将发生怎样的变化? 说明理由。

(4)当 Co^{2+} 离子浓度减小到 $0.01\ mol \cdot L^{-1}$ 时,电池的电动势将如何变化? 变化值是多少?

9. 在铜锌原电池中,当 $c(Zn^{2+}) = c(Cu^{2+}) = 1\ mol \cdot L^{-1}$ 时,电池的电动势为 1.103 7 V,

(1)计算此反应的 $\Delta_r G_m^{\ominus}$ 的值,分别以焦耳及卡为单位表示;

(2)从 $E^{\ominus}$ 和 $\Delta_r G_m^{\ominus}$,计算反应的标准平衡常数。

10.(1)应用半电池反应的标准电极电势,计算下面反应的标准平衡常数和所组成电池的电动势。

(2)等量 $2\ mol \cdot L^{-1}$ 的 Fe^{3+} 和 $2\ mol \cdot L^{-1}$ 得 I^- 溶液混合后,电动势和标准平衡常数是否变化? 为什么?(借助能斯特方程来说明,不必计算。注意溶液中,$c(Fe^{2+}) \neq 1\ mol \cdot L^{-1}$,

但其浓度很小。）

$$Fe^{3+}+I^- \Longrightarrow Fe^{2+}+\frac{1}{2}I_2\downarrow$$

11. 某 $ZnSO_4$ 溶液中含有 $c(Mn^{2+})=0.1\ mol\cdot L^{-1}$ 的 Mn^{2+}，在酸性条件下（pH＝5），可加入 $KMnO_4$，使 Mn^{2+} 氧化为 MnO_2 沉淀被除去，同时，$KMnO_4$ 本身也被还原为 MnO_2 沉淀，最后过量的 MnO_4^- 的 $c(MnO_4^-)=10^{-3}\ mol\cdot L^{-1}$。通过计算回答：到达平衡时溶液中剩余的 $c(Mn^{2+})$ 为多少？

12. 将 Ag 电极插入 $AgNO_3$ 溶液，铜电极插入 $c[Cu(NO_3)_2]=0.1\ mol\cdot L^{-1}$ 的 $Cu(NO_3)_2$ 溶液，两个半电池相连，在 Ag 半电池中加入过量 HBr 以产生 AgBr 沉淀，并使 Ag-Br 饱和溶液中 $c(Br^-)=0.1\ mol\cdot L^{-1}$，这时测得电池电动势为 0.21 V，Ag 电极为负极，试计算 AgBr 的溶度积常数。

13. 已知 $\varphi^\ominus(Fe^{3+}/Fe^{2+})=0.771\ V$，$\varphi^\ominus(Ag^+/Ag)=0.7996\ V$，用其组成原电池，若向 Ag 半电池中加入氨水至其中 $c(NH_3)=c[Ag(NH_3)_2^+]=1\ mol\cdot L^{-1}$ 时，电动势比 $E^\ominus$ 大还是小？为什么？此时 $\varphi(Ag^+/Ag)$ 为多少？（已知 $[Ag(NH_3)_2]^+$ 的 $\lg K_稳=7$。）

14. 某溶液中含 $c(CdSO_4)=10^{-2}\ mol\cdot L^{-1}$ 的 $CdSO_4$，$c(ZnSO_4)=10^{-2}\ mol\cdot L^{-1}$ 的 $ZnSO_4$，把该溶液放在两个铂电极之间电解，试问：

(1)哪一种金属首先沉积在阴极上？

(2)当另一种金属开始沉积时，溶液中先析出的那种金属离子所剩余的浓度为多少？

15. 在 25℃，溶液 pH＝7，H_2 在 Pt 上超电势为 0.09 V，O_2 和 Cl_2 在石墨上超电势分别为 1.09 V 和 0.25 V，$p(Cl_2)=p(O_2)=p(H_2)=100\ kPa$ 时，外加电压使下述电解池发生电解作用：

$$阴极\ Pt\begin{cases}c(CdCl_2)=1\ mol\cdot L^{-1}\ 的\ CdCl_2\\c(NiSO_4)=1\ mol\cdot L^{-1}\ 的\ NiSO_4\end{cases}|（石墨）阳极$$

当外加电压逐渐增加时，电极上首先发生什么反应？此时外加电压至少为多少（考虑超电势）？

16. 在 $c(CuSO_4)=0.05\ mol\cdot L^{-1}$ 的 $CuSO_4$ 及 $c(H_2SO_4)=0.01\ mol\cdot L^{-1}$ 的 H_2SO_4 混合溶液中，使 Cu 镀在铂极上，若 H_2 在 Cu 上的超电势为 0.23 V，问当外加电压增加到有 H_2 在电极上析出时，溶液中所剩余的 Cu^{2+} 的浓度为多少？

17. 当 25℃ 和 $p(Cl_2)=p(O_2)=p(H_2)=100\ kPa$，pH＝7 时，以 Pt 为阴极，石墨为阳极，电解含有 $FeCl_2[c(FeCl_2)=0.01\ mol\cdot L^{-1}]$ 和 $CuCl_2[c(CuCl_2)=0.02\ mol\cdot L^{-1}]$ 的混合水溶液，若 Cl_2 和 O_2 在石墨上的超电势分别为 0.25 V 和 1.09 V，试问：

(1)何种金属先析出？

(2)第二种金属析出时至少需加多少电压？

(3)当第二种金属析出时，第一种金属离子浓度为多少？

18. 某溶液中含有 3 种阳离子，浓度分别为 $c(Fe^{2+})=0.01\ mol\cdot L^{-1}$，$c(Ni^{2+})=0.1\ mol\cdot L^{-1}$，$c(H^+)=0.001\ mol\cdot L^{-1}$，$p(H_2)=100\ kPa$。已知 H_2 在 Ni 上的超电势是 0.21 V，试通过计算说明，当用 Ni 作阴极，电解上述溶液时，3 种离子的放电次序。

19. 在铁被腐蚀的电池中，若铁块上两点的差别仅是氧气的浓度不同，其中一点氧的分压为 100 kPa，另一点为 $0.1\times100\ kPa$，则这两点之间氧的电势差是多少？

20. 铜制水龙头与铁制水管接头处，哪个部位易遭受腐蚀？这种腐蚀现象与曲别针夹纸所发生的腐蚀，在机理上有何不同？试简要说明。

第五章　原 子 结 构

原子是化学变化中的最小微粒,是组成物质的"基石"。不同原子之间按不同方式结合、分离,就构成了世界上种类繁多、光怪陆离的物质,以及形形色色的化学变化。也就是说,在化学变化中,原子核不发生变化,只是核外电子的运动状态发生了变化。因此,为了掌握物质的性质,说明物质的化学变化的本质,掌握化学变化的规律,就必须深入到物质的微观世界中,了解原子的结构以及原子与原子间的结合方式。

本章主要介绍原子核外电子的运动特性和分布规律,揭示原子结构与元素性质以及元素周期律之间的关系。

第一节　原子光谱与玻尔理论

原子是极其微小的,直径约为 10^{-10} m 的基本微粒。科学研究表明,原子虽小,但其结构十分复杂。1911 年英国物理学家卢瑟福(E. Rutherford)在一系列实验的基础上,提出了原子的"行星式模型"。他认为,原子是由原子核(直径约为 10^{-14} m)和高速绕核运动的电子(直径约为 10^{-15} m)组成的。随后发现,原子核通常还包括有质子和中子等多种基本微粒,它们的基本性质如表 5-1 所示。

表 5-1　质子、中子、电子的性质

名称	符号	质量/kg	电量/C	相对于电子的质量	相对于电子的电荷
质子	P	1.673×10^{-27}	1.602×10^{-19}	1 836	$+1$
中子	N	1.675×10^{-27}	0	1 839	0
电子	e^-	9.109×10^{-31}	1.602×10^{-19}	1	-1

化学上最为关心的是原子核外电子的状态,即核外电子的分布规律和能量。电子比原子小得多,如何揭示其运动规律呢? 早在 19 世纪末,人们就积累了大量的、由原子发光而得到的光谱资料。深入研究发现,原子光谱可以反映原子中电子的运动状态,从而为揭示原子结构的奥秘打开了通道。

一、氢原子光谱

近代的原子结构理论是从研究氢原子光谱的实验工作开始的。

1.连续光谱与线状光谱

光谱一般可分为连续光谱和不连续光谱两大类。通常,灼热的物体,如熔融金属、太阳等,所产生的光谱包含波长连续的光谱线，称为连续光谱。从实验中发现，原子在受高温火焰、电弧或其他一些方法激发时，会发射出特定波长的光谱线，称为原子发射光谱(Atomic emission spectrum，AES)。若用分光镜观察原子发射光谱，可发现一条条不连续的明亮的光谱线条，即原子光谱是不连续光谱，也叫线状光谱。

不同元素的原子光谱，它们的谱线特征，不仅波长不同，而且复杂程度也不相同，故有人把原子光谱比喻成"原子的名片"。利用谱线的特征可进行定性分析，以确定样品中的元素组成；同时，在一定的条件下，谱线的强度与样品中该元素的含量成正比，故根据谱线的强度可进行定量分析，以确定各组成元素的含量。原子光谱是现代光谱分析的重要组成部分(详见本章阅读材料)。

2. 氢原子光谱

在所有元素的原子光谱中，氢原子光谱(Hydrogen atomic spectrum)最为简单。当高纯的低压氢气在高压下放电时，氢分子离解成氢原子，并激发而放出玫瑰红色的可见光、紫外光和红外光。利用分光系统，这些光线可以被分成一系列按照波长次序排列的不连续的光谱线。在可见光范围内，得到5条颜色各异的光谱线，对应的是5条特征波长的光辐射，如图5-1所示。

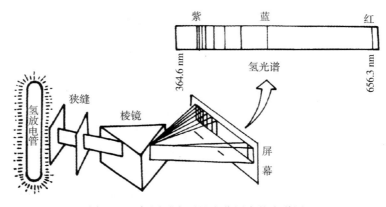

图 5-1　氢原子在可见光范围内的光谱图

1913 年里德伯(J. R. Rydberg)对氢光谱中的谱线频率进行了仔细的研究后，发现其结果可用如下方程进行概括：

$$\nu = \frac{c}{\lambda} = R\left(\frac{1}{n_1^2} - \frac{1}{n_2^2}\right) \tag{5-1}$$

式中：ν 为频率；c 为光速(2.998×10^8 m·s^{-1})；λ 为光的波长；R 为一个实验常数，称为里德伯常数，数值等于 3.289×10^{15} Hz；n_1 和 n_2 都是正整数，且 $n_2 > n_1$。

为什么原子光谱都是不连续的线状光谱？为什么不同的元素有不同的线状光谱？与原子中的电子运动有什么关系？

二、玻尔理论

根据卢瑟福的原子行星式模型，按照经典电磁学理论，电子绕核做圆周运动，要发射连续的电磁波，得到的原子光谱应该是连续的，而且随着电磁波的发射，电子的能量将逐渐减小，电子运动轨道半径逐渐缩小，最终将坠落到原子核中，从而导致原子的毁灭。但实际情况恰好相反,原子没有毁灭,原子光谱也不是连续的。1913 年,丹麦物理学家玻尔(N. Bohr)在卢瑟福原子行星式模型的基础上,结合普朗克(M. Planck)的量子论和爱因斯坦(A. Einstein)的光子学说,提出了玻尔理论(Bohr theory),从理论上解释了原子的稳定性和原子光谱的不连续性。

1.能量的量子化与光量子学说

原子不能连续地吸收或放出能量,而只能是一份份地按一个基本量或按此基本量的整倍数吸收或放出能量,这种情况称为能量的量子化。把这些一份份不连续的辐射能量的最小单位称为"光量子"。光量子的能量 E 和其辐射频率 ν 成正比,即

$$E = h\nu$$

式中:h 为普朗克常数,等于 $6.625\ 6 \times 10^{-34}$ J·s。

2.玻尔理论要点

玻尔关于氢原子结构主要有两个基本假设。

(1)定态轨道假设。在原子中的电子不能沿着任意的轨道绕核运行,而只能在一些特定的轨道上运行,这些特定轨道的半径 r 和能量 E 必须符合量子化条件,即

$$r = 52.9 \times \frac{n^2}{Z} \quad (\text{pm}) \tag{5-2}$$

$$E = -21.8 \times 10^{-19} \times \frac{Z^2}{n^2} \quad (\text{J}) \tag{5-3}$$

式中:Z 为原子序数,$n = 1, 2, 3, \cdots$,称为量子数(Quantum number)。凡符合量子化条件的轨道通常称为稳定轨道或称能层(又称电子层)。电子在某一稳定轨道运行时没有能量的放出或吸收。在通常条件下,电子总是在能量最低的稳定轨道上运行,这时原子所处的状态称为基态(Ground state)。

(2)电子跃迁与原子光谱。当原子从外界吸收能量时,电子可以从离核较近的低能轨道跃迁到离核较远的高能轨道上去,这时原子所处的状态称为"激发态"(Excited state)。处于激发态的电子不稳定,当跃迁回低能轨道时,会有能量放出。能量若以光的形式辐射出来,其辐射的频率 ν 和电子在跃迁前后的两个轨道的能量之间有如下关系:

$$\nu = \frac{E_2 - E_1}{h} = \frac{21.8 \times 10^{-19}}{h} \left(\frac{Z^2}{n_1^2} - \frac{Z^2}{n_2^2} \right) = 3.289 \times 10^{15} \times \left(\frac{1}{n_1^2} - \frac{1}{n_2^2} \right) \tag{5-4}$$

这和里德伯从光谱实验得出的公式是完全一致的。每一种跃迁过程对应一条特征的发射谱线,这样,玻尔理论就很好地解释了当时由实验得到的氢原子线状光谱的规律性。图 5-2 所示为电子跃迁和谱线间的关系。

3.对玻尔理论的评价

玻尔理论的成就是出色的,它在原子行星模型的基础上加进量子化条件,从而提出定态能级概念,成功地解释了氢原子光谱和一些单电子离子(也称为类氢离子,如 He^+,Li^{2+},Be^{3+} 等)的光谱,指出原子结构量子化的特征,是继卢瑟福原子行星式模型之后,人类认识原子世界的又一次飞跃,是原子结构理论中的重要里程碑。但是,由于当时对微观粒子的真实行为缺乏认识,玻尔理论虽然引入了量子化条件,却没有完全摆脱经典力学的束缚,把原子描绘成太阳系,把电子绕核运动看成如行星围绕太阳在一定轨道上运动那样,具有确定的路径(轨迹),没有考虑电子运动的特殊性和电子间的相互作用,等等。因而,不能说明原子的其他性质,如氢原子光谱的精细结构、除氢原子以外的多电子原子光谱的复杂性及原子的成键情况等。欲较

好地解决这些问题,必须对微观粒子的基本属性做进一步的了解。

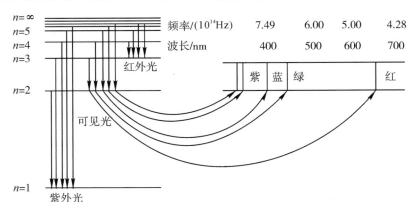

图 5-2　电子跃迁和谱线间的关系

第二节　原子中电子的特性和运动规律

光的干涉、衍射等现象说明光具有波动性,光的反射、光电效应说明光具有粒子性,因此,光量子具有波粒二象性(Wave particle duality)。原子中的电子作为一种微粒,其体积和质量都非常小,运动速度又非常快,是否也像光量子那样具有波粒二象性呢? 1923 年法国物理学家德布罗意(de Broglie) 在光的波粒二象性的启发下大胆提出设想,电子及一切微观粒子都具有波粒二象性。

原子结构的近代理论就是在认识微观粒子的波粒二象性这一基本特征的基础上建立和发展起来的。

一、电子的波粒二象性

1923 年,法国物理学家德布罗意在光的波粒二象性的启发下,提出了假设:不仅是电子,质子、中子、原子等微观粒子都同光量子一样,具有波粒二象性,并把微观粒子的波长 λ 与它的质量 m、运动速度 v 联系起来,得到 de Broglie 关系式:

$$\lambda = \frac{h}{P} = \frac{h}{mv} \tag{5-5}$$

de Broglie 关系式将微观粒子的粒子性(动量 P 是粒子性的特征)和波动性(λ 是波动性的特征)联系起来。对实物微粒来说,在粒子性中渗透着波动性,这一波动性能否被观察到,与这一微粒的运动速度、质量和微粒直径有关。表 5-2 列出了几种粒子的 de Broglie 波长。微观粒子的 de Broglie 波长大于粒子直径,波动性显著,见表 5-2 中的电子;宏观粒子的 de Broglie 波长极短,以至于根本无法测量(电磁波中 γ 射线波长最短,也在 10^{-2} pm 量级),表现为粒子性,此时可用经典力学来处理。

德布罗意波在理论上是成立的,可是在当时还没有办法用仪器将它测出。但既然是波,它总要显示出作为波的某些现象。1927 年,美国科学家戴维逊(C. J. Davisson)等用实验证实了电子束确能发生干涉和衍射。如图 5-3 所示,当电子束通过晶体(由于晶体的原子层间距与电子波长相当,因此,可用晶体作为光栅进行衍射实验)投射到照相底板上时,会在底板上出现如同光的衍射一样的明暗相间的环纹,称为电子衍射图。根据电子衍射实验得到的电子波波长与按德布罗意关系式计算出的波长完全一致,德布罗意假设终于被实验所证实,电子显示了微粒的特性以及波的特性。

表 5－2　若干实物粒子的德布罗意波长

粒子	m/kg	v/(m·s^{-1})	λ/m	粒子直径/m
电子	9.1×10^{-31}	1×10^{6}	7.3×10^{-10}	2.8×10^{-15}
氢原子	1.6×10^{-27}	1×10^{3}	4.1×10^{-10}	7.4×10^{-11}
铯原子	2.1×10^{-25}	1×10^{6}	3.2×10^{-15}	5.3×10^{-10}
枪弹	1×10^{-2}	1×10^{3}	6.6×10^{-35}	1×10^{-2}
卫星	8 000	7 900	1.0×10^{-41}	9

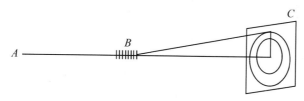

图 5－3　电子衍射实验示意图
A—电子发生器;B—晶体粉末;C—照相底片

二、测不准原理与概率波

由于电子具有波粒二象性,因此,电子在核外空间各区域都可能出现(波动性的特征),故不能用经典力学来描述其运动状态。1927 年,德国物理学家海森堡(W. Heisenberg)提出,微观粒子的位置与动量之间具有测不准关系式:

$$\Delta x \Delta p \geqslant \frac{h}{4\pi} \tag{5-6}$$

式中:Δx 为粒子的位置不确定量;Δp 为粒子的动量不确定量;h 为普朗克常数。

依据测不准原理,宏观物体位置不确定量微乎其微,测不准原理对宏观物体的影响可忽略不计,可以认为有确定的坐标和动量,即有固定的运动轨迹;而微小质量的电子,产生了比原子直径(约 10^{-10} m)大得多的位置不确定量,无法预测下一时刻会在空间的哪个位置出现(波动性的特征),故没有固定的运动轨迹,不能用经典力学来描述其运动状态。

那么,如何描述微观粒子的运动所遵循的基本规律呢?微观粒子的波到底是一种什么波?比较科学的方法是"统计"的方法,对大量考察对象或同一考察对象的大量行为作总的处理的方法,从中得到统计规律。人们发现,若电子一个一个地先后到达底片,开始时,只能在底片上发现一个一个的点,显示出粒子性,但每次到达什么地方是不能准确预测的;经过足够长的时间(大量电子先后到达底片),便得到明暗相间的衍射图(见图 5－3),显示出波动性。可见,波动性是和大量微粒行为的统计规律联系在一起的。衍射强度大的地方,电子出现的机会多(概率大),衍射强度小的地方,电子出现的机会少(概率小)。衍射强度的大小,即表示波的强度的大小,反映粒子在空间某点出现的机会(概率)的大小。

因此,微观粒子不遵守牛顿力学定律,没有固定的运动轨道,只有空间概率分布的规律。但是,如何描述原子核外电子的运动规律呢?

三、电子在核外运动状态的描述

由于氢原子核外只有一个电子,结构最为简单,因此,量子力学是从研究氢原子结构入手,进而研究原子核外电子的运动规律的。

1926 年,奥地利物理学家薛定谔(E. Schrödinger)在波粒二象性的认识基础上,提出了一个用来描述微观粒子运动规律的方程式,也就是著名的薛定谔方程。其一般形式为

$$\frac{\partial^2 \psi}{\partial x^2} + \frac{\partial^2 \psi}{\partial y^2} + \frac{\partial^2 \psi}{\partial z^2} + \frac{8\pi^2 m}{h^2}(E-V)\psi = 0 \tag{5-7}$$

式中:ψ 为电子的波函数;m 为电子的质量;E 为电子的总能量;V 为电子的势能(对氢原子来说,电子的势能为 $-Q^2/r$,Q 为电子的电荷,r 为电子与核之间的距离)。

薛定谔方程是描述微观粒子运动规律的基本方程,正像经典力学(牛顿力学)方程是描述宏观物体的运动状态变化规律的基本方程一样。如何求解薛定谔方程不是本课程的任务,下面仅介绍有关波函数及与其有关的重要概念。

1. 波函数

(1)波函数的来历。波函数(ψ)是薛定谔方程的解,这个解不是一个或几个具体的数值,而是一个含有空间直角坐标(x,y,z)或球坐标(r,θ,φ)的函数式,在空间具有一定的图形,由 3 个量子数 n,l,m 所规定,一般写成 $\psi_{n,l,m}(r,\theta,\varphi)$。

对于最简单的氢原子和类氢原子的薛定谔方程在一定条件下可精确求解,得到描述氢原子核外电子运动状态的波函数(其他原子的方程可近似求解,得到波函数和能级)。氢原子的波函数可以分解为径向和角度两部分的乘积,通式为

$$\psi_{n,l,m}(r,\theta,\varphi) = R_{n,l}(r)Y_{l,m}(\theta,\varphi)$$

式中:$R_{n,l}(r)$ 为波函数的径向部分(Redial part),它只随距离 r 而变化;$Y_{l,m}(\theta,\varphi)$ 为波函数的角度部分(Angular part),它随角度(θ,φ)而变化。表 5-3 所示为几个不同(n,l,m)组合时氢原子波函数的径向部分和角度部分。

表 5-3　几个不同(n,l,m)组合时氢原子的波函数

量子数			波函数径向部分 $R_{n,l}(r)$	波函数角度部分 $Y_{l,m}(\theta,\varphi)$
n	l	m		
1	0	0	$2\sqrt{\dfrac{1}{a_0^3}}\,e^{-r/a_0}$	$\sqrt{\dfrac{1}{4\pi}}$
2	0	0	$\sqrt{\dfrac{1}{8a_0^3}}\left(2-\dfrac{r}{a_0}\right)e^{-r/a_0}$	$\sqrt{\dfrac{1}{4\pi}}$
2	1	1		$\left(\dfrac{3}{4\pi}\right)^{1/2}\sin\theta\cos\varphi$
2	1	0	$\dfrac{1}{2\sqrt{6}}\left(\dfrac{1}{a_0}\right)^{3/2}\left(\dfrac{r}{a_0}\right)e^{-r/2a_0}$	$\left(\dfrac{3}{4\pi}\right)^{1/2}\cos\theta$
2	1	-1		$\left(\dfrac{3}{4\pi}\right)^{1/2}\sin\theta\sin\varphi$

（2）波函数与概率密度。波函数 ψ 本身仅仅是个数学函数式，没有任何一个可以观察的物理量与其相联系，但波函数二次方（$|\psi|^2$）可以反映电子在空间某位置上单位体积内出现的概率大小，即概率密度。这又如何来理解呢？

例如：氢原子基态的波函数 $\psi_{1,0,0}$ 的二次方形式为

$$|\psi|^2 = \frac{1}{\pi a_0{}^3} e^{-2r/a_0} \tag{5-8}$$

式（5-8）表明，氢原子的核外电子处于基态时，在核外出现的概率密度是电子离核的距离 r 的函数，与角度无关。r 越小，即电子离核越近，出现的概率密度越大；反之，r 越大，电子离核越远，则概率密度越小。有时以黑点的疏密表示概率密度分布，称为电子云图。基态氢原子的电子云图呈球形[见图5-4(a)]，等密度面图如图5-4(b)所示。

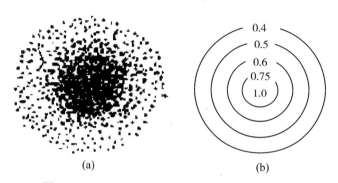

图5-4　基态氢原子的电子云图和等密度面图

2. 量子数

在数学上解薛定谔方程时，可同时得到许多个函数式 $\psi_1, \psi_2, \psi_3, \cdots$，但由于受 $|\psi|^2$ 物理意义的限制，其中只有某些 ψ 能用于描述核外电子运动状态，这些波函数才是合理的。合理解是由 n, l, m 这 3 个参数的取值是否合理所决定的。组合合理的 n, l, m 可共同描述出电子在核外运动的一种状态，通常，我们把这种参数称为量子数。下面分别讨论这些量子数的名称、符号、意义和合理的数值。

（1）主量子数 n。$n = 1, 2, 3, \cdots, \infty$，允许取正整数。$n$ 值与电子层符号相对应，相当于电子层数，又称为能层，确定电子离核的远近（平均距离），是确定原子轨道能量的主要量子数，故 n 称为主量子数（Principal quantum number）。单电子原子的轨道能量完全由 n 决定，随着 n 值的增大其能量升高。

（2）角量子数 l。从原子光谱和量子力学计算可知，角量子数（Azimuthal quantum number）决定电子角动量的大小，进而决定了波函数在空间的角度分布情况，与电子云形状密切相关，并反映电子在近核区概率的大小。l 取值受 n 限制，$l = 0, 1, 2, \cdots, n-1$，最大只能等于 $n-1$，共 n 个。由于具有相同角量子数的原子轨道角度部分图形相同或相似，因此，把具有相同角量子数的各原子轨道归并称之为亚层，代表一个能级。同一电子层中同一亚层各轨道的能级相同。l 值与亚层符号相对应，其关系见表5-4。

表 5-4 l 值与亚层的对应关系

l	0	1	2	3	…
电子亚层	s	p	d	f	…
ψ 角度部分的形状	球形	双球形	花瓣形	更复杂的图形	…

例如,$n=1$ 时,$l=0$,亚层符号为 1s;$n=4$ 时,l 可取 0,1,2 和 3,亚层符号分别为 4s,4p,4d 和 4f。

(3)磁量子数 m(Magnetic quantum number)。原子光谱在磁场中发生分裂,据此得知不同取向的电子在磁场作用下能级分裂,磁量子数 m 由此而来,是决定原子轨道在空间伸展方向的量子数。m 的取值受 l 限制,它可从 $-l$ 到 $+l$,即 $m=0,\pm1,\pm2,\cdots,\pm l$,共可取 $2l+1$ 个数值。m 有多少个值,就表示在这个亚层中有多少个原子轨道(或有几个伸展方向)。例如,

ns($l=0$)($m=0$)能级(亚层)上只有 1 个轨道;

np($l=1$)($m=-1$,0,$+1$)能级上就有 3 个轨道;

nd($l=2$)($m=-2,-1,0,+1,+2$)能级上就有 5 个轨道;

nf($l=3$)($m=-3,-2,-1$,0,$+1,+2,+3$)能级上就有 7 个轨道。

磁量子数不影响原子轨道的能量。n 和 l 相同,m 不同的轨道具有相同的能量,称为简并轨道(Degenrate orbital)或等价轨道(Equivalent orbital)。m 不同,一般不会改变轨道及电子云的形状。但在外磁场存在的条件下,高精度的光谱实验能够将它们区分出来。

从以上 3 个量子数的意义可知,原子中的 n 选定后,可以有 n 个 l 值;在 l 也选定后,还可以有 $2l+1$ 个 m 值,对应 $2l+1$ 条不同伸展方向的简并轨道。当 n,l,m 这 3 个量子数的各自数值一定时,波函数的函数式也就随之而确定,可确定核外电子的一种运动状态。我们把原子的每一个能用于描述核外电子运动状态的波函数叫作原子轨道,或原子轨道函数,简称"原子轨函",一般用符号 $\psi_{n,l,m}$ 表示。因此,原子轨函或原子轨道就成了描述原子中电子运动状态的波函数的同义词。这种关系可简单表示为

薛定谔方程 ——→ 波函数 ψ ——→ 原子轨道 ——→ 填充电子

n,l,m 这 3 个量子数确定原子轨道的关系汇集于表 5-5 中。

(4)电子自旋状态的描述。自旋量子数(Spin quantum number)m_s 与前 3 个用于确定轨道的 3 个量子数不同,它不是在解薛定谔方程时引入的,而是为了说明光谱的精细结构时提出来的。电子在运动的同时,还绕本身轴线做自旋运动。用自旋量子数 m_s 来描述这一运动。理论与实验均证明,m_s 只能取两个值,即 $+1/2$ 或 $-1/2$,并在轨道图上简单地表示成 ↑ 或 ↓。因此,每条轨道上可以有两个不同自旋方向的电子。常将这样的两个电子称为配对电子或成对电子。

不同 m_s 的电子,在有外磁场存在的条件下、非常高精度的光谱实验中,能够区分出来。例如,将一束 Ag 原子流通过窄缝、再经过磁场,结果原子束在磁场中分裂,如图 5-5 所示。因为 Ag 最外层有一个成单电子,有两种自旋方向,磁矩正好相反。这些 Ag 原子在经过磁场时,有一部分向左偏转,另一部分向右偏转。

表 5 - 5　3 个量子数与轨道图

主量子数 n（能层）	角量子数 l（能级）	磁量子数 m	轨道图	轨道总数 n^2	电子容量 $2n^2$
1（K）	0（1s）	0	□	1	2
2（L）	0（2s）	0	□	4	8
	1（2p）	$-1,0,+1$	□□□		
3（M）	0（3s）	0	□	9	18
	1（3p）	$-1,0,+1$	□□□		
	2（3d）	$-2,-1,0,+1,+2$	□□□□□		
4（N）	0（4s）	0	□	16	32
	1（4p）	$-1,0,+1$	□□□		
	2（4d）	$-2,-1,0,+1,+2$	□□□□□		
	3（4f）	$-3,-2,-1,0,+1,+2,+3$	□□□□□□□		

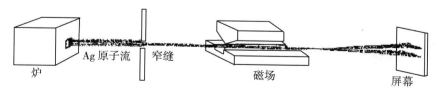

图 5 - 5　证明电子有不同自旋运动的实验示意图

　　由于电子在轨道上存在自旋状态的差别，因此描述原子中电子的运动状态时用符号 ψ_{n,l,m,m_s} 表示，即需要 4 个量子数 n,l,m 和 m_s 描述原子中电子的运动状态。

　　3.轨道图形和电子云分布

　　(1)轨道图形。不同的原子轨道具有不同的径向分布或角度分布。s，p，d 轨道的角度分布图如图 5 - 6 所示。s 轨道波函数的角度部分是一个球面，整个球面均为正值；p 轨道的角度分布是两个相切的球面,故称为"双球形",又称"哑铃形",球面一个为正,一个为负,这是波函数的角度部分中的三角函数在不同的象限有正、负值的缘故。符号p_x,p_y,p_z分别表示这几个轨道是沿x,y,z轴方向伸展的;d轨道的角度分布则是花瓣形的,花瓣也有正、负号之分。

原子轨道角度分布只与量子数l和m有关,而与主量子数n无关。例如,$2p_y$,$3p_y$,$4p_y$的角度分布图都是完全相似的。对于s轨道和d轨道也是这样,因此,图5-6所示中轨道符号前面的主量子数没有标出。

需要强调的是,任何波函数的图形只反映出波函数与自变量之间的关系,原子轨道角度分布图并不是电子运动的具体轨道,它只反映出波函数在空间不同方位上的变化情况,即用空间图形表示函数式的结果。同时还必须强调,这里所说的原子轨道,与经典力学和玻尔理论中所说的"轨道"有着本质上的区别,经典力学和玻尔理论中所说的"轨道"是指具有某种速度、可以确定运动物体任意时刻所处位置的轨道;量子力学中的轨道不是某种确定的轨迹,而是原子中一个电子可能的运动状态。其包含电子所具有的能量、离核的平均距离、概率密度分布等。因此,有的学者将波函数ψ叫作原子轨函,以免它们在概念上混淆。

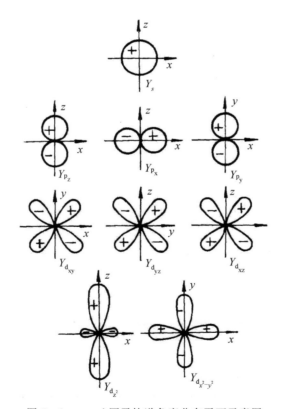

图5-6　s,p,d原子轨道角度分布平面示意图

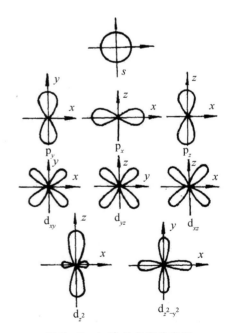

图5-7　$|\psi|^2$的角度分布图

(2)电子云的角度分布图。电子云即$|\psi|^2$的角度分布图形与原子轨道的角度分布图相似(见图5-7)。区别有两点:①原子轨道角度分布图有正、负号之分,电子云$|\psi|^2$角度分布图全部是正值,这是由于数值取二次方的缘故;②电子云角度分布图比原子轨道角度分布图要"瘦

小"一些,这是由于原子轨道的角度部分的数值小于1,取二次方后其值更小。

电子云角度分布不是反映电子运动的边界或范围,而是反映电子在以原子核为中心的空间各个方位上电子出现概率的相对大小。在分布图中,从原点到图形边缘的截距越大,说明电子在这一方位上电子出现概率越大,如 p_y 电子云角度分布图中,沿 y 轴正方向和负方向的截距最大,说明电子在 y 轴正方向和负方向的出现概率最大。

4.轨道的能级

每一个波函数除了代表核外电子的一种概率分布规律外,同时相应地有一确定的能量。对于单电子的氢原子和类氢离子($_2\text{He}^+$,$_3\text{Li}^{2+}$,$_4\text{Be}^{3+}$),轨道能量只与主量子数 n 有关,与角量子数 l 无关,即 $E_{1s} < E_{2s} = E_{2p} < E_{3s} = E_{3p} = E_{3d} < E_{4s} = \cdots < \cdots$,而且其能量 E 可精确表示为

$$E = -13.6\frac{Z^2}{n^2} \quad (\text{eV}) \tag{5-9}$$

在多电子原子中,原子轨道之间的相互排斥作用,使得主量子数相同的各轨道能级产生分裂,轨道能量除了与主量子数 n 有关外,还与角量子数 l 有关,其关系比较复杂。轨道能量的高低主要是根据光谱实验结果得到的。

科顿(F. A. Cotton)多电子原子的轨道能量与原子序数关系如图 5-8 所示。

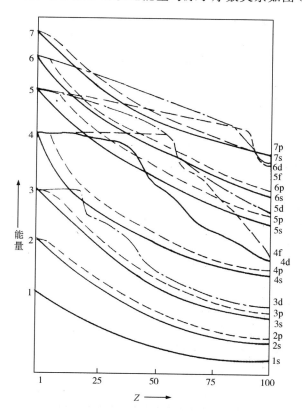

图 5-8　原子轨道能级与原子序数的关系示意图

图 5-8 表明,在多电子原子中,原子轨道能量随原子序数增大而逐渐下降,由于下降幅度不同,产生了能级交错。总结起来,轨道能量有如下规律:

当 n 相同时，l 值大的能级的能量较高，即

$$E_{ns} < E_{np} < E_{nd} < E_{nf} < \cdots$$

当 l 相同时，n 值大的能级的能量较高，即

$$E_{1s} < E_{2s} < E_{3s} < E_{4s} < \cdots$$

$$E_{2p} < E_{3p} < E_{4p} < \cdots$$

若 n 和 l 都不同，例如，$4s(n=4, l=0)$ 和 $3d(n=3, l=2)$ 两者之间的能量高低如何呢？由图 5-8 看出，当 Z 为 $1 \sim 14$ 或 $Z > 21$ 时，$E_{3d} < E_{4s}$，此时能量高低次序仍是由 n 的大小决定的。但是，当 Z 为 $15 \sim 20$ 时，$E_{3d} > E_{4s}$，称此现象为能级交错。由图 5-8 不难看出，能级交错的出现，是由于核的电荷数增加，电子受其引力增加，使能级的能量以不同幅度降低所致。

5. 屏蔽效应与钻穿效应

多电子原子轨道能量的一般规律可用屏蔽效应（Screening effect）与钻穿效应（Penetration effect）说明。

（1）屏蔽效应。在多电子原子中，某电子除受核吸引外，还受其他电子的排斥。这种排斥作用减弱了核对该电子的吸引，因此，其他电子的存在，犹如"罩子"一样屏蔽了一部分原子核的正电荷，减少了原子施加于某个电子上的作用力，这种作用称为屏蔽效应。也就是说，屏蔽效应抵消了一部分核的正电荷，屏蔽效应的强弱用屏蔽常数 σ 来表示。

（2）钻穿效应。从量子力学观点看，电子可以在原子核外任意位置出现，只不过出现概率有差别而已，最外层电子也可能出现在离核很近的地方。外层电子可钻入内层电子附近而靠近原子核，结果降低了其他电子对它的屏蔽作用，起到了增加与核的相互作用，降低电子能量的作用。这种由于电子钻穿而引起能量发生变化的现象，称为钻穿效应。电子钻穿越深，电子能量越低。如 4s 电子在 3d 电子的外层，但由于 4s 电子钻穿能力强于 3d 电子，导致 4s 电子能量低于 3d 电子；又如 6s 电子具有很强的钻穿能力，使其能量不仅低于 5d，还低于 4f 层电子。

【例 5-1】 试讨论某一多电子原子在第 3 能层上的以下各问题：

（1）能级数是多少？请用符号表示各能级。

（2）各能级上的轨道数是多少？该能层上的轨道总数是多少？

（3）哪些是简并轨道？请用轨道图表示。

（4）最多能容纳多少电子？请用轨道图表示。

（5）请用波函数表示最低能级上的电子。

解：第 3 能层，即主量子数 $n=3$。

（1）能级数是由角量子数 l 的数目确定的。当 $n=3$ 时，l 可以取 3 个值，即 $l=0,1,2$，故第 3 能层上有 3 个能级，分别为 3s，3p，3d。

（2）轨道数是由磁量子数 m 的数目确定的。当 $n=3$ 及 $l=0$ 时（3s），$m=0$，即只有 1 个轨道；当 $n=3$ 及 $l=1$ 时（3p），$m=-1,0,+1$，即可有 3 个轨道；当 $n=3$ 及 $l=2$ 时（3d），$m=-2,-1,0,+1,+2$，即有 5 个轨道。

故第 3 能层上共有 9 个轨道，即 1 个 3s，3 个 3p，5 个 3d 轨道。

（3）简并轨道是能量相同的轨道。n 和 l 值相同的轨道，具有相同的能量。故 3p 能级上的 3 个轨道和 3d 能级上的 5 个轨道，分别互为简并轨道。轨道图如下：

（4）每个轨道上最多能容纳自旋相反的两个电子，故第 3 能层上最多能容纳 18 个电子，其轨道图如下：

（5）第 3 能层上最低能级为 3s，其上最多有 2 个电子，波函数分别为 $\psi_{3,0,0,1/2}$ 和 $\psi_{3,0,0,-1/2}$。

第三节　核外电子的分布规律

3 个量子数 (n, l, m) 合理组合便可形成一系列的原子轨道。那么，在一个多电子原子中，核外电子是怎样分布在这些原子轨道上的呢？它们首先占据哪一个或哪几个原子轨道呢？在原子轨道上电子又取何种自旋方向呢？所有这些问题，统称为核外电子的分布。

一、基态原子的电子排布规则

原子核外电子的分布是由实验确定的，不是由人们的意愿臆造的。但是能否根据某些规律推测出符合实际的某元素原子的电子分布呢？根据量子力学理论和光谱实验结果，人们归纳出电子分布的 3 条基本原理。合理地运用这些原理，便可推测出大多数常见原子的核外电子分布。

1. 泡利不相容原理（Pauli exclusion principle）

泡利认为自旋方向相同的电子间有相互回避的倾向，因此，在同一个原子中，不允许有 4 个量子数完全相同的 2 个电子同时出现。

在某原子中若有 2 个电子处在同一原子轨道中（它们的 n, l, m 相同），则它们的 m_s 一定不同，即自旋方向必定相反。根据这个原理，可列出电子层中电子的最大容量为 $2n^2$ 个，其简单表达见表 5-6。

表 5-6　电子层中电子的最大容量

电子层	K	L	M	N
所含亚层	$1s^2$	$2s^2 2p^6$	$3s^2 3p^6 3d^{10}$	$4s^2 4p^6 4d^{10} 4f^{14}$
$2n^2$	2	8	18	32

泡利原理只解决了每个轨道以及各亚层和电子层可容纳电子的数目问题，但对于不同的轨道中，电子分布的先后顺序又是怎样呢？

2. 能量最低原理（Lowest energy principle）

电子的分布，在不违背保里不相容原理的条件下，服从能量最低原理。即电子将尽可能优先占据能级较低的轨道，然后依次填充较高能级，使体系的能量处于最低状态。

我国科学家徐光宪教授根据光谱数据归纳出能级高低的一般规律如下：

（1）对于原子的外层电子来说，$(n+0.7l)$ 值愈大，则能级愈高；

（2）对于离子的外层电子来说，$(n+0.4l)$ 值愈大，则能级愈高；

(3)对于原子或离子的较里的内层电子来说,能级高低基本上取决于 n 值,其次决定于 l 值,如图 5-8 所示,能量变化较复杂,多处出现了能级交错现象。这便要由实验来确定,通常是不能简单推测的。

上述的第一条是原子中电子在各个能级上分布顺序的主要依据。按此计算各能级($n+0.7l$)值,可编成各电子能级组。其原则是将($n+0.7l$)计算值的整数位数值相同的各能级编成一组,共同构成一个能级组,并按($n+0.7l$)的整数位数值编号,依次为第 1,2,…,7 能级组(见表 5-7)。

表 5-7 电子能级组

能级组	亚层轨道				$n+0.7l$				所含轨道数目				电子容量
1	1s				1.0				1				2
2	2s			2p	2.0			2.7	1			3	8
3	3s			3p	3.0			3.7	1			3	8
4	4s		3d	4p	4.0		4.4	4.7	1		5	3	18
5	5s		4d	5p	5.0		5.4	5.7	1		5	3	18
6	6s	4f	5d	6p	6.0	6.1	6.4	6.7	1	7	5	3	32
7	7s	5f	6d	(7p)	7.0	7.1	7.4	(7.7)	1	7	5	(3)	未完全周期

从徐光宪教授的规则中,我们得出了多电子原子轨道的近似能级顺序,即核外电子的填充顺序:

1s;2s,2p;3s,3p;4s,3d,4p;5s,4d,5p;6s,4f,5d,6p;…

依据这个顺序,可写出基态原子的电子填充式。如钾与钛的电子分布式为

$_{19}$K $1s^2;2s^2,2p^6;3s^2,3p^6;4s^1$

$_{22}$Ti $1s^2;2s^2,2p^6;3s^2,3p^6;4s^2,3d^2$

应当指出以下几方面问题:

(1)重排。根据上述能级顺序写出的基态原子的电子分布,对于 20 号以前元素的排布式较为规整,但对于原子序数较大元素的原子,排布式较为混乱,故对许多元素按近似能级顺序写出的电子分布式,需局部地重排,即把其中电子层相同的各亚层排列在一起。如 59 号元素:

填充顺序 $1s^2;2s^2 2p^6;3s^2 3p^6;4s^2 3d^{10} 4p^6;5s^2 4d^{10} 5p^6;6s^2 4f^3$

重排式 $1s^2 2s^2 2p^6 3s^2 3p^6 3d^{10} 4s^2 4p^6 4d^{10} 4f^3 5s^2 5p^6 6s^2$

重排式便于计算电子层数及各层电子数,判断元素所处周期,计算有效核电荷数(见本章第四节)等。

(2)原子实表示法。对于原子序数较大的元素,为了简化排布式,可以运用"原子实"代替部分内层电子构型,即用[稀有气体元素符号]表示原子内和稀有气体具有相同排布的电子构型。例如:

钾 $_{19}$K $1s^2 2s^2 2p^6 3s^2 3p^6 4s^1$ $[Ar]4s^1$

钛 $_{22}$Ti $1s^2\,2s^2\,2p^6\,3s^2\,3p^6\,4s^2\,3d^2$ $[Ar]3d^2 4s^2$

镨 $_{59}$Pr $1s^2\,2s^2 2p^6\,3s^2\,3p^6\,4s^2\,3d^{10}\,4p^6\,5s^2\,4d^{10}\,5p^6\,6s^2\,4f^3$ $[Xe]4f^3 6s^2$

（3）失电子顺序。近似能级顺序只反映电子的"填充"顺序。当原子解离时，失去电子的顺序不能用此顺序说明，而要依据重排后的分布式从外往里失去电子。例如，$_{25}$Mn 的电子分布是$[Ar]3d^5 4s^2$，而 Mn^{2+} 的电子分布是$[Ar]3d^5$，不是$[Ar]3d^3 4s^2$。原子参加化学反应成键时，总是先利用 ns 电子，而后才动用$(n-1)d$ 电子。这是因为，离子中能级高低按$(n+0.4l)$计算，离子中能量 3d＜4s 的缘故。

能量最低原理解决了电子在不同能级中的排布顺序问题，但是，还没有解决在同一能级上的等价轨道中的排布问题。

3. 洪特规则（Hund principle）

电子在等价轨道上分布时，总是尽可能先分占不同轨道，且自旋平行。

量子力学从理论上已证明电子成单地填充到等价轨道上有利于原子的能量降低。则如，C 原子，其外层电子分布式是 $2s^2 2p^2$，2p 上的 2 个电子如何分布在 3 个 2p 轨道上呢？洪特规则告诉我们：它们必定是分占在 2 个 2p 轨道上，而且自旋平行。轨道图为 ↓ ↓ ☐ 。又如，$_{25}$Mn，价电子分布式是 $3d^5 4s^2$，3d 轨道的 5 个电子的分布应为 ↓ ↓ ↓ ↓ ↓ 。研究表明，对于能级相等或接近相等的轨道，电子自旋平行比自旋反平行（配对）更有利于体系能量的降低，因此，洪特规则也可以认为是最低能量原理的补充。

根据光谱学分析测得，等价轨道上处于全充满、半充满或全空的状态时，原子比较稳定，即具有下列电子层结构的原子是比较稳定的。

全充满：p^6,d^{10},f^{14}；

半充满：p^3,d^5,f^7；

全　空：p^0,d^0,f^0。

这种状态称为洪特规则的特例。例如，$_{24}$Cr 的电子分布式是$[Ar]3d^5 4s^1$，而不是$[Ar]3d^4 4s^2$，这是因为 $3d^5$ 是 d 轨道的半充满分布。$_{29}$Cu 的电子分布式是$[Ar]3d^{10} 4s^1$，而不是$[Ar]3d^9 4s^2$，这是因为 $3d^{10}$ 是 d 轨道的全充满分布，原子的能量低。

泡利原理、能量最低原理和洪特规则是各元素原子所遵循的最基本的电子分布规则，可依据此规则得到 36 号以前所有元素的核外电子分布及元素周期律。对于周期表中的许多"反常"分布的原子，尤其是原子序数较大的原子，单用上述规律还难以说明，对此本课程暂不介绍更多的内容，如果有需要，可以进一步地学习。

二、基态原子中电子的电子层结构

原子中电子的分布可根据光谱数据来确定，如表 5-8 所示。由表中数字可以看出，核外电子的分层排布是有一定规律的。

（1）基态原子的第一层最多 2 个电子，第二层最多 8 个电子，第三层最多 18 个电子，第四层最多 32 个电子；

（2）基态原子的最外能层 n 上最多只有 8 个电子，次外能层$(n-1)$上最多只有 18 个电子；

（3）由 Cr，Mo，Cu，Ag 和 Au 等基态原子中电子的分布可以看出，能级处于半充满或全充满状态是比较稳定的。

表 5 – 8　基态原子的电子层结构

周期	原子序数	元素符号	K	L		M			N				O				P			Q
			1s	2s	2p	3s	3p	3d	4s	4p	4d	4f	5s	5p	5d	5f	6s	6p	6d	7s
1	1	H	1																	
	2	He	2																	
2	3	Li	2	1																
	4	Be	2	2																
	5	B	2	2	1															
	6	C	2	2	2															
	7	N	2	2	3															
	8	O	2	3	4															
	9	F	2	2	5															
	10	Ne	2	2	6															
3	11	Na	2	2	6	1														
	12	Mg	2	2	6	2														
	13	Al	2	2	6	2	1													
	14	Si	2	2	6	2	2													
	15	P	2	2	6	2	3													
	16	S	2	2	6	2	4													
	17	Cl	2	2	6	2	5													
	18	Ar	2	2	6	2	6													
4	19	K	2	2	6	2	6		1											
	20	Ca	2	2	6	2	6		2											
	21	Sc	2	2	6	2	6	1	2											
	22	Ti	2	2	6	2	6	2	2											
	23	V	2	2	6	2	6	3	2											
	24	Cr	2	2	6	2	6	5	1											
	25	Mn	2	2	6	2	6	5	2											
	26	Fe	2	2	6	2	6	6	2											
	27	Co	2	2	6	2	6	7	2											
	28	Ni	2	2	6	2	6	8	2											
	29	Cu	2	2	6	2	6	10	1											
	30	Zn	2	2	6	2	6	10	2											
	31	Ga	2	2	6	2	6	10	2	1										
	32	Ge	2	2	6	2	6	10	2	2										
	33	As	2	2	6	2	6	10	2	3										
	34	Se	2	2	6	2	6	10	2	4										
	35	Br	2	2	6	2	6	10	2	5										
	36	Kr	2	2	6	2	6	10	2	6										

续表

周期	原子序数	元素符号	电子层 K	L		M			N				O				P			Q
			1s	2s	2p	3s	3p	3d	4s	4p	4d	4f	5s	5p	5d	5f	6s	6p	6d	7s
5	37	Rb	2	2	6	2	6	10	2	6			1							
	38	Sr	2	2	6	2	6	10	2	6			2							
	39	Y	2	2	6	2	6	10	2	6	1		2							
	40	Zr	2	2	6	2	6	10	2	6	2		2							
	41	Nb	2	2	6	2	6	10	2	6	4		1							
	42	Mo	2	2	6	2	6	10	2	6	5		1							
	43	Tc	2	2	6	2	6	10	2	6	5		2							
	44	Ru	2	2	6	2	6	10	2	6	7		1							
	45	Rh	2	2	6	2	6	10	2	6	8		1							
	46	Pd	2	2	6	2	6	10	2	6	10									
	47	Ag	2	2	6	2	6	10	2	6	10		1							
	48	Cd	2	2	6	2	6	10	2	6	10		2							
	49	In	2	2	6	2	6	10	2	6	10		2	1						
	50	Sn	2	2	6	2	6	10	2	6	10		2	2						
	51	Sb	2	2	6	2	6	10	2	6	10		2	3						
	52	Te	2	2	6	2	6	10	2	6	10		2	4						
	53	I	2	2	6	2	6	10	2	6	10		2	5						
	54	Xe	2	2	6	2	6	10	2	6	10		2	6						
6	55	Cs	2	2	6	2	6	10	2	6	10		2	6			1			
	56	Ba	2	2	6	2	6	10	2	6	10		2	6			2			
	57	La	2	2	6	2	6	10	2	6	10		2	6	1		2			
	58	Ce	2	2	6	2	6	10	2	6	10	1	2	6	1		2			
	59	Pr	2	2	6	2	6	10	2	6	10	3	2	6			2			
	60	Nd	2	2	6	2	6	10	2	6	10	4	2	6			2			
	61	Pm	2	2	6	2	6	10	2	6	10	5	2	6			2			
	62	Sm	2	2	6	2	6	10	2	6	10	6	2	6			2			
	63	Eu	2	2	6	2	6	10	2	6	10	7	2	6			2			
	64	Gd	2	2	6	2	6	10	2	6	10	7	2	6	1		2			
	65	Tb	2	2	6	2	6	10	2	6	10	9	2	6			2			
	66	Dy	2	2	6	2	6	10	2	6	10	10	2	6			2			
	67	Ho	2	2	6	2	6	10	2	6	10	11	2	6			2			
	68	Er	2	2	6	2	6	10	2	6	10	12	2	6			2			
	69	Tm	2	2	6	2	6	10	2	6	10	13	2	6			2			
	70	Yb	2	2	6	2	6	10	2	6	10	14	2	6			2			
	71	Lu	2	2	6	2	6	10	2	6	10	14	2	6	1		2			
	72	Hf	2	2	6	2	6	10	2	6	10	14	2	6	2		2			
	73	Ta	2	2	6	2	6	10	2	6	10	14	2	6	3		2			
	74	W	2	2	6	2	6	10	2	6	10	14	2	6	4		2			

续表

周期	原子序数	元素符号	电子层																	
			K	L		M			N				O				P			Q
			1s	2s	2p	3s	3p	3d	4s	4p	4d	4f	5s	5p	5d	5f	6s	6p	6d	7s
6	75	Re	2	2	6	2	6	10	2	6	10	14	2	6	5		2			
	76	Os	2	2	6	2	6	10	2	6	10	14	2	6	6		2			
	77	Ir	2	2	6	2	6	10	2	6	10	14	2	6	7		2			
	78	Pt	2	2	6	2	6	10	2	6	10	14	2	6	9		1			
	79	Au	2	2	6	2	6	10	2	6	10	14	2	6	10		1			
	80	Hg	2	2	6	2	6	10	2	6	10	14	2	6	10		2			
	81	Tl	2	2	6	2	6	10	2	6	10	14	2	6	10		2	1		
	82	Pb	2	2	6	2	6	10	2	6	10	14	2	6	10		2	2		
	83	Bi	2	2	6	2	6	10	2	6	10	14	2	6	10		2	3		
	84	Po	2	2	6	2	6	10	2	6	10	14	2	6	10		2	4		
	85	At	2	2	6	2	6	10	2	6	10	14	2	6	10		2	5		
	86	Rn	2	2	6	2	6	10	2	6	10	14	2	6	10		2	6		
7	87	Fr	2	2	6	2	6	10	2	6	10	14	2	6	10		2	6		1
	88	Ra	2	2	6	2	6	10	2	6	10	14	2	6	10		2	6		2
	89	Ac	2	2	6	2	6	10	2	6	10	14	2	6	10		2	6	1	2
	90	Th	2	2	6	2	6	10	2	6	10	14	2	6	10		2	6	2	2
	91	Pa	2	2	6	2	6	10	2	6	10	14	2	6	10	2	2	6	1	2
	92	U	2	2	6	2	6	10	2	6	10	14	2	6	10	3	2	6	1	2
	93	Np	2	2	6	2	6	10	2	6	10	14	2	6	10	4	2	6	1	2
	94	Pu	2	2	6	2	6	10	2	6	10	14	2	6	10	6	2	6		2
	95	Am	2	2	6	2	6	10	2	6	10	14	2	6	10	7	2	6		2
	96	Cm	2	2	6	2	6	10	2	6	10	14	2	6	10	7	2	6	1	2
	97	Bk	2	2	6	2	6	10	2	6	10	14	2	6	10	9	2	6		2
	98	Cf	2	2	6	2	6	10	2	6	10	14	2	6	10	10	2	6		2
	99	Es	2	2	6	2	6	10	2	6	10	14	2	6	10	11	2	6		2
	100	Fm	2	2	6	2	6	10	2	6	10	14	2	6	10	12	2	6		2
	101	Md	2	2	6	2	6	10	2	6	10	14	2	6	10	13	2	6		2
	102	No	2	2	6	2	6	10	2	6	10	14	2	6	10	14	2	6		2
	103	Lr	2	2	6	2	6	10	2	6	10	14	2	6	10	14	2	6	1	2
	104	Rf	2	2	6	2	6	10	2	6	10	14	2	6	10	14	2	6	2	2
	105	Db	2	2	6	2	6	10	2	6	10	14	2	6	10	14	2	6	3	2
	106	Sg	2	2	6	2	6	10	2	6	10	14	2	6	10	14	2	6	4	2
	107	Bh	2	2	6	2	6	10	2	6	10	14	2	6	10	14	2	6	5	2
	108	Hs	2	2	6	2	6	10	2	6	10	14	2	6	10	14	2	6	6	2
	109	Mt	2	2	6	2	6	10	2	6	10	14	2	6	10	14	2	6	7	2
	110	Ds	2	2	6	2	6	10	2	6	10	14	2	6	10	14	2	6	8	2
	111	Rg	2	2	6	2	6	10	2	6	10	14	2	6	10	14	2	6	9	2

　　与原子的电子分布式相关的另一个重要概念是价电子构型(也叫作特征电子构型),即化学反应中参与成键的电子构型。化学变化中一般只涉及原子的价电子,因此,熟悉各元素原子的价电子构型对学习化学尤为重要。对于主族元素,最外层电子即为价电子,如氯原子的外层电子分布式为 $3s^2 3p^5$。对于副族元素,价电子包括最外层 s 电子和次外层 d 电子。如上述钛原子和锰原子的外层电子分布式分别为 $3d^2 4s^2$ 和 $3d^5 4s^2$。对于镧系和锕系元素一般还需考虑处于外数(自最外层向内计数)第三层的 f 电子,情况较为复杂。

三、原子的电子层结构与元素周期系

　　原子结构理论的发展,揭示了元素周期系的本质。由表 5-8 可见,原子核外电子分布呈现周期性的变化,这种周期性变化导致元素性质也呈现周期性的变化。把这种元素性质的周期性变化用表格的形式表示出来,即为元素周期表(Periodic table of element)。原子核外电子分布的周期性是元素周期律的基础,而元素周期表是周期律的表现形式。核外电子能级组又进一步揭示了核外电子分布与元素周期表的内在关系。

　　1. 能级组与周期

　　周期表中的横行叫周期(period),一共有 7 个周期。第 1,2,3 个周期为短周期。在短周期中,从左到右,电子逐个递增,新增加的电子总是分布在最外电子层。电子最后填充在 s 亚层的,除 He 外,都是第 IA 和 ⅡA 族元素,最后分布在 p 亚层的是第 ⅢA～ⅦA 族及零族元素。3 个短周期分别有 2,8,8 种元素,这正是第 1,2,3 个能级组中所含亚层的电子的最大容量。

　　第 4 周期从 $_{19}$K 到 $_{36}$Kr,电子依次增加在 4s,3d,4p 亚层,这正是第 4 能级组所含的亚层,共 9 个轨道,电子的最大容量为 18,因此,第 4 周期共 18 种元素。

　　第 5 周期与第 4 周期类似,从 $_{37}$Rb 到 $_{54}$Xe 电子依次增加在 5s,4d,5p 亚层,与第 5 能级组所含亚层一样,9 个轨道,共 18 个电子,因此,共有 18 种元素。

　　第 6 周期从 $_{55}$Cs 到 $_{86}$Rn,电子依次增加在 6s,4f, 5d, 6p 亚层,同上面的分析,共 32 个电子,故有 32 种元素。

　　第 7 周期从 $_{87}$Fr 开始,到目前已发现的 118 号元素为止,共 32 种元素,是一个未完成的长周期。电子分布与第 6 周期类似。

　　镧系、锕系元素,电子填充规律性较差,总体上来说电子分别依次增加在 4f,5f 亚层。

　　以上电子填充能级组与周期关系见表 5-9。

表 5-9　能级组与周期的关系

周期	电子填充轨道				能级组	包含元素	能级组电子容量	元素数目
1	1s				1	$_1$H $\longrightarrow$ $_2$He	2	2
2	2s			2p	2	$_3$Li $\longrightarrow$ $_{10}$Ne	8	8
3	3s			3p	3	$_{11}$Na $\longrightarrow$ $_{18}$Ar	8	8
4	4s		3d	4p	4	$_{19}$K $\longrightarrow$ $_{36}$Ke	18	18
5	5s		4d	5p	5	$_{37}$Rb $\longrightarrow$ $_{54}$Xe	18	18
6	6s	4f	5d	6p	6	$_{55}$Cs $\longrightarrow$ $_{86}$Rn	32	32
7	7s	5f	6d	(7p)	7	$_{87}$Fr $\longrightarrow$ 待完成	(32)	(32)

比较电子填充轨道、能级组的划分和元素周期表的关系可以看出：

（1）当原子核电荷数逐渐增大时，原子最外层电子总是开始于 s 电子，结束于 p 电子；每一周期总是从金属元素开始，随后金属性逐渐减弱，非金属性逐渐增强，最后为达到稳定的稀有气体元素。

（2）电子每进入一个新的能级组，都会出现新的电子层，周期表也进入一个新的周期，因此，元素的周期数就是元素电子进入的能级组的组号数，也等于元素的电子层数。

（3）周期表中各周期的元素数目就是相对应的能级组中所含有的亚层能容纳的最多电子数目。

从以上的讨论可以看出，周期表中的周期是原子中电子能级组的反映。

2. 周期表的分区与族

能级组中所含亚层轨道一栏中，各条纵行中的亚层轨道就是周期表中相应位置元素的核外电子最后进入的亚层。根据元素原子电子最后进入的亚层可把周期表划分成 5 个区域，每个区分为若干个纵行，称为族（Group 或 Family），周期表一共有 18 纵行，16 个族，同一族元素的电子层数不同，但具有相同的价电子构型，因此，化学性质相似。周期表元素分区示意图见表 5-10。

表 5-10　周期表元素分区示意图

	I A										0
1		II A						III A	IV A	V A	VI A	VII A	
2			III B	IV B	V B	VI B	VII B	VIII	I B	II B		
3												
4	s 区		d 区						ds 区		p 区	
5	ns^1 或 ns^2		$(n-1)d^1ns^2 \sim (n-1)d^8ns^2$						$(n-1)d^{10}ns^{1\sim2}$		$ns^2np^1 \sim ns^2np^6$	
6			有例外									
7												

（1）s 区。在周期表的最左边，包括 I A，II A 族元素，电子最后填充 ns 亚层。价电子构型为 $ns^{1\sim2}$（n 是最外电子层的层数或周期号，或所在能级组的组号数）。

（2）p 区。在周期表的最右部分，包括 III A～VII A 族及零族元素。电子最后填充 np 亚层。价电子构型为 $ns^2np^{1\sim6}$（He 为 $1s^2$）。

（3）d 区。在周期表中部包括 III B～VII B 和第 VIII 族元素。电子最后填充 $(n-1)d$ 亚层。价电子构型为 $(n-1)d^{1\sim8}ns^{2(或1)}$（学术上有争议），但有例外。

（4）ds 区。在 d 区与 p 区之间，包括 I B 和 II B 族元素，电子最后也是填充 $(n-1)d$ 亚层，并使 $(n-1)d$ 亚层达全满。价电子构型为 $(n-1)d^{10}ns^{1\sim2}$。一般认为，d 区和 ds 区元素称为过渡元素。

（5）f 区。包括镧系、锕系元素，价电子构型一般为 $(n-2)f^{0\sim14}(n-1)d^{0\sim2}ns^2$（学术上有争议），但有例外。f 区元素也叫内过渡元素。

凡包含短周期元素的族，称为主族（A 族），共 7 个主族和零族；主族元素最后一个电子填充在最外层的 s 或 p 亚层，分别组成周期表中的前两个主族、后 5 个主族及零族，原子的价电子为最外层电子,最外层电子数即为族号数,当最外层电子数为 8 时,为零族。通常主族元素性质递变较为明显,且规律性更好。

凡包含长周期元素的族,称为副族(B 族),周期表共包含 7 个副族和第Ⅷ族。对于副族元素,总体来说,最后一个电子填入次外层的 d 轨道,d 电子可以全部或部分参与化学反应,因此其价电子包括次外层的 d 电子和最外层的 s 电子。副族元素最外层一般只有 1～2 个电子,因此都是金属元素。通常副族元素化学性质的递变不如主族元素规律性好。

镧系和锕系元素次外层和最外层电子排布几乎相同,一般来说最后一个电子填入倒数第三层的 f 轨道,在周期表中被单列出来。镧系和锕系元素的价电子构型包括最外层的 s 电子、次外层的 d 电子和外数第 3 层的 f 电子。

掌握了以上价电子构型与元素分区的关系,就容易根据某元素的价电子构型推知该元素在周期表中的位置。或者反过来,根据某元素在周期表中的位置推知它的价电子构型(除了少数例外),用以说明该元素的一些化学性质。

【例 5-2】 试求 39 号元素的电子层结构及其在周期表中的位置。

解:根据近似能级顺序,该元素的电子分布式为 $[Kr]4d^1 5s^2$。电子最后填入的是 d 亚层,故属 d 区元素。价电子构型为 $4d^1 5s^2$,价电子总数为 3,在周期表中的位置为第 5 周期ⅢB 族。

【例 5-3】 已知某元素处在第 5 周期 I B 族位置上,试求其原子序数、电子分布式和价电子构型。

解:由于该元素位于第 5 周期 I B 族,所以属 ds 区,其价电子构型为 $4d^{10} 5s^1$。又因第 5 周期元素的原子实是 $[Kr]$,所以电子分布式是 $[Kr]4d^{10} 5s^1$。由于 Kr 的原子序数是 36,所以该元素的原子序数是 47。

另外,该元素的电子分布式也可利用价电子构型,直接根据近似能级顺序写出,从而得出原子序数。

第四节 原子的基本性质

元素的性质是原子内部结构的反映。由于原子的电子层结构的周期性,所以元素原子的一些基本性质,如有效核电荷数、原子半径、电离能、电子亲和能和电负性等也随之呈现周期性的变化。人们常把这些性质统称为原子参数,本节将从原子的结构特征出发,探讨原子的一些基本性质,即原子得失电子的能力。

一、原子的结构特征

原子的结构特征,通常包括原子的电子构型、有效核电荷数及原子半径。原子的电子构型前面已讨论过。现只讨论后面两个问题。

1.有效核电荷数

在已发现的元素中,除氢以外的原子都属于多电子原子。由于多电子原子中电子之间的相互作用,元素能量较为复杂,目前还不能用量子力学的方法精确求解,而只能作近似处理。

(1)屏蔽效应。在多电子原子中,某电子除受核吸引外,还受其他电子的排斥。这种排斥作用减弱了核对该电子的吸引,因此,其他电子的存在,犹如屏风一样,减少了施加于某个电子上的核电荷数,这种作用称为屏蔽效应(Screening effect)。也就是说,屏蔽效应抵消了一部分核的吸引作用,其抵消(或减少)的核电荷数称为屏蔽常数(Screening constant),用符号 σ 表示。用核电荷减去其余电子的屏蔽常数就得到有效核电荷数(Effective nuclear charge),用符号 Z' 表示,即

$$Z' = Z - \sum \sigma \qquad (5-10)$$

式中:$\sum \sigma$ 为其他电子的 σ 的总和,σ 为由原子光谱实验数据总结得到的经验常数。在较粗略的情况下,σ 的取值如下:

1)外层电子对内层电子的 $\sigma = 0$;

2)n 层电子对 n 层电子的 $\sigma = 0.35$;

3)$(n-1)$ 层电子对 n 层电子的 $\sigma = 0.85$;

4)$(n-2)$ 层及更内层电子对 n 层电子的 $\sigma = 1.00$。

【例 5-4】 计算 Na,Mg,Ti,V 的原子核对最外层 1 个电子的有效核电荷。

解:因为钠的电子分布式为 $1s^2 2s^2 2p^6 3s^1$,所以

$$Z'_{Na} = 11 - (2 \times 1.00 + 8 \times 0.85) = 2.2$$

同样方法可求出

$$Z'_{Mg} = 12 - (2 \times 1.00 + 8 \times 0.85 + 1 \times 0.35) = 2.85$$

$$Z'_{Ti} = 22 - (10 \times 1.00 + 10 \times 0.85 + 1 \times 0.35) = 3.15$$

$$Z'_{V} = 23 - (10 \times 1.00 + 11 \times 0.85 + 1 \times 0.35) = 3.3$$

(2)有效核电荷数的变化规律。Z' 在周期表中变化的一般规律见表 5-11。

表 5-11 有效核电荷数变化规律

	主族	副族
同周期(从左至右)	明显增大	缓慢增大
同 族(从上到下)	基本不变(或略有增大)	不规则

同周期主族元素,由于电子填充在最外层上,从左到右,元素的核电荷数依次增加 1 个,屏蔽常数依次增加 0.35,所以有效核电荷数依次增加(1-0.35),即 0.65,如例 5-4 中的钠和镁。

同周期副族元素,由于电子填充在次外层上,从左到右,元素的核电荷数依次增加 1 个,屏蔽常数依次增加 0.85,所以有效核电荷数依次增加 0.15。相对于同周期主族元素的变化较为缓慢。

同族元素,在电子数增加的同时,电子层也增加了,所以有效核电荷数的变化无论主族还是副族,从上到下的变化不像同周期那样规律。

2.原子半径

(1)原子半径的含义。对于这个貌似简单的问题,却包含着复杂的内容。对孤立的自由原子来说,因其电子云没有明显的界面,无法确定其大小,所以讨论单个原子的半径是没有意义的。通常原子很少单个存在,总是存在于单质或化合物中,原则上便可测定单质或化合物中相邻两原子核间距离当作原子半径之和,再根据此核间距求得原子半径值。但是原子核外电子云并非坚固的刚体,不同的化学键强度不同,相邻原子核间距离也随之变化,因此,根据原子间

键的不同,原子半径也有共价半径、金属半径和范德华半径几种,它们的数值不同。一般是通过晶体衍射或光谱数据而获得其实验值的。

由共价单键结合的物质的核间距离而求得的原子半径叫共价半径(Covalent radii),由金属晶体的核间距离而求得的半径叫金属半径(Metal radii),由分子晶体中相邻两分子间两个邻近同种原子的核间距离而求得的半径叫范德华半径(van der Waals radii)。一般来说,同一元素的共价半径<金属半径<范德华半径,使用时应注意到这一点。各元素的原子半径如图5-9所示。

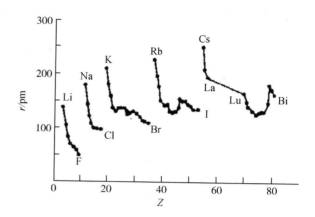

图5-9　元素原子半径随原子序数的变化
(图中除金属为金属半径,其余皆为共价半径)

(2)原子半径变化规律。原子半径会受到核对外电子的吸引力和电子之间的相互排斥力所影响,而且核外电子的排布是非常复杂的,因此,原子的半径变化也非常复杂。原子半径在周期表中变化的一般规律见表5-12。

表5-12　原子半径变化的一般规律

	主族	副族
同周期(从左至右)	明显减小	缓慢减小(或不规则)
同　族(从上到下)	明显增大	稍有增大(或不规则)

(3)原子半径与原子结构的关系。在多电子原子中原子半径

$$r \propto n^2 / Z'$$
$$(5-11)$$

同周期从左至右,n不变,Z'逐渐增加,原子半径趋于减小。由于主族元素的Z'递增幅度大于副族元素,所以主族元素原子半径r明显减少,副族元素原子半径缓慢减小。

同一主族从上到下,有效核电荷数基本不变或略有增大,电子层数逐渐增多,且在式5-11中电子层数n为二次方项,使n对原子半径的影响比Z'的影响大,电子层数增加的因素占主导地位,从而使原子半径逐渐变大。

同一副族从上到下,原子半径略有增大,但在第五、六周期的同一副族两种元素的原子半径相差很小,近于相等。主要是在第六周期含有15个镧系元素,其原子半径随原子序数递增而缓慢递减(称为镧系收缩)。

二、电离能

1.定义

气态原子或离子失去电子所需要的最低能量称为电离能(Ionization energy)。通常用符号I表示,其单位为 kJ·mol^{-1}。使基态气态原子失去一个电子形成气态+1价离子时所需的最低能量称为原子的第一电离能I_1,由气态+1价离子再失去一个电子形成气态+2价离

子所需的最低能量,则为原子的第二电离能 I_2。例如:

$$Na(g) \longrightarrow Na^+(g) + e^-, \qquad I_1 = 494 \text{ kJ} \cdot \text{mol}^{-1}$$
$$Na^+(g) \longrightarrow Na^{2+}(g) + e^-, \qquad I_2 = 4\ 560 \text{ kJ} \cdot \text{mol}^{-1}$$

依此类推,可以定义原子的各级电离能,而且总是 $I_1 < I_2 < I_3 < I_4 < \cdots$。通常是用 I_1 的大小说明原子失去电子的能力,I_1 越大,原子越难失去电子;I_1 越小,原子越容易失去电子。因此,电离能可以反映原子失去电子的难易,常常用它来说明元素的金属性。电离能数值与元素金属性、非金属性变化的周期性基本一致。

原子的各级电离能可以通过实验精确测知。如果用 I_1 和原子序数作图,更可看出电离能变化的规律(见图 5 − 10)。

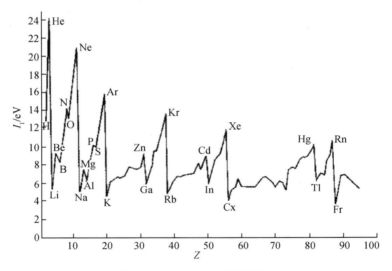

图 5 − 10　元素第一电离能 I_1 和原子序数 Z 的关系图

2. 一般规律

总的说来,元素的第一电离能呈现出周期性变化,见表 5 − 13。

表 5 − 13　电离能变化的一般规律

	主族	副族
同周期(从左至右)	I_1 逐渐增大	I_1 改变较小
同　族(从上到下)	I_1 一般有所减少	规则性更差

在同一周期中从左到右,电离能呈周期性变化的同时,出现了一些特殊现象。如,$I_1(\text{Be}) > I_1(\text{B})$,$I_1(\text{N}) > I_1(\text{O})$,$I_1(\text{Mg}) > I_1(\text{Al})$,$I_1(\text{P}) > I_1(\text{S})$,$I_1(\text{As}) > I_1(\text{Se})$,$I_1(\text{Zn}) > I_1(\text{Ga})$ 等,如何理解上述的规律性与特殊现象呢?

根据能量最低原理,原子中核外电子失去的难易与电子所处能级的能量大小有关,能量越大,越不稳定,越易失去,则电离能越小,反之亦然。参照式(5 − 3),在多电子原子中电子的近似能级公式为

$$E = -21.8 \times 10^{-19} \frac{Z'^2}{n^2} \tag{5 − 12}$$

同一周期从左到右，n 相同，有效核电荷数逐渐增大，原子半径逐渐减小，第一电离能逐渐增大；副族元素从左到右，因为 Z' 改变较小，第一电离能改变较小。对于 $I_1(Be) > I_1(B)$，$I_1(N) > I_1(O)$，$I_1(Mg) > I_1(Al)$，$I_1(Zn) > I_1(Ga)$ 等特殊现象，是由于 Be，N，Mg，Zn 等具有 $1s^2$，$2s^2 2p^3$，$2s^2$，$4s^2$ 等全充满或半充满的较稳定电子层结构所致。

同族元素从上到下，n 逐渐增大，Z' 变化不大，这样使最外层电子的能量 E 随 n 增大逐渐增大，导致主族元素的电离能从上到下一般有所减小。而副族元素的规律性不强，这主要与镧系收缩导致的原子半径变化不规则和本书所用有效核电荷数的计算方法较为粗略有关。

电离能的数据除了用于说明原子的失电子能力外，还可用来说明金属的常见价态。例如，Na，Mg，Al 都是金属元素，Na 的第二电离能比第一电离能大得多，故通常失去一个电子形成 Na^+；Mg 的第三电离能较第二电离能大得多，故通常形成 Mg^{2+}；而 Al 的第四电离能特别大，故常形成 Al^{3+}。由于 80% 以上的元素是金属，故了解电离能数据及其变化规律，对于掌握金属元素的性质有很大的帮助。

三、电子亲和能

电子亲和能（Election affinity）是指基态气态原子得到 1 个电子形成气态的 -1 价离子时的热效应，用 E_{ea} 表示，单位为 $kJ \cdot mol^{-1}$，即电子亲和能等于电子亲和反应的焓变（$\Delta_r H_m^{\ominus}$），也有第一、二、三电子亲和能等。例如：

$$Cl(g) + e^- \rightarrow Cl^-(g), \quad \Delta_r H_m^{\ominus} = -348.7 \ kJ \cdot mol^{-1}$$
$$E_{ea1} = -348.7 \ kJ \cdot mol^{-1}$$
$$S(g) + e^- \rightarrow S^-(g), \quad \Delta_r H_{m1}^{\ominus} = -200.4 \ kJ \cdot mol^{-1}$$
$$E_{ea1} = -200.4 \ kJ \cdot mol^{-1}$$
$$S^-(g) + e^- \rightarrow S^{2-}(g), \quad \Delta_r H_{m2}^{\ominus} = 590 \ kJ \cdot mol^{-1}$$
$$E_{ea2} = 590 \ kJ \cdot mol^{-1}$$

一般元素的第一电子亲和能为负值，而第二电子亲和能为正值，这是由于负离子带负电，排斥外来电子，如要结合电子必须吸收能量以克服电子的斥力。由此可见，O^{2-}，S^{2-} 等离子在气态时都是极不稳定的，只能存在于晶体或溶液中。

电子亲和能的大小反映了原子得电子的难易。电子亲和能代数值越负，原子得到电子时释放能量越多，表明原子越容易得电子，非金属性越强；反之亦然。电子亲和能的变化规律与电离能的变化规律基本相同，具有很大电离能的元素一般也具有很负的电子亲和能，如卤素的 E_{ea} 均在 $-300 \ kJ \cdot mol^{-1}$ 左右。

四、电负性

元素的电离能和电子亲和能是用来衡量一个孤立气态原子失去电子和得到电子的能力，没有反映原子在形成分子时对共用电子对的吸引能力。1932 年美国化学家鲍林（L. Pauling）提出了电负性（Electronegativity）概念，用以度量一个原子在成键状态吸引电子的能力，并最早建立了电负性标度，目前仍在广泛使用着，见表 5-14。电负性越大，原子在分子中吸引成键电子的能力就越强；电负性越小，原子在分子中吸引成键电子的能力就越弱。

图 5-11 为不同原子序数原子的电负性数值图。从图 5-11 可以看出，电负性具有明显的周期性变化，这是因为，组成分子的原子在成键过程中，吸引成键电子的能力和数量严格地

受到该原子自身的性质及周期环境的限制,即原子的电负性主要取决于原子的电荷、半径及轨道的杂化。一般说来,原子半径越小,外层电子数越多,其电负性越大,故周期表中电负性最大的是氟,电负性最小的是钫或铯。

表 5 - 14 元素的电负性 χ_p

H 2.18																
Li 0.98	Be 1.57											B 2.04	C 2.55	N 3.04	O 3.44	F 3.98
Na 0.93	Mg 1.31											Al 1.61	Si 1.90	P 2.19	S 2.58	Cl 3.16
K 0.82	Ca 1.00	Sc 1.36	Ti 1.54	V 1.63	Cr 1.66	Mn 1.55	Fe 1.8	Co 1.88	N1i 1.91	Cu 1.90	Zn 1.65	Ga 1.81	Ge 2.01	As 2.18	Se 2.55	Br 2.96
Rb 0.82	Sr 0.95	Y 1.22	Zr 1.33	Nb 1.60	Mo 2.16	Tc 1.9	Ru 2.28	Rh 2.2	Pd 2.20	Ag 1.93	Cd 1.69	In 1.78	Sn 1.96	Sb 2.05	Te 2.10	I 2.66
Cs 0.79	Ba 0.89	Lu 1.2	Hf 1.3	Ta 1.5	W 2.36	Re 1.9	Os 2.2	Ir 2.2	Pt 2.28	Au 2.54	Hg 2.00	Tl 2.04	Pb 2.33	Bi 2.02	Po 2.0	At 2.2

本表引自 M. Millian,Chemical and Physical Data(1992).

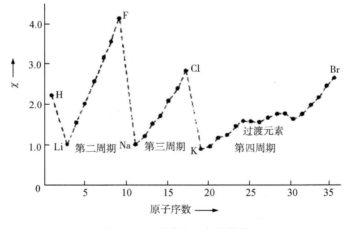

图 5 - 11 元素的电负性数值

必须注意的是,元素的电负性是一个相对数值,不同的处理方法所获得的电负性数值有所不同。

阅读材料

一、原子发射光谱定性分析简介

原子发射光谱法(Atomic Emission Spectrometry,AES)是根据处于激发态的待测元素原子回到基态时发射的特征谱线对待测元素进行分析的方法。这一分析方法包括 3 个基本的过程,即首先有光源提供能量使样品蒸发,形成气态原子,并进一步使气态原子激发而产生辐射;然后,将光源所发出的复合光谱线经单色器分光成按波长排列的谱线,形成光谱;最后,用检测器检测光谱中特征谱线的波长和强度,进行定性和定量分析。由于待测元素原子的能级结构不同,因此,能级之间的跃迁所产生的谱线具有不同的波长特征,据此可以确定元素的种类,对样品进行定性分析;而谱线强度在一定条件下与样品中待测元素原子的浓度相关,据此可对样品进行定量分析。

原子发射光谱仪的基本结构由三部分组成,即激发光源、分光系统和检测系统。激发光源的基本功能是提供使试样中被测元素原子化和原子激发所需的能量。分光系统的基本功能是将光源所发射出的含有所有发射光谱线的复合光在空间上分开,形成按照波长顺序排列的光谱。检测系统的作用是检测并记录原子发射光谱线,目前采用照相法和光电检测法,前者采用感光板,此类原子发射光谱仪称为摄谱仪;后者采用光电倍增管或电荷耦合器件作为接受与记录光谱的主要器件,此类原子发射光谱仪称为光电直读仪。

图 5-12 所示是国产 WSP-1 型平面光栅摄谱仪的光路图,转动光栅台可以调节摄谱的波长范围。利用光栅摄谱仪进行定性分析十分方便,且该类仪器价格较便宜,测试费用低。

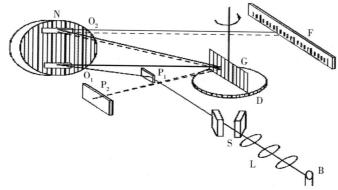

图 5-12　国产 WSP—1 型平面光栅摄谱仪的光路图
B—光源;L—准光透镜;S—狭缝;O—准光镜;P—反射镜;F—感光板;G—光栅;D—光栅台

光谱定性分析一般多采用摄谱法,目前最通用的方法是铁光谱比较法,它采用铁的光谱作为波长的标尺,来判断其他元素的谱线。标准光谱图是在相同条件下,在铁光谱上方准确地绘出 68 种元素的逐条谱线并放大 20 倍的图片。当进行分析工作时,将试样与纯铁在完全相同条件下并列摄谱于同一感光板上,摄得的谱片置于映谱仪(放大仪)上,将谱片放大 20 倍,再与标准光谱图进行比较。比较时首先须将谱片上的铁谱与标准光谱图上的铁谱对准,逐一检查欲分析元素的灵敏线,若试样光谱中的元素谱线与元素标准光谱图中标明的某一元素谱线出现的波长位置相同,表明试样中存在该元素(见图 5-13)。

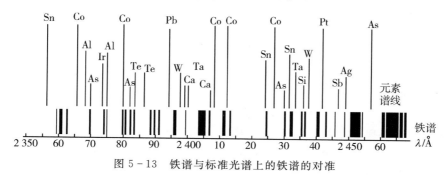

图 5-13　铁谱与标准光谱上的铁谱的对准

当只需对少数指定元素进行定性鉴别时,标准试样光谱比较法更为方便。将欲检查元素的纯物质与试样并列摄谱于同一感光板上,在映谱仪上检查试样光谱与纯物质光谱,若试样光谱中出现与纯物质光谱具有相同特征的谱线,表明试样中存在欲检查元素。

二、核武器与化学

核武器是利用能自持进行的核裂变或聚变反应瞬时释放的巨大能量,产生爆炸作用,并具有大规模杀伤破坏效应的武器的总称,它包括原子弹、氢弹、中子弹等。自 1945 年美国进行了第一次核爆炸试验后,苏联、英国、法国和我国都相继研制核武器成功,而且当今世界有核国家的数目正逐渐增加,给世界安全带来极大的挑战。

若原子核由于外来的原因,如带电粒子的轰击,吸收中子或高能光子照射等,引起核结构的改变,则称为核反应,包括核裂变反应和核聚变反应。核武器利用的就是核反应所释放的巨大能量而形成杀伤力的。

1. 原子弹

重核的核子平均结合能比中等质量的核的核子平均结合能小,因此,重核分裂成中等质量的核时,会有一部分原子核结合能释放出来,这种核反应叫裂变,如铀核裂变。裂变前后并没有发生质子、中子数量的变化,但是其质量却减轻了微不足道的一点。根据爱因斯坦能量方程 $E = mc^2$,这些消失的质量转化成为能量释放出来。质量减少虽然是微不足道的,但乘以光速的二次方,就是一个相当大的数值了。据测算,一个铀 235 原子核裂变仅能释放 200 MeV(3.2×10^{-11} J)的能量,而 1 mol 铀 235,可以释放 1.93×10^{13} J 的能量。因为铀原子核在裂变时,可以同时释放 2~3 个中子,如果这些中子继续轰击其他的铀原子核,就可以形成雪崩式的裂变反应,把能量在 1/100 s 内释放出来,我们称之为链式反应。这样的瞬间能量释放可以形成破坏巨大的爆炸,完全能够制造出一种质量轻、破坏大的武器。

除铀 235 用于制造铀原子弹外,另一个制造原子弹的原料是钚 239,称为钚弹。钚 239 与铀 235 性质相似,也可以发生链式反应。1945 年投放在长崎的"胖子"就是一枚钚弹。据统计,美军在日本投下的两枚原子弹共造成近 30 万人死亡,效果远远超过任何一种常规武器。

2. 氢弹

核裂变实现以后,科学家又把目光集中在了氢核的聚变反应。如果氢原子核,如氢的同位素氘、氚,靠近到一定距离,就可以发生聚合成为质量稍大的氦核,其质量的衰减大于重核的裂变,释放的能量也大于核裂变反应,因此,可以制造出比原子弹威力更大的核武器。

但是,原子核携带正电荷,要想让其靠近到可以聚合的距离,必须让其具有巨大的动能。达到这种动能的温度只存在于恒星内部,依靠常规方法是无法实现的。可是,原子弹爆炸时,其温度可以达到上万摄氏度,完全满足了这种需求。一旦被引发,核聚变本身产生的能量就足以维持直到燃料用尽。氢弹是根据聚变的原理制成的。

氢弹是利用氢的同位素氘、氚等轻原子核的聚变反应瞬时释放出巨大能量而实现爆炸的核武器,亦称聚变弹或热核弹,主要是氘氘反应和氘氚反应,如:

$$^2_1H + ^3_1H \rightarrow ^4_2He + ^1_0n + 17.6 \text{ MeV}$$

氢弹的杀伤破坏因素与原子弹相同,但威力比原子弹大得多。原子弹的威力通常为几百至几万吨 TNT 当量,氢弹的威力则可大至几千万吨。如 1952 年美国在太平洋比基尼岛试爆了第一枚氢弹,爆炸当量相当于 700 个广岛原子弹,整个小岛几乎从海面上消失。

　　热核聚变反应的先决条件是高压,但要使热核装料燃烧充分,还必须使燃烧区的高温维持足够长的时间。为此就需创造一种自持燃烧的条件,使燃烧区中能量释放的速率大于能量损失的速率。氢弹中热核反应所必需的高温、高压等条件,是用原子弹爆炸来提供的,因此氢弹里装有一个专门设计用于引爆的原子弹,原子弹"雷管"爆炸时可以提供足量的中子,中子与氘化锂 6 反应生成氚,氘氚核聚变时又能产生中子,继续与锂 6 的反应。这样,氢弹质量轻了,可以应用于实战之中了。由于氢弹爆炸时要发生两种核反应——原子弹裂变反应和氘氚聚变反应,因此也被称为双相弹。

3.中子弹

　　中子弹是一种以高能中子辐射为主要杀伤因素的强辐射战术核武器,实际上它是一种靠微型原子弹引爆的超小型氢弹,只杀伤敌方人员,对建筑物和设施破坏很小,也不会带来长期放射性污染,尽管从来未曾在实战中使用过,但军事家仍将之称为战场上的"战神"——一种具有核武器威力而又可用的战术武器。中子可以穿透金属,而不破坏金属,如在坦克里的人可以轻而易举地被杀死,而外表看不出任何迹象。

　　中子弹的弹体是由上、下两个部分组成的,上部是一个微型原子弹扳机,用钚 239 作为核原料,下部中心是核聚变的心脏部分,称为储氚器,内部装有氘氚的混合物。中子弹在氢弹的基础上去掉了外壳,核聚变产生的大量中子就可能毫无阻碍地大量辐射出去;同时,却减少了光辐射、冲击波和放射性污染等因素。因此,爆炸时核辐射效应大、穿透力强,释放的能量不高,冲击波、光辐射、热辐射和放射性污染比一般核武器小。一枚千吨级 TNT 当量的中子弹,它的核辐射对人类的瞬间杀伤半径可达 800 m,但其冲击波对建筑物的破坏半径只有三四百米,不会像使用原子弹、氢弹那样成为一片废墟。

4.《不扩散核武器条约》

　　《不扩散核武器条约》(*Treaty on the Non-Proliferation of Nuclear Weapons*,NPT)又称《防止核扩散条约》或《核不扩散条约》,是 1968 年 1 月 7 日由英国、美国、苏联等 59 个国家分别在伦敦、华盛顿和莫斯科缔结签署的一项国际条约,1970 年 3 月正式生效,截至 2003 年 1 月,条约缔约国共有 186 个。中国于 1991 年 12 月 29 日决定加入该公约,1992 年 3 月 9 日递交加入书,同时该公约对中国生效。

　　该条约共 11 款,宗旨是防止核扩散,推动核裁军和促进和平利用核能的国际合作,主要内容是,核国家保证不直接或间接地把核武器转让给非核国家,不援助非核国家制造核武器;非核国家保证不制造核武器,不直接或间接地接受其他国家的核武器转让,不寻求或接受制造核武器的援助,也不向别国提供这种援助;停止核军备竞赛,推动核裁军;把和平核设施置于国际原子能机构的国际保障之下,并在和平使用核能方面提供技术合作。

思考题与练习题

一、思考题

　　1.简述玻尔理论的要点,怎样用玻尔理论来解释氢原子光谱？玻尔理论不足之处及其原因是什么？

　　2.对于氢原子的一个电子来说,允许的能量值 E 和量子数 n 有什么关系？什么叫波粒二象性？如何证实电子具有波粒二象性？

3.下列哪些叙述是正确的？

(1)电子波是一束波浪式前进的电子流；

(2)电子既是粒子又是波,在传播过程中是波,在接触实物时是粒子；

(3)电子的波动性是电子相互作用的结果；

(4)电子虽然没有确定的运动轨道,但它在空间出现的概率可以由波的强度反映出来,因此电子波又叫概率波。

4.什么叫测不准原理？"测不准"的根本原因是什么？

5.试区别下列名词或概念：

(1)基态原子与激发态原子；

(2)宏观物体与微观粒子；

(3)概率与概率密度；

(4)原子轨道与电子云；

(5)波函数 ψ 与 $|\psi|^2$。

6.比较波函数的角度分布图与电子云的角度分布图的特征。波函数角度分布图的正、负号代表什么？

7.多电子原子的轨道能级与氢原子的轨道能级有什么不同？主要原因何在？

8.什么叫泡利不相容原理、能量最低原理、洪特规则？它们各解决了什么问题？

9.电子能级组与元素周期表有哪些关系？

10.各电子层上所容纳的最大电子数,是否就是各周期中所含的最多元素数？为什么？

11.原子半径有哪几种？它们是怎样规定的？

12.在元素周期表中原子半径递变规律是什么？如何用原子结构理论解释？

13.什么叫电离能？元素的电离能大小与哪些因素有关？元素的电离能在周期表中递变规律如何？

14.已知下列元素的电负性,试排出它们吸引电子能力的强弱次序。

$$H \quad O \quad F \quad C \quad N \quad Br$$
$$2.18 \quad 3.44 \quad 3.98 \quad 2.55 \quad 3.04 \quad 2.96$$

15.解释下列现象：

(1)Na 的第一电离能小于 Mg,而 Na 的第二电离能（4 562 kJ·mol^{-1}）却远大于 Mg（1 451 kJ·mol^{-1}）。

(2)Na$^+$ 和 Ne 是等电子体,它们的第一电离能的数值却差别较大(Ne:21.6eV,Na$^+$:47.3 eV)。

(3)下列等电子离子的离子半径有差别。

F$^-$(133 pm), O^{2-}（136 pm）, Na$^+$（98 pm）, Mg^{2+}（74 pm）, Al^{3+}（57 pm）

(4)电离能都是正值,而电子亲和能却有正有负。

二、练习题

1.氢原子中,当电子从第三能层跃迁到第一能层时,计算这一过程放出的能量及辐射光的波长。

2.计算从 H 原子,He$^+$,Li^{2+},Be^{3+} 的基态取走一个电子到无穷远所需的能量。

3.从 Li 表面释放出一个电子所需的能量是 2.37 eV,如果用氢原子中电子从能级 $n=2$ 跃迁到 $n=1$ 时辐射出来的光照射锂时,请计算能否有电子释放出来？若有,电子的最大动能是多少？

4.已知电子的质量约为 9.1×10^{-31} kg,试计算电子的 de Brogile 波的波长为 10 pm 时的运动速度为多少？

5.设子弹的直径为 1.0 cm,质量为 19 g,速度为 1000 m·s^{-1},请根据 de Brogile 式和测不准关系式,用计算说明宏观物体主要表现粒子性,它们的运动服从经典力学规律(设子弹运动速度的不确定程度为 $\Delta v = 0.001$ m·s^{-1})。

6.指出下列各种原子轨道(2p,4f,6s,5d)相应的主量子数(n)及角量子数(l)的数值各为多少？每一种轨道所包含的轨道数是多少？

7.今有 4 个电子,对每个电子把符合量子数取值要求的数值填入下表空格处。

	n	l	m	m_s
(1)		3	2	+1/2
(2)	2		1	-1/2
(3)	4	0		+1/2
(4)	1	0	0	

8.指出下列亚层的符号,并回答他们分别有几个轨道。
(1)$n=2,l=1$;
(2)$n=4,l=0$;
(3)$n=5,l=2$;
(4)$n=4,l=3$。

9.下表各组量子数中,哪些是不合理的？为什么？写出正确的组合。

序号	n	l	m	不正确的理由	正确组合
(1)	2	-1	0		
(2)	2	0	-1		
(3)	3	3	+1		
(4)	4	2	+3		

10.试讨论关于某一多电子原子,在第四能层上的以下各问题：
(1)能级数是多少？请用符号表示各能级。
(2)各能级上的轨道数是多少？该能层上的轨道总数是多少？
(3)哪些是等价轨道？请用轨道图表示。
(4)最多能容纳多少电子？
(5)请用波函数符号表示最低能级上的电子。

11.试用波函数表示在第四能层上最高能级上的电子。

12.用量子数表示 4f 亚层上的电子的运动状态。

13.试写出 Al(13), V(23) ,Bi(83)这 3 种元素原子的电子分布式(先按能级顺序写,再重排),+3 价离子的电子分布式。

14. 在下列原子的电子分布式中:哪一种属于基态? 哪一种属于激发态? 哪一些是错误的?

(1)$1s^2 2s^2 2p^7$;(2)$1s^2 2s^2 2p^6 3s^2 3d^1$;(3)$1s^2 2s^2 2p^6 3s^2 3p^1$;(4)$1s^2 2s^2 2p^5 3s^1$。

15. 将具有下列各组量子数的电子,按其能量增大的顺序进行排列(能量基本相同的以等号相连)。

(1) 3,2,+1,+1/2;(2) 2,1,−1,−1/2;(3) 2,1,0,+1/2;(4) 3,1,−1,−1/2;
(5) 3,0,0,+1/2;(6) 3,1,0,+1/2;(7) 2,0,0,−1/2。

16. 写出氧、硅、钙、铬、铁和溴原子的电子分布式和价电子构型,并画出其轨道图。

17. 填写下表。

元素特征	原子序数	元素符号和名称	价电子分布式
第 4 个稀有气体			
原子半径最大			
第 7 个过渡元素			
第 1 个出现 5s 电子的元素			
2p 半满			
$4f^4$			

18. 某原子在 K 层有 2 个电子,L 层有 8 个电子,M 层有 14 个电子,N 层有 2 个电子,试计算原子中的 s 电子总数,p 电子总数,d 电子总数各为多少?

19. 填写下表。

原子序数	电子分布式	周期数	族数	分区	价电子分布
20					
35					
47					
59					
85					

20. 填写下表。

元素	周期	族	价电子分布式	电子分布式
A	4	ⅠB		
B	5	ⅤB		
C	6	ⅡA		

21. 若某元素最外层仅有 1 个电子,该电子的量子数为 $n=4, l=0, m=0, m_s=+1/2$,问

(1)符合上述条件的元素可以有几个? 原子序数各为多少?

(2)写出相应元素原子的电子分布式,并指出它在周期表中的位置。

22.完成下表。

原子序数	原子的电子分布	最外层电子分布及轨道图
15		
	$1s^2 2s^2 2p^6 3s^2 3p^6 3d^5 4s^1$	
	$[Ar]3d^2 4s^2$	

23.基态原子的电子构型满足下列条件之一者是哪一类或哪一个元素？

(1)量子数 $n=4, l=0$ 的电子有 2 个,$n=3, l=2$ 的电子有 6 个的元素:_____;

(2)4s 和 3d 为半充满的元素:_____;

(3)具有 2 个 4p 成单电子的元素:_____;

(4)3d 为全充满,4s 只有 1 个电子的元素:_____;

(5)36 号以前,成单电子数目为 4 个的元素:_____;

(6)36 号以前,成单电子数在 4 个以上(含 4 个)的元素:_____。

24.某一元素的 M^{3+} 的 3d 轨道上有 3 个电子,回答:

(1)写出该原子的核外电子排布式;

(2)用量子数表示这 3 个电子可能的运动状态;

(3)指出原子的成单电子数,画出其价电子轨道电子排布图;

(4)写出该元素在周期表中所处的位置及所处分区;

(5)计算该元素原子最外层电子的有效核电荷数。

25.已知某元素在氩前,在此元素的原子失去 3 个电子后,它的角量子数为 2 的轨道内电子恰巧为半充满,试推断该元素的原子序数及名称。

26.满足下列条件之一的是什么元素？

(1)+2 价阳离子和 Ar 的电子分布式相同;

(2)+3 价阳离子和 F^- 的电子分布式相同;

(3)+2 价阳离子的外层 3d 轨道为全充满。

27.试计算第三周期 Na,Si,Cl 这 3 种元素原子对最外层的 1 个电子的有效核电荷,并说明对元素金属性和非金属性的影响。

28.计算氯和锰原子对最外层 1 个电子的有效核电荷。利用计算结果,联系它们的原子结构,解释为什么氯和锰的金属性不相似。

29.试计算第四周期 Ca 和 Fe 两种元素原子对最外层的 1 个电子的有效核电荷,并说明对元素金属性的影响。与 27 题结果比较,有效核电荷数的变化哪个快？这对长周期系中部副族元素金属性有何影响？

30.在下列各对元素中,哪个的原子半径较大,并说明理由:

(1) Mg 和 S;(2)Br 和 Cl;(3)Zn 和 Hg;(4)K 和 Cu。

第六章　共价键分子结构

原子是化学变化的基本微粒,它在一个化学反应前后种类和数目保持不变。认识原子的结构和性质是了解物质性质的基础,但体现或保持物质化学性质的最小微粒不是原子,而是分子。分子中的原子绝不是简单地堆砌在一起,而是存在着强烈的相互作用,化学上把这种分子中直接相邻的两个或多个原子之间(有时原子得失电子变成离子)的强烈作用力称为化学键(Chemical bond)。

原子通过化学键结合成分子(或晶体),以及原子间化学键的破裂和重新组合成键,就是化学变化及伴随的能量变化的本质内涵。因此,学习化学键理论对于认识化学变化的本质及其有关现象有着重要意义。

化学键按其形成及性质的不同,分为离子键[①]共价键和金属键[②]几种基本类型。本章只介绍共价键,将讨论共价键的基本理论之一的价键理论以及共价型分子结构,在此基础上讨论共价型分子的性质、分子间力和氢键。

第一节　共　价　键

一般来讲,电负性较大元素的原子与电负性相同或相差不大元素的原子之间,以共价键相结合。1916 年,美国化学家路易斯(G. N. Lewis)提出了原子间共用电子对的共价键理论的雏形。他认为,分子中每个原子应具有类似稀有气体原子的稳定电子层结构,该稳定结构是通过原子间的共用电子对而形成的,这种分子中原子间通过共用电子对结合而形成的化学键称为共价键(Covalent bond)。由共价键结合而形成的化合物称为共价化合物(Covalent compound)。例如,H_2 分子和 HF 分子的形成过程可表示为

$$H\cdot + \cdot H \longrightarrow H:H(或写成 H—H)$$

$$H\cdot + \cdot\ddot{\underset{..}{F}}\colon \longrightarrow H\colon\ddot{\underset{..}{F}}\colon(或写成 H—F)$$

路易斯的共价键理论,初步揭示了共价键不同于离子键的本质,对分子结构的认识前进了一步。但由于该理论是立足于经典静电理论,把电子看成是静止不动的负电荷,故还存在着局限性。例如,它无法解释为什么有些分子的中心原子最外层电子数虽然少于 8(如 BF_3 等)或

---

① 离子键概念见第八章。
② 金属键概念见第八章。

多于8(如PCl_5等),但这些分子仍然能稳定存在;也无法解释为什么存在着电荷排斥的两个电子能形成共用电子对,并能使两个原子结合在一起的本质,以及共价键的特性等许多问题。直到1927年,德国化学家海特勒(W. Heitler)和伦敦(F. London)应用量子力学理论研究氢分子的结构时才初步认识了共价键的本质,这是现代共价键理论的开端。后来,化学家鲍林(L. Pauling)、密立根(R. Mulliken)、洪特(F. Hund)等人又相继研究和发展了这一理论,并建立起了现代价键理论(Valence Bond Theory,简称"VB法")、杂化轨道理论(Hybrid Orbital Theory,简称"HO法")、价层电子对互斥理论(Valence Shell Electron Pair Repulsion,简称"VSEPR法")及分子轨道理论(Molecule Orbital Theory,简称"MO法")等。这里只简要介绍价键理论和杂化轨道理论。

一、共价键的形成及本质

海特勒和伦敦应用量子力学研究了由氢原子形成氢分子的过程,得出 H_2 分子能量 E 和核间距离 d 的关系,如图6-1所示。每个氢原子在基态时各有一个单电子(1s),当两个具有自旋方向相反电子的氢原子接近时,各原子的电子不仅受自身原子核的吸引,也受另一原子核的吸引。另外,在两个氢原子的核之间及电子云之间还存在着排斥作用,但两者之间的吸引力起主要作用。与此同时,两个原子轨道逐渐重叠,两核间的电子云密度($|\psi|^2$)逐渐增大,体系能量逐渐下降。当两个氢原子继续靠近时,核间产生的斥力会迅速增加,直到和成键的吸引作用力相等(此时核间距约为87 pm,实验值约为74 pm),两个原子轨道发生最大程度的重叠,体系能量将降到最低值,这样两个氢原子之间便形成了有效且稳定的共价键,此状态称为 H_2 分子的基态(Ground state)[见图6-2(a)]。相反,当含有自旋方向相同的电子的两个氢原子相互靠近时,原子间发生排斥,原子轨道不能重叠,此时两核间的电子云密度相对地减少,体系能量 E 增大,因而不能成键,此状态称为 H_2 分子的排斥态(Exclude state)[见图6-2(b)]。

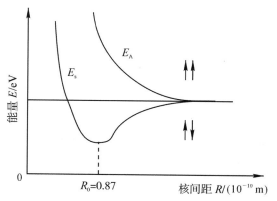

图6-1　氢分子的能量与核间距的关系曲线

E_A—排斥态的能量曲线;E_s—基态的能量曲线

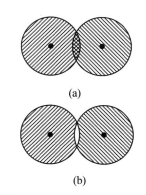

图6-2　H_2 分子的两种状态

(a)基态;(b)排斥态

由 H_2 分子的形成过程可以看出,共价键的本质也是电性的,因为共价键的结合力是两个原子核对共用电子对形成的负电区域的吸引力,而不是正负离子间的库仑引力,这一点是经典的静电理论所无法解释的。这是因为静电理论不能说明为什么互相排斥的电子,在形成共价键时反而会密集在两个原子核之间,使两核间的电子云密度增大,形成稳定的共价键。

二、价键理论要点

1.电子配对原理与共价键的饱和性

相邻两个原子间自旋方向相反的两个电子相互配对时,可形成稳定的共价键。形成共价键的数目,取决于原子中可能的未成对电子数。例如,两个氮原子中各有 3 个未成对电子($2p^3$),若其自旋方向相反,则两个氮原子间可形成 3 个共价键:N≡N:。

一个原子的单电子与另一个原子中的自旋方向相反的单电子配对成键后,不能再与第三个电子结合,如 H_2 分子形成后,不能再与第三个 H 原子结合成 H_3。此性质称为共价键的饱和性。

2.最大重叠原理与共价键的方向性

相应原子轨道相互重叠,只有同号轨道部分重叠才能成键[①]。重叠越多,核间电子云密度越大,所形成的共价键就越牢固,因此,成键原子轨道总是沿着合适的方向以达到最大程度的有效重叠,这就是原子轨道的最大重叠原理,即共价键具有方向性。图 6-4 所示是各种类型原子轨道的符号相同部分进行最大重叠的示意图,异号原子轨道重叠则相互削弱或相互抵消。若 s 轨道与 p 轨道按图 6-5(a)所示方式重叠,则为异号重叠,不能成键。若按图 6-5(b)所示方式重叠,则是同号和异号两部分相互抵消而为零的重叠。若按图 6-5(c)所示方式重叠,当核间距离与图 6-4(b)所示相同时,其重叠程度也较小,因此,图 6-5(b)和(c)两种情况也都不能达到最大重叠,只有图 6-4(b)所示的同号重叠,可使 s 与 p_x 轨道的有效重叠最大。

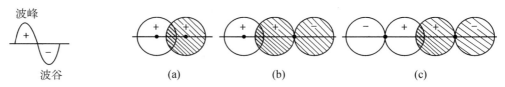

图 6-3 波峰与波谷示意图

图 6-4 s 和 p 原子轨道最大重叠示意图
(a)s—s;(b)s—p;(c)p—p

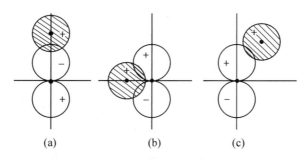

图 6-5 s 和 p 原子轨道非最大重叠示意图

[①] 因为电子运动具有波的特性,原子轨道的正、负号类似于经典机械载波中含有波峰和波谷部分(见图 6-3),当两波相遇时,同号则相互加强(如波峰与波峰或波谷与波谷相遇时互相叠加),异号则相互减弱甚至完全抵消(如波峰与波谷相遇时,相互减弱或完全抵消)。

三、共价键的类型

1.σ键和π键

根据原子轨道重叠方式的不同,可以形成两种类型的共价键:σ键和π键。

(1)σ键。凡原子轨道沿两原子核的连线(键轴)以"头顶头"方式重叠形成的共价键叫σ键,如图6-6所示。

(2)π键。凡原子轨道垂直于两原子核连线并沿着该线以"肩并肩"方式重叠形成的共价键叫π键,如图6-7所示。

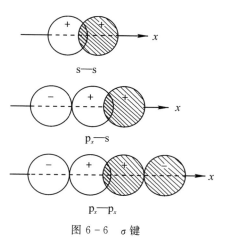

图6-6　σ键

共价单键都是σ键,例如,H—H键是1s—1s电子云重叠,属于σ_{s-s}键。在共价双键或三键中,有一个是σ键,其余为π键,例如,N≡N分子中有一个σ键,两个π键,如图6-8所示。由于π键原子轨道的重叠程度较σ键的小,因此π键的强度小于σ键。

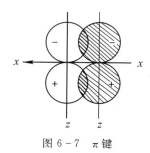

图6-7　π键

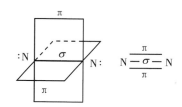

图6-8　氮分子中的σ键和π键示意图

2.非极性共价键和极性共价键

在共价键中,根据键的极性又分为非极性共价键和极性共价键。

同种元素的原子间形成的共价键,由于电负性相同,电子云在两核间均匀分布,这样的共价键称为非极性共价键。例如,在单质H_2,O_2,Cl_2和金刚石(巨分子单质)等分子中都是非极性共价键。

不同种元素的原子间形成的共价键,由于双方电负性不同,共用电子对将偏向电负性大的原子一方,这种共价键称为极性共价键。在极性共价键中,电负性较大的元素原子一端因电子云密度大而带负电,电负性较小的元素原子一端则带正电,因此在共价键的两端出现了电的正极和负极,即这种共价键有极性。例如,HCl分子中,由于Cl的电负性比H大,共用电子对偏向Cl原子,结果使Cl原子上带部分负电荷δ^-(δ是表示小于1单位电荷的符号),而H原子上带部分正电荷δ^+。HCl分子的形成过程可表示如下:

$$\mathrm{H\cdot + \cdot \ddot{\underset{\cdot\cdot}{Cl}}:\longrightarrow H:\ddot{\underset{\cdot\cdot}{Cl}}:\longrightarrow H^{\delta^+}-Cl^{\delta^-}}$$

共价键极性的大小,可由成键两元素电负性的差值($\Delta\chi$)大小来判断。电负性差值越大,键的极性越强。

可以认为,离子键是最强的极性键,而极性共价键则是由离子键到非极性共价键之间的一种过渡状态。但实际上,绝大多数的化学键,既不是纯粹的离子键,也不是纯粹的共价键,它们具有离子性和共价性的双重性,对某一具体化学键来说,只有看哪一种性质占优势而已。

3.配位键

配位键也是共价键的一种类型,详细内容见第七章第一节。

四、键参数

共价键的基本性质可以用某些物理量进行表征,如键能、键长、键角等,这些物理量统称为键参数(Bond parameter)。

1.键能

在 298 K,100 kPa 下,将物质 B($\nu_B=1$)理想气态分子 AB 拆开成理想气态的 A 原子和 B 原子(即将 1 mol 气态 AB 分子中的 A—B 键断开),所需的能量叫 AB 分子的解离能,以符号 D(A—B)表示,单位为 kJ·mol^{-1}。对于双原子分子而言,解离能就是键能(Bond energy)(用符号 E 表示),即 D(A—B)=E(A—B)。如 HF 分子的解离能 D(H—F)=565 kJ·mol^{-1},其键能 E(H—F)=565 kJ·mol^{-1}。对于多原子分子来说,键能是指化合物中几个相同的 A—B 键的平均解离能。因为,在化合物中几个相同的 A—B 键的解离能值是不同的(实际上在不同化合物中的相同 A—B 键的解离能也是略有差别的)。例如,一个 H_2O(g)分子含有两个 O—H 键,断开第一个 O—H 的解离能 D_1(O—H)=502 kJ·mol^{-1},断开第二个 O—H 键的解离能 D_2(O—H)=426 kJ·mol^{-1},故 H_2O(g)分子中的 O—H 键的键能为

$$E(O—H)=\frac{D_1+D_2}{2}=\frac{502+426}{2}=464\ (kJ·mol^{-1})$$

键能是化学键强弱的量度,键能越大,表明该化学键越牢固,即断裂该键所需的能量越大。表 6-1 列出了一些共价键的平均键能数值。

表 6-1 一些共价键的键能和键长

键	键能/(kJ·mol^{-1})	键长/pm	键	键能/(kJ·mol^{-1})	键长/pm
H—H	436	74	C—H	414	109
C—C	347	154	C—N	305	147
C=C	611	134	C—O	360	143
C≡C	837	120	C=O	736	121
N—N	159	145	C—Cl	326	177
O—O	142	145	N—H	389	101
Cl—H	431		N—Cl	134	
Cl—Cl	244	199	O—H	464	96
Br—Br	192	228	S—H	368	136
I—I	150	267	N≡N	946	110
S—S	264	205	F—F	158	128

由表 6-1 中数据可以看出,相同两原子间双键和三键的键能一般分别小于单键键能的 2 倍和 3 倍,表明一般情况下,π 键较 σ 键弱。但也有相反的情况,这表明这些分子的价键理论处理结果没有很好地反映分子成键的真实情况。

利用键能也可以计算反应的热效应(近似值)。例如,合成氨的反应

$$N_2 + 3H_2 \rightleftharpoons 2NH_3$$

键能$/(kJ \cdot mol^{-1})$　　　　　　946　436　　389

反应中要破坏 1 个 N≡N 三键和 3 个 H—H 键,生成 6 个 N—H 键。根据热力学原理,可以设想如下的反应步骤:

$$N_2 \quad + \quad 3H_2 \xrightarrow{\Delta_r H^{\ominus}} 2NH_3$$

$\Delta_r H^{\ominus}(1)=946$　　$\Delta_r H^{\ominus}(2)=3 \times 436$　　$\Delta_r H^{\ominus}(3)=-2 \times 3 \times 389$

$$2N \quad + \quad 6H$$

式中:$\Delta_r H^{\ominus}(3)$是由 2N 与 6H 生成 $2NH_3$ 放出的热量,根据键能的定义,其数值前用"一"号。由盖斯定律知:

$$\Delta_r H^{\ominus} = \Delta_r H^{\ominus}(1) + \Delta_r H^{\ominus}(2) + \Delta_r H^{\ominus}(3) = 946 + 3 \times 436 - 2 \times 3 \times 389 = -80 \ (kJ \cdot mol^{-1})$$

利用键能计算反应的焓变可概括为如下公式:

$$\Delta_r H^{\ominus} \approx \sum E_{b反应物} - \sum E_{b生成物}$$

式中:E_b 代表键能。

需要注意如下几方面:

1)式中 $\sum E_{b生成物}$ 是减数,$\sum E_{b反应物}$ 是被减数,恰好与利用 $\Delta_f H_m^{\ominus}$ 求 $\Delta_r H_m^{\ominus}$ 的盖斯定律公式相反;

2)求反应物或生成物的总和时,要注意每个分子中的共价键数以及方程式中各物质的化学计量数。

2.键长

分子中成键的两个原子核间的平衡距离称为键长(Bond length),它等于成键原子的共价半径之和,常用单位为皮米(pm)。理论上用量子力学的近似方法可以算出键长,实际上对于复杂分子往往是通过光谱或衍射等实验方法来测定的。表 6-1 中列出了一些共价键的键长数据。

一般地说,键合原子的原子半径越小,成键的电子对越多,其键长就越短,键能将越大,化学键也就越牢固。

3.键角

在分子中,键与键之间的夹角称为键角(Bond angle),用 α 表示,表 6-2 列出了一些分子的共价键键角。

表 6-2　某些分子和离子中的键角

分　子	键　角	分　子	键　角	分　子	键　角
CO_2	OCO 180°	NO_3^-	ONO 120°	NH_3	HNH 107.3°
HCN	HCN 180°	HCHO	HCH 116.5°	H_2O	HOH 104.5°
BF_3	FBF 120°	CH_4	HCH 109.5°	H_2S	HSH 92.1°
SO_2	OSO 120°	CH_3Cl	HCH 110.8°	SF_6	FSF 90°

键角是共价键方向性的反映,它是决定分子的几何构型的重要数据之一。键角为 180° 时

分子是直线形,键角为 120°时分子是平面三角形,键角为 109.5°时分子的几何构型是正四面体。此外,分子的几何构型与键长也有关系,如果某分子的键长和键角都确定了,则这个分子的几何构型就确定了。表 6-3 列出了一些分子的键长、键角和几何构型。

表 6-3 分子的键长、键角和几何构型

分 子(AD_n)	键 长/pm	键 角	几 何 构 型
$HgCl_2$	225.2	180°	D—A—D 直线形
CO_2	116.0	180°	
H_2O	95.75	104.5°	折线形
SO_2	143.08	119.3°	(角形、V 形)
BF_3	131.3	120°	平面三角形
SO_3	141.98	120°	
NH_3	101.3	107.3°	三角锥形
SO_3^{2-}	151	106°	
CH_4	108.70	109.5°	四面体形
SO_4^{2-}	149	109.5°	

第二节 杂化轨道理论与分子的空间构型

价键理论对共价键的形成过程和本质作了简明的阐述,并成功地解释了共价键的方向性、饱和性等,但在解释分子的空间构型方面却遇到了一些困难。例如,CH_4 分子中 C 原子的价电子排布为 $2s^2 2p^2$,p 轨道上只有 2 个未成对电子,与 H 原子只能形成 2 个 C—H 键。而近代实验测定结果表明:CH_4 分子有 4 个稳定的 C—H 键,且强度相同,键能均为 411 kJ·mol^{-1}。CH_4 分子的结构是正四面体(见图 6-9),碳原子位于四面体的中心,4 个氢原子占据 4 个顶点,键角均为 109°28′。为了解释这一实验事实,有人提出了激发成键的概念。即在化学反应中,C 原子的 1 个 2s 电子激发到 2p 轨道上,使价电层上有 4 个未成对电子。

这样,C 原子就能与 4 个氢原子的 1s 电子配对形成 4 个 C—H。但由于 2s 与 2p 轨道能量不同,则甲烷分子中的 4 个 C—H 键的键能和键角也不应当相同,此结论与实验事实不符。为了解释这一类问题,1931 年鲍林(L. Pauling)等人在价键理论的基础上,提出了杂化轨道理论(Hybrid orbital theory)。

一、杂化轨道理论

杂化轨道理论认为,原子在成键过程中,由于原子间的相互影响,同一原子中能量相近的几个原子轨道可以"混合"起来,重新组合成成键能力更强的新的原子轨道,此过程叫原子轨道的杂化(Hybridization of atomic orbital),组成的新轨道叫杂化轨道(Hybrid orbital)。杂化轨道与其他原子轨道重叠形成的化学键通常是 σ 键。

原子轨道杂化过程中,一般是成对电子先拆开,并激发到空轨道上变成未成对电子,此过程所需的能量可由成键后放出的部分能量来补偿。在杂化过程中,轨道在空间的分布和能级发生了变化,并且,参加杂化的原子轨道数目等于形成的杂化轨道的数目,如图 6-9 所示的 1 个 C 原子与 4 个 H 原子形成的 sp^3 杂化轨道,原子轨道的数目和形成的杂化轨道的数目均为 4。

原子轨道在成键时总是尽可能采取杂化轨道形成共价键。因为轨道杂化后,其角度分布发生了变化,形成的杂化轨道一头大一头小。大的一头与其他原子成键时,有利于电子云最大重叠,从而使成键能力增强。如图 6-10 所示,分别是 s 轨道、p 轨道的图像和 s 轨道与 p 轨道"杂化"形成的 sp 类杂化轨道的图像(a),为表示方便,常把 sp 杂化的轨道画成图 6-10(b)所示的缩写形状。

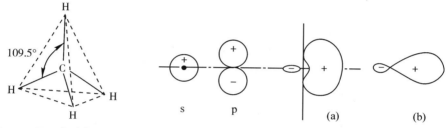

图 6-9　CH_4 分子的空间构型　　　　图 6-10　s,p 轨道与 sp 杂化轨道图像的比较

二、杂化轨道的类型

由杂化轨道理论可知,在同一原子中,只要能量相近的原子轨道均可形成杂化轨道。因此,s,p,d 轨道间可形成轨道的类型很多,如 sp 型杂化、spd 型杂化、dsp 型杂化,sp 型杂化又分成 sp,sp^2,sp^3 杂化。下面仅介绍 sp 型杂化。

1. sp 杂化轨道

1 个 ns 轨道和 1 个 np 轨道组合成的两个杂化轨道叫 sp 杂化轨道。每个 sp 杂化轨道含 1/2 的 s 成分和 1/2 的 p 成分。2 个轨道间的夹角为 $180°$,呈直线型。

例如,$HgCl_2$ 分子的形成中,Hg 原子的价电子构型是 $5d^{10}6s^2$,当它与 Cl 原子相遇时被激发成 $6s^16p^1$,随即发生杂化,生成 2 个新的 sp 杂化轨道,如图 6-11(a)所示。每个 sp 杂化轨道与 Cl 原子的 3p 轨道,以"头顶头"方式重叠,生成两个 σ 键,形成 $HgCl_2$ 分子,如图6-11(b)所示。

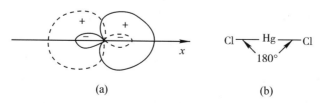

图 6-11　sp 杂化轨道分布与分子的空间构型

$HgCl_2$ 分子的形成过程可表示如下：

2. sp^2 杂化轨道

1 个 ns 轨道和 2 个 np 轨道组合形成的 3 个杂化轨道，叫 sp^2 杂化轨道。每个 sp^2 杂化轨道都含有 1/3 的 s 成分和 2/3 的 p 成分。sp^2 杂化轨道为平面三角形，轨道间的夹角为 120°。

例如，在 BF_3 分子的形成中，B 原子的价电子构型为 $2s^2 2p^1$，在成键时被激发为 $2s^1 2p_x^1 2p_y^1$，随后杂化生成 3 个 sp^2 杂化轨道，如图 6-12(a)所示。3 个 F 原子的 2p 轨道以"头顶头"方式与各杂化轨道的大头重叠生成 3 个 σ 键，得到 BF_3 分子，如图 6-12(b)所示。

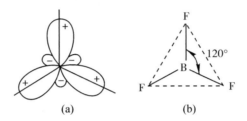

图 6-12　sp^2 杂化轨道的分布与分子的空间构型

BF_3 分子的形成过程可表示如下：

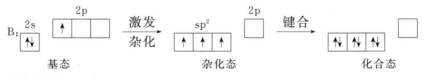

3. sp^3 杂化轨道

1 个 ns 轨道和 3 个 np 轨道组成的 4 个杂化轨道称为 sp^3 杂化轨道。每个 sp^3 杂化轨道都含有 1/4 的 s 成分和 3/4 的 p 成分。sp^3 杂化轨道的图形为正四面体结构，轨道间的夹角为 109.5°，如图 6-13(a)所示。

例如，CH_4 分子的形成过程为

$$C:\ 2s\ \boxed{\uparrow\downarrow}\quad 2p\ \boxed{\uparrow\ |\ \uparrow\ |\ }\quad\xrightarrow[\text{杂化}]{\text{激发}}\quad sp^3\ \boxed{\uparrow\ |\ \uparrow\ |\ \uparrow\ |\ \uparrow}\quad\xrightarrow{\text{键合}}\quad \boxed{\uparrow\downarrow\ |\ \uparrow\downarrow\ |\ \uparrow\downarrow\ |\ \uparrow\downarrow}$$

基态　　　　　　　　　　　杂化态　　　　　　　化合态

在此过程中，C 原子首先被激发成 $2s^1 2p_x^1 2p_y^1 2p_z^1$，然后 2s 轨道与 2p 轨道经过杂化形成 4 个完全相同的 sp^3 杂化轨道。这 4 个杂化轨道的大头指向正四面体的 4 个顶角，分别与 H 原子的 1s 轨道形成 σ 键，得到 CH_4 分子，如图 6-13(b)所示。由于 CH_4 分子中的 4 个 sp^3 杂化轨道完全相同，因而其 4 个 C—H 键的键能、键长及各键之间夹角均相同。

杂化轨道又可分为等性和不等性杂化轨道两种。凡是由不同类型的原子轨道"混合"起来，重新组合成一组完全等同（能量相同、成分相同）的杂化轨道叫等性杂化轨道（Even hybridization）。上述的 $HgCl_2$，BF_3，CH_4 都属于等性杂化。如果杂化轨道中有不参与成键的孤对电子存在，由此造成各杂化轨道不完全等同（即所含的原子轨道成分、夹角、能量不完全相等），这种杂化叫作不等性杂化（Uneven hybridization）。

例如，在 NH_3 分子和 H_2O 分子中，N 和 O 原子都是不等性的 sp^3 杂化。在 NH_3 分子中，N 原子的杂化轨道中有一对孤对电子占据；在 H_2O 分子中，O 原子的杂化轨道中有两对孤对电子占据。由于孤对电子占据的能量较低，所以形成的各 sp^3 杂化轨道的能量不完全相同，且各杂化轨道中含 s 和 p 的成分也略有不同。因此，NH_3 分子中的 N 和 H_2O 分子中的 O 都是不等性 sp^3 杂化。又由于杂化轨道上的孤对电子不参与成键，且离中心原子较近，其电子云在中心原子核

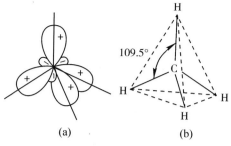

图 6-13　sp^3 杂化轨道的空间分布与分子的空间构型

外占据较大空间，对其他成键电子云产生排斥作用，因而使得键角变得小于正四面体的键角。如图 6-14 所示，H_2O 分子的键角为 $104.5°$，NH_3 分子的键角为 $107.3°$，在 H_2O 分子中，O 原子上有两对孤对电子，它们对成键电子云的排斥力更大，造成 H_2O 分子的键角比 NH_3 的更小，因此，H_2O 的构型（V 形）不同于 NH_3 分子（三角锥形）。

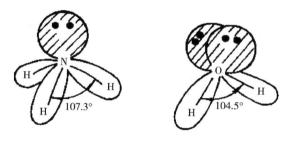

图 6-14　NH_3 分子和 H_2O 分子的空间构型

（有阴影线的表示孤对电子的电子云）

上述由 s 轨道和 p 轨道所形成的杂化轨道和分子的空间构型归纳于表 6-4 中。

表 6-4　一些杂化轨道的类型与分子空间构型

杂化轨道类型	sp 杂化	sp^2 杂化	sp^3 杂化	不等性 sp^3 杂化	
参加杂化的轨道	1 个 ns,1 个 np	1 个 ns,2 个 np	1 个 ns,3 个 np	1 个 ns,3 个 np	
杂化轨道的数目	2 个	3 个	4 个	4 个	
每个杂化轨道的组成	$\frac{1}{2}$s,$\frac{1}{2}$p	$\frac{1}{3}$s,$\frac{2}{3}$p	$\frac{1}{4}$s,$\frac{3}{4}$p	$\frac{1}{4}$s,$\frac{3}{4}$p	
杂化轨道间夹角	180°	120°	109.5°	90°～109.5°	
分子的空间构型	直线形	平面三角形	正四面体	三角锥形	V 形
实例	$HgCl_2$,$BeCl_2$,CO_2,C_2H_2	BF_3,BCl_3,C_2H_4,C_6H_6,石墨	CH_4,SiH_4,CCl_4,金刚石	NH_3,NF_3,PH_3,PCl_3	H_2O,H_2S,OF_2

第三节 分子的极性与极化

共价键的键能、键角以及分子的空间构型等直接关系着物质的性质(特别是化学性质)。原子组成分子后,分子的极性(Molecular polarity)以及分子的极化也与物质的性质密切相关。

一、分子的极性与偶极矩

由共价键结合成的分子,如 HCl 分子,由于键的极性,结果使分子中 H 的一端带部分正电荷,而 Cl 的一端带部分负电荷。为了叙述方便,可以设想分子的正负电荷也像物体的重心那样,各有一个"电荷重心",分别用"＋""－"号表示。凡正、负电荷重心不重合的分子(如 HCl)便是极性分子,如图 6-15 所示。

在极性分子中,正电荷重心的电量 $+q$ 和负电荷重心的电量 $-q$ 的绝对值相等。正、负电荷中心分别形成正、负两极,称为偶极。偶极之间的距离 l 称为偶极长度,参照力学上力矩的概念,电量 q 与距离 l 的乘积叫作偶极矩(Dipole moment,μ),即

$$\mu = ql$$

因 q 取绝对值,故由上式可知,极性分子的 $l>0$,$\mu>0$;非极性分子的 $l=0$,$\mu=0$。

偶极矩可通过实验测定,它是衡量分子(固有)极性强弱的依据,偶极矩越大,分子的极性越强。表 6-5 列出了一些分子的偶极矩数据。

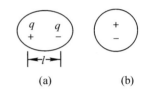

图 6-15 极性分子
和非极性分子
(a)极性分子;(b)非极性分子

表 6-5 若干物质的偶极矩和分子的空间构型

分　子　式		偶极矩 10^{-30} C·m	分子空间构型	分　子　式		偶极矩 10^{-30} C·m	分子空间构型
双原子分子	HF	6.39	直线形	三原子分子	HCN	9.84	直线形
	HCl	3.60	直线形		H_2O	6.14	V 形
	HBr	2.60	直线形		SO_2	5.37	V 形
	HI	1.27	直线形		H_2S	3.14	V 形
	CO	0.40	直线形		CS_2	0	直线形
	N_2	0	直线形		CO_2	0	直线形
	H_2	0	直线形				
四原子分子	NH_3	5.00	三角锥形	五原子分子	$CHCl_3$	3.44	四面体形
	BF_3	0	平面三角形		CH_4	0	正四面体形
					CCl_4	0	正四面体形

分子的极性来源于键的极性,因此,由非极性共价键结合的分子,必然是非极性分子,其 $\mu=0$。

对于极性共价键结合的分子,由表 6-5 可以看到,有的 $\mu=0$,有的 $\mu>0$。再细加考察可以看出,双原子分子是否为极性分子与分子中键有无极性是一致的。而多原子分子中,即使都是由极性共价键结合的,而有的 $\mu>0$,有的却 $\mu=0$。这是为什么呢? 可见除了键的极性之外,还有另

外的因素影响分子是否有极性,那就是分子的空间构型。例如,CO_2 和 H_2O,CO_2 分子中,$C=O$ 键是极性共价键,其分子呈直线形 $O=C=O$,两个 $C=O$ 键的极性完全抵消,使整个分子的正、负电荷重心在碳核上重合,所以 $\mu=0$,是非极性分子。但 H_2O 分子的空间构型不是直线形,而是三角形

$$\underset{H \qquad H}{O}$$

,两个 $O-H$ 键的极性不能抵消,分子的负电荷重心靠近氧原子,正电荷重心则靠近两个 H 原子核连线的中点,整个分子的正、负电荷重心不重合,$\mu>0$,因此是极性分子。

因此,定性地判断多原子分子是否为极性分子时,首先看键有无极性。若键有极性,还要结合分子的空间构型来判断。反之,如果由实验测得 μ 值,也可以结合键的极性来推测某些分子的空间构型。例如 BF_3 和 NH_3,已知 BF_3 的 $\mu=0$,NH_3 的 $\mu>0$,而 $B-F$ 键和 $N-H$ 键都有极性,便可断定前者的空间构型是平面三角形,后者是三角锥形。

二、分子的极化与极化率

分子极性的大小除决定于分子的本性以外,还可受外界电场的影响而发生变化。分子在外界电场的影响下,同性相斥,异性相吸,可使正、负电荷重心发生相应位移,即可使分子发生变形,产生一种偶极叫作诱导偶极。在外电场影响下分子能产生诱导偶极,可使非极性分子转变为极性分子[见图 6-16(a)],使极性分子的极性由固有偶极(无外界电场时已存在的偶极)再加上诱导偶极而变得更大[见图 6-16(b)]。分子在外界电场影响下发生变形而产生诱导偶极的过程叫作分子的极化。

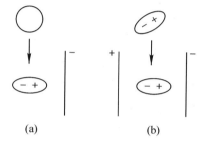

图 6-16 分子在电场中极化
(a)非极性分子 (b)极性分子

分子的极化与分子的变形性(即变形的难易)与外界电场有关。分子变形性越大以及外界电场强度(E)越大,分子极化所产生的诱导偶极($\mu_{诱导}$)也越大,即

$$\mu_{诱导}=\alpha E$$

式中:比例系数 α 为极化率,等于单位电场强度下的诱导偶极矩。α 是衡量分子变形性的基本性质,α 越大,表示分子越易变形而被极化。

在相类似的物质中,可定性地认为极化率随相对分子质量(或电子数)的增大而增大。例如,在稀有气体中从氦到氙,烷烃中从甲烷到乙烷,极化率都增大(见表 6-6)。分子的极化率对于分子间的力有密切的关系(见本章第四节)。

表 6-6 一些物质的极化率 单位:$10^{-40} C \cdot m^2 \cdot V^{-1}$

分子式	极化率	分子式	极化率	分子式	极化率	分子式	极化率
He	0.205	H_2	0.804	HCl	2.63	CO	1.95
Ne	0.396	O_2	1.581	HBr	3.61	CO_2	2.911
Ar	1.641	N_2	1.740	HI	5.44	NH_3	2.81
Kr	2.484	Cl_2	4.61	H_2O	1.45	CH_4	2.593
Xe	4.044	Br_2	7.02	H_2S	3.78	C_2H_6	4.47

第四节　分子间力和氢键

一、分子间作用力(范德华力)

在离子晶体中,离子间是以离子键结合的;在原子晶体中,原子间是通过共价键而结合的。离子键和共价键都是化学键,是原子间比较强的相互作用,键能为 $100\sim800$ kJ·mol^{-1}。除了这些原子间较强的作用力之外,在分子与分子之间还存在着一种较弱的相互作用,即分子间作用力(Inter molecule force,简称"分子间力"),其结合能只有几到几十 kJ·mol^{-1},比化学键键能小一到两个数量级。1873 年,物理学家范德华(van der Waals)在研究气体行为时,首先提出了这种相互作用,因此,通常把分子间力又称为范德华力。分子间作用力一般包括以下 3 个部分。

1. 色散力

当非极性分子相互靠近时,由于每个分子中的电子在不断运动以及原子核的不断振动,经常发生电子云与原子核之间的相对位移,使分子中的正、负电荷重心不重合,从而产生瞬间偶极。这种瞬间偶极也会诱导邻近的分子产生瞬间偶极,于是两个分子可以靠瞬间偶极相互吸引在一起,即瞬间偶极之间处于异极相邻的状态,如图 6-17 所示。这种由于存在"瞬间偶极"而产生的相互作用力称为色散力[①](Dispersion force)。虽然瞬间偶极存在的时间极短,而且方向也不断变化,但上述的异极相邻的状态总是存在的,这样分子间就始终存在着色散力。

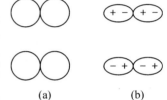

(a)　　　　(b)

图 6-17　非极性分子
相互作用的情况

一般来说,分子的相对分子质量越大,分子所含的电子数越多,分子间的色散力也就越大,即色散力随着相对分子质量增大而增大。

2. 诱导力

当极性分子与非极性分子相互靠近时,分子间除色散力外,还存在诱导力。这是因为极性分子的固有偶极对非极性分子的电子云和原子核要产生吸引或排斥作用,使得非极性分子的正、负电荷重心不重合,发生相对位移,而产生了诱导偶极。这种诱导偶极和极性分子的固有偶极之间所产生的作用力叫作诱导力(Induced force)。与此同时,诱导偶极又作用于极性分子,使其偶极矩进一步增大,从而进一步加强了它们之间的吸引力,如图 6-18 所示。诱导力的本质是静电作用。根据静电理论可知:外电场(此处是分子极性)强度大,分子变形性大,分子间距离小,诱导力就大。

3. 取向力

当极性分子相互靠近时,由于分子的固有偶极之间同极相斥,异极相吸,分子在空间按一定取向排列,相互处于异极相邻的状态,因而产生了分子间引力。这种因极性分子的取向而产生的固有偶极间的作用力称为取向力(Orientation force)。显然,分子的极性越大,分子间的取向力越大。由于取向力的存在,相邻的极性分子更加靠近,它们彼此相互诱导,又使得每个

---

　① 　由于从量子力学中导出这种力的理论公式与光色散公式相似,因此把这种力称为色散力。

极性分子的正、负电荷重心更加偏离（即变形性增大），而产生了诱导偶极，如图 6 - 19 所示。因此，在极性分子之间还存在着诱导力。同时，由于极性分子中的电子与核的相对位移，也产生瞬间偶极，即有色散力存在。

图 6 - 18　极性分子与非极性分子相互作用的情况　　图 6 - 19　极性分子相互作用的情况

　　总之，在非极性分子之间只存在色散力；在极性分子和非极性分子之间存在着色散力和诱导力；在极性分子之间，存在着色散力、诱导力和取向力。其中色散力在各种分子之间都存在，因此具有普遍性。表 6 - 7 列出了一些分子中 3 种分子间作用力的分配情况。

表 6 - 7　一些分子中分子间作用力的分配

分　子	取向力/(kJ·mol^{-1})	诱导力/(kJ·mol^{-1})	色散力/(kJ·mol^{-1})	总作用力/(kJ·mol^{-1})
Ar	0	0	8.493	8.493
H$_2$	0	0	1.674	1.674
CH$_4$	0	0	11.297	11.297
HI	0.025	0.113	25.857	25.995
HBr	0.685	0.502	21.924	23.112
HCl	3.305	1.004	16.820	21.12
CO	0.002 93	0.008 37	8.745	8.756
NH$_3$	13.305	1.548	14.937	29.790
H$_2$O	36.358	1.925	8.996	47.279

　　从表 6 - 7 看出，一般情况下，色散力在分子间力中占的成分比较大，即
$$色散力 \gg 取向力 > 诱导力$$
只有极性很强的分子（如水分子）才是以取向力为主的。

　　分子间力没有方向性和饱和性，比化学键的键能小得多，结合能一般为几十个 kJ·mol^{-1}。分子间力与分子间距离的 7 次方成反比，故其作用的范围比较小，一般在 300～500 pm 范围内较显著。当分子间距离增大时，分子间力迅速减小，当距离大于 500 pm 时，分子间力便可忽略不计。因此，固态时分子间力最大，液态时次之，气态时最小（常忽略不计，可近似当作理想气体对待）。

　　由于分子间力的存在，对共价型分子所组成的物质的一些物理性质有较大的影响。一般讲，对类型相同的分子，其分子间力常随着相对分子质量的增大而变大。分子间力越大，物质

的溶点、沸点和硬度就越高。例如，F_2，Cl_2，Br_2 和 I_2 相对分子质量依次增大，其分子间力（主要是色散力）也依次增大，导致其晶体的熔点、沸点依次升高。因此，在常温下，F_2 是气体，Cl_2 也是气体（但易液化），Br_2 为液体，而 I_2 为固体。稀有气体从 He 到 Xe 在水中溶解度依次增加，也是因为从 He 到 Xe，原子体积逐渐增加，致使水分子与稀有气体间的诱导力依次加大。烷烃（C_nH_{2n+2}）的熔、沸点也随相对分子质量的增大而依次增加，二十（碳）烷的沸点比乙烷的沸点高出 500 多摄氏度。

二、氢键

当气体凝聚成液体或液体凝聚为固体时，都要受到分子间作用力的影响。分子间力越大，液体越不易汽化或固体越不易熔化，即沸点或熔点越高。表 6-8 列出了卤化氢的沸点和熔点。

表 6-8　卤化氢的沸点与熔点

卤化氢（HX）	HF	HCl	HBr	HI
沸点/℃	19.9	−85.0	−66.7	−35.4
熔点/℃	−83.57	−114.18	−86.81	−50.79

其中 HCl，HBr，HI 的沸点、熔点随相对分子质量的增大而升高，这与色散力的一般递变规律是一致的。但是 HF 出现异常现象，其沸点特别高，说明在 HF 分子间除存在范德华力外还存在着其他的作用力（因为液体汽化时需要能量来克服分子间的作用力），这就是氢键（Hydrogen bond）。

氢键是指氢原子与电负性很大的元素原子（如 F，O，N）以共价键结合的同时又与另一个电负性大的元素原子间产生的吸引作用。例如，在 HF 分子中，F 原子的价电子构型为 $2s^2 2p^5$，轨道表示式为

$$\boxed{\uparrow\downarrow}\quad \boxed{\uparrow\downarrow}\boxed{\uparrow\downarrow}\boxed{\downarrow}$$
$$2s\qquad\quad 2p$$

其中，2p 轨道上的一个单电子与 H 原子的 1s 电子配对，形成共价键。由于氟的电负性（4.0）比氢的电负性（2.1）大得多，共用电子对强烈地偏向 F 一边，使 F 显负电性，而 H 显正电性。此时，H 原子核几乎是"裸露"出来的（只剩下原子核）；又由于在 F 原子的外层轨道 2s 和 2p 上还有 3 对孤对电子，因此，H 原子在与 F 原子形成共价键的同时，还会受到另一个 F 原子的外层孤对电子吸引，从而产生了氢键。氢键常用省略点来表示，即

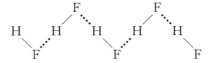

分子间氢键的存在，使 HF 分子之间产生了缔合现象：

$$n\text{HF} \longrightarrow n(\text{HF}) \quad (n=2,3,4,\cdots) \quad 或 (\text{HF})_n$$

即由简单的小分子结合成比较复杂的缔合分子。由上例看出，HF 中的氢键是在分子间形成的。但也有些氢键是在分子内形成的，如邻硝基苯酚中的分子内氢键，即

氢键通常用 X—H⋯Y 式子表示。X 和 Y 代表 F,O,N 等电负性大且原子半径较小的元素原子。X 和 Y 可以是同种元素原子,也可以是不同元素的原子(如 N—H⋯O)。

形成氢键一般要具备如下两个条件:

(1)分子中必须有一个电负性很强的元素的原子与 H 形成强极性键。

(2)分子中电负性大的元素必须是原子半径小且带有孤对电子(如 F,O,N 等)。这是因为氢键与范德华力不同,它有方向性,在可能范围内,氢键要在 Y 原子孤对电子伸展的方向上形成,这样使"裸露"的 H 原子更容易与孤对电子相吸引。

氢键的强弱与 X 和 Y 原子电负性大小及其半径大小有关。X 和 Y 原子的电负性越大,原子半径越小,形成的氢键就越强。例如,在 HF 分子中,F 原子的电负性最大,半径又小,因此形成的氢键最强;在 NH_3 分子中,N 原子的电负性虽大,但原子半径较 F 大些,因而形成的氢键比 HF 的弱一些。氢键的强度可用键能来表示,表 6-9 列出了一些常见氢键的键能和键长。氢键的键能是指将 1 mol X—H⋯Y—R 分解成 X—H 和 Y—R 时所需的能量。氢键的键长是指在 X—H⋯Y 结构中,由 X 原子中心到 Y 原子中心的距离。

氢键就其本质而言,主要是偶极之间的静电作用。氢键的特征是有饱和性、方向性。在 X—H⋯Y 中,在 H 与 Y 形成氢键后,由于 H 的体积很小,结果使得 X 和 Y 彼此靠近,第三个电负性大的原子 Y′因受到 X 和 Y 的斥力而难以接近 H,故一个 X—H 的 H 只能与一个 Y 原子相结合形成一个氢键,此谓氢键的饱和性。同时,为了减少 X,Y 之间的斥力,X—H⋯Y 之间的键角尽可能接近 180°,此即氢键的方向性。

表 6-9　氢键的键能和键长

氢　　　键	键能/(kJ · mol^{-1})	键长/pm	化合物
F—H⋯F	28.0	255	(HF)$_n$
O—H⋯O	18.8	276	冰
N—H⋯F	20.9	266	NH$_4$F
N—H⋯O		286	CH$_2$CONH$_2$
N—H⋯N	5.4	358	NH$_3$

氢键在无机化合物(如水和水合物)及有机化合物(如醇类、有机酸等)中都普遍存在。氢键强烈地影响着这些物质的物理性质,使它们具有较高的熔点、沸点和较低的蒸气压。例如,在 HF,H_2O 和 NH_3 分子中,由于存在着氢键,它们的沸点就比同类其他氢化物高出很多,如图 6-20 所示。但如果是分子内氢键,情况恰好相反,如形成了分子内氢键的邻硝基苯酚熔点为 45℃,而形成分子间氢键的间位和对位硝基苯酚的熔点分别为 96℃ 和 114℃。

此外,物质的溶解性也与分子间作用力和氢键有关,分子间作用力相似的物质易于互相溶解,反之,则难于互相溶解。"相似相溶"是一个简单而实用的经验规律,即分子极性相似的物质易于互相溶解。如 I_2 易溶于苯或 CCl_4,而难溶于水,这主要是由于 I_2、苯和 CCl_4 都是非极性分子,分子间存在相似的作用力(都是色散力);而水为极性分子,分子间除色散力外,还有取向力、诱导力和氢键,要使非极性分子能溶于水中,必须克服水的分子间力和氢键,这就比较困难。低元醇(如甲醇或乙醇)或羧酸(如甲酸或乙酸)等可以任意比例与水互溶,是因为它们能与水分子间形成氢键的缘故。

氢键在生命过程中也有着重要作用,氢键决定着生命体系的结构性质和生理功能。例如:纤维状的蛋白质(蚕丝、毛发、肌肉)是由蛋白质亚单元通过氢键而连接成束的;在 DNA 中遗传密码的碱基对也是通过氢键相连接的,其决定着 DNA 的复制机理。

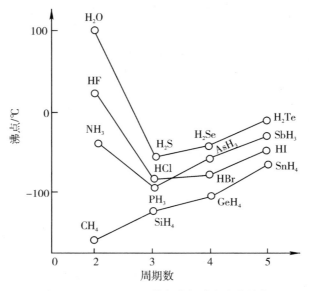

图 6-20 ⅣA～ⅦA族氢化物沸点变化趋势

阅读材料

超分子化学

超分子化学(Supramolecular chemistry)是当代化学研究的一个前沿领域。1987 年的诺贝尔化学奖授予了在超分子化学领域做出杰出贡献的 3 位科学家——美国的 C. J. Pederson,D. J. Cram 和法国的 J. M. Lehn,这标志着化学的发展进入一个新的时代。超分子一词,并非单指个"分子",而是指由许多分子形成的有序体系。Lehn 教授在获奖演说中曾为超分子化学做出如下注释:超分子化学是研究两种以上的化学物种通过分子间力相互作用缔结而成为具有特定结构和功能的超分子体系的科学。换而言之,超分子化学所研究的内容是分子如何利用相互间的非共价键作用,聚集形成有序的空间结构,以及具有这样有序结构的聚集体所表现出来的特殊性质。因此,超分子化学也被称为分子以上层次的化学,是"超越分子概念的化学"。

超分子化学的发展不仅与大环化学(如冠醚、环糊精、环芳烃、C_{60} 等)的发展密切相关,而且与分子自组装(如胶束、DNA 双螺旋等)、分子器件和超分子材料研究息息相关。主客体化学是超分子化学的雏形。1967 年,C. J. Pedersen 发现冠醚(Crown ether)具有与金属离子及烷基伯铵阳离子配位的特殊性质,揭示了分子和分子聚集体的形态对化学反应的选择性起着重要作用。D. J. Cram 基于在大环配体与金属或有机分子的络合化学方面的研究,把冠醚称为主体(Host),把与它形成配合物的金属离子或其他阳离子称为客体(Guest),由此产生了主客体化学 (Host-guest chemistry)这一名称。从本质上看,主客体化学的基本意义源于酶和底物间的相互作用,这种作用常被理解为锁和钥匙之间的相互匹配关系。通常,一个高级结构的分子配位化合物至少是由一个主体部分和一个客体部分组成的。因此,主客体关系实际上是主体和客体分子间的结构互补和分子识别关系。J. M. Lehn 在主客体化学的研究基础上,提出了"超分子化学"的完整概念,引起了人们的广泛兴趣。

长期以来,人们认为分子是体现物质化学性质的最小微粒,主要关注的是原子如何结合形成分子以及分子如何通过化学键的断裂和形成而发生转变。然而,分子一经形成,就处于分子间力的相互作用之中,这种力场不仅制约着分子的空间结构,也影响着物质的性质。随着科学的发展,科学家逐渐发现一些传统分子理论难以解释的现象,如许多复杂的生物化学反应,并非可以由单一的分子来完成,而必须由许多按规律聚集在一起的分子集合体的相互协同作用才能完成。分子通过相互间的非共价键作用,聚集成有序的空间结构,可表现出既不同于单独存在的分子的性质,也不同于无序排列的分子聚集体的性质。

超分子化合物是由主体分子和客体分子之间通过非价键作用而形成的复杂而有组织的化学体系。超分子的形成不必输入高能量,不必破坏原来分子结构及价键,主客体间无强化学键,这就要求主客体之间应有高度的匹配性和适应性,不仅要求分子在空间几何构型和电荷,甚至亲/疏水性的互相适应,还要求在对称性和能量上匹配。这种高度的选择性导致了超分子形成的高度识别能力。如果客体分子有所缺陷,就无法与主体形成超分子体系。由此可见,从简单分子的识别组装到复杂的生命超分子体系,尽管超分子体系千差万别,功能各异,但形成基础是相同的,这就是分子间作用力的协同作用和主客体分子在空间结构上的互补。形成超分子体系的驱动力包括范德华力、氢键、库仑力、亲水/疏水作用等。这些弱相互作用一般比化学键的能量小一至两个数量级,难以依靠它们单独形成稳定的复合物,但是在超分子体系中所产生的加成效应和协同效应,使超分子体系具有自组装的重要特征。而发生在分子之间的选择性结合过程——分子识别,既是分子组装体信息处理的基础,也是组装高级结构的重要途径之一。经过精心设计的人工超分子体系也可具备分子识别、能量转换、选择催化及物质传输等功能。因此,分子识别是超分子化学的研究基础和核心内容之一。

自组装在自然界中的一个典型例子是细胞膜。细胞膜是磷脂分子首先依靠范德华力和疏水作用形成双分子膜骨架,再镶嵌和吸附蛋白质而成的一种复杂而有序的集合体(见图6-21)。它由细胞糖萼、蛋白质-脂层和细胞骨架三部分组成。其中,含蛋白质的脂双层结构起着活性过滤器的功能并参与运动和输送过程。外层细胞糖萼,主要是由结合在其中的糖蛋白和糖脂的寡糖头基组成的,其能决定细胞的表面识别反应。它们在生命过程中发挥着重要作用。

目前,超分子化学已远远超越了原来有机化学主客体化学的范畴,形成了自己独特的概念和体系,如分子识别、分子自组装、超分子器件、超分子材料等,构成了化学大家族中一个颇具魅力的新学科。同时,超分子的思想使得人们重新审视许多传统的但仍具很大挑战的已有学科分支,如配位化学、液晶化学等,并给它们带来了新的研究空间。超分子化学与材料科学、生命科学、物理学和信息科学密切相关,从不同角度揭示分子组装的推动力及调控规律,已经发展成为超分子科学,并成为创造新物质、实现新功能的一种有效的方法。超分子研究已经从基础研究稳步走向高技术的应用,它必将为人类文明的发展做出巨大的贡献。

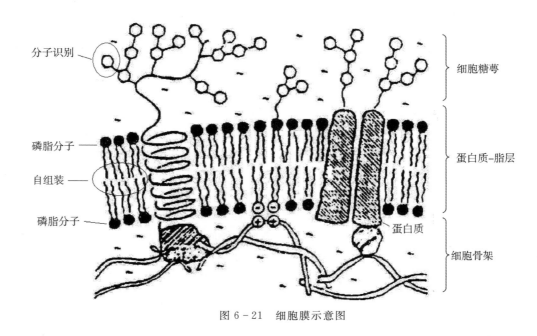

图 6-21　细胞膜示意图

思考题与练习题

一、思考题

1. 价键理论的要点是什么? 元素周期表中哪些元素之间可能形成共价键?

2. 什么叫 σ 键,π 键? 两者有何区别?

3. 什么叫原子轨道杂化? 什么叫等性杂化和不等性杂化? 原子为什么要采取杂化轨道成键?

4. 什么叫作 sp 杂化、sp^2 杂化、sp^3 杂化以及不等性杂化? 试举例说明。

5. 试比较 BF_3 和 NF_3 两种分子结构(如化学键、分子极性和空间构型)。

6. 杂化轨道的类型与分子空间构型的关系有什么规律? 试联系元素周期表简要说明。

7. 为什么 H_2O 分子的键角既不是 $90°$,也不是 $109.5°$,而是 $104.5°$?

8. 键的极性分子的极性是否定全一致? 如何判断共价小分子的极性?

9. 什么叫作偶极矩? 它与什么因素有关?"极性共价键分子的偶极矩必然大于零"这句话对吗? 为什么?

10. 什么是分子的极化率? 它与分子的变形性有何关系? 极化率的大小与什么因素有关?

11. 分子间作用力包括哪几种? 它们是怎样产生的? 一般以哪种作用力为主?

12. 氢键是如何产生的? 对物质的性质有何影响? 氢键与共价键有何区别?

13. 指出下列说法的错误之处：

(1)色散力仅存在于非极性分子之间。

(2)凡是含有氢的化合物的分子之间都能产生氢键。

二、练习题

1. 化学键的极性是如何产生的？根据电负性推测，将下列物质中化学键的极性由小到大依次排列。

$$HCl, NaCl, AgCl, Cl_2, CCl_4$$

2. 试用杂化轨道理论说明下列物质的成键过程并画出分子的几何构型。

(1)$BeCl_2$ 为直线型，键角为 180°；

(2)$SiCl_4$ 为正四面体，键角为 109.5°；

(3)PCl_3 为三角锥形，键角略小于 109.5°。

3. C_2H_4 分子中的原子都在同一平面上，键角约为 120°，试用杂化轨道理论分析成键过程并画出成键示意图。

4. 根据电负性数据指出下列两组化合物中，哪个化合物键的极性最小？哪个化合物键的极性最大？

(1)$NaCl, MgCl_2, AlCl_3, SiCl_4, PCl_5$；

(2)HF, HCl, HBr, HI。

5. 画出下列分子的价键结构式：

$$PH_3, BBr_3, SiH_4, CO_2, HCN, OF_2, SF_6, H_2O_2$$

6. 利用键能计算下列各气体反应过程中能量变化（$\Delta H^{\ominus}$）的近似值。

(1)$H_2 + Cl_2 \Longrightarrow 2HCl$；　　(2)$3Cl_2 + N_2 \Longrightarrow 2NCl_3$；

(3)$C_2H_4 + H_2 \Longrightarrow C_2H_6$；　　(4)$2H_2 + N_2 \Longrightarrow N_2H_4$。

7. 填写下表。

	CH_4	C_2H_4	C_2H_2	H_3COH	CH_2O
碳原子的杂化轨道类型					
分子中 π 键的数目					

8. 指出 $H_3C\!-\!\overset{\parallel}{\underset{O}{C}}\!-\!\overset{\mid}{\underset{H}{C}}\!=\!\overset{\mid}{\underset{H}{C}}\!-\!CH_3$ 中各碳原子是何种杂化轨道。

9. 预测下列分子的空间构型，并指出偶极矩是否为零，是极性分子还是非极性分子。

$$SiF_4, BeCl_2, NF_3, BCl_3, H_2S, HCCl_3$$

10. 根据分子结构和键合原子间电负性差，用 ＝，＜，＞ 等符号定性地比较下列各对分子偶极矩的大小。

(1)HF 与 HCl；　(2)F_2O 与 CO_2；　(3)CCl_4 与 CH_4；　(4)PH_3 与 NH_3；

(5)H_2S 与 H_2O；　(6)BF_3 与 NF_3

11. 光化学烟雾中主要的眼睛刺激物是丙烯醛，其分子中各原子的排布是（下式中只表示各原子连接的次序，并不代表各原子间是单键或双键） $H\!-\!\overset{\mid}{\underset{}{C}}\!-\!\overset{\mid}{\underset{}{C}}\!-\!\overset{\mid}{\underset{}{C}}\!-\!O$ ，试画出其结构式，并指出所有的键角(近似值),画出分子形状的示意图。

12.下列每对分子中哪个分子的极性较强? 简要说明原因。

(1)HCl 与 HI;(2)H$_2$O 与 H$_2$S;(3)NH$_3$ 与 PH$_3$;(4)CH$_4$ 与 SiH$_4$;(5)CH$_4$ 与 CH$_3$Cl;(6)BF$_3$ 与 NF$_3$。

13.12 题(1)~(4)各对分子中哪个分子的极化率较大? 为什么?

14.已知 SF$_6$ 的偶极矩为零,它的分子空间构型应该怎样?

15.指出下列各结构式中所有的键角(各接近什么数值),并指出这些物质的偶极矩是否为零。

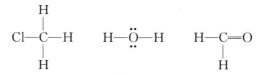

16.试判断下列各组分子间存在哪些分子间力?

(1)Cl$_2$ 和 CCl$_2$;(2)CO$_2$ 和 H$_2$O;(3)H$_2$S 和 H$_2$O;(4)NH$_3$ 和 H$_2$O。

17.常温时第ⅦA 主族的单质 F$_2$ 和 Cl$_2$ 为气体,Br$_2$ 为液体,I$_2$ 为固体,这是为什么?

18.下列每种化合物的分子之间有无氢键存在? 为什么?

(1)C$_2$H$_6$;(2)NH$_3$;(3)C$_2$H$_5$OH;(4)H$_3$BO$_3$;(5)CH$_4$。

19.说明下列每组分子间存在着什么形式的分子间作用力(取向力、色散力、诱导力、氢键)?

(1)苯和 CCl$_4$;(2)甲醇和水;(3)HBr 液体;(4)He 和水。

20.乙醇(C$_2$H$_5$OH)和二甲醚(CH$_3$OCH$_3$)成分相同,但前者的沸点为 78.5℃,后者的沸点为 -23℃,为什么?

21.试分析下列分子间各有哪些作用力(色散力、诱导力、取向力及氢键)?

(1)HCl 分子;(2)He 分子;(3)H$_2$O 分子;(4)H$_2$O 分子和 Ar 分子间;(5)苯和 CCl$_4$ 分子间。

第七章 配位化合物的结构

配位化合物中的化学键理论主要讨论配体个体内部中心原子与配位体原子之间的作用力。目前,讨论这种作用力有三种理论:价键理论、晶体场理论和分子轨道理论(又叫配位场理论)。我们首先介绍价键理论,然后简要介绍晶体场理论,最后讨论配位化合物的异构现象。配位场理论和配合物的应用在本章阅读材料中做简要介绍。

第一节　配合物的价键理论

同一原子内轨道的杂化和不同原子间轨道的重叠构成第六章共价键理论的核心论点。美国化学家鲍林(L. C. Pauling)首先将分子结构的价键理论应用于配合物,后经他人修正补充,逐渐形成了近代的配合物价键理论。该理论认为,配体中的配位原子以其孤对电子"投入"中心离子杂化的空轨道形成所谓的配位键。

一、中心离子的空轨道接受配体的孤对电子形成配位键

过渡元素以及在周期表中靠近该系列的元素,特别是金属元素,它们的离子有空的价层轨道,可用来接受配体所给予的孤对电子,形成配离子。主族元素也可以形成配离子,如 Li^+,Na^+,F^-,Cl^- 等的水合离子,以及 $[Sn(OH)_4]^{2-}$,$[SiF_6]^{2-}$,$[AlF_6]^{3-}$ 等配离子。

电子对给予体通常含电负性较大的元素原子,如 F,O,S,N 等。

常见的单齿配体(含有一个配位原子的配体),如 F^-,Cl^-,Br^-,I^-,OH^-,H_2O,SCN^-,NH_3,CN^-,CO 等,都能提供孤对电子。具有多个潜在连接点的配体称为多齿配体或螯合配体。例如,二齿配体乙二胺($H_2NCH_2CH_2NH_2$,缩写为"en")具有两个连接点,而六齿配体具有六个连接点。由于多齿配体的分子式一般比单齿配体复杂,在配合物分子式的书写中多用缩写。例如,包括"en"(乙二胺,$H_2NCH_2CH_2NH_2$)和"ox"(草酸盐离子,$O_2CCO_2^-$)。

在现代应用中,配合物是任何涉及配体与金属中心配位的物种。配合物可以是阳离子,阴离子或中性分子。配离子或包含配离子的化合物称为配位化合物。传统上,方括号用来括配离子或中性配位化合物的分子式。需要注意的是,配位化合物中的外界(counterions)是不会与中心金属形成共价键的离子,它们只是简单地平衡了配离子的电荷。除了带电荷的外界之外,水合水和被困在固态晶格中但未直接键合到中心金属上的水分子也可算作外界。

$$[Co(NH_3)_6]^{3+} \qquad [CoCl_4(NH_3)_2]^- \qquad [CoCl_3(NH_3)_3] \qquad K_4[Fe(CN)_6]$$

配阳离子 　　　　　配阴离子 　　　　　中性配合物 　　　　　配位化合物

二. 中心离子成键杂化轨道的方向性决定了配离子的空间构型

在配离子中,中心离子的空价层轨道通常是能量相近的 $(n-1)d$, ns, np, nd 轨道。它们在配体的作用下形成杂化轨道。由于杂化轨道具有一定的方向性,因此,配离子也具有一定的空间构型。

配离子的四个最常见的几何形状如图 7-1 所示。

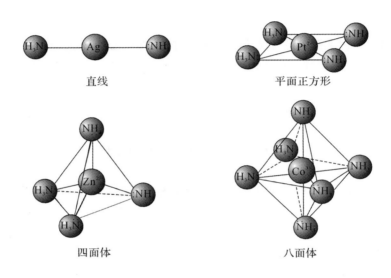

图 7-1 一些配离子的结构

注:NH_3分子通过 N 原子配位。在每个配离子中所有配体都是相同的,因此未观察到这些形状的畸变。

现以 $[Cu(NH_3)_2]^+$ 为例加以说明。

Cu^+ 价层轨道中电子分布为

其中 3d 轨道已全充满,而 4s 和 4p 轨道是空的。每个空轨道可以接受由 NH_3 给予的 1 对孤对电子,共可以接受 4 对孤对电子,以形成最高配位数为 4 的配离子。但 Cu^+ 的配位数通常是 2,这是因为配体的性质(如电荷、半径大小等)也影响配位数的多少。在 $[Cu(NH_3)_2]^+$ 中,Cu^+ 采用 sp 杂化轨道与 NH_3 形成配位键,其电子分布为

由于 sp 杂化轨道的方向是直线形的,故 $[Cu(NH_3)_2]^+$ 的空间构型是直线形的。现将配离子的几种杂化轨道及空间构型列于表 7-1 中。

表 7-1　杂化轨道类型与配合单元空间结构的关系

配位数	杂化轨道	空间结构	实　例
2	sp	直线形	$[Cu(NH_3)_2]^+$，$[Ag(NH_3)_2]^+$
3	sp^2	平面三角形	$[Cu(CN)_3]^{2-}$
4	sp^3	四面体	$[Zn(NH_3)_4]^{2+}$，$[Ni(NH_3)_4]^{2+}$，$[Cu(CN)_4]^{3-}$
	dsp^2 或 spd^2	正方形	$[Ni(CN)_4]^{2-}$，$[Cu(NH_3)_4]^{2+}$
5	dsp^3	三角双锥形	$[Ni(CN)_5]^{3-}$，$[Fe(CO)_5]$
6	d^2sp^3 或 sp^3d^2	八面体	$[Fe(CN)_6]^{3-}$，$[Fe(CN)_6]^{4-}$，$[FeF_6]^{3-}$，$[Co(NH_3)_6]^{3+}$

三、中心离子杂化轨道的类型决定配离子的类型

当中心离子的次外层轨道未完全充满时,形成配离子时可能有两种情况。

第一种,如 Ni^{2+} 与 NH_3 形成的 $[Ni(NH_3)_4]^{2+}$ 电子分布为

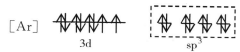

Ni^{2+} 的 8 个 d 电子没有重新分布,仍占据 5 个 3d 轨道,即在等价轨道中未成对电子只有 2 个。而 Ni^{2+} 的 4s 和 4p 空轨道杂化组成 4 个 sp^3 杂化轨道,这种杂化轨道的空间几何构型为正四面体。中心离子仍保持其原来的电子构型,配位体的孤对电子只进入外层轨道,这样形成的配位键成为外轨(Outer orbital)(型)配键,对应的配离子叫作外轨型配离子。

第二种,如 Ni^{2+} 与 CN^- 形成的 $[Ni(CN)_4]^{2-}$ 电子分布为

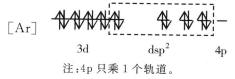

注:4p 只乘 1 个轨道。

Ni^{2+} 在配位体 CN^- 的影响下,2 个未成对的 3d 电子进行重新分布,2 个电子成对,空出 1 个 3d 轨道,这 1 个 3d 轨道和 1 个 4s 轨道及 2 个 4p 空轨道进行杂化组成 4 个 dsp^2 杂化轨道,这种杂化轨道的空间几何构型为平面正方形。中心离子的电子构型发生改变,未成对电子配对,配体的孤对电子进入中心的内层空轨道,这样形成的配位键为内轨(Inner orbital)(型)配键,对应的配离子叫作内轨型配离子。

在配离子 $[FeF_6]^{3-}$ 和 $[Fe(CN)_6]^{3-}$ 中,中心离子 Fe^{3+} 分别以 sp^3d^2 和 d^2sp^3 杂化空轨道与配体成键,因此这类杂化轨道的空间几何构型均为八面体,但是 $[FeF_6]^{3-}$ 是属于外轨型配离子,而 $[Fe(CN)_6]^{3-}$ 属于内轨型配离子。

由于内轨型配离子用了内层 $(n-1)d$ 轨道,而 $(n-1)d$ 轨道能量低于 nd 轨道,因此,由 $(n-1)d$ 轨道参与所组成的杂化轨道的配位键比用 nd 轨道组成的杂化轨道配位键要强。这样,相同氧化数的同一金属离子(如 Fe^{3+}),当形成相同配位数的配离子时,如 $[FeF_6]^{3-}$ 和 $[Fe(CN)_6]^{3-}$,它们的稳定性是不同的,一般是内轨型配离子 $[Fe(CN)_6]^{3-}$ 比外轨型配离子 $[FeF_6]^{3-}$ 稳定。在溶液中,前者比后者较难解离。而且,一般内轨型配合物的配位键具有共价键性质,而外轨型配合物的配位键具有离子键性质,但在本质上两者均属于共价键范畴(见

表 7 - 2)。

表 7 - 2 外轨配合物和内轨配合物举例

中心原子	配合物	相关轨道电子数*				杂化类型
		3d	4s	4p	4d	
Ag^+	$[Ag(NH_3)_2]^+$	**10**		2	2		sp
Cu^+	$[Cu(NH_3)_2]^+$	**10**		2	2		sp
Cu^+	$[Cu(CN)_4]^{3-}$	**10**		2	6		sp^3
Cu^{2+}	$[Cu(NH_3)_4]^{2+}$	**8**	+ 2	2	4+1**		dsp^2
Zn^{2+}	$[Zn(NH_3)_4]^{2+}$	**10**		2	6		sp^3
Cd^{2+}	$[Cd(CN)_4]^{2-}$	**10**		2	6		sp^3
Fe	$[Fe(CO)_5]$	**8**	+ 2	2	6		dsp^3
Fe^{3+}	$[FeF_6]^{3-}$	**5**		2	6	4	sp^3d^2
Fe^{3+}	$[Fe(CN)_6]^{3-}$	**5**	+ 4	2	6		d^2sp^3
Fe^{2+}	$[Fe(CN)_6]^{4-}$	**6**	+ 4	2	6		d^2sp^3
Fe^{2+}	$[Fe(H_2O)_6]^{2+}$	**6**		2	6	4	sp^3d^2
Mn^{2+}	$[MnCl_4]^{2-}$	**5**		2	6		sp^3
Mn^{2+}	$[Mn(CN)_6]^{4-}$	**5**	+ 4	2	6		d^2sp^3
Cr^{3+}	$[Cr(NH_3)_6]^{3+}$	**3**	+ 4	2	6		d^2sp^3

* 黑体数字表示电子来自中心原子,"+"号后的数字表示电子来自配位原子;

** 由 3d 激发而来的这个电子所在的 4p 轨道不参与杂化。

配合物是内轨型还是外轨型,主要决定于中心离子的电子层结构、电荷的多少和配位原子的电负性大小。一般来说:具有 d^{10} 构型的离子只能形成外轨型配离子;具有 d^8 构型的离子如 Ni^{2+},Pt^{2+} 等,在多数情况下形成内轨型配离子;具有其他构型的离子,形成两种类型的配离子都有可能。中心离子电荷多有利于形成内轨型配离子。电负性较大的配位原子(如 F 等),大多与中心离子形成外轨型配离子;电负性较小的配位原子,如 C(CN^-,CO 等),与中心离子形成内轨型配离子。

价键理论对配合物的形成、空间构型以及中心离子的配位数等都能做出较好的说明,但也有其局限性。例如,它不能解释内轨型配合物中心离子的电子为什么要重新分布,以及由于 d 电子数不同,所形成的配合物的稳定性不同的规律;也不能解释配离子的颜色等。从原则上看,当形成配位键时,中心离子与配位体必须发生相互影响,而不同的中心离子与配位体之间,这种影响强弱必然不同,使原子内轨道的能级和方向发生不同的变化,因而配离子的性质也就有所不同了。

第二节 晶体场理论和配合物的磁性

晶体场理论(Crystal Field Theory,CFT)是一种改进了的静电理论,该理论将配位体看作是点电荷或偶极子,除考虑配位体阴离子负电荷或者极性分子偶极子负端与中心离子正电荷间的静电引力外,还着重考虑配位体上述电性对中心原子 d 电子的静电排斥力,即着重考虑中心离子 5 个价层 d 轨道在配位体电性作用下产生的能级分裂。

一、八面体晶体场能级分裂

我们仅以八面体场(中心离子处于以八面体方式排布的 6 个配位原子的中心位置)为例说明 d 轨道能级分裂的情况。

自由原子(离子)中 5 个 d 轨道为等价轨道[见图 7-2(a)]。如果将其置于带负电荷的球壳形均匀电场中心,均匀的排斥力使其能级同等程度地升高,即能级升高而不分裂[见图 7-2(b)]。然而,6 个相同的配位体从八面体顶角的方向接近中心原子,配位体负电荷或者偶极负电产生的电场显然不具有球壳对称性。如果限定 6 个配位体从 x, y, z 坐标轴方向接近中心原子,d_{z^2} 和 $d_{x^2-y^2}$ 轨道在这种情况下处于"首当其冲"的位置,d_{xy}, d_{yz}, d_{zx} 轨道则不与配位体正面相撞。这意味着在假定的平均电场中轨道能级[见图 7-2(b)]将发生分裂:由于受到较强的排斥力,迎头相撞的两条轨道能级从原有状态升高;又由于平均电场保持不变(使 5 个 d 轨道的总能量不变),必然伴随着 d_{xy}, d_{yz} 和 d_{zx} 轨道能级下降[见图 7-2(c)]。晶体场理论中将分裂后能级较高的一组等价轨道,即 d_{z^2} 和 $d_{x^2-y^2}$ 轨道叫 e_g 轨道,而将分裂后能级较低的一组等价轨道,即 d_{xy}, d_{yz} 和 d_{zx} 轨道叫 t_{2g} 轨道。两组轨道间的能量差叫作八面体晶体场的分裂能,用符号 $10Dq$ 或 Δ_o 表示:

$$10Dq = \Delta_o = E(e_g) - E(t_{2g})$$

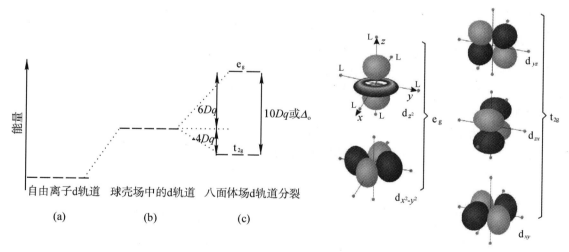

图 7-2 d 轨道在八面体场中的分裂情况示意图

二、弱场配体和强场配体

分裂能在数值上相当于一个电子由 t_{2g} 轨道跃迁至 e_g 轨道所吸收的能量,该能量可通过光谱实验测得(见例 7-1)。不同配位体所产生的分裂能不同,因而分裂能是配位体晶体场强度的量度。根据光谱实验数据结合理论计算归纳出若干配位体配体场强弱的顺序叫光谱化学序列(spectrochemical series),排列如下:

$$I^- < Br^- < Cl^- < F^- < OH^- < C_2O_4^{2-} < H_2O < SCN^- < NH_3 < en < SO_3^{2-} < phen <$$

$NO_2^- < CN^- < CO$

对不同的中心原子而言,该顺序可能略有变化。序列前部的配位体(大体以 H_2O 为界)是弱场配体,序列后部的配位体(大体以 NH_3 为界)是强场配体。

三、高自旋配合物和低自旋配合物

下面用晶体场理论讨论配合物中心原子 d 轨道的分布。

Co^{3+} 含有 6 个 d 电子,为 d^6 组态离子。正如图 7-3 所示的那样,$[CoF_6]^{3-}$ 配离子和 $[Co(NH_3)_6]^{3+}$ 配离子中 6 个 d 电子选择了不同的排布方式。

图 7-3 d^6 组态过渡金属离子的电子排布图

(a)$[CoF_6]^{3-}$ 中的 Co^{3+}; (b)$[Co(NH_3)_6]^{3+}$ 中的 Co^{3+}

根据能量最低原理,前 3 个电子应分别填入 3 个 t_{2g} 轨道且自旋平行,第 4、第 5 个电子就面临选择了。填入 t_{2g} 轨道需要克服所谓的成对能(Pairing energy),通常用符号 P 表示,可将成对能理解为轨道上已有电子对将要进入电子的排斥力。填入 e_g 轨道则需要克服分裂能,选择显然决定于 P 和 Δ_o 的相对大小。如果将这两种情况下的成对能看作是定值,选择也就决定于分裂能的大小了。F^- 是个弱场配体,$[CoF_6]^{3-}$ 中 Co^{3+} 的分裂能小于成对能,电子进入 e_g 轨道;NH_3 的配位场强度比 F^- 大得多,使得 $[Co(NH_3)_6]^{3+}$ 中 Co^{3+} 离子的分裂能大于成对能,电子进入 t_{2g} 轨道与轨道中原有的单电子配对。两种排布代表了两种电子自旋状态,含有单电子数较多的配合物叫高自旋配合物,不存在单电子或者含有单电子数少的配合物叫低自旋配合物。通过对比不难发现,高自旋配合物、低自旋配合物分别对应于价键理论中的外轨型配合物和内轨型配合物。

与 d^6 组态相似,d^4,d^5,d^7 组态过渡金属离子也都会面临两种选择,形成对应的高自旋或低自旋的配合物。$d^1 \sim d^3$ 及 $d^8 \sim d^{10}$ 组态的离子只能有一种排布。图 7-4 所示为 d^3 和 d^8 组态各自唯一的排布方式。

图 7-4 配合物中 d^3 和 d^8 组态过渡金属离子的电子排布图

(a)d^3 组态; (b)d^8 组态

四、晶体场稳定化能

不论是形成高自旋还是低自旋,配合物都处于最有利的能量状态。前面讨论中引入平均电场的概念,是为了说明在能级分裂过程中不存在总能量的得失,一组轨道(t_{2g} 轨道)能量的降低必然等于另一组轨道(e_g 轨道)能量的升高:

$$2E(e_g) + 3E(t_{2g}) = 0$$

由于

$$E(e_g) - E(t_{2g}) = \Delta_o$$

联立求解得

$$E(e_g) = +0.6\,\Delta_o \quad (6Dq)$$
$$E(t_{2g}) = -0.4\,\Delta_o \quad (-4Dq)$$

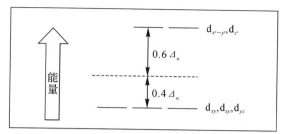

相对于 d 轨道的平均能量,两组轨道的能量不相等。其物理意义是,t_{2g} 轨道上填入一个电子相应于增加 $0.4\Delta_o$ 的稳定能,e_g 轨道上填入一个电子相应于减少 $0.6\Delta_o$ 的稳定能。由 d 轨道分裂而产生的这种额外稳定能叫晶体场稳定化能(Crystal Field Stabilization Energy,常简写为 CFSE)。图 7-3 和图 7-4 所示中 4 种组态的 CFSE 分别为

d^3：$\quad$ CFSE $= [3 \times (-0.4\Delta_o)] = -1.2\Delta_o$

d^8：$\quad$ CFSE $= [6 \times (-0.4\Delta_o) + 2 \times (0.6\Delta_o) + 3P] = -1.2\Delta_o + 3P$

d^6(高自旋)：$\quad$ CFSE $= [4 \times (-0.4\Delta_o) + 2 \times (0.6\Delta_o) + P] = -0.4\Delta_o + P$

d^6(低自旋)：$\quad$ CFSE $= [6 \times (-0.4\Delta_o) + 3P] = -2.4\Delta_o + 3P$

比较 d^6 组态的两种排布,低自旋的 CFSE 大于高自旋的,其配合物应当更稳定。许多有名的 Co^{3+} 配合物都是低自旋配合物,6 个 d 电子成对地填充在 t_{2g} 轨道上。它们都是十分稳定的反磁性配合物,$[Co(NH_3)_6]Cl_3$ 在高达 $200\,℃$ 的温度下也不失去 NH_3,在热的浓盐酸中重结晶时也不分解。

【例 7-1】　$[Ti(H_2O)_6]^{3+}$ 的吸收光谱如图 7-6 所示,试计算配合物的晶体场分裂能和稳定化能。

解：(1)由光谱图上得到分裂能 Δ_o。$[Ti(H_2O)_6]^{3+}$ 为八面体配合物,中心离子 3d 轨道在 H_2O 分子的八面体场中分裂为 2 个高能 e_g 轨道和 3 个低能 t_{2g} 轨道。分裂能等于图上最大吸收对应的波数(波长的倒数,单位为 cm^{-1})。

$$\Delta_o = 20\ 300\ cm^{-1}$$

(2)求算 CFSE。Ti^{3+} 为 d^1 组态离子,唯一的 d 电子填入 3 个 t_{2g} 轨道之一,因而

$$CFSE = 1 \times (-0.4\Delta_o) = -8\ 120\ cm^{-1}$$

乘以换算因子 $1\ kJ \cdot mol^{-1}/83.6\ cm^{-1}$,得到以常用能量单位表示的数值：

$$CFSE = -8\ 120\ cm^{-1} \times 1\ kJ \cdot mol^{-1}/83.6\ cm^{-1} = -97.1\ kJ \cdot mol^{-1}$$

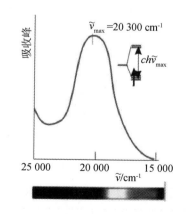

图 7-6　$[Ti(H_2O)_6{}^{3+}]$ 的吸收光谱

即由于 d 轨道分裂造成 97.1 kJ·mol^{-1} 的能量降低,结果使体系更稳定。

五、配合物的颜色与 d—d 跃迁

晶体场论令人满意地解释了过渡金属配合物的颜色。d 能级的晶体场分裂产生了能量差 Δ_o,这说明了配离子的颜色。在光学中两种色光以适当的比例混合而能产生白光时,则这两种颜色就称为"互补色"。色彩中的互补色有红色与青色互补、蓝色与黄色互补、绿色与品红色互补等。电子从能量较低的 d 轨道跃迁到较高的 d 轨道会吸收白光中的特定成分。从白光中减去这种颜色就留下了互补色,因此透过光是彩色的。

含有 $[Cu(H_2O)_4]^{2+}$ 的溶液在光谱的黄色区域(约 580 nm)吸收最强,透射光的波长对应蓝色。因此,铜(Ⅱ)化合物的水溶液通常具有特征性的蓝色。在高浓度的 Cl^- 存在下,铜(Ⅱ)形成配离子 $[CuCl_4]^{2-}$,该物质在光谱的蓝色区域吸收很强,透射的光是黄色,溶液的颜色也是黄色。另一个例子是 $[Ti(H_2O)_6]^{3+}$,它的最大吸收波数为 20 300 cm^{-1},白色可见光通过该离子的水溶液时与该波数相对应的蓝绿光(波长约为 500 nm)被吸收,肉眼看得见的紫色透射光和反射光即蓝绿光的互补色。

六、解释配合物的磁性

晶体场理论还用来解释配合物的磁性质。对自由离子磁矩的贡献来自电子的轨道角动量和自旋角动量。在某些情况下,由于电子与环境之间的相互作用,配合物中金属离子的轨道角动量猝灭,可以认为只有自旋角动量在起作用。配合物的磁矩 μ 可由理论计算,磁矩与未成对电子数 n 之间具有如下关系式:

$$\mu = \sqrt{n(n+2)}\,\mu_B$$

式中:μ_B 为波尔磁子($1\mu_B = 9.274 \times 10^{-24}$ A·m^2)。磁矩也可由磁力天平进行实验测定。

表 7-3 中计算结果与实验结果的一致能够说明晶体场理论的成功。

表 7-3　配合物磁矩与未成对电子数的关系

中心离子	n(未成对电子数)	μ/μ_B(计算值)	μ/μ_B(实验值)
Ti^{3+}	1	1.73	1.7～1.8
V^{3+}	2	2.83	2.7～2.9
Cr^{3+}	3	3.87	3.8
Mn^{3+}	4	4.90	4.8～4.9
Fe^{3+}	5	5.92	5.9

【例 7-2】　实验测得某 Co^{2+} 八面体配合物的磁矩为 $4.0\mu_B$,试推断 d 电子的排布方式。

解:配合物中 Co^{2+} 为 d^7 组态,两种可能的排布为 $t_{2g}^5 e_g^2$ 和 $t_{2g}^6 e_g^1$。前一种为含有 3 个未成对电子的高自旋排布,后一种为含有 1 个未成对电子的低自旋排布。由于实验磁矩接近 3 个未成对电子,理论上算得的自旋磁矩 $3.87\mu_B$ 而与 1 个电子算得的结果 $1.73\mu_B$ 相去甚远,不难推断 d 电子采取高自旋排布。

第三节　配位化合物的异构现象

异构体(isomer)是具有相同分子式但结构和性质不同的物质。与无机化合物相比,有机化合物的数目多得多,原因之一在于后者形成多种异构体。异构现象也是配位化合物的一个重要特征。人们已经在配离子和配合物中发现了几种异构现象,这些异构体大致可以分成两大类(结构异构和立体异构)、五亚类(电离异构、配位异构、键合异构、几何异构和旋光异构)。图7-7示出它们之间的关系。

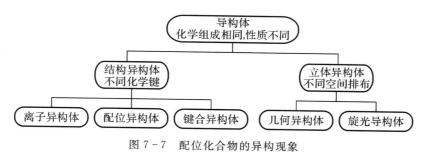

图 7-7　配位化合物的异构现象

一、结构异构现象

结构异构体(structural isomers)是指配位实体的基本结构或者结构中配位键类型不尽相同的异构体,它目前包括离子异构体、配位异构体和键合异构体三个亚类。

1. 离子异构体(ionization isomers)

分子式相同的两个配合物$[Cr(NH_3)_5SO_4]Cl$ 和$[CrCl(NH_3)_5]SO_4$具有相同的中心金属(Cr^{3+})和 5 个相同的配体(NH_3)。其结构的不同之处在于第 6 配体和外界的离子发生了交换,因而配位实体和电荷都不相同。再例如著名化合物$CrCl_3·6H_2O$。该化合物存在三种常见异构体:紫色的$[Cr(H_2O)_6]Cl_3$,绿色的$[Cr(H_2O)_5Cl]Cl_2·H_2O$ 和绿色的$[Cr(H_2O)_4Cl_2]Cl·2H_2O$。第一个化合物的配位实体中存在 6 个 Cr—O 配位键,第二个化合物中存在 5 个 Cr—O 配位键和 1 个 Cr—Cl 配位键,第三个化合物中则存在 4 个 Cr—O 配位键和 2 个 Cr—Cl 配位键。

2. 配位异构体(coordination isomers)

当配合物由复杂的阳离子和复杂的阴离子组成时,可能会出现与刚才描述的类型有些相似的情况,配体可以在两个配离子之间以不同的方式分布。例如,配合物$[Co(NH_3)_6][Cr(CN)_6]$和配合物$[Cr(NH_3)_6][Co(CN)_6]$。在本章介绍的配合物异构体的 5 个亚类中,离子异构和配位异构是配位实体化学组成发生变化的两种异构现象。

3. 键合异构体(linkage isomers)

键合异构体是指一种配体以不同方式配位于中心金属的异构体。能形成键合异构体的配体是两可配体。

例如,亚硝酸根离子(NO_2^-)以氮原子配位时生成硝基配合物$[Co(NO_2)(NH_3)_5]^{2+}$[见图7-8(a)],以氧原子配位时则形成亚硝基配合物$[Co(NH_3)_5(ONO)]^{2+}$[见图 7-8(b)]。SCN^-离子也是个两可配体,以 S 原子为配位原子时叫硫氰酸根配体,以 N 原子为配位原子时叫异硫氰酸根配体。前一种方式（M—SCN）形成的配合物叫硫氰酸根配合物，后一种方式（M—NCS）形成的配合物叫异硫氰酸根配合物。

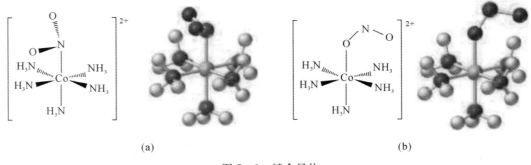

图 7-8　键合异构

(a)五氨一硝基合钴(Ⅲ)；　(b)一亚硝基五氨合钴(Ⅲ)

二、立体异构现象

立体异构体(stereoisomers)中存在同样类型和同样数目的化学键，区别在于化学键的空间排布方式不同。它是配合物最重要的一类异构现象，包括几何异构体(geometric isomers)和旋光异构体(optical isomerism)两个亚类。

1.几何异构体

以平面四方形配合物$[PtCl_2(NH_3)_2]$为例，图 7-9 给出了它的两个几何异构体。同种配体相互为邻的异构体叫顺式异构体，在化学式前加"*cis* -"标记。同种配体对角相望的异构体叫反式异构体，在化学式前加"*trans* -"标记。这个配合物的顺势异构体叫顺铂(cisplatin)，是一种重要的治癌临床药物，其反式异构体则不具抗癌活性。两个异构体同样都含 2 个 Pt—Cl 和 2 个 Pt—N 配位键，但两类键的空间排布却不同。同类配位键在顺式化合物中相互为邻，在反式化合物中则处于对角位置。

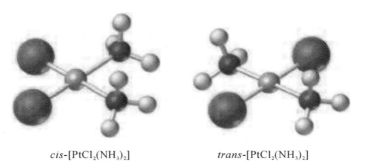

cis-[PtCl₂(NH₃)₂]　　　　*trans*-[PtCl₂(NH₃)₂]

图 7-9　$[PtCl_2(NH_3)_2]$的几何异构

八面体配合物也会出现几何异构现象，图 7-10(a)(b)分别是四氨二氯合钴离子的顺式和反式异构体，两个化合物具有不同的颜色，他们的盐在水中的溶解度也不同。

如果在图 7-10(a)中用第 3 个 Cl^- 代替 1 个 NH_3 配体，则存在两种可能性。如果 Cl^- 的取代位置是八面体结构的顶部或底部，则结果是三个 Cl^- 离子出现在八面体的同一面上，这称

为 *fac*（面式）异构体。如果第 3 个 Cl^- 配体与其他 2 个 Cl^- 配体都位于围绕八面体的周界线或子午线上,则称为 *mer*（子午）异构体（见图 7-11）。

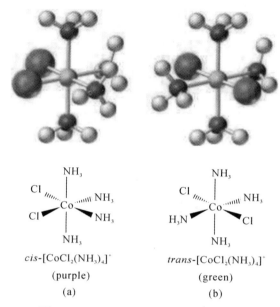

cis-[CoCl₂(NH₃)₄]⁺   trans-[CoCl₂(NH₃)₄]⁺

cis-[CoCl$_2$(NH$_3$)$_4$]$^+$ *trans*-[CoCl$_2$(NH$_3$)$_4$]$^+$

（purple）   （green）

（a）   （b）

图 7-10　八面体配合物的顺反异构

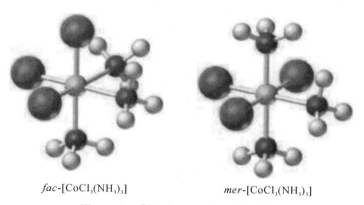

fac-[CoCl$_3$(NH$_3$)$_3$]   *mer*-[CoCl$_3$(NH$_3$)$_3$]

图 7-11　[CoCl$_3$(NH$_3$)$_3$]的几何异构

四面体配合物不存在顺反异构现象,这是因为四面体所有顶角相互为邻。

2. 旋光异构体

旋光异构体是另一类立体异构体。旋光异构体的溶液能使偏振光的偏振面发生旋转。使偏振面向右旋转的异构体是右旋体,在化学式前加"d-"或"dextro-"标记（拉丁字 dexter 意为右）。使偏振面向左旋转的异构体是左旋体,在化学式前加"l-"或"levo-"标记（拉丁字 laevus 意为左）。

一对旋光异构体互为镜像,因而叫作对映体（enantiomers）。对映体彼此无法重叠（non-superimposable）,它们之间的关系类似于人的左右手的关系。从镜中观察自己的左手,镜像与右手完全相同,但你的双手是不能彼此重叠的。$[Co(en)_3]^{3+}$配离子是个很好的例子,如图7-12所示。具有对映体的分子或者离子叫手性分子(chiral molecule)或手性离子。

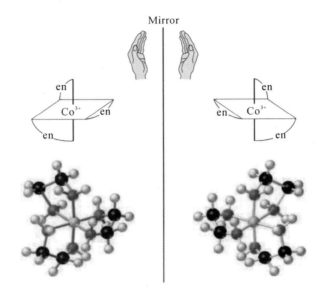

图7-12　$[Co(en)_3]^{3+}$配离子的旋光异构体

　　左旋和右旋异构体的大多数物理和化学性质都相同,差别仅显示在手性环境中。例如在手性酶存在时,一个旋光异构体可能发生酶催化反应,另一个则完全不反应。其结果是,一个异构体可能在人体酶的催化下产生某种生理效应,它的对映体则产生不同的效应,或者不产生任何效应。例如烟草中的左旋尼古丁的毒性要比人工合成出来的右旋尼古丁大得多。又如,治疗震颤性麻痹症的特效药 L-dopa(二羟基苯基-L-丙氨酸),它的右旋异构体 D-dopa 却无任何生理活性。

　　旋光活性物质的实验室合成通常不具备手性化学环境,只能得到等量左旋和右旋异构体。等量左旋和右旋异构体的混合物是外消旋混合物(racemic mixture)。这种混合物不能使偏振光发生旋转,因为两种异构体的旋转效果相抵消。为了分离其中的两种异构体,需要将混合物置于手性环境中。例如手性酒石酸根阴离子可以用来分离$[Co(en)_3]Cl_3$外消旋混合物。这种操作叫对映体拆分。

阅读材料

一、配位场理论

　　配位场理论(Coordination field theory)是说明和解释配位化合物的结构和性能的理论。在有些配合物中,中心金属(通常也称中心离子或原子)周围被按照一定对称性分布的配位体所包围而形成一个结构单元。配位场就是配体对中心金属作用的静电势场。由于配位体有各种对称性排布,遂有各种类型的配位场,如四面体配合物形成的四面体场,八面体配合物形成的八面体场等。

　　配位场理论是晶体场理论的发展,它的实质是配位化合物的分子轨道理论。在处理配体所产生的电场作用下的中心金属原子轨道能级变化时,以分子轨道理论方法为主,采用类似的原子轨道线性组合等数学方法,根据配位体场的对称性进行简化。描述配合物分子状态的主要是金属 M 的价层电子波函数 Ψ_M 与配体 L 的分子轨道 Ψ_L 组成离域分子轨道:

$$\Psi = c_M \Psi_M + \sum c_L \Psi_L$$

式中:Ψ_M 包括金属 M 中的 $(n-1)d, ns, np$ 等价层轨道;$\sum c_L \Psi_L$ 可看作是配体的群轨道。

有效形成分子轨道要满足对称性匹配、轨道最大重叠和能级高低相近。

例如,对于 ML6 的八面体配合物,中心金属的一个 s、三个 p 和两个 d 原子轨道与 6 个配体的 σ 轨道结合,组成 6 个 σ 成键轨道和 6 个 σ* 反键轨道。过渡金属的 d 电子则处于 t_{2g} 非键轨道或部分在弱反键 e 轨道上。另外,配体可能进一步提供 p 轨道,与中心离子 t_{2g} 轨道形成 π 成键和 π* 反键轨道(见图 7-13)时,中心离子的 s,p,d 轨道和配位体的 σ 轨道都按八面体对称性分为单重、双重和三重简并轨道 a1g, eg,t1u。相同对称性的中心金属离子的原子轨道和配体 σ 轨道组合为分子轨道,其分子轨道组合形式和能级次序如图 7-13 所示。如果把配合物分子的价电子按以上能级图依序填入,可得配合物的电子组态。金属离子原子轨道和配体轨道对其分子轨道组成的贡献不一定是等同的。如果配体轨道贡献大,则占据该分子轨道的电子主要体现配体的性质;反之,则体现金属离子的性质。

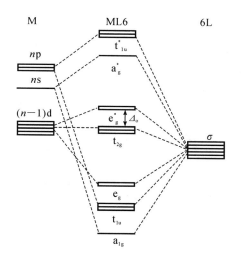

图 7-13　ML6 配合物的分子轨道组合形式

分子轨道理论解释配合物的电荷迁移光谱十分成功,在处理配合物结构和说明它的物理性质、化学性质上比晶体场理论略高一筹。20 世纪 50 年代以后,对配合物进行了大量的分子轨道理论计算,采用了非经验的自洽场从头算和 xα 方法以及半经验的全略微分重叠、间略微分重叠等量子化学计算方法。

随着无机和有机配合物合成的日益增多和各种结构与性能的研究,配位场理论不断发展,成为近代重要的化学键理论之一,是理论物理和理论化学的一个重要分支。它在解释配位化合物的结构与性能关系、催化反应机理,激光物质的工作原理以及晶体的物理性质等方面都得到广泛的应用。

二、氮的固定

农业生产需要大量的氮肥,空气中的氮是氮丰富的天然资源,但它不能直接被植物吸收,必须将它转变为氨或铵盐(即所谓固定氮)才能为植物所吸收。目前,固定氮的工业生产是在高温、高压的苛刻条件下,还要用催化剂来合成氨。生物圈中不是采用的该途径,而是采取了一条全然不同,而且更为迂回复杂的路线合成氨。

各种固氮微生物之所以具有奇特的固氮本领,最根本的原因是它们都有固氮酶作为固氮反应的生物催化剂。生物固氮以 ATP 为还原剂,相关的还原半反应可表示为

$$N_2 + 16MgATP + 8e^- + 8H^+ \longrightarrow 2NH_3 + 16MgADP + 16P_i + H_2$$

式中:P_i 代表无机磷酸盐。该过程诱人的特征在于,发生在常温常压下,各种豆科植物(如三叶苜蓿、紫苜蓿、菜豆、豌豆等)根瘤里的根瘤菌,以及其他一些菌类和蓝绿藻都具有在常温常压下将 N_2 转化为 NH_3 的能力。

人们至今仍不了解固氮机理的详情,但已确知固氮酶涉及铁-硫蛋白和钼-铁-硫蛋白。生物化学家分离出了该催化过程中含金属的辅酶,生物无机化学家则制备了具有活性部位的多种模型化合物。取得的一个重要突破是获得了辅酶 $MoFe_7S_8$[见图 7-14(a)]和与之相关的"P"簇合物[1][见图 7-14(b)]晶体并测定了 X 射线结构[2],后者是由硫桥连接起来的 4Fe4S 簇。

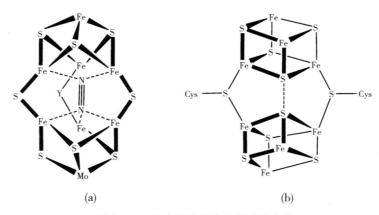

(a)   (b)

图 7-14　具有活性部位的模型化合物

(a)固氮酶中的 $MoFe_7S_8$(N_2 不是 X 射线衍射实验的结果,但放在图上的位置可以填补结构中存在的空位);

(b)是与(a)相关的 Fe_8"P"簇

人们推测 N_2 可能按图 7-14 所示的那种方式与该簇的某种更强的还原态相键合,N_2 被还原的同时与质子相加合。人们对该过程的了解还是极为肤浅的,事实上还不确知 N_2 是否是以这种奇特的方式键合的。然而,新的结构数据无疑为活性部位提供了比以前各种模型更为明确的模型,而且与金属发生的多部位键合能够促进 N_2 还原的概念在金属有机化学中能找到间

---

① 簇合物,可简称为簇,一般是指以 3 个或 3 个以上原子的多面体或"笼"为核心,连接一组外围原子或配体而形成的化合物。从定义来看,簇合物是相当广泛的,核心原子可以属于主族也可以是过渡金属。

② M. K. Chan, J. Kim, D. C. Ress, The nitrogenase FeMo-cofactor and P-cluster pair:2,2A resolution structures. *Science*,260,792(1993).

接支持。例如，已经证实金属簇能够促进CO(N_2的等电子体)的质子诱导还原过程①。

三、顺铂：治癌明星

化学疗法是用于某些类型癌症的一种治疗方法。该疗法采用抗癌药物来破坏癌细胞。一种重要的抗癌药物是顺铂，通常用于治疗睾丸癌、膀胱癌、肺癌、食道癌、胃癌和卵巢癌。

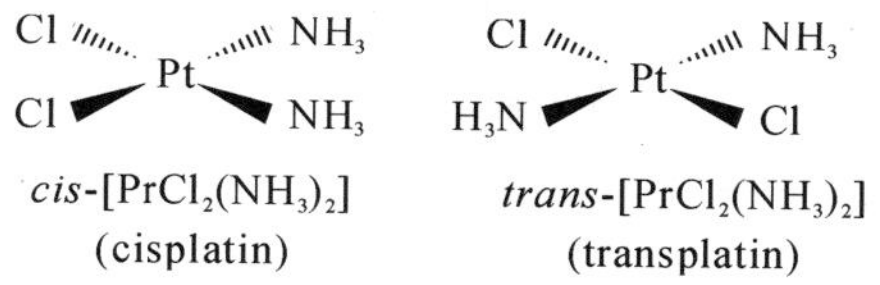

化合物 *cis*-$[Pt(NH_3)_2Cl_2]$最早在1845年由Michele Peyrone发现的，长期以来被称为Peyrone盐。该结构由Alfred Werner于1893年推论得出。1965年，密歇根州立大学的科学家Barnett Rosenberg和Van Camp等人发现了顺铂的抗癌活性。Rosenberg不仅发现了顺铂的抗癌活性，而且他也是第一个报道反式异构体transplatin在杀死癌细胞方面无效的人。

在检查顺铂的抗癌活性之前，我们首先考虑其合成。一种制备顺铂的方法是从$K_2[PtCl_4]$开始，通过用KI水溶液处理将其转化为$K_2[PtI_4]$：

$$K_2[PtCl_4] + 4KI \longrightarrow K_2[PtI_4] + 4\ KCl$$

然后添加NH_3，形成黄色化合物 *cis*-$[PtI_2(NH_3)_2]$。这是关键步骤，分两个阶段进行

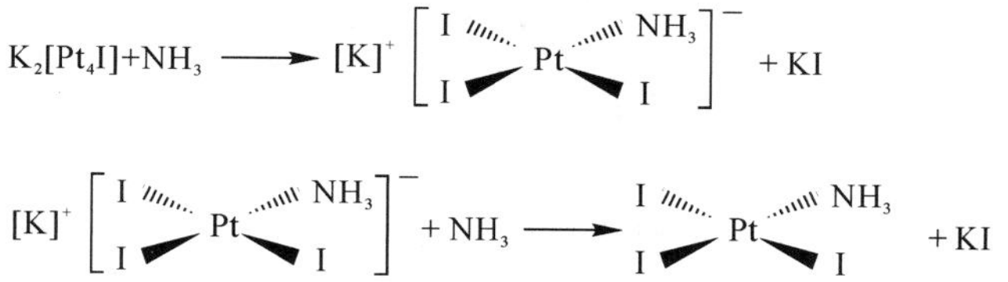

仅获得一种异构体(顺式异构体)似乎很奇怪。使这种情况合理化的一种方法是根据$[PtI_3(NH_3)]^-$中的配体倾向，将进入的配体导向反式位置。实证研究表明，NH_3是比I^-弱的反式分子，因此第二分子NH_3优先被导向与I^-的反式方向，而不是与NH_3的反式方向。Cl^-是比I^-更弱的反向导体，因此用NH_3处理$K_2[PtCl_4]$会降低$PtCl_2(NH_3)_2$的顺式异构体的产率。

制备顺铂的其余步骤如下。

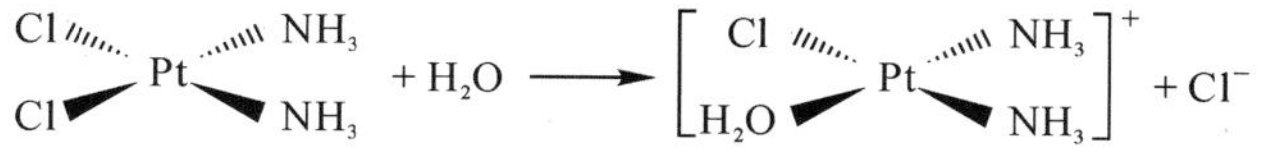

当用$AgNO_3$处理 *cis*-$[PtI_2(NH_3)_2]$时，不溶性AgI沉淀，留下 *cis*-$[Pt(NH_3)_2(OH_2)_2]^{2+}$的溶液。最后，用氯化钾处理得到黄色沉淀物 *cis*-$[PtCl_2(NH_3)_2]$。

① R. Dupon, B. L. Papke, M. A. Ratner, et al, Influence of Ion Pairing on Cation Transport in the Polymer Electrolytes Formed by Poly(ethylene oxide) with Sodium Tetrafluoroborate and Sodium Tectrahydroborate. *J. Am. Chem. Soc.*, 104, 6247(1982).

顺铂主要通过扩散进入癌细胞。一旦进入细胞内,顺铂中的氯离子之一就会被水分子取代。

顺铂的抗癌活性与$[PtCl(OH_2)(NH_3)_2]^+$与细胞 DNA 分子的结合有关。当$[PtCl(OH_2)(NH_3)_2]^+$与 DNA 分子结合时,DNA 分子发生结构变形。这些变形如果不被细胞中的蛋白质修复,最终会导致细胞死亡。

鉴于其结构的相似性,$PtCl_2(NH_3)_2$ 的顺式和反式异构体在抗癌活性方面显示出令人惊讶的巨大的差异。总体而言,反式异构体(transplatin)比顺铂具有更高的反应性和潜能,但更高的反应性最终导致更低的抗癌活性。由于其增加的反应性,transplatin 在达到目标之前可能会发生许多副反应。因此,transplatin 在杀死癌细胞方面效果较差。顺铂抗癌活性的发现无与伦比。迄今为止,已经研究了数以千计的含铂化合物作为潜在的化疗药物。

四、锁定金属离子

金属离子可能会在制造过程中充当不良催化剂,促进不希望的化学反应,或者金属离子可能会改变所制造材料的性能。因此,出于许多工业目的,必须从水中除去矿物杂质。通常,这些杂质(例如 Cu^{2+})仅以痕量存在,只有当沉淀物的 K_{sp} 非常小时,金属离子的沉淀才是可行的。另一种非常有效的方法是用螯合剂处理水。这将游离阳离子浓度降低到不再能进入有害反应的程度。乙二胺四乙酸(H_4EDTA)的钠盐是广泛使用的螯合剂之一。

$$4Na^+ \left[\begin{array}{c} {}^-OOCCH_2 \qquad\qquad CH_2COO^- \\ NCH_2CH_2N \\ {}^-OOCCH_2 \qquad\qquad CH_2COO^- \end{array} \right]$$

由金属离子与六齿阴离子形成的代表性配离子如图 7-15 所示。这种配离子的高稳定性可以归因于五个五元螯合环的存在。配合物的稳定性也可以归因于螯合作用。

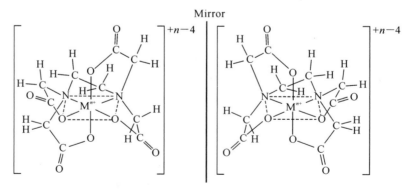

图 7-15 金属-EDTA 配离子的结构

在 $EDTA^{4-}(aq)$ 存在下,硬水中的 Ca^{2+},Mg^{2+} 和 Fe^{3+} 不能形成沸腾的水垢或以不溶性肥皂的形式沉淀。阳离子分别被螯合在配离子$[Ca(EDTA)]^{2-}$,$[Mg(EDTA)]^{2-}$ 和 $[Fe(EDTA)]^-$ 中,K_f 值分别为 4.0×10^{10},4.0×10^8 和 1.7×10^{24}。

EDTA 螯合剂可用于治疗某些金属中毒病例。如果给铅中毒的人服用$[Ca(EDTA)]^{2-}$,因为$[Pb(EDTA)]^{2-}$ 比$[Ca(EDTA)]^{2-}$ 更稳定,人体会排泄铅配合物,而 Ca^{2+} 仍作为营养物保留。也可以使用类似的方法清除放射性同位素。

作为金属离子的可溶形式，一些植物肥料含有金属的 EDTA 螯合物。金属离子可以催化导致蛋黄酱和色拉调味料变质的反应，而 EDTA 的添加会通过螯合作用降低金属离子的浓度。因而，EDTA 螯合剂也常见于色拉酱、果酱等食品添加剂中。

五、光合作用

以光为能源将 H_2O 和 CO_2 转换为碳水化合物和 O_2 的反应是著名的氧化还原反应之一（见图 7-16），但该反应从热力学上考虑是很难发生的。

碳水化合物的生成在形式上包括了 CO_2 的还原和将 H_2O 氧化成 O_2 这样两个过程。反应具有两个光反应中心，光系统Ⅰ（PSⅠ）和光系统Ⅱ（PSⅡ），两个系统都是在叫作叶绿体的绿色叶子的细胞类脂质中发生的。

PSⅠ以叶绿素 a_1 为基础，叶绿素 a_1 是含有金属 Mg 的二氢卟啉配合物（见图 7-17）。受光激发的 PSⅠ可作为还原剂还原 Fe-S 配合物，配合物得到的电子最终用于还原 CO_2。电子转移之后形成的氧化型 PSⅠ的氧化能力不足以使 H_2O 氧化，因此回到还原型。回到还原型的过程中通过包括几个铁基氧化还原电对和一个叫作塑体醌的中间物质驱动两个 ADP 分子转化成两个 ATP 分子。PSⅡ的氧化型是个足以使 H_2O 氧化的强氧化剂。而该反应只能通过由锰基酶[①]{这种酶似乎含有[2Mn(Ⅱ)，2Mn(Ⅳ)]或 4Mn(Ⅲ)混合氧化态簇，能将电子转移至光化学活性中心}催化的一系列复杂的氧化还原反应才能完成。

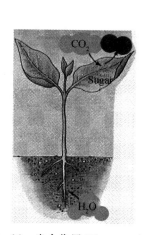

图 7-16　光合作用（Photosynthesis）

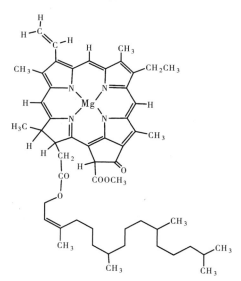

图 7-17　叶绿素 a_1

六、金属蛋白与金属酶

氨基酸是构成蛋白质的基本结构单元，氨基酸彼此之间以肽键结合成肽链，一条或多条肽链再以各种特殊方式组成蛋白质分子。在生物无机化学家看来，氨基酸和蛋白质分子中的多

---

① V. K. Yachandra, V. J. De Rose, M. J. Latimer, et al, Where Plovnts make oxygen: a structural model for the photosynthetic Oxygen-evolving manganses cluster. *Science*, 260, 675(1993).

肽链都是金属离子的配位体。蛋白质的肽链属于大分子配位体又叫生物配位体。

　　生物配位体与金属离子配位时显示出高度选择性,这种选择性意味着含金属离子的生物大分子具有高度的功能专属性。例如,人们发现对于肌红蛋白中的裸血红素分子(见图 7-18),尽管化学上可以找到多种二价金属离子,但肌红蛋白分子中的金属离子非铁莫属;而且,由 153 个氨基酸残基组成的肽链上存在着众多的配位基,但只能是第 93 位残基的咪唑 N 原子与 Fe(II)配位(见图 7-19)。

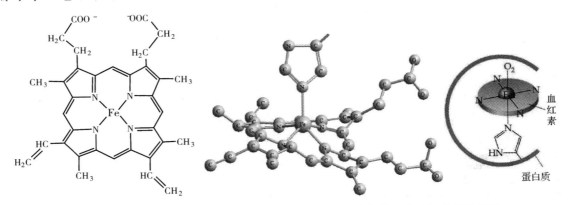

图 7-18　裸血红素分子[①]　　　　　图 7-19　肌红蛋白分子中 Fe(II)的配位环境

　　人们显然不能指望小分子配合物具有能够维持生命体系中复杂而微妙的动态过程所要求的这种专属性。表 7-4 列举了一些功能各不相同的含金属离子的生物大分子。血红蛋白和肌红蛋白的功能分别是输送和储存氧。具有生物催化作用的金属蛋白称为蛋白酶,许多蛋白酶是以其功能命名的。例如,加氧酶用于催化加氧反应,氢酶催化加氢或放氢反应,固氮酶催化将 N_2 转化为 NH_3 的反应等。

表 7-4　含金属离子的生物分子举例（括号中给出了分子中的金属离子）

蛋白酶分子（生物催化剂）	加氧酶、氢酶(Fe),固氮酶(Fe,Mo),氧化酶、还原酶、羟化酶(Fe,Mo,Cu),超氧化物歧化酶(Mo,Cu,Zn),羧肽酶(Zn),磷酸酯酶(Zn,Cu,Mg),氨肽酶(Mg,Mn),维生素 B_{12} 辅酶(Co)
起传递和储存作用的蛋白质分子	细胞色素、铁-硫蛋白、铁蛋白、铁传递蛋白、肌红蛋白、血红蛋白、蚯蚓血红蛋白(Fe);蓝铜蛋白、血浆铜蓝蛋白、血蓝蛋白(Cu)
非蛋白质分子	含铁细胞(Fe),叶绿素(Mg),骨骼(Ca,Si)

思考题与练习题

一、思考题

　　1.配位化合物的价键理论的主要内容是什么？应用这一理论可以说明配离子的哪些问题？

---

① 裸血红素分子即不带肽链的血红蛋白分子。

2.中心离子的杂化轨道与配离子的空间构型存在何种关系？举例说明配位数为 2,4 和 6 的配离子的形成及其空间构型。

3.内轨型与外轨型配合物在结构上与性质上有什么区别？

4.在日常生活中你都接触到了哪些重要的配合物？试举例说明。

二、练习题

1.指出配离子 $[Cu(NH_3)_4]^{2+}$ 与 $[Fe(CN)_6]^{3-}$ 的空间构型和杂化轨道类型。

2. $[HgCl_4]^{2-}$ 和 $[PtCl_4]^{2-}$ 分别为外轨型和内轨型配合物,试用价健理论讨论它们的空间结构和磁性质。

(1) $[Mn(NCS)_6]^{4-}$($6.06\mu_B$);

(2) $[Cr(NH_3)_6]^{3+}$($3.9\mu_B$);

(3) $[Mn(CN)_6]^{4-}$($1.8\mu_B$)。

3. 完成下列表格。

d^n	弱场($\Delta_o < P$)			强场($\Delta_o > P$)		
	电子排布	未成对电子数	CFSE	电子排布	未成对电子数	CFSE
	t_{2g} $\quad$ e_g			t_{2g} $\quad$ e_g		
d^1						
d^2						
d^3						
d^4						
d^5		4	$-0.6\Delta_o$		2	$-1.6\Delta_o + P$
d^6						
d^7						
d^8						
d^9						
d^{10}						

4. 绘出下列八面体配合物的晶体场分裂图,标出轨道名称,将中心原子的 d 电子填入应该出现的轨道上:

(1) $[Mn(H_2O)_6]^{3+}$;

(2) $[CoF_6]^{3-}$;

(3) $[Ti(H_2O)_6]^{3+}$。

第八章 固体结构

第五章和第六章侧重从原子与分子的结构阐明物质性质与化学变化的本质,但日常生活和生产上所用的各种材料都不是单个原子和分子,而是由无数原子、分子以一定方式结合起来的聚集体。通常条件下,物质的聚集状态有气态、液态和固态。固态又在工程材料中占重要的地位,而材料是近代科学技术的"三大支柱"之一,因此,出现了一门新的分支科学——固体化学。它专门研究各类固体物质的合成、结构及应用。

固体物质通常是由分子、原子或离子等粒子组成。由于粒子之间存在着相互间的作用力,如化学键或分子间力,使得它们按一定方式排列,只能在一定的平衡位置上振动,因此,固体具有一定的体积、形状和刚性。根据结构和性质的不同,可以把固体分为晶体和非晶体两大类。X 射线研究发现,晶体中的微粒(原子、分子或离子)在三维空间周期性重复排列,即晶体是内部微粒有规则排列的固体,具有一定的几何外形和固定的熔点,且是各向异性的。绝大多数无机物和金属都是晶体。非晶体则是内部微粒排列没有规则的固体,其外部形态是一种无定形的凝固态物质,故又叫无定形体。非晶体没有固定的熔点且是各向同性的。绝大多数的固体物质都是晶体,而非晶体只占极少数。常见的晶体有食盐、水晶、方解石、云母、石墨等。常见的非晶体有玻璃、石蜡、沥青、炉渣等,其内部结构类似于液体,内部微粒呈无规律排列。只要控制在一定条件下,晶体与非晶体可以互相转化,如石英晶体可以转化为玻璃(非晶体),玻璃非晶体也可以转化成晶态玻璃。

固体的性质(特别是物理性质)与其内部微粒间的相互影响有密切的关系。本章着重在内部结构的基础上介绍一些重要的无机、有机和金属等固体物质的性质,以及它们的重要用途。

第一节　晶体的结构

一、晶体与非晶体

晶体的外部特征是其内部微粒(分子、离子、原子)规则排列的反映。这些有规律排列的点的总和称为晶格或(空间)点阵,如图 8-1 所示。晶格中排列微粒的每一个点叫作结点。物质微粒规则排列的无限重复构成晶体。

晶格实质上是从晶体构造中抽象出来的几何图形,它反映晶体结构的几何特征。在晶格中,能反映出晶体对称特点、各构造单元排布规律及结晶化学特性的最小重复单位,称为单位晶格,又叫晶胞。图 8-1 所示的也是晶体 NaCl 的晶胞。在一般情况下,晶胞是一个平行六面体,含有一定数目的粒子,该粒子可以是离子、原子或分子。显然,宏观上的晶体是晶胞在空间有规律地重复排列而得到的,晶胞的形状、大小和组成决定着整个晶体的结构和性质。根据晶胞的特征,可以划分成 7 种晶系[立方晶系、四方晶系、正交晶系、三方晶系、六方晶系、单斜晶系和三斜晶系(见图 8-2)]和 14 种晶格。

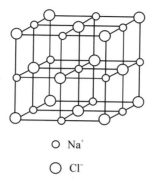

○ Na^+

○ Cl^-

图 8-1　NaCl 的晶格

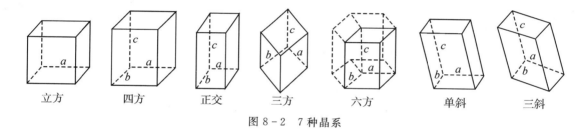

立方　　四方　　正交　　三方　　六方　　单斜　　三斜

图 8-2　7 种晶系

按照组成晶体的微粒种类和结点间作用力的不同,可将晶体分为 4 种基本类型:离子晶体、原子晶体、分子晶体和金属晶体。此外,自然界中还存在混合晶体。

第二节　离　子　晶　体

一、离子键

阴、阳离子间的静电作用力叫作离子键。由离子键形成的化合物(或分子)叫作离子型化合物(或离子型分子)。如 MgO 的形成可表示如下:

$$Mg([Ne]3s^2) - 2e^- \longrightarrow Mg^{2+}([Ne])$$

$$Mg^{2+}O^{2-}$$

$$O([He]2s^22p^4) + 2e^- \longrightarrow O^{2-}([Ne])$$

在离子化合物中,对简单的阴离子来说,都具有稀有气体原子的稳定电子层结构。如 Cl^- 的外层电子构型为 $3s^23p^6$, O^{2-} 为 $2s^22p^6$。但对阳离子来说情况较为复杂,有稳定稀有气体电子层结构的,如 Na^+, K^+, Ca^{2+} 等;也有其他类型电子层结构的,如外层为 18 电子构型的 Zn^{2+} ($3s^23p^63d^{10}$), Pb^{4+} ($5s^25p^65d^{10}$) 等,外层为 (18+2) 电子构型的 Sn^{2+} ($4s^24p^64d^{10}5s^2$), Pb^{2+}

$(5s^2 5p^6 5d^{10} 6s^2)$ 等,外层为 $(9\sim17)$ 电子构型的 Fe^{3+} $(3s^2 3p^6 3d^5)$,Cu^{2+} $(3s^2 3p^6 3d^9)$ 等。典型离子晶体中的离子(如 NaCl 中的 Na^+ 和 Cl^-)一般都具有稀有气体原子类型的稳定电子层结构。

电负性较小的活泼金属元素(ⅠA 族,ⅡA 族)和电负性较大的活泼非金属元素(N,O,S,F,Cl,Br 等)之间往往形成离子键。一般来讲,金属元素与非金属元素之间电负性差 $(\Delta\chi)$ 大于 1.7 时,易形成离子键。如 N 的电负性为 3.0,La 的电负性为 1.1,二元素电负性差 $\Delta\chi = 3.0-1.1=1.9>1.7$,因此,在 LaN 中形成的是离子键。不过,这一分界线不能视为绝对的。离子化合物与共价化合物之间存在着一系列过渡状态的化合物。

离子键通常有以下特点:

(1)离子键的本质是静电作用。离子键是由阴、阳离子之间通过静电吸引作用而形成的化学键。在离子键模型中,近似将阴、阳离子的电荷分布看成球形对称的(即各方向均匀分布)。由库仑定律知,两种带相反电荷 $(q_+$ 和 $q_-)$ 离子间的静电引力 f 与离子电荷的乘积成正比,而与离子间距离 d 的二次方成反比,其数学表达式为

$$f = q_+ q_- / d^2 \tag{8-1}$$

由此可见,离子所带电荷越多,离子间的距离越小,离子间的吸引力就越大,离子键也就越强。

(2)离子键没有方向性和饱和性。由于离子所带电荷是球形均匀分布的,它所产生的电场有效地作用于各个方向,因此,每个离子可以从任何方向上同时吸引异性电荷的离子而形成离子键,即离子键没有方向性。又由于离子键没有方向性,只要空间允许,就会尽可能多地吸引带异性电荷的离子而形成较多的离子键,因此,离子键也没有饱和性。例如,在食盐晶体中,每个 Na^+ 可以同时吸引 6 个 Cl^-,每个 Cl^- 也同样吸引 6 个 Na^+。

二、离子晶体

凡是由离子键结合而形成的晶体统称为离子晶体。在离子晶体中,晶格结点上交替排列着阳离子和阴离子。如氯化钠是一个典型的离子晶体,如图 8-3 所示。氯化钠晶胞是正立方体,在立方体的正中心有一个离子 (Na^+),而每个面的中心有一个带相反电荷的离子 (Cl^-),这种晶格是面心立方晶格。在 NaCl 晶体中,Na^+ 和 Cl^- 的配位数都是 6,因此,整个晶格中 Na^+ 和 Cl^- 的配位数之比为 $6:6$(即 $1:1$)。由于在离子晶体中无法区分某个阳离子属于哪个阴离子或某个阴离子属于哪个阳离子,因此,离子晶体(如 NaCl)实际上是一个巨型分子,即晶格中不存在独立的小分子。习惯上写的氯化钠分子式(NaCl)确切地说应是化学式。属于 NaCl 型的晶体还有 NaF,AgBr,BaO 等。

再如 CsCl 的晶胞是立方体,属简单立方晶格,每个 Cs^+(或 Cl^-)处于立方体的中心,被立方体 8 个异号离子所包围。由于角顶上离子属于 8 个晶胞所共有,也就是角顶上离子只有1/8属于一个晶胞,因此,在一个 CsCl 晶胞上实有 1 个 Cs^+ 和 1 个 Cl^-,所含分子个数 $N=1$。对于 CsCl 晶体来讲,配位数为 8,由于正、负离子的配位数都是 8,称为 $8:8$ 配位,属于 CsCl 型的离子晶体还有 CsBr,CsI 等。

几乎所有的盐类和碱性氧化物都是离子型化合物,属于离子晶体。离子型化合物在固态时是巨型分子,但在高温下变成蒸气时却是以单独的小分子形式存在的。

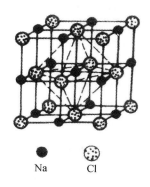

图 8 - 3　NaCl 晶胞

三、晶格能

离子晶体中,晶格的牢固程度可用晶格能的大小来表示。离子晶体的晶格能是指在标准状态下,破坏 1 mol 的离子晶体使它变为气态正离子和气态负离子时所吸收的能量 U。如:

$$\text{MX(s)} \rightarrow \text{M}^+\text{(g)} + \text{X}^-\text{(g)}$$

通常,晶格能愈大,破坏晶格时需消耗的能量愈多,该离子晶体愈稳定。晶格能大的离子晶体,一般熔点较高、硬度较大,见表 8 - 1 和表 8 - 2。

表 8 - 1　晶格能和离子晶体的熔点

晶体	NaI	NaBr	NaCl	NaF	CaO	MgO
晶格能/(kJ·mol^{-1})	692	740	780	920	3 513	3 889
熔点/℃	660	747	801	996	2 570	2 852

表 8 - 2　晶格能和离子晶体的硬度

晶体	BeO	MgO	CaO	SrO	BaO
晶格能/(kJ·mol^{-1})	4 521	3 889	3 513	3 310	3 152
莫氏硬度 *	9.0	6.5	4.5	3.5	3.3

* 莫氏硬度是由德国矿物学家莫氏(F. Mohs)提出的。他把常见的 10 种矿物按其硬度依次排列,将最软的滑石的硬度定为 1,最硬的金刚石的硬度定位 10。10 种矿物的硬度按其由小到大的次序排列为①滑石②石膏③方解石④萤石⑤磷灰石⑥正长石⑦石英⑧黄玉⑨刚玉⑩金刚石。测定莫氏硬度用刻画法。

离子晶体的晶格能可用玻恩–朗德(M. Born-A. Lande)的理论公式计算,即

$$U = \frac{138\,490\,AZ_1Z_2}{R_o}\left(1 - \frac{1}{n}\right) \tag{8-2}$$

式中:R_0 为正、负离子半径之和,pm;Z_1,Z_2 为正、负离子电荷数的绝对值;A 为马德隆(E. Madelung)常数,由晶体构型决定,如 CsCl 型的 $A = 1.763$,NaCl 型的 $A = 1.748$,ZnS 型的 $A = 1.638$;n 为玻恩指数,是由离子的电子构型决定的(见表 8 - 3)(如果正、负离子的类型不同,则在计算时,n 取它们的平均值);U 为晶格能,单位为 kJ·mol^{-1}。

表 8 - 3　离子的电子构型和玻恩指数的关系

离子的电子类型	He	Ne	Ar 或 Cu$^+$	Kr 或 Ag$^+$	Xe 或 Au$^+$
n	5	7	9	10	12

以离子晶体 NaF 为例，利用式(8 - 2)计算其晶格能。

由于 NaF 晶体属于 NaCl 型($r_+/r_- = 0.699$)，则 $A = 1.748$；Na$^+$ 和 F$^-$ 均为一价离子 $Z_1 = Z_2 = 1$；Na$^+$ 半径为 95 pm，F$^-$ 半径为 136 pm，$R_0 = 231$ pm；Na$^+$ 和 F$^-$ 的电子构型均属 Ne 型，$n = 7$，则

$$U_{NaF} = \frac{138\ 490 \times 1.748}{231} \times \left(1 - \frac{1}{7}\right) = 898.3\ (kJ \cdot mol^{-1})$$

上述玻恩-朗德理论公式中马德隆常数值与晶体构型有关，如果晶体构型不知道，就无法计算晶格能。卡普斯钦斯基(A. F. Kapustinskii)推导出一个不需要知道晶体构型就可计算晶格能的经验公式：

$$U = 1.202 \times 10^5 \sum_n \frac{Z_1 Z_2}{r_+ + r_-}\left(1 - \frac{34.5}{r_+ + r_-}\right)$$

式中：$\sum_n = n_+ + n_-$，n_+，n_- 分别为晶体化学式中正、负离子的数目；r_+，r_- 的单位为 pm。

也有一些离子化合物的晶格能与典型的离子晶体模型有较大的偏离。例如，卤化银晶格能的实验值和理论值之差，按 AgF，AgCl，AgBr，AgI 顺序依次增大。此现象表明，由 AgF 到 AgI，与典型的离子晶体模型偏离程度依次增大。实际上，碘化银已基本上是共价化合物了。

四、离子极化

一些化合物偏离离子型而靠近共价型的现象可以用离子极化理论来说明。在外电场作用下，离子中的原子核和电子(主要是最外面的电子)会发生相对位移，离子就会变形，产生诱导偶极，从而使离子产生极性，此过程叫作离子的极化。在化合物中，正、负离子的相互极化可使电子云发生部分重叠而使键的极性减小，极化作用越强，键的极性越小，离子键便逐渐过渡到共价键，如图 8 - 4 所示。与此同时，晶型也由典型的离子晶体变为过渡型晶体，直到成为分子晶体。

离子相互极化作用增强

键的极性减弱

图 8 - 4　离子键向共价键转变的示意图

由于正离子有过剩正电荷，当它的半径不大时，外层电子不容易发生变形，而负离子有过剩负电荷，外层电子较容易变形，所以，一般情况下是正离子的极化力作用于负离子，而使负离子发生变形。正离子的半径越小，电荷越多，极化力越强；外层为 $2e^-$，$18e^-$，$(9 \sim 17)e^-$，$(18 + 2)e^-$ 型的正离子比 $8e^-$ 型的极化力强。负离子的负电荷越多，半径越大，则越容易变形而被极化($2e^-$ 与 $18e^-$ 型的正离子也较容易变形)。由此便可以说明由 AgF 到 AgI 逐渐过渡到共价型的转变。在晶体内正、负离子相互靠近，总是或多或少地相互极化，因此 100% 的典型离子键是很少的，通常的离子型化合物只是离子键占优势。离子型与典型共价化合物之间存在一系列过渡状态的化合物，两者之间没有绝对的界限。这也是物质多样化的内在原因。

由于离子极化对化学键产生了影响，因而对相应化合物的性质也会产生一定的影响。表

8－4列出了离子极化引起卤化银一些性质的变化。

表 8－4　离子极化引起卤化银性质的变化

晶体	AgF	AgCl	AgBr	AgI
离子半径之和/pm	262	307	322	342
实测键长/pm	246	277	288	299
键型	离子键	过渡型	过渡型	过渡为共价键
晶体构型	NaCl	NaCl	NaCl	ZnS
溶解度/(mol·L^{-1})	易溶	1.34×10^{-5}	7.07×10^{-7}	9.11×10^{-9}
颜色	白色	白色	淡黄	黄

（1）晶型的转变。由于离子相互极化，键的共价成分增加，键长缩短（实测键长比正、负离子半径之和小）。因此，当离子相互作用很强时，晶体就会由于离子极化而向配位数较小的构型转变。如银的卤化物，由于 Ag^+ 具有 18 电子层结构，极化力和变形性都很大，从 AgF 到 AgI，随着负离子变形性增大，离子相互极化的趋势明显，离子键中共价键成分逐渐增多，到 AgI 已过渡为共价键，晶体构型由 6 配位的 NaCl 型过渡到 4 配位的 ZnS 型。

（2）化合物的溶解度。键型的过渡引起晶体在水中溶解度的改变。离子晶体大都易溶于水，当离子极化引起键型的转化时，晶体的溶解度会相应降低。从表 8－4 可以看出，典型离子晶体 AgF 易溶，而从 AgCl，AgBr 过渡到 AgI，随着共价键成分的增大，溶解度越来越小。

（3）晶体的熔点。键型的改变也使晶体的熔点发生变化，一般来讲，由离子所组成的晶体较由共价键构成的分子所组成的晶体具有较高的熔点。例如，NaCl 和 AgCl 虽然具有相同的晶体构型，但是 NaCl 熔点为 801℃，而 AgCl 的熔点却只有 455℃，这是由于 Ag^+ 和 Cl^- 相互极化作用大，键的共价性增多的缘故。

（4）化合物颜色。离子极化还会导致离子颜色的加深，由表 8－4 可以看出从 AgCl，AgBr 到 AgI，颜色由白色、淡黄色至黄色。又如 Pb^{2+}，Hg^{2+} 和 I^- 均为无色离子，但形成 PbI_2 和 HgI_2 后，由于离子极化明显，PbI_2 呈金黄色，HgI_2 呈橙红色。

第三节　金属晶体

在周期表中，大多数元素都是金属元素。金属元素的原子可以规则地排列成晶体，这种晶体称为金属晶体。

一、金属键

在金属晶体中，晶格结点上排列的微粒是金属原子和金属阳离子，如图 8－5 所示。因为金属原子最外层上的价电子数较少，与原子核的距离较远，所受引力较小，故容易"脱落"成为自由电子，这时金属原子就成为金属阳离子。"脱落"下来的电子，不是固定在某一金属离子的附近，而是为整个晶体内的金属原子、金属阳离子所共用。它们既可与周围的任一金属离子结合成金属原子，又可从另一金属原子上"脱落"下来。在金属原子和阳离子之间，这些电子不断地做高速自由运动，但并不消耗能量。金属晶体内自由电子的这种运动，使金属原子、金属阳离子与自由电子之间产生了一种强烈的作用力(结合力),此作用力被称为金属键。在金属晶体中,因为自由电子可在整个晶体中做高速的自由运动,从而能够迅速地传递电量和热量,故金属是电和热的良导体。同时,金属晶体的各部分可以发生相对位移而不会破坏金属键,因此,金属有良好的延展性和机械加工性能。

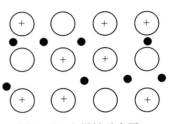

图 8-5 金属键示意图

金属键的强度可由金属升华热来度量,金属升华热(亦即原子化热)是指,把 1 mol 晶体拆散成完全分离的气态原子时所需的能量。由于气态的金属都是以单原子状态存在,此时金属晶体中的晶格结构已完全被破坏,故升华热的大小标志着金属键的强度,升华热越大,金属键越强,其熔点、沸点及硬度一般也越高。

二、金属晶体的结构

在金属晶体中,金属原子只有少数的价电子用于成键,这些价电子一般都是 s 电子,而 s 电子云是球形对称的,可以在任意方向上与尽可能多的邻近原子的价层电子云重叠,即金属键没有方向性和饱和性。因此,当形成金属晶体时,只要空间条件允许,每个原子总是尽可能与更多的原子形成金属键,倾向于组成极为紧密的结构,这种结构中粒子间的空隙很小,通常称为金属的密堆积。由于金属原子采取最紧密堆积方式,结果使得每个金属原子拥有较多的相邻原子,即配位数较高(可达 8 和 12)。

根据 X 射线衍射研究可知,金属晶体中最常见的紧密堆积构型有以下 3 种:

(1)体心立方密堆积。体心立方晶格中每一个晶胞均是立方体。在立方体的 8 个角上和其正中心各有一个粒子,每一粒子周围有 8 个粒子与它相邻,即配位数为 8,如图 8-6(a)所示。属于这种晶体结构的金属单质有 Li,Na,K,Rb,Cs,α-Fe,Cr,Mo,W 等。

(2)面心立方密堆积。面心立方晶格中每一个晶胞也都是立方体。在立方体的 8 个角上和 6 个面的中心位置上各有一个粒子,在该粒子周围有 12 个粒子与它相邻,即配位数为 12,如图 8-6(b)所示。金属 Ca,Sr,Cu,Pb,Ni,Au,Ag,γ-Fe 等都是面心立方晶体结构。

(3)六方密堆积。六方密堆积晶格中每一个晶胞都是六面柱体,在六面柱体中,粒子分 3 层排列,如图 8-6(c)所示。在上、下两层正六边形里的中心位置和每个角上都有一粒子,柱体的中间层上有 3 个粒子排成正三角形,这种结构的配位数也是 12。属于这种结构的金属单质有 Mg,Cd,Co,Rb,Y,La,Ti,Zr,Hf 等。

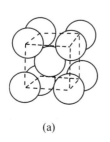
(a)

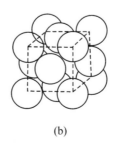
(b)

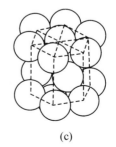
(c)

图 8-6 金属晶体的紧密堆积方式

(a)体心立方晶格; (b)面心立方晶格; (c)六方晶格

　　金属晶体与离子晶体和共价晶体一样,在晶体内没有单独的小分子存在,一块晶体就是一个巨大的分子,故金属单质的化学式常用元素符号来表示,如 Fe,Al,Cu 等。

三、金属单质物理性质的一般递变规律

　　1.金属在周期表中的位置

　　在元素周期表中,共分为 5 个区,其中 s,d,ds 及 f 区均为金属元素,而 p 区的右上方为非金属元素,左下方为金属元素。p 区中的硼、硅、砷、碲、砹这一对角线附近的一些元素的性质介于金属元素和非金属元素之间。在 s 区、p 区之间的 d 区和 ds 区元素,其性质具有从典型的金属过渡到非金属的特点,通常称为过渡元素。f 区元素称为内过渡元素,金属性较活泼。

　　对于 s,d,ds 区的大多数元素来说,位于周期表同一族的元素的物理、化学性质具有明显的相似性。d 区的第Ⅷ族元素中,位于同一周期的元素的相似性大于垂直方向,因此,第Ⅷ族元素常分为 3 个元素组,即铁组(铁、钴、镍)、钯组(钌、铑、钯)和铂组(锇、铱、铂)。f 区包括镧系和锕系各 15 种元素,分别位于周期表ⅢB 族中的第 6 周期和第 7 周期的两格内。

　　2.金属单质的物理性质

　　金属单质一般都具有金属光泽,良好的导电性、传热性和延展性,但各种金属单质的性质有所差异。由于物理性质与各金属元素的原子结构以及晶体结构有关,所以,金属单质的一些物理性质在周期表中就显示出规律性的变化。

　　金属单质的熔点、沸点、硬度一般在ⅥB 族附近有较高值。ⅥB 族金属钨的熔点为 3 140℃,沸点为 5 660℃,是熔点、沸点最高的金属。ⅥB 族的铬是硬度最大的金属,硬度达到 9[①],钨、铬两旁金属单质的熔点、沸点、硬度趋于降低。金属汞的熔点、沸点、硬度均为最低。工程上常按熔点的高低将金属分为高熔点和低熔点金属。高熔点金属多集中在 d 区,通常所说的耐高温金属就是指熔点等于或高于铬的熔点(1 857℃)的金属。

　　金属单质密度的变化规律,一般是各周期开始的金属元素单质密度较小,而后面的密度增大,到第Ⅷ族达到最大,以后又递减。同族则一般由上到下密度增大。在工程上,通常将密度小于 5 g・cm^{-3} 的金属称为轻金属(包括除镭外的 s 区以及钪、钛、铝等),如锂是最轻的金属,其密度约为水的一半,钠和钾的密度也均小于水。密度大于 5 g・cm^{-3} 的称为重金属,密度较大的金属集中在第 6 周期的第Ⅷ族及其附近,锇是密度最大的金属。

　　金属都能导电,是电的良导体。金属的导电性递变规律在周期系中不很明显。但已知导电率最好的是ⅠB 族金属(铜、银、金),其次是铝和ⅠA 族金属。但ⅠA 族金属强度差,熔点很低,不能用作一般的导电材料。处于 p 区对角线附近的金属,如锗导电能力介于导体与绝缘体之间,是半导体。

　　一般来说,固态金属单质都是属于金属晶体。金属晶体的熔点、沸点、密度、硬度及导电性均与金属键有关。金属的原子半径小、价电子数多、核对外层电子的有效核电荷大,则金属键强。如ⅠA 族的锂、钠、钾、铷、铯,是同周期中金属原子半径最大、价电子数最少、金属键较弱的元素,故它们的熔点、沸点、硬度、密度也较小。在周期表中,同周期元素由左至右,原子半径逐渐减小,参与成键的价电子数逐渐增加以及原子核对外层电子的有效核电荷逐渐增强,金属键能逐渐增大,故熔点、沸点、密度、硬度也逐渐增大。ⅥB 族的原子半径较小,未成对的价电

---

　　①　以金刚石硬度为 10 的十分制硬度表示法。

子数最多(包括未成对的 s 电子和次外层的 d 电子),金属键(并有部分共价键)很强,因此,单质的熔点、沸点最高。ⅦB 族以后,由于未成对价电子数逐渐减少,金属键逐渐减弱,故熔点、沸点降低。

四、金属及其合金材料

金属及其合金[①]叫作金属材料,是现代工程技术中是极为重要的材料。最简单的金属材料是纯金属,纯金属性能较单一,作为结构材料用途较少,而金属的合金往往集中了几种金属的优点,具有纯金属不具备的特性,故在工程中被广泛应用。

工业上把所有的金属及其合金分为两大类,即黑色金属和有色金属。黑色金属是指铁和以铁为基本成分的合金,如钢、铸铁及铁合金。有色金属是指除黑色金属以外的其他所有金属及其合金。按照性能特点,有色金属可进一步分为轻金属(密度小于 5 g·cm^{-3})、重金属(密度大于 5 g·cm^{-3})、贵金属(在地壳中含量少、化学性质稳定、价格较贵)、易熔金属、难熔金属及稀土金属等。这里只介绍在航空、航天、航海工业上有重要用途的几种金属材料。

1. 铝和铝合金

金属铝是银白色的轻金属,密度为 2.78 g·cm^{-3}(约为钢的 1/3)。它不仅有良好的导电、传热性,而且有一定的延展性和强度,可用作导电材料及食品包装材料等。铝的单质是典型的面心立方密堆积结构。其化学性质较活泼,能与许多非金属直接化合,如与氟、氧、氮等生成 AlF_3,Al_2O_3 等离子型化合物以及 AlN 等共价型化合物。

铝的电极电势值较小$[\varphi^{\ominus}(Al^{3+}/Al) = -1.662\ V]$,但在空气和水中却很稳定。这是因为铝具有很强的亲氧性,其氧化物(Al_2O_3)的 $\Delta_f H_m^{\ominus}$ 可达 $-1\ 669\ kJ·mol^{-1}$。因此,当铝接触空气后便会很快在表面生成致密而牢固的氧化铝薄膜,这层膜很薄(约 10^{-6} cm),但很结实,能阻止内部铝继续被氧化,故具有耐蚀性。借助阳极氧化制作的人工氧化膜,既具有一定厚度又致密,其耐蚀性更强。

纯铝的强度很低,机械性能差,导电性较好,大量用于电气工业,但不能用作结构材料。在纯铝中加入一些其他元素(如 Si,Mn,Ti,Cr)制成铝合金,其机械性能可以大大改善。铝合金密度小、质轻、强度大且坚韧,甚至可以达到超高强度钢的水平,故主要用作飞机、火箭、汽车等的结构材料。

经过热处理,强度大为提高的铝合金称为硬铝合金。硬铝制品的强度和钢相近,而质量仅为钢的 1/4 左右,因此,在飞机、汽车等制造方面获得广泛的应用。但硬铝的耐蚀性较差,在海水中易发生晶间腐蚀,不宜用于造船工业。

2. 钛及其合金

钛元素发现于 1790 年,但由于分布分散,难以提炼,且在高温下易吸收气体而变脆,经不起锻造,一经打击便脆裂,故未能引起人们的注意。直到 20 世纪 40 年代末,冶炼技术得到进一步发展,才实现了钛的工业化生产。钛在地壳中的含量约为 0.61%,排在所有元素中的第 10 位,目前自然界已探明的钛储量约有一半分布在我国。

金属钛有银白色光泽,密度小(4.5 g·cm^{-3})、熔点高(约 1 660℃)。纯金属钛在固态时有两种结构:一种是密堆六方晶格,称为 α - Ti,这种钛通常是在 882℃ 以下存在;另一种是

---

① 合金是由两种或两种以上的金属元素(或金属和非金属元素)组成的,它具有金属所应有的特性。

体心立方晶格,称为 β - Ti,在 882℃以上存在。钛在常温下不与水、稀硫酸、稀盐酸、硝酸作用,甚至不与王水作用,具有较好的耐腐蚀性,尤其是对盐酸的耐腐蚀性可超过现有的任何一种金属材料,因为其表面有一层致密而坚固的氧化物薄膜。金属钛及其合金是一种新型的结构材料,具有质轻、耐高温、耐腐蚀及较大的机械强度等特点,机械强度和耐热性远优于铝。另外,钛的合金材料的比强度(即强度与密度比)是目前所有工业金属材料中最高的,是铝合金的1.3 倍,镁合金的 1.6 倍。因此,钛及其合金是现代超声速飞机、火箭、导弹等宇航工业中不可缺少的材料,有"空间金属"之称。此外,钛和钢的复合材料能耐酸、碱腐蚀,被誉为"复合材料"之王。在 20 世纪 90 年代中后期,人们又发现钛镍合金(TiNi)具有"形状记忆"的能力,即能记住某一定温度下的形状,故又叫作形状记忆合金。形状记忆合金是一种新型的功能材料,其应用所涉及的领域极其广泛,如宇航、电子、机械、建筑、医疗及日常生活等,几乎涉及产业界的所有领域。

3. 锂及其合金

锂位于周期表中ⅠA族,是碱金属元素。它与同族的其他金属元素相比,有许多特殊性,如锂的熔点、沸点高于同族其他金属,电极电势值是同族中最低的。锂的密度小、强度大、塑性好,它是所有固体单质中最轻的,能浮在石油表面,密度仅为水的一半,由锂与铝、镁制成的合金密度也很小,称为超轻金属。

我国盛产锂云母[$K_2Li_3Al_4Si_7O_{21}(OH_2F)_3$]和锂辉石[$LiAl(SiO_3)_2$],现已探明我国锂的储量居世界首位。锂发现较早,但其使用价值为人们所认识却较晚。近年来,锂工业的发展十分迅速,在宇航工业中锂及其合金是大有前途的轻便结构材料,可用于制造飞机、火箭、导弹等。锂也是重要的能源材料,如用锂离子电池。锂及烷基锂还是制备高分子聚合物的重要催化剂,它活性高,用量少,使催化反应容易控制。

4. 稀土金属

周期表中ⅢB族的钪(Sc)、钇(Y)、镧(La)和镧系的 14 种元素被统称为稀土元素(以 RE 表示),因为这些元素生成的氧化物像氧化铝(过去将不与水作用的氧化物称为"土"),而且被看作是稀少的元素。现已查明,稀土元素在地壳中的储量并不稀少。我国是世界上稀土资源最丰富的国家之一,遍及近 20 个省,堪称"稀土大国"。

稀土元素全部都是典型的金属元素,大部分稀土金属的晶体属于六方或面心立方的晶格,只有钐为菱形结构,铕为体心立方结构。根据原子结构、物理性质、化学性质及在矿石中存在的相似程度,通常将稀土金属分为两组:铈组和钇组。铈组包括镧、铈、镨、钕、钷、钐和铕;钇组包括钆、铽、镝、钬、铒、铥、镱、镥、钪和钇。其中,钷是人造放射性元素,它在地壳中几乎不存在,钪的含量也极少。

稀土金属具有银白色(或灰色、微蓝色)的金属光泽,质软,有延展性和强顺磁性,其熔点随原子序数的递增而升高。纯稀土金属的导电性好,在超低温下(−268.8℃)具有超导性,随着金属纯度的降低,其导电性也下降。

稀土金属的化学性质很活泼,仅次于碱金属和碱土金属。它们几乎能与所有的元素起作用生成稳定的化合物。如稀土金属加热到 200～400℃时便可燃烧生成稳定的氧化物,特别是粉末状的金属铈在空气中就会自燃生成铈的氧化物。

由于镧系元素的原子最外两层电子构型基本不变,只是外数第三层的 f 亚层电子数不同,而 f 电子对最外层电子的屏蔽系数较大，因而由左到右有效核电荷$(Z-\sigma)$增加很慢，由此引起原子半径的缩小也很少。因此，镧系元素彼此间性质非常相似，在地壳中常共生在一起，也不易分离。实际上，常常是使用"混合稀土"。

稀土金属的用途十分广泛。在玻璃和陶瓷工业中，它们主要用于抛光、脱色、着色以及制造特种光学玻璃和陶瓷等。在电子工业和无线电工程中，它们可用作永磁材料、激光材料及计算机元件等。在冶金方面，使用很少量（0.5%～1.0%）就能显著改善钢或合金的性能，被称为冶金工业上的"维生素"。如含有锆和稀土金属的镁合金，不但抗疲劳性能好，且能在较高温度下有很高的强度，目前常用它来制造喷气式飞机。不锈钢中加入 0.02% 的稀土金属，加工时就不容易出现裂纹，可以大大减少废品。

通常的"打火石"就是稀土与铁的合金。利用稀土元素磨出的细屑在空气中剧烈氧化而着火的性质，军事上可作曳光子弹和发光炮弹等。此外，在医疗、军事方面也离不开稀土金属，如用稀土永磁材料制成的磁疗器可治高血压、关节炎等疾病；用稀土金属材料可作子弹、炮弹的引信和点火装置等。以钇、镝的氧化物为主制造的透明陶瓷可用作红外窗、激光窗和高温炉窗等。

总之，稀土金属的用途极广，在国民经济各个领域中发挥着很大的作用。

第四节　其他类型的晶体

共价型化合物和单质的晶体类型有原子晶体和分子晶体。共价型化合物绝大多数形成分子晶体，形成原子晶体的很少。此外，自然界中还存在混合型晶体。本节对这 3 种晶体做简要的介绍。

一、原子晶体

原子晶体的晶格结点上排列的是原子，原子与原子之间通过共价键而结合。图 8-7 所示分别是金刚石原子晶体和方石英（SiO_2）两种原子晶体的结构，由于在各个方向上的共价键都是完全相同的，因此，在原子晶体中不存在独立的小分子，可以把整个晶体看成是一个巨型分子。晶体有多大，分子就有多大，它没有确定的分子量。

金刚石是典型的原子晶体，在金刚石晶体中，每个碳原子通过 4 个 sp^3 杂化轨道，与其他 4 个碳原子形成 4 个 C—C σ 共价键，组成一个个正四面体［见图 8-7(a)］。这种排布在三维空间延伸，构成连续的、坚固的骨架结构，C—C 原子间的键长为 154 pm，键角为 109.5°。方石英 SiO_2 也是一个典型的原子晶体，如图 8-7(b)所示。在该晶体中，硅原子与氧原子形成一个个硅氧四面体，四面体的中心是硅原子，4 个顶角均是氧原子，每个氧原子又与两个硅原子连接形成整个晶体。由于整个二氧化硅晶体是一个巨型分子，因此 SiO_2 是化学式，只表示硅原子和氧原子数的最简式，但习惯上仍把它称为二氧化硅的分子式。

在周期表中，第ⅣA 族元素的单质，如碳、硅、锗、锡及ⅢA 族的硼单质，都属于原子晶体。此外，ⅢA 和ⅣA 族元素间的许多化合物，如碳化硅（SiC）、碳化硼（B_4C）、氮化硼（BN）和砷化镓（GaAs）等，在它们的晶体中，原子间以共价键结合，且具有与金刚石相类似的结构，因此也都是共价晶体。

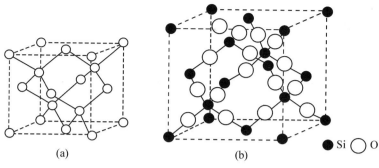

图 8-7 金刚石和方石英的晶体结构

(a)金刚石; (b) 方石英

在原子晶体中,由于结点间的结合力是共价键,具有饱和性和方向性,因此,它不会堆积得那样紧密,配位数也较小,熔点、沸点和硬度都较高。又由于这些共价键沿键轴方向成键,强度很高,破坏这种结构需要消耗较多的能量,因而,许多原子晶体都具有较高的熔点、沸点和硬度,化学性质很稳定。例如,金刚石(C)的熔点高达 3 500℃,是自然界已知物中最坚硬的单质,硬度为 10,故常用作钻探和切割工具。另外,由于原子晶体中不存在带电的离子,且价电子都用于成键了,所以原子晶体一般不导电。但有些原子,如硅(Si)锗(Ge)和镓(Ga)等,可用作半导体材料。

二、分子晶体

凡靠分子间作用力结合而成的晶体统称为分子晶体,分子晶体的晶格结点上排列的微粒是分子(也包括像稀有气体那样的单原子分子)。在分子内部是较强的共价键,但分子之间是较弱的范德华力(有时还有氢键)。例如,固态二氧化碳(干冰)是典型的分子晶体,如图 8-8 所示,其晶胞为立方体,CO_2 分子占据立方体的 8 个顶角和 6 个面的中心位置,在 CO_2 分子内,原子是以键能很大的 C=O 键结合,而 CO_2 分子之间存在的是极弱的色散力。固态的水(冰)也是典型的分子晶体。在晶体冰中,一个水分子通过 4 个氢键与周围 4 个水分子结合成四面体[见图 8-9(a)]。每个 H 原子同时与两个 O 原子相连接,其中一个是共价键,另一个是氢键。每个四面体以共用顶点的方式连接成分子晶体(类似方石英结构),如图 8-9(b)所示。这种结构较疏松,分子间空隙较大,故水结冰后密度要变小。

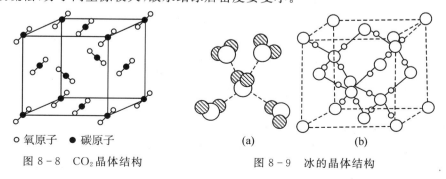

○ 氧原子 ● 碳原子

图 8-8 CO_2 晶体结构

(a) (b)

图 8-9 冰的晶体结构

通常,稀有气体、卤素单质以及 O_2,S_8,P_4 等大多数非金属单质在固态时都形成分子晶体。

大多数共价化合物和有机物,如 NH_3,SO_2,硼酸和草酸等在固态时也是分子晶体。

在分子晶体中,由于分子间作用力很弱,只需要很小的能量就能破坏晶体。因此,分子晶体通常熔点、沸点较低,硬度较小,常温时大多数都以气态或液态存在,即使固态,其挥发性也较大,且常具有升华的性质。例如,萘($C_{10}H_8$)的沸点只有 80℃,常温下可以升华。由于分子晶体中晶格结点上的微粒是分子,所以它是电的不良导体。

第五节 混合型晶体

前面介绍了离子晶体、金属晶体、原子晶体、分子晶体,这 4 种晶体是最简单、最基本的典型晶体,同一类型晶格结点上作用力都是相同的。此外还有一类晶体,其晶格结点上粒子间的作用力并不完全相同,通常同时存在几种作用力,具有几种晶体的结构和性质,这种粒子间不同作用力构成的晶体,称为混合型晶体(亦称过渡型晶体)。下面介绍两种典型的混合型晶体:石墨和硅酸盐。

一、石墨

石墨晶体具有层状结构,如图 8-10 所示。在同一层中,碳原子均为 sp^2 杂化,并且每个碳原子与另外 3 个碳原子以 σ 共价键相连,键角为 120°。每 6 个碳原子在同一平面上形成正六边形的环,此结构重复延伸,便构成无数个正六边形的网状平面。另外,在每个碳原子上还有一个未杂化的 $2p_z$ 轨道是垂直于网状平面的,它能够与同层中任何一个相邻碳原子的 $2p_z$ 轨道以"肩并肩"方式重叠,形成遍及整个网平面的 π 键,又叫大 π 键。这种大 π 键是由多个原子共同形成的,π 键中的电子不是固定在两个原子之间,而是在所有碳原子的 $2p_z$ 轨道上自由运动,有些类似金

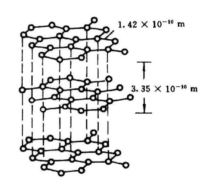

图 8-10 石墨的晶体结构

属晶体中自由电子的运动。在石墨层状结构的同一层中,相邻的碳原子之间是共价键结合,原子之间距离为 142 pm。而层与层之间是以微弱的范德华力结合的,层层之间 C—C 距离为335 pm。由于在石墨中既有共价键,又有分子间力,同时大 π 键中有自由运动的电子,所以石墨是兼有共价晶体、分子晶体和金属晶体特征的混合型晶体。石墨具有金属光泽,并具有良好的导电性,导电率大。又由于在石墨结构的同一平面层中,存在着共价键,故其熔点很高,化学性质很稳定,常用来制造电极。石墨受外力作用时,其平面层很难被破坏。但是,石墨的层与层之间作用力很弱,当它受到与层相平行的外力作用时,层与层之间容易滑动,因此石墨可作固体润滑剂。

20 世纪 70 年代以来石墨在航天飞机制造中受到重用,因高纯石墨可以形成纤维,可纺可织,再经某些高分子处理易于成型。如经环氧树脂浸渍的石墨,质量轻、耐热、坚韧,可用作航天飞机的有效载荷舱门;又如经聚酰亚胺处理的石墨能抗辐射,可用作航天飞机机身襟翼、垂直尾翼等。

二、硅酸盐和分子筛

硅酸盐是组成地壳的主要矿物。常见的天然硅酸盐有长石、云母、黏土、石棉、滑石等,其晶体的基本结构都是硅氧四面体$(SiO_4)^{4-}$,如图 8-11 所示。各个四面体是通过共用点的氧原子来连接,由于连接的方式不同,可以组成以下几种构型不同的硅酸盐。

1. **单个阴离子结构的硅酸盐**

这类盐中的阴离子主要是单硅酸根离子 SiO_4^{4-}、二硅酸根离子 $Si_2O_7^{6-}$、三硅酸根 $Si_3O_9^{6-}$ 等,如图 8-12 所示。每一种阴离子通过阳离子互相联系而构成晶体。如镁橄榄石 $MgSiO_4$ 和锆英石 $ZrSiO_4$ 等,都属于这种构型。这类硅酸盐的密度大,硬度较高。

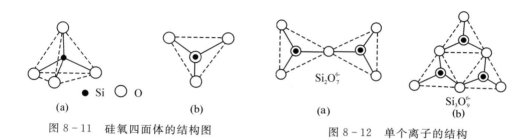

图 8-11　硅氧四面体的结构图　　　　图 8-12　单个离子的结构

2. **链状结构的硅酸盐**

这类硅酸盐的晶体是由无限长的单链或双链组成的。单链的成分为 $(SiO_3)_n^{2n-}$,双链的成分为 $(Si_4O_{11})_n^{6n-}$,如图 8-13 所示。由于链与链之间是由各种阳离子来连接的,故链链之间存在着离子键,而链内的硅氧四面体$(SiO_4)^{4-}$中的原子之间是共价键结合的。石棉就属于这类结构,它是纤维状镁、钙、铁、钠的硅酸盐矿物的总称。由于石棉耐热、耐酸,故工业上常用它作为耐火材料和保温材料等。

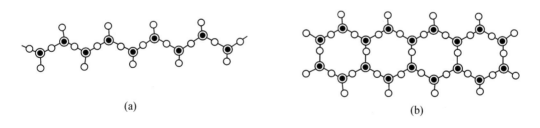

(a)　　　　　　　　　　　　　　　　　(b)

图 8-13　链状结构
(a)单链$(SiO_3)_n^{2n-}$结构;　(b)双链$(Si_4O_{11})_n^{6n-}$结构

3. **层状结构的硅酸盐**

这种硅酸盐的结构是由许多硅氧四面体的链和链相互交连而形成层状的;层与层之间是由金属阳离子通过静电引力而联系的,如图 8-14 所示。此类硅酸盐容易沿着层与层之间裂成薄片。如云母、滑石及黏土都属于这种结构,云母可作绝缘材料,滑石可作润滑剂,黏土通常作造型材料。

4.骨架型硅酸盐

骨架型硅酸盐是由硅氧正四面体的氧原子与其他四面体共用,构成类似方石英的骨架状结构。如泡沸石就属于典型的这种结构的硅酸盐。泡沸石是一种多孔性的铝硅酸盐。其结构的骨架敞开,空穴较大,可以让直径较小的分子出入,若分子的直径比空穴小,就能进入空穴,反之就被拒之于外,这样泡沸石就起到"筛"分子的作用,故称它为"分子筛",如图 8-15 所示。另外,泡沸石也可以让阳离子出入,进行交换,从而使硬水软化:

$$(Na_2 Al_2 Si_3 O_{10} \cdot 2H_2O)_n + n\, Ca^{2+} \Longleftrightarrow (Ca\, Al_2 Si_3 O_{10} \cdot 2H_2O)_n + 2n\, Na^+$$

常用的分子筛大都是人工合成的泡沸石,又叫沸分子筛。分子筛的吸附能力主要与其本身的孔径大小有关,也与被吸附物质的极性有关。它对极性分子的吸附能力较强,像 H_2O 和 NH_3 等就很容易被吸附。由于分子筛的这种选择性,可用它来分离气体或用做高效能的干燥剂和催化剂等。

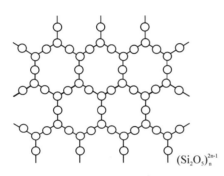

$(Si_2O_5)_n^{2n-1}$

图 8-14 层状结构

图 8-15 A 型分子筛结构

阅读材料

一、纳米材料

物质颗粒尺寸的大小与其性质有一定的关系。一般把粒径为 1～10 mm 的称为"微小型",1 μm～1 mm 的称"微米级",1 nm～1 μm 的称"纳米级"。"纳米技术"就是通过物理或化学方法,将物质制成"纳米级"微粒。这种微粒的粒径比头发丝的十万分之一还要小,要在 20 万倍以上的电子显微镜下才能看得清楚。物质微粒小到纳米级时会产生表面效应、体积效应、量子尺寸效应,其性质会发生突变。

纳米材料的表面效应是指纳米粒子的表面原子数与总原子数之比随粒径的变小而急剧增大后所引起的性质上的变化。由于纳米粒子体积极小,所包含的原子数很少,相应的质量极小。因此,许多现象就不能用通常有无限个原子的块状物质的性质加以说明,这种特殊的现象通常称之为体积效应。当纳米粒子的尺寸下降到某一值时,纳米半导体微粒存在不连续的最高被占据的分子轨道能级和最低未被占据的分子轨道能级,使得能隙变宽的现象,被称为纳米材料的量子尺寸效应。非晶态纳米材料的颗粒表面层附近的原子密度减小,导致声、光、电、磁、热力学等特性出现异常,如光吸收显著增加,超导相向正常相转变,金属熔点降低,增强微波吸收等。因此,纳米材料在宏观上显示出许多奇妙的特性,如纳米相铜强度比普通铜高 5

倍,纳米相陶瓷是摔不碎的,这与大颗粒组成的普通陶瓷完全不一样。

20 世纪 90 年代发现,许多纳米陶瓷(如 ZrO_2,TiO_3,Si_3N_4)在适当温度下具有很好的塑性,上海硅酸盐研究所的研究发现,纳米 3Y-TZP 陶瓷(100 nm 左右)在经室温循环拉伸试验后,样品的端口区域发生了局部超塑性形变,形变量高达 380%。这使人们想到陶瓷的最大缺点——脆性——是否可以在这种异常性能中得到解决呢?

碳纳米管是在 20 世纪末制成的新型纳米材料。碳纳米管是石墨中一层或若干层碳原子卷曲而成的笼状"纤维",内部是空的,外径只有几十纳米。这种纤维的密度是钢的 1/6,而强度却是钢的 100 倍。有人指出,用它做绳索是唯一可以从月球表面拉到地球表面而不被自身质量拉断的绳索。这种材料还能储存和凝聚大量氢气,并可能作为燃料电池驱动汽车。2000 年 11 月中国香港科学家研制成功的最小碳管直径只有 0.4 nm,它是由一个个笼状的小单元连接而成的,这些小单元看起来很像足球。

2001 年 11 月,3 位中国科学家在美国制造出 10~15 nm 厚、30~300 nm 宽的"纳米带"。纳米带的生产可解决在大量生产碳纳米管时难免出现的结构上的缺陷。

现代纳米技术不仅是指制造超细粉末的技术,它的重要意义是人类能够在纳米尺度范围内对原子、分子进行操纵和加工,并按人们的意愿组成所需的超微型器件。2005 年法国科学家首次成功地利用特种显微镜仪器,让一个分子做出了各种动作:科学家使用一个金属探针刺激联苯分子的不同部位,还可以使其产生不同的电子反应。其精度则达到了 10 pm (10^{-11} m),也就是可以精确到大小仅为单个联苯分子的范围。这一新的研究成果使人们从此可以简单控制单分子,并使它变成一个分子"机器"。

纳米材料可以使计算机存储器的存储能力提高 1 000 倍,到那时巨型计算机小到可以放到口袋里,美国国会图书馆的全部资料的信息可以存储在一块水果糖大小的存储器中。

2005 年,中国科学院上海硅酸盐研究所研制的"纳米药物分子运输车",直径只有 200 nm,装载的药物在沿途不会泄漏,直到引导到某一个特定的疾病靶点、在人们需要的时候才释放出来,对疾病产生治疗作用。研究人员已经成功完成用"运输车"装载消炎、止痛、抗癌药物的装载、控制、释放和定向传输的实验。

日本已用极微小的部件组装成一辆只有米粒大小、能够运转的汽车,德国工程师还制成了一架只有黄蜂大小、并能升空的直升机以及肉眼几乎看不见的发动机。

纳米材料的异常行为必将拓展其在各领域的应用。纳米 SiO_2,α-Al_2O_3 或稀土氧化物对紧凑节能灯的玻璃管做表面处理,可提高灯的光通维持率;纳米金属熔点的降低(如金的熔点由 1 063℃降到 33℃,银的熔点由 960.8℃降到 100℃)可使低温烧结制备合金成为可能;纳米铂黑催化剂可使乙烯氢化反应的温度从 600℃降至室温。如果在玻璃表面涂一层渗有纳米氧化钛的涂料,那么普通玻璃马上变成具有自己清洁功能的"自净玻璃",不用人工擦洗了;电池使用纳米材料制作,则可以使很小的体积容纳极大的能量,届时汽车就可以以电池为动力在大街上奔驰了。

当前的研究热点和技术前沿包括:以碳纳米管为代表的纳米组装材料,纳米陶瓷和纳米复合材料等高性能纳米结构材料,纳米涂层材料的设计和合成,单电子晶体管、纳米激光器和纳米开关等纳米电子器件的研制,C_{60} 超高密度信息存储材料,等等。

纳米技术还蕴藏着巨大商机。据调查,到 2010 年,纳米技术已成为仅次于芯片制造的世界第二大产业,拥有 14 400 亿美元的市场份额。

二、液晶

早在 1888 年,奥地利植物学家莱尼茨尔(F. Reinitzer)就观察到了液晶现象,但长期没有找到它的实际应用,只是停留在实验室的一些探索性研究上。到 20 世纪 30 年代中期对液晶的合成及其重要的物理特性才积累了一定的系统知识。20 世纪 50 年代末期才建立了关于液晶的比较正确的理论,并了解到液晶材料的某些应用价值,20 世纪 60 年代末期液晶显示器显现出光明前景。近几十年,液晶的研究领域已遍及物理、化学、电子学、生物学各个学科。日常用品中袖珍计算器和电子手表上液晶显示已是众所周知的了。那么,什么是液晶呢?

固态晶体内部的粒子是在晶格结点上作有规则排列,即有序结构,具有各向异性的特点,有明确的熔点,固态加热到熔点即转变为液态。但某些有机物晶体(如胆甾醇酯)熔化时并不是直接转变为各向同性的液体,而是经过一系列"中介相",这种中介相既具有像液体的流动性和连续性,又有类似晶体的各向异性。显然在这种中介相状态下物质仍保留着晶体的某种有序排列,这样的有序流动就是液晶。其转变过程示意如图 8-16 所示。

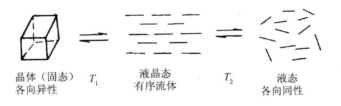

晶体(固态)　　　　　　　液晶态　　　　　　液态
各向异性　　T_1　　有序流体　　T_2　　各向同性

图 8-16　液晶与固态晶体、液态的转变示意图

$T_1 \sim T_2$ 之间为液晶相区间。液晶是热力学上稳定的中间态,不是介稳态,因为在相变时有严格确定的焓变(ΔH)和熵变(ΔS)。

根据形成条件和组成,液晶可分为热致液晶和溶致液晶。热致液晶是由温度变化引起的,只能在一定温度范围内存在,一般是单组分。热致液晶可分为近晶相(或层状相)、向列相(或丝状相)和胆甾相(或螺旋相),如图 8-17 所示。

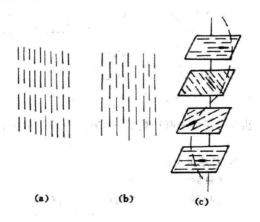

(a)　　　　　(b)　　　　　(c)

图 8-17　热致液晶分子排列示意图
(a)近晶相;　(b)向列相;　(c)胆甾相

溶致液晶是由改变溶液浓度而引起的，一般是由符合一定结构要求的两种或两种以上化合物组成的。最常见的溶致液晶是由水和"双亲性"分子组成的。所谓双亲性分子是指分子中既含有亲水的极性基团（如—OH，—COO⁻Na⁺等），又含有非极性基团，也就是疏水基团（如—C_nH_{2n+1}等）。这种分子在水中将极性基团溶入水中，而非极性基团一端，由于疏水而趋于远离水面，形成层状排列，如图8-18所示。在不同条件下还能以球形或圆柱形排列。人和动物的大脑、神经、肌肉、血液等组织都是由溶致液晶构成的。

空气 ——— 疏水基

水 ——— 极性基

图8-18　双亲分子单层排列示意图

液晶在光学、电学、力学性质上表现出明显的各向异性，可出现折射、旋光、乳浊等现象。由于液晶分子的排列不像晶体那样牢固，很容易受外界电场、磁场、温度应力等的影响，结果使分子排列发生变化，从而使上述各种性质随之发生变化。若在电极间施以电压观察液晶显示器件的透射光，就可以显示出或明或暗的变化。适当选择电极的形状，就可显示出所要求的图像。因此，液晶应用非常广泛，尤其是在显示方面，液晶是制造显示元件的绝好材料。如电子手表上的数字显示，袖珍计算机及许多电子仪表上的显示，就是利用液晶的光电效应显示的。如果把液晶同某些染料混合，放在导电玻璃上，通电后颜色会发生明显的变化。如体育馆里的记分牌，城市街道上的巨大变色广告等。近年来，人们对高分子液晶态的纺丝进行了比较深入的研究，可在普通纺丝和工艺条件下获得高取向度和高强度的合成纤维。人们在高能物理研究中，用液晶显示某些微观粒子的径迹或测量放射性射线的剂量等。总之，液晶的应用日益广泛，它已是现代科学中引人注目的一种新型材料。无论是液晶理论或是新液晶材料的开发，都有待于进一步探讨、研究。

三、光导纤维

光导纤维（光学纤维）简称"光纤"，是20世纪60年代末兴起而迅速发展的一种传光和传像的光波传导介质。它的信息容量大，理论上可传递100亿路电话（微波通信仅10 800路电话），它质轻而软（每千米同轴电缆需铜1.1 t，铝3.7 t，而石英光纤维只需几千克），而且能量损耗小，抗干扰，保密性好，耐腐蚀，不怕振动。目前最大的应用是光纤通信。我国自20世纪70年代初就积极进行研究，现在已有许多光纤通信线路。

光纤由3部分组成，即内芯玻璃（简称"芯料"）、涂层玻璃（简称"皮料"）以及芯料和皮料之间的吸收料。芯料是由高折射率的光学玻璃或塑料制成的，皮料是由低折射率的塑料或玻璃制成的。入射光在芯料和皮料的界面上发生全反射，故入射光几乎全部封闭在芯料内部，经过无数次呈锯齿形的全反射向前传播，使光信号从光纤一端传送到另一端，再经过接收元件回复原来的信号或图像。

光导纤维材料的组成有多组分玻璃光纤、复合光纤和石英光纤，目前实用光缆都是由石英纤维制成的。制造光纤用的多组分玻璃有铅硅酸盐系、硼硅酸盐系、钠钙硅酸盐系和铝硅酸盐系。为了减少传光损耗，制作光纤的材料必须超级纯（杂质应在十亿分之一以下），且要有光学均匀性，不允许有过渡元素（如铁、镍、铜）、水、胶体等杂质，也不能有气泡或晶体缺陷。除了光纤通信外,光纤还可以用于电视、传真、电话、医学、光学、电子和机械工业等各个领域。

四、功能陶瓷

1.电功能陶瓷

(1)半导体陶瓷。半导体陶瓷是体积电阻率为 $10^{-5} \sim 10^7 \Omega \cdot m$ 的材料,它的特点是导电性会随环境、条件的变化而改变。半导体陶瓷具有热敏、声敏、磁压敏、湿敏、气敏、光敏、色敏等敏感效应。在微电子技术中是制造各种敏感器件的理想材料,能将外界环境信息敏感地转化为电信息,具有灵敏度高、响应快、尺寸小、稳定性好、结构可靠等优点,可以制成各种热敏温度计、电炉温度补偿器、无触点开关等,如 ZnO,Fe_2O_3,CoO 等。

(2)电容器介质陶瓷。电容器介质陶瓷指主要用来制造电容器的陶瓷材料,根据陶瓷介质可以分为铁电介质陶瓷、高频介质陶瓷、半导体介质陶瓷、反铁电介质陶瓷、微波介质陶瓷和独石结构介质陶瓷等,按照国家标准分为Ⅰ类、Ⅱ类和Ⅲ类陶瓷介质。Ⅰ类陶瓷介质主要用于制造高频电路中使用的陶瓷介质电容器;Ⅱ类陶瓷介质主要用于制造低频电路中使用的陶瓷介质电容器;Ⅲ类陶瓷介质也称为半导体陶瓷,主要用于制造汽车、电子计算机等电路中要求体积非常小的陶瓷介质电容器。

(3)微波介质陶瓷。通信装置一般包含有半导体和谐振器元件组成的微波电路元件,这些都是由微波介质陶瓷制成的。微波介质陶瓷是指在 $300\ MHz \sim 300\ GHz$ 的微波频率范围内具有极好的介电性的陶瓷材料。目前,微波电介质陶瓷体系主要包括钛酸盐系列和一些复杂的锆酸盐系列,如 $Ba_2Ti_9O_{20}$ 等。

(4)超导陶瓷材料。由于超导陶瓷材料发展迅速而且时间较短,有关理论尚处在逐步形成和探索之中,能否制成更具有实用价值的新型陶瓷超导体,还需要不断地研究。迄今为止所发现的大部分超导体必须用液氦(4.2 K)冷却,而这种材料若能在液氢(20.2 K)和液氮(77 K)温度下使用的话,超导体的实用价值将大为提高。目前,研究能广泛用于发电机、能源储存、核聚变炉、磁力悬浮列车、磁力分离等方面的超导材料,如 $YBa_2Cu_3O_{6-\delta}$。

(5)电绝缘陶瓷。有人称电绝缘陶瓷为电子工业用的结构陶瓷。它主要用作集成电路基片,也用于电子设备中安装、固定、支撑、保护、绝缘、隔离及连接各种无线电零件盒器件。装置具有高的体积电阻率($10^{12}\ \Omega \cdot m$)和高介电强度(远大于 $10^4\ kV/m$),以减少漏电损耗和承受较高的电压。介电常数小(常小于 9),可以减少不必要的电容分布值,避免在线路中产生恶劣的影响等,如 Al_2O_3,MgO 等。

2.光学陶瓷

(1)透明陶瓷。根据用途和功能可将透明陶瓷分为透明结构陶瓷和透明功能陶瓷。透明结构陶瓷主要用于高压钠光灯管、高温透视窗等方面,包括氧化铝、氧化钇等;透明功能陶瓷包括电光透明陶瓷(PLZT)、激光透明陶瓷(Nd：YAG)、闪烁透明陶瓷等。如 Al_2O_3 透明陶瓷是引入少量 MgO 的高纯度细散 Al_2O_3 通过压制法形成,并在高于普通陶瓷的温度下经氢气环境或真空烧成的。

(2)激光陶瓷。钇铝石榴石(YAG)的化学式为 $Y_3Al_5O_{12}$,是一种综合性能(包括光学、力学和热学)优良的激光基质。因为 Nd：YAG 具有较高的热导率和抗光伤阈值,同时三价钕离子取代 YAG 中的钇离子无须电荷补偿而提高激光输出效率,使它成为用量最多、最成熟的激光材料。

（3）红外陶瓷。随着火箭与导弹技术的发展,需要有大尺寸的力学强度高、耐高温、耐热冲击的红外光学材料。稀土元素原子量较大,有利于拓宽红外透过范围,熔点高,化学稳定性好,能抑制晶粒异常长大,相应增强其力学性质。再者,由于它们的晶格结构大多是立方晶系,因而在光学上是各向同性的,同时晶粒散射损失较小,容易制备透明陶瓷体。

（4）闪烁陶瓷。闪烁陶瓷广泛应用于影像核医学、核物理、高能物理、工业 CT、油井勘探、安全检查等领域。闪烁陶瓷的重要性能指标包括透明性、X 射线阻止本领、光输出、衰减速度、余晖和辐照损伤等。目前,大多数陶瓷闪烁体还处于研究阶段。

3. 磁性陶瓷

磁性陶瓷简称"磁性瓷",它是由氧和以铁为主的一种或多种金属元素组成的复合氧化物,又称为铁氧体。其导电性与半导体相似,因其制备工艺和外观类似陶瓷而得名,在现代无线电电子学、自动控制、微波技术、电子计算机、信息存储、激光调制等方面都有广泛的用途。

（1）信息存储铁氧体磁性材料。由于现代科技和信息技术的发展,特别是探测和制导技术的迅速发展,飞机、坦克、舰艇等武器的安全性有所降低,武器隐身技术变得极为重要。另外,电子计算机系统在工作时,主机、显示器、磁盘驱动器、键盘、打印机、绘图仪、鼠标和接口等均能泄露出含有信息的杂散辐射信号,如电、磁、声等。有用的电磁信号若被他方截获,就是所谓的计算机信息泄露。为了防止信息泄露,通常要采用防止信息泄露技术,即所谓的 Tempest技术。在武器的隐蔽技术和电子计算机的 Tempest 技术以及净化电磁环境技术中的关键隐身和防护材料,叫吸波材料。通常吸波材料应具备吸收率高、频带宽、密度小且性能稳定等特性。铁氧体吸波材料在使用时可分为结构型和涂敷型。

（2）庞磁电阻材料。钙钛矿结构的 $La_{1-x}Ca_xMnO_3$（LCMO）氧化物中,存在 Mn^{3+} 和 Mn^{4+} 离子,它们有完全自旋极化的 3d 能带。也就是说,Mn^{3+} 有 4 个自旋向上电子,Mn^{4+} 有 3 个自旋向上的电子,它们自旋向下的能带是空的,没有电子占据。此时,它们的自旋极化度都是 1(100%)。当不同价态锰离子转变时,即 $Mn^{4+}+e^-=Mn^{3+}$,材料的电导率有很大的变化,可转化为金属型导电性。在较高温度下,由于自选无序散射作用,材料的导电性质向半导体型转变。因此,随着 Mn^{4+} 含量的变化,材料可以形成反铁磁耦合,则材料呈低电阻率。如果在零磁场下,材料是反铁磁态,则电阻处于极大;外加磁场后,由反铁磁态转变为铁磁态,则电阻由高电阻变为低电阻。磁电阻率可达到很高,将其称为庞磁电阻效应,此类材料也称为庞磁电阻材料。

（3）微波介质陶瓷。其是制造微波介质滤波器的关键材料。这些器件主要应用于商用无线通信系统,如蜂窝式移动通信系统（0.4～1 GHz）、电视接收系统（TVRO,2～5 GHz）、直接广播系统（TVRO,2～5 GHz）、直接广播系统（DBS,11～13 GHz）及卫星通信系统（20～30 GHz）等。随着微波集成线路发展的迫切需要,作为制造其振荡元件的主要材料,微波介质陶瓷的研究也越来越受到重视。高性能微波陶瓷的基本要求是介电常数大,谐振频率的温度系数小,如 $BaO-Fe_2O_3$。

磁性氧化物陶瓷是制造多种电子器件的重要功能材料,如制备各种通信系统中常见的环形器和隔离器。近年来,在微波介质陶瓷研究中,一个重要的、引人瞩目的研究动向是,综合了非磁性微波介质陶瓷和磁性氧化物陶瓷的优点,研究和开发一种新型微波磁介质陶瓷,其基本要求是在不牺牲低介电损耗和高饱和磁化强度的前提下达到较高介电常数,以实现器件小型化。

五、新型非晶体

粒子在三维空间的排列呈杂乱无序状态,短程(几百皮米范围内)有序、长程无序的固体统称为非晶体(Non crystals),也称为无定形体、玻璃体。因非晶体结构无序,组成的变化范围大,所以它们的共同特点:①各向同性;②无明显的固定熔点;③热导率和热膨胀性小;④可塑性变形大,可制成不同形状的制品。非晶体中最具代表性的是玻璃。

微晶玻璃是近 20～30 年发展起来的新型非晶体,它的结构非常致密,基本上没有气孔,玻璃基体中有很多非常细小而弥散的结晶,其中晶粒的直径为 20～1 000 nm(远小于陶瓷体内的晶粒)。这些微晶的体积可为总体积的 55%～98%。微晶玻璃与普通玻璃比较,软化点大大提高,从 500℃提高到 1 000℃左右,断裂强度提高 10 倍以上,热膨胀系数可以大范围控制,有利于与金属部件相匹配。例如,铌酸钠微晶玻璃,组成为 Na_2O 15%,SiO_2 14%,CdO 3%,NbO_2 2%,析晶 $NaNbO_3$:Cd。该微晶玻璃随电场大小而各向异性,且有滞后现象,可用作电场控制光的元件,如光闸、标色等。又有激光玻璃,如钕玻璃作为激光器的工作物质,其输出激光波长 λ 达 1 062 nm,可用于光纤传输。

非晶态半导体是不具有长程有序,而只具有短程有序的半导体物质。1968 年奥维辛斯基(Ovshinskg)利用硫系玻璃(硫系玻璃是由硫系 S,Se,Te 化合物和一部分金属氧化物组成的非晶态固体)半导体,如 $Ge_{10}As_{20}Te_{70}$(下标数字为百分数)制成高速开关的半导体器件,该半导体器件对杂质不敏感且有信息存储性能。该项研究引起以后非晶态半导体的蓬勃研究。1976 年,斯皮尔和勒康姆伯(Spear and Le Comber)成功地制得半导体非晶硅,非晶硅对太阳光的吸收系数比单晶硅大得多,单晶硅要 0.2 mm 厚才能有效吸收太阳光,而非晶硅只需 0.001 mm 厚,其光能转换效率已为 12%～14%,是价廉而又高效的太阳能电池材料。

世界上最轻的固体材料——硅海绵气凝胶,密度只有 3 mg·cm^{-3},其中 99.8% 为空气,是玻璃质量的 1/1 000,隔热效率比最好的玻璃纤维高出 39 倍,它是浅蓝色半透明"固态烟",看似天空的云,有很好的耐久性,适应外层空间环境,美国国家航空航天局已将其用作"火星探路者"号(Mars Pathfinder)飞船上的隔热层,并计划在"星尘"号(Star Dust)飞船上用来采集 Wild 2 彗星散发的微粒,因为高速运动的炽热微粒会嵌入硅海绵板上而被捕集。

此外,非晶态磁泡(如 Gd－Co 薄膜)是近年来发展的磁性存储器,对计算机发展极为重要。它由电路和磁场来控制磁泡(似浮在水面上的水泡)的产生、消失、传输、分裂,以及磁泡间的相互作用,实现信息的存储、记录和逻辑运算等功能。非晶态固体已成为推动新科技领域发展并前景广阔的一类新材料。

思考题与练习题

一、思考题

1.晶体有何特点? 它与非晶体主要有哪些区别?

2.什么是结点、晶格和晶胞? 举例说明。

3.划分晶体类型的主要依据是什么? 晶格结点上粒子间的作用力与化学键有无区别?

4.有人说:"食盐晶体是由 NaCl 分子组成的,硫酸钠的晶体是由 Na_2SO_4 分子组成的。"这句话对不对? 为什么?

5.怎样理解"100％的典型离子化合物是很少的"？

6.金属晶体的基本特征是什么？金属晶体主要有哪几种堆积方式？金属为什么具有可塑性和良好的导电性？

7.铝是活泼金属,为什么能广泛应用在建筑、汽车、航空及日用品等方面？

8.在组成分子晶体的分子中,原子间是共价键结合;在组成共价晶体的原子间也是共价键结合。那么,为什么分子晶体与原子晶体的性质有很大差别？

9.H_2O 中 O 和 H 原子间以共价键相结合,金刚砂 SiC 中 Si 和 C 原子间也是共价键,为什么 H_2O 和 SiC 的物理性质有很大差异？

10.根据结构说明石墨是一种混合键型的晶体。利用石墨作润滑剂与它的晶体中哪一部分结构有关？金刚石为什么没有这种性能？

11.什么是金属型化合物？它们有何特点？有何重要的实际应用？

12.新型陶瓷材料有何重要特性？这与它们的组成有何关系？这些特点对于现代高科技有何意义？

二、练习题

1.预测下列物质晶格能的高低顺序以及熔点的高低顺序。
$$K_2O,Na_2O,MgO,CaO$$

2.试推测下列物质各属于哪一类晶体,并简述理由。

物质	BBr_3	KF	Si
熔点/℃	—46	880	1 423

3.根据下列物质的物理性质,推测它们所属的晶体类型。
$$H_2S,NH_3,金刚石,NaCl,HCl$$

4. $Ar,Cu,NaCl,CO_2$ 晶体都属于面心立方晶格结构,但它们的物理性质却极不相同,为什么？

5.CO_2 和 SiO_2 都是共价型化合物,为什么 CO_2 易气化且硬度小,而 SiO_2 难熔且硬度大？

6.食盐、金刚石、干冰(CO_2)以及金属都是固态晶体,但它们的溶解性、熔点、沸点、硬度和导电性等物理性质为什么相差甚远？

7.根据所学晶体结构的知识,填写下表。

物质	晶格结点上的微粒	晶格结点上微粒间的作用力	晶体类型	预测熔点(高或低)
N_2				
SiC				
Cu				
冰				
$BaCl_2$				

8.已知下列两类晶体的熔点(℃):
$$NaF(995),NaCl(808),NaBr(775),NaI(661)$$
$$SiF_4(—90.3),SiCl_4(—68),SiBr_4(5.2),SiI_4(120.5)$$

(1)为什么钠的卤化物的熔点总是比相应硅的卤化物熔点高？

(2)为什么钠的卤化物和硅的卤化物的熔点递变不一致？

第九章　元素概论及化合物结构与性质

　　人们对于元素和化合物的认识是从人类的需求开始的,如李时珍所著《本草纲目》中记载了 1 892 种药物,其中无机化合物约 276 种,如砒霜(As_2O_3)、水银(Hg)、硫黄(S)等,由此可见,当时的人们已经对无机化合物有所认识。现在,已经得到确认的化学元素有 111 种,其中从氢(H)到铀(U)的 92 种元素中有 90 种在地球上已经找到,92 号铀(U)元素之后的均为人工合成元素,正是这些元素组成了自然界中存在的、千变万化的、为数众多的化合物。以单质存在的元素为数不多,通常是由化合物制备而得的,单质的制备方法主要有以下几种。

　　(1)分离法。在自然界中,以单质存在的只需要进行分离,就可以得到较纯的单质,如 Au,O_2,N_2 等。

　　(2)热分解法。对于分解温度较低的化合物,可以通过直接加热的方法,使其分解,从而得到单质,如 HgO 加热至 673 K 以上即分解为 Hg 和 O_2,而得到金属汞。

　　(3)热还原法。热还原法又可分为以下几类。

　　1)C 还原法。C 是最常用的还原剂。自然界存在的金属、非金属的化合物,在空气中灼烧,首先转化为氧化物,而后用 C 作还原剂。如铁的主要矿石有赤铁矿 Fe_2O_3、磁铁矿 Fe_3O_4、黄铁矿 FeS_2 和菱铁矿 $FeCO_3$ 等,炼铁时,首先将铁矿石转化为氧化铁,然后用 C 作还原剂而得到金属单质铁。

　　2)H_2 还原法。用 H_2 作还原剂,可避免生成碳化物,对于价值较高的金属常采用此法。如钛的主要矿石有钛铁矿 $FeTiO_3$、金红石 TiO_2 等,为了得到高纯度的钛,通常采用 H_2 作还原剂,以避免生成碳化物而影响后续的纯化处理。

　　3)活泼金属还原法。用活泼金属作还原剂,适用于稀有金属的制备。如稀土金属钐(Sm)、铕(Eu)等的单质可用活泼金属 Ca 作还原剂而得到。

　　(4)电解法。电解法可分为电解盐的水溶液和电解熔融盐。

　　1)电解盐的水溶液。用上述方法不易得到的单质,可以用电解的方法。通常,在水中稳定且较不活泼的金属(如铜),可以通过电解其盐的水溶液而得到金属单质。

　　2)电解熔融盐。通常,在水中不稳定且较活泼的金属,只能通过电解其熔盐而得到。如钠就是在 580℃下电解熔融的 40％$NaCl$ 和 60％$CaCl_2$ 的混合物而得到金属单质钠的。

　　我们在第五章学习了元素周期表的分区,各区的价电子构型如表 5 - 10 所示。本章将根据各区的价电子构型的特征,讨论元素的通性和一些重要无机化合物的相关性质。

第一节　S 区元素概论及化合物

一、s 区元素概论

s 区包括ⅠA，ⅡA 主族；其特征价电子构型分别为 ns^1，ns^2；对应的特征氧化态为 +1，+2；s 区元素形成的化合物以离子型为主要特征(除 H，Li，Mg，Be 外)，其固体多是离子晶体，有较高的熔点和沸点。

二、一些重要化合物

1. 氢氧化物

金属氢氧化物可以用通式表示为 R—O—H，其中 R—O 键和 O—H 键在溶液中有两种可能的解离方式：

$$R—O—H \longrightarrow R^+ + OH^- \qquad 碱式解离$$
$$R—O—H \longrightarrow RO^- + H^+ \qquad 酸式解离$$

那么，一种金属氢氧化物以哪种方式解离，则取决于金属 R 所带的电荷和半径的大小。通常金属 R 电荷愈高，半径愈小，则 R 对氧的电子云吸引力愈大，从而加强了 R—O 键，而使 O—H 键易于断裂，R—O—H 将以酸式解离为主；反之，金属 R 电荷愈低，半径愈大，对氧的电子云吸引力愈小，而使 R—O 键较弱，易于断裂，R—O—H 将以碱式解离为主。综合金属离子的电荷和离子半径两个因素，得到离子势(Ionicpotential)为

$$离子势 \phi = 金属离子电荷 z / 金属离子半径 r$$

即

$$\phi = \frac{z}{r}$$

根据离子势，得到一判断金属氢氧化物酸碱性的经验值 $\sqrt{\phi}$(r 的单位为 pm)：

1）当 $\sqrt{\phi} < 0.22$ 时，ROH 呈碱性；

2）当 $0.22 < \sqrt{\phi} < 0.32$ 时，ROH 呈两性；

3）当 $\sqrt{\phi} > 0.32$ 时，ROH 呈酸性。

例：

	LiOH	< NaOH	< KOH	< RbOH	< CsOH
$\sqrt{\phi}$	0.167	0.103	0.075	0.068	0.059
	中强碱	强碱	强碱	强碱	强碱

	Be(OH)$_2$	< Mg(OH)$_2$	< Ca(OH)$_2$	< Sr(OH)$_2$	< Ba(OH)$_2$
$\sqrt{\phi}$	0.254	0.175	0.142	0.133	0.122
	两性	中强碱	强碱	强碱	强碱

由 $\sqrt{\phi}$ 经验值可知，碱金属和碱土金属氢氧化物的酸碱性，随离子半径的增大，碱性增强。我们用 $\sqrt{\phi}$ 把酸碱用一个标准联系在一起，但 $\sqrt{\phi}$ 判据只是个经验值，有一定的局限性。根据离子极化可以说明 LiOH，Be(OH)$_2$，Mg(OH)$_2$ 等碱性较弱的原因。

2. 氢化物

碱金属ⅠA、碱土金属ⅡA(除 Be)都能与 H$_2$ 生成离子型氢化物，为离子晶体，熔点、沸点

较高,常温下都是白色晶体。离子型氢化物热稳定性可以用$\Delta_f H_m^{\ominus}$判断,碱金属、碱土金属氢化物的$\Delta_f H_m^{\ominus}$见表9-1。

表9-1 碱金属、碱土金属氢化物的$\Delta_f H_m^{\ominus}$ 单位:$kJ \cdot mol^{-1}$

氢化物	LiH	NaH	KH	RbH	CsH
$\Delta_f H_m^{\ominus}$	-90.54	-56.3	-57.74	-54.4	-54.18
氢化物		MgH_2	CaH_2	SrH_2	BaH_2
$\Delta_f H_m^{\ominus}$		-75.3	-186.2	-176.6	-178.7

根据$\Delta_f H_m^{\ominus}$的定义可知,$\Delta_f H_m^{\ominus}$越小,形成该物质时反应放出能量愈多,化合物愈稳定。根据氢化物的$\Delta_f H_m^{\ominus}$可以得出:

1)碱土金属氢化物比碱金属氢化物放出能量多,因此,碱土金属氢化物比碱金属氢化物稳定性高;

2)碱金属氢化物中,因为LiH放出能量最多,所以最为稳定。LiH的分解温度为850℃,高于其熔点690℃。

离子型氢化物与水均发生剧烈反应,并放出H_2,反应为

$$MH + H_2O \Longrightarrow MOH + H_2 \uparrow$$
$$MH_2 + 2H_2O \Longrightarrow M(OH)_2 + 2H_2 \uparrow$$

根据这一特性,有时利用离子型氢化物如CaH_2,除去气体或溶剂中微量的水分。但水量多时不能用此法,因为,这是一个放热反应,能使产生的氢气燃烧。

从$\varphi^{\ominus}(H_2/H^-) = -2.23\ V$可知,$H^-$是强的还原剂,因此,离子型氢化物都是良好的强还原剂,在一定的温度下,可以还原金属氯化物、氧化物和含氧酸盐,如用于还原金属钛的反应为

$$2LiH + TiO_2 \Longrightarrow Ti + 2LiOH$$
$$4NaH + TiCl_4 \Longrightarrow Ti + 4NaCl + 2H_2 \uparrow$$

第二节　p区元素概论及化合物

p区元素包括ⅢA~ⅦA及0族元素,除H以外的所有非金属元素都在p区,p区中B,Si,Ge,As,Sb,Se,Te,Po又称为准金属;自然界存在的大多数化合物都是由金属和非金属元素组成的。因此,可以说22个非金属元素占据了化合物的"半壁江山",p区元素的化合物也更加丰富,性质具有多样性。

一、p区元素通性

1. p区元素的结构特征

p区元素的价电子构型为$ns^2 np^{1\sim6}$,价电子数由3增加到8,使其得电子的趋势增强,呈现负氧化态的趋势增大;p区元素与s区元素的不同之处在于其氧化态有多种,即具有多变价性,如Pb常见的氧化态有$+2,+4$;N常见的氧化态有$-3,0,+1,+2,+3,+5$等。

2.原子半径的变化规律

从表9-2中数据可以看出以下规律：

1)从总的趋势可以看出,同一周期,从左到右,半径依次减小;同一族,从上至下,半径依次增大。

2)各族中第一个元素(第二周期的 B,C,N,O,F)的半径特别小,使得第二周期到第三周期半径出现了跳跃式的变化,随后的第三周期到第四周期半径变化的幅度较小。这是因为,第二周期元素内层电子少,核对外层电子吸引力强,故第二周期元素的半径特别小;第三周期随着电子层数的增多,半径随之增大,故第二周期到第三周期半径出现跳跃式变化;第四周期随着 d 电子的填充,内层电子数突然增多,屏蔽效应使得有效核电荷增大,核对外电子吸引力增强,因此,第三周期到第四周期半径变化的幅度较小。

3) 半径是影响性质的重要因素。正是因为第二周期元素半径特别小,使其具有了某些"特殊性",而第四周期元素半径变化的幅度较小,使其具有了某些"不规则性"。

表9-2　元素的原子半径　　　　　　　　　单位:pm

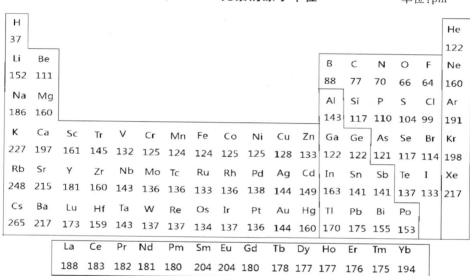

第二周期元素的特殊性主要表现在以下几个方面。

a.同核双原子分子 X_2 键能小。同核双原子分子,半径愈小,键能愈大;第二周期元素半径特别小,键能应特别大;但是,正因为半径特别小而使电子密度相对较大,增大了原子之间的斥力,致使同核双原子分子的键能减小而非增大。

例：

	N—N	O—O	F—F
$E /(\text{kJ} \cdot \text{mol}^{-1})$	159	142	141
	P—P	S—S	Cl—Cl
$E /(\text{kJ} \cdot \text{mol}^{-1})$	209	264	199

b.第二周期元素易形成多重键。第二周期元素半径特别小,即电子层少,原子轨道在形成 σ 键的同时,还可以有效地形成 π 键。

例：　　　　　　B—B　　C=C　　N≡N　　O=O　　F—F

　　　　　　　　Si—Si　　P—P　　S—S　　Cl—Cl

c.第二周期元素的最大配位数为 4。因为第二周期只有 2s2p 共 4 个价轨道,所以,最大配位数也为 4,第三周期以后有 3d 轨道可以参与成键,配位数可大于 4。

例：

N	sp^3	NCl_3	C	sp^3	CH_4
P	sp^3	PCl_3	Si	sp^3d^2	$H_2[SiF_6]$
	sp^3d	PCl_5			

d.第二周期元素易形成氢键。因为 N,O,F 半径特别小,电负性特别大,所以易于形成氢键。

e.化学性质有一些独特的表现。如 CCl_4 不发生水解,就是因为没有 d 轨道;而 $SiCl_4$ 强烈水解,也是因为有了 d 轨道参与的结果。

第四周期的不规则性变化主要表现在原子半径、电负性等方面。

产生第四周期半径变化不规则的原因可能是电子层数增多了,半径应该相应地增大,但是增大的幅度较小。因为第四周期元素的电子在($n-1$)d 轨道填充,电子填充内层,有效核电荷增大,核对外电子吸引力增强,半径有减小的趋势。综合结果是半径增大的幅度减小,这种现象在 ⅢA 族表现最为明显,半径有所减小,随后又开始增大。

图 9-1 所示为 p 区元素电负性随原子序数的变化。从图 9-1 中可以清楚地看出各族的电负性从左到右(族向)依次减小,但第二周期元素(纵向看)在同族中特别大,表现出特殊性;第四周期元素(纵

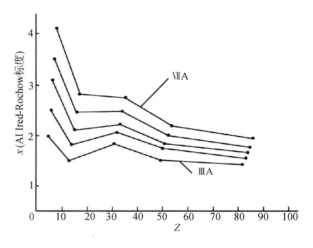

图 9-1　p 区元素电负性与原子序数的关系

向看)在同族中出现了一个小凸起,表现出不规则的变化。

3.p 区元素化合物的键型

p 区元素的电负性较大,除电负性最大的非金属与活泼金属形成化合物时,主要是离子键以外,其余的化合物均以共价键为主要特征。

二、p 区元素一些重要化合物

1.氢化物

氢与 p 区元素(除稀有气体、铟、铊外)以共价键结合形成共价型氢化物,又称为分子型氢化物。氢化物常为分子晶体,熔点、沸点较低,如表 9-3 所示,通常情况下为气体。

由于分子型氢化物共价键的极性差别较大,所以它们的化学行为比较复杂。如它们在水中有的不发生任何作用(碳、锗、锡、磷、砷、锑等的氢化物),有的则同水作用。对于能溶于水的 p 区元素氢化物,其酸性变化规律是,同一周期元素氢化物的酸性从左到右逐渐增强,同一族元素氢化物的酸性自上而下也逐渐增强。酸性的变化规律能够通过半径和电荷的变化加以说明。通常半径愈大,电荷愈低,酸性愈强。

p 区元素氢化物的稳定性可以用 $\Delta_f G_m^\ominus$ 解释,从表 9-4 中数据可以看出,同一周期元素氢

化物的稳定性从左到右逐渐增强,同一族元素氢化物的稳定性自上而下逐渐减弱。这种变化正好与元素的电负性变化规律一致。当元素的电负性越大,E—H 键的键能愈大时,其稳定性愈高。

表 9-3 一些 p 区元素氢化物的熔点和沸点

氢化物	CH_4	NH_3	H_2O	HF
熔点/℃	-182.5	-77.8	0	-83.6
沸点/℃	-161.5	-33.4	100	19.52
氢化物	SiH_4	PH_3	H_2S	HCl
熔点/℃	-185	-133.8	-85.5	-114.2
沸点/℃	-111.9	-87.8	-60.3	-85.1
氢化物	GeH_4	AsH_3	H_2Se	HBr
熔点/℃	164.8	-116.9	-65.7	-86.9
沸点/℃	-88.1	-62.5	-41.4	-66.7
氢化物	SnH_4	SbH_3	H_2Te	HI
熔点/℃	-150	-91.5	-49	-51.9
沸点/℃	-52	-18.4	-2	-35.7

表 9-4 一些 p 区元素氢化物的 $\Delta_f G_m^{\ominus}$ 单位:$kJ \cdot mol^{-1}$

氢化物	B_2H_6	CH_4	NH_3	H_2O	HF
$\Delta_f G_m^{\ominus}$	86.7	-50.72	-16.45	-237.129	-273.2
氢化物	AlH_3	SiH_4	PH_3	H_2S	HCl
$\Delta_f G_m^{\ominus}$	231.15	56.9	13.4	-33.56	-95.299
氢化物	GaH_3	GeH_4	AsH_3	H_2Se	HBr
$\Delta_f G_m^{\ominus}$	193.7	113.4	68.93	15.9	-53.45
氢化物	InH_3	SnH_4	SbH_3	H_2Te	HI
$\Delta_f G_m^{\ominus}$	190.31	188.3	147.75	138.5	1.70

p 区元素氢化物的还原性是,同一周期元素氢化物的还原性从左到右逐渐减弱,同一族元素氢化物的还原性自上而下逐渐增强。还原性的变化规律能够通过 E^{n-} 的半径和 E 的电负性的变化加以说明。通常 E^{n-} 的半径愈大,E 的电负性愈小,EH_n 的还原性愈强。

2. 氧化物及其水合物

氧和其他元素形成的二元化合物称为氧化物。氧化物是极为广泛的一类化合物,除大多数稀有气体外,已知元素都能直接或间接地生成氧化物。

(1)氧化物。下面主要从氧化物的键型、稳定性及酸碱性三方面对其进行介绍。

1)氧化物的键型。按化学键的特征,氧化物的键型一般可以分为共价型和离子型。通常非金属与氧形成的氧化物属共价型化合物,常态下多为气态,如 NO,NO_2,CO_2 等。其中大多数在固态时属典型的分子晶体,熔点、沸点很低,只有少数非金属氧化物是原子晶体,如 SiO_2

等,它们具有高的熔点、沸点和较大的硬度。

由于氧的电负性(3.5)很大,而金属的电负性又较小,故大多数金属氧化物是离子型化合物,其固态常为离子晶体,具有较高的熔点、沸点和硬度。如碱金属、碱土金属(除 Be 外)的氧化物都是典型的离子型化合物。另外,有一些金属性不强的元素的氧化物常常同时表现出离子性和部分共价性,如 PbO,SnO 等,它们的键型属于过渡型。这类金属氧化物多数是 p 区下方的重金属和过渡金属元素的较高氧化态的氧化物,如锰的最高氧化态的氧化物 Mn_2O_7 为共价型化合物,熔点很低(5.9℃);而锰的低氧化态的氧化物 MnO 却是离子型化合物,熔点很高(1 785℃);其中间氧化态的氧化物 MnO_2 则为过渡型化合物。

2)氧化物的稳定性。在自然界中,大多数氧化物都是很稳定的,如 SiO_2 和 MgO 在高温时也不会分解。因此,高熔点的氧化物和金属是工程技术上常用的耐热材料。但有少数氧化物加热时很易分解。

氧化物分解为单质的稳定性可以用标准摩尔生成焓 $\Delta_f H_m^\ominus$ 的大小来判断。通常 $\Delta_f H_m^\ominus$ 负值愈大,说明由指定单质生成该氧化物时放出的热愈多,该氧化物也就愈稳定。表 9 - 5 列出了一些氧化物的标准摩尔生成焓的数据。由表 9 - 5 可以看出,Cl_2O_7 的 $\Delta_f H_m^\ominus$ 正值最大,Al_2O_3 的负值最大,故 Cl_2O_7 在该表所列出的氧化物中是最不稳定的,而 Al_2O_3 是最稳定的。实际上 Al_2O_3 在灼热时也不分解(熔点 2 054℃),常用作耐火、耐高温材料。

表 9 - 5　一些氧化物的标准摩尔生成焓 $\Delta_f H_m^\ominus$　单位:$kJ \cdot mol^{-1}$

氧化物	Cl_2O	ClO_2	Cl_2O_7	Au_2O_3	Ag_2O	SiO_2	MgO	Al_2O_3
$\Delta_f H_m^\ominus$	80.3	102.5	265.3	80.7	−31.1	−910.7	−601.6	−1 675.7

尽管大多数氧化物很稳定,但它们的稳定性还是有限的。通常当温度达到一定的程度时,它们便开始分解。这是因为氧化物的分解反应是 $\Delta S > 0$ 的熵增和 $\Delta H > 0$ 的吸收能量的过程。根据 Gibbs 公式

$$\Delta G = \Delta H - T\Delta S$$

可判断出,当

$$T > \Delta H / \Delta S$$

时(此时 $\Delta G < 0$),氧化物的分解反应可以自发进行。表 9 - 6 列出了一些单质与氧反应的 $\Delta_r H_m^\ominus(298\ K)$ 和 $\Delta_r S_m^\ominus(298\ K)$,根据这些数据可以求得各种氧化物在标准态时分解的最低温度值。

表 9 - 6　一些单质与氧反应的 $\Delta_r H_m^\ominus(298\ K)$ 和 $\Delta_r S_m^\ominus(298\ K)$(以 1 mol O_2 为基础)

氧化反应	$\Delta_r H_m^\ominus/(kJ \cdot mol^{-1})$	$\Delta_r S_m^\ominus/(kJ \cdot mol^{-1} \cdot K^{-1})$
$2Hg + O_2 \rightarrow 2HgO$	−181	−0.216
$2C(石墨) + O_2 \rightarrow 2CO$	−221	0.179
$4Cu + O_2 \rightarrow 2Cu_2O$	−337.2	−0.152
$4Fe_3O_4 + O_2 \rightarrow 6Fe_2O_3$	−471.6	−0.266
$2H_2 + O_2 \rightarrow 2H_2O$	−571.6	−0.327
$2Ni + O_2 \rightarrow 2NiO$	−488	−0.188

续表

氧化反应	$\Delta_r H_m^{\ominus}/(kJ \cdot mol^{-1})$	$\Delta_r S_m^{\ominus}/(kJ \cdot mol^{-1} \cdot K^{-1})$
$2Fe+O_2 \rightarrow 2FeO$	-534	-0.141
$2CO+O_2 \rightarrow 2CO_2$	-566	-0.173
$6FeO+O_2 \rightarrow 2Fe_3O_4$	-623	-0.269
$2Zn+O_2 \rightarrow 2ZnO$	-701	-0.201
$4/3Cr+O_2 \rightarrow 2/3Cr_2O_3$	-759.8	-0.183
$Mn+O_2 \rightarrow MnO_2$	$-1\,040$	-0.163
$4Na+O_2 \rightarrow 2Na_2O$	-828.4	-0.260
$Si+O_2 \rightarrow SiO_2$	-910.7	-0.183
$Ti+O_2 \rightarrow TiO_2$	-944.0	-0.185
$4/3Al+O_2 \rightarrow 2/3Al_2O_3$	$-1\,117.1$	-0.209
$2Mg+O_2 \rightarrow 2MgO$	$-1\,203.2$	-0.217
$2Ca+O_2 \rightarrow 2CaO$	$-1\,269.8$	-0.212

【例9-1】 求氧化镁标准态时的分解温度 $T_{分解}$。

解：由表9-6知，MgO分解反应的 $\Delta_r H_m^{\ominus}$（298 K）$= -1\,203.2$ kJ·mol^{-1}，$\Delta_r S_m^{\ominus}$（298 K）$= -0.217$ kJ·mol^{-1}·K^{-1}，则

$$T_{分解} \geqslant \frac{\Delta_r H_m^{\ominus}(298\ K)}{\Delta_r S_m^{\ominus}(298\ K)} = \frac{-1\,203.2}{-0.217} = 5\,544.7\ K$$

此例表明，从理论上讲，温度高于5 544.7 K时MgO便开始分解，但是，这样高的温度在实际中很难达到。因此，MgO是极好的耐火高温材料。

3）氧化物的酸碱性。根据氧化物与酸碱反应的情况不同，以及氧化物相应的水合物性质的区别，通常将氧化物分为以下几类。

a. 酸性氧化物。酸性氧化物通常包括非金属氧化物和过渡金属的高氧化态氧化物，其水合物均为含氧酸，它们都能与碱作用生成盐和水，如 SO_3，P_2O_5，CrO_3 相应的水合物为 H_2SO_4，H_3PO_4，H_2CrO_4。

b. 碱性氧化物。碱金属、碱土金属和过渡金属的低氧化态氧化物都是碱性氧化物，它们能与酸作用生成盐和水，其水合物的水溶液呈碱性，如 NaOH，Ba(OH)$_2$，都是强碱。

c. 两性氧化物。这类氧化物及其水合物都是既能与酸作用，又能与碱作用，因而是两性氧化物，如 BeO，Al_2O_3，ZnO 和 As_2O_3 等都是两性氧化物。

d. 不成盐氧化物。不成盐氧化物又叫惰性氧化物，与水、酸、碱都不发生反应，如 CO 和 NO 都是不成盐氧化物。

根据元素周期表，氧化物酸碱性的变化有以下规律：

同一周期，最高氧化态氧化物从左至右碱性依次减弱，酸性依次增强，如 SiO_2，P_2O_5，SO_3，Cl_2O_7 的酸性依次增强；同一族中，相同氧化态的氧化物从上到下碱性依次增强，酸性依次减弱，如 N_2O_3，P_2O_3，As_2O_3，Sb_2O_3，Bi_2O_3 的碱性依次增强；有多种氧化态的氧化物，通常按氧化态由低到高酸性依次增强。例如：

MnO	MnO$_2$	MnO$_3$	Mn$_2$O$_7$
碱性	两性	酸性	酸性
VO	V$_2$O$_3$	VO$_2$	V$_2$O$_5$
碱性	碱性	两性	酸性

运用所学的热力学知识,对氧化物酸碱性的相对强弱可以近似地做出判断。当要比较氧化物的碱性(或酸性)时,首先选定一种酸(或碱)与其反应,再通过比较各反应的标准摩尔吉布斯函数变($\Delta_r G_m^{\ominus}$)值的大小来推断反应进行的倾向和程度,从而判断出各氧化物碱性(或酸性)的相对强弱。注意发生的反应要是同类型同量(酸或碱)的。例如,要比较 K$_2$O 和 BaO 的碱性强弱时,可选用 CO$_2$ 作为酸,其反应如下:

$$K_2O(s) + CO_2(g) = K_2CO_3(s), \quad \Delta_r G_m^{\ominus}(1) = -356 \text{ kJ} \cdot \text{mol}^{-1}$$
$$BaO(s) + CO_2(g) = BaCO_3(s), \quad \Delta_r G_m^{\ominus}(2) = -218 \text{ kJ} \cdot \text{mol}^{-1}$$

由于 $\Delta_r G_m^{\ominus}(1) < \Delta_r G_m^{\ominus}(2)$,说明反应(1)的趋势大于反应(2),因此判断二者碱性是 K$_2$O > BaO。

再如,判断 P$_2$O$_5$,SO$_3$,Cl$_2$O$_7$ 的酸性强弱时,可选用 H$_2$O 作为碱,其反应如下:

$$1/3P_2O_5(s) + H_2O(l) = 2/3H_3PO_4(l), \quad \Delta_r G_m^{\ominus} = -59 \text{ kJ} \cdot \text{mol}^{-1}$$
$$SO_3(l) + H_2O(l) = H_2SO_4(l), \quad \Delta_r G_m^{\ominus} = -70 \text{ kJ} \cdot \text{mol}^{-1}$$
$$Cl_2O_7(g) + H_2O(l) = 2HClO_4(l), \quad \Delta_r G_m^{\ominus} = -329 \text{ kJ} \cdot \text{mol}^{-1}$$

随着 $\Delta_r G_m^{\ominus}$ 的减小,与碱的反应趋势增大,那么与之反应的物质酸性增强,因此 P$_2$O$_5$,SO$_3$,Cl$_2$O$_7$ 的酸性依次增强。

在生产中选用耐火材料时,也要考虑其酸碱性。耐火材料是一种高熔点氧化物,耐火温度不低于 1 580℃,并在高温下能耐气体、熔融金属、熔融炉渣等物质的侵蚀。根据它们的化学性质,通常可分为酸性、碱性和中性三类。酸性耐火材料的主要成分是 SiO$_2$ 等酸性氧化物,如硅砖;碱性耐火材料的主要成分是 MgO 和 CaO 等碱性氧化物,如镁砖;中性耐火材料的主要成分是 Al$_2$O$_3$ 和 Cr$_2$O$_3$ 等两性氧化物,如高铝砖。酸性耐火材料在高温下易受碱性物质的侵蚀;碱性耐火材料在高温下易受酸性物质的侵蚀;而中性耐火材料由于 Al$_2$O$_3$ 和 Cr$_2$O$_3$ 等两性氧化物经灼烧后在高温下既不易与酸性物质作用,又不易与碱性物质作用,因而抗酸、碱侵蚀的性能较好。

此外,选用耐火材料时还应注意炉气的氧化还原性质。例如,含 Cr$_2$O$_3$(熔点 2 265℃)的耐火材料高温时适于在氧化性环境中使用,若在还原性环境中使用,可能被还原成金属 Cr(熔点 1 900℃),而使耐火温度降低。

(2)氧化物的水合物。下面主要从其组成、酸强度及氧化性方面进行介绍。

1)氧化物水合物的组成。将氧化物溶于水,即可得到该氧化物的水合物。各元素氧化物的水合物的组成是含有若干个羟基的氢氧化物,R 能结合几个羟基与 R 的半径和所带电荷有关。

R 的电荷多少决定了吸引羟基的能力,而 R 的半径大小决定了空间效应,综合两因素,氧化物的水合物可以表示为 (OH)$_m$RO$_n$。当 R 的电荷愈高、半径愈大,结合羟基的数目愈多。

如 Cl^{7+},电荷最高,根据此电荷,应结合 7 个羟基,但是受半径大小的制约,脱水后使半径和电荷同时满足,从而得到其组成为 Cl(OH)O$_3$,通常表示为 HClO$_4$。

常见元素氧化物水合物的组成和习惯书写形式见表 9-7。

表 9 - 7　常见元素氧化物水合物的书写形式

周期	ⅠA	ⅡA	ⅢA	ⅣA	ⅤA	ⅥA	ⅦA
第二周期	$LiOH$	$Be(OH)_2$	H_3BO_3	H_2CO_3	HNO_3		
第三周期	$NaOH$	$Mg(OH)_2$	$Al(OH)_3$	H_2SiO_3	H_3PO_4	H_2SO_4	$HClO_4$
第四周期	KOH	$Ca(OH)_2$	$Ga(OH)_3$	H_2GeO_3	H_3AsO_4	H_2SeO_4	$HBrO_4$
第五周期	$RbOH$	$Sr(OH)_2$	$In(OH)_3$	H_2SnO_3	H_3SbO_4	H_6TeO_6	HIO_4
第六周期	$CsOH$	$Ba(OH)_2$	$TlOH$	$Pb(OH)_2$	$Bi(OH)_3$		

2)氧化物水合物的酸强度。根据各元素氧化物水合物的组成$(OH)_mRO_n$可知,R 与一定数目的羟基和一定数目的非羟基氧结合,而非羟基氧的数目对氧化物水合物的酸强度有着决定性的影响。Pauling 总结出如下规律:

对于多元酸,其 $K_{a1}^\ominus : K_{a2}^\ominus : K_{a3}^\ominus = 1 : 10^{-5} : 10^{-10}$;而 $K_{a1}^\ominus = 10^{5n-7}$,当 n 愈大(非羟基氧数愈多)时,$K_{a1}^\ominus$ 愈大,酸性愈强。

例:　　$n=0$　　$K_{a1}^\ominus=10^{-7}$　　　弱酸　　　　$HClO$　　$K_{a1}^\ominus=10^{-8}$

　　　　$n=1$　　$K_{a1}^\ominus=10^{-2}$　　　中强酸　　　H_3PO_4　　$K_{a1}^\ominus=10^{-3}$

　　　　$n=2$　　$K_{a1}^\ominus=10^{3}$　　　强酸　　　　H_2SO_4　　$K_{a1}^\ominus=10^{2}$

　　　　$n=3$　　$K_{a1}^\ominus=10^{8}$　　　很强酸　　　$HClO_4$　　$K_{a1}^\ominus=10^{7}$

从中可以看出如下规律:

a.非羟基氧的数目愈多、酸性愈强。同周期,从左到右酸性逐渐增强,如 $H_4SiO_4 < H_3PO_4 < H_2SO_4 < HClO_4$;同族,从上到下酸性逐渐减弱,如 $HNO_3 > H_3PO_4$;同元素,则随氧化态的升高,酸性逐渐增强,如 $H_2SO_4 > H_2SO_3$。

b.当非羟基氧数目相同时,R 的半径愈大,其酸性愈弱,如 $HClO > HBrO > HIO$。

当然,是经验规则也就会有例外情况,如 H_2CO_3 的 $K_{a1}^\ominus = 4.3 \times 10^{-7}$ 就是本经验规则无法给予解释的。

3)氧化物水合物的氧化性。在溶液体系中,物质的氧化性应该用电极电势的大小进行判断。通常电极电势值大的电对中的氧化型的氧化能力强,并且,根据能斯特方程,溶液体系的酸性愈强,其氧化能力就愈强。氧化物水合物的氧化性有如下规律。

a.同周期。最高氧化态含氧酸氧化性随原子序数的增加而急剧增大,例如:

$$H_4SiO_4 \ll H_3PO_4 \ll H_2SO_4 \ll HClO_4$$

那么,是什么因素影响含氧酸的氧化性呢? 其一是中心成酸原子结合电子的能力,当成酸原子结合电子能力愈强,形成的含氧酸氧化性愈强;其二是中心成酸原子的电负性,当成酸原子的电负性愈大,形成的含氧酸的氧化性愈强,如 $H_4SiO_4 \ll H_3PO_4 \ll H_2SO_4 \ll HClO_4$ 就是此例。

b.同族。氧化性的变化呈现不规则性。第二周期、第四周期的含氧酸的氧化性较大,例如:

$$HNO_3 > H_3PO_4 < H_3AsO_4$$

第二周期　　第三周期　　第四周期

$$HClO_4 < HBrO_4 > H_5IO_6$$

第三周期　　第四周期　　第五周期

在族向上,由于第二周期的半径特别的小,原子核对核外电子的吸引力较强的同时,核外电子之间的排斥力也较大,总的结果是核对核外电子的吸引力被削弱,而使其形成的含氧酸的氧化能力较大;随电子层的增多,第三周期的半径随之增大,核外电子之间的排斥力较弱,使其形成的含氧酸的氧化能力降低;第四周期也应随电子层的增多而半径增大,但是,半径增大的幅度不大,故而使其形成的含氧酸的氧化能力较第三周期大。这样一来,就出现了第二周期元素所形成的含氧酸的氧化能力比第三周期大,第四周期元素所形成的含氧酸的氧化能力也比第三周期大。

c. 同元素。同元素所形成的低氧化态含氧酸氧化性比高氧化态含氧酸氧化性强,例如:

$$HNO_2 > HNO_3$$

对于同元素所形成的含氧酸,其氧化性强弱与中心成酸原子与氧原子成键的数目直接相关。成酸原子与氧原子成键数目越多,形成的含氧酸氧化性越弱,如 $HClO > HClO_2 > HClO_3 > HClO_4$。

还有一个对含氧酸氧化性影响非常显著的因素是介质的酸碱性。酸性愈强,其含氧酸的氧化性愈强。因此,浓酸中含氧酸的氧化性强于稀酸中,更强于其盐的溶液;而酸性体系中含氧酸的氧化性强于中性体系中,更强于碱性体系中。

3. 含氧酸盐的性质

含氧酸盐大多数属于离子型化合物,含氧酸盐的热稳定性既与含氧酸的稳定性有关,也与金属元素的活泼性有关。常见的规律如下:

(1) 热稳定性。热稳定性既取决于酸根阴离子的结构,也和阳离子的极化力相关。

1) 同金属、同酸根的盐。其正盐的热稳定性最高,其次是酸式盐,对应的含氧酸的热稳定性最弱。例如,碳酸与其相应的盐的热稳定性可以通过盐的分解温度看出。又如,Na_2CO_3 的分解温度为 2 073 K,$NaHCO_3$ 的分解温度为 543 K,而 H_2CO_3 的分解温度低于室温。因此,它们的热稳定性顺序是 Na_2CO_3 最稳定,$NaHCO_3$ 次之,H_2CO_3 最不稳定。

金属阳离子相同、酸根阴离子也相同的盐,热稳定性的不同就与氢离子有着非常大的关系,因为氢离子是极化力最强的阳离子。氢离子的半径最小,对酸根阴离子中的氧吸引力最大,从而破坏阴离子结构的能力最强。因此,含氧酸的热稳定性最弱,正盐的热稳定性最高。

2) 不同金属、同酸根的盐。碱金属盐的热稳定性高于碱土金属盐的热稳定性,碱土金属盐的热稳定性又高于过渡金属盐的热稳定性,而过渡金属盐的热稳定性更高于铵盐的热稳定性。我们也通过盐的分解温度来看热稳定性的变化规律。K_2CO_3 在 1 073 K 以下不分解,$CaCO_3$ 的分解温度为 1 173 K,$ZnCO_3$ 的分解温度为 623 K,$(NH_4)_2CO_3$ 的分解温度为 331 K。因此,它们的热稳定性顺序是 K_2CO_3 最稳定,其次是 $CaCO_3$ 和 $ZnCO_3$,$(NH_4)_2CO_3$ 最不稳定。

当酸根阴离子相同时,热稳定性的不同应与金属阳离子的性质和结构有着密切的关系。因为金属阳离子的结构不同,所以其极化力不同,盐的热稳定性也就不同。我们知道,铵离子的稳定性最差,其盐的热稳定性也就最差,盐的分解温度也是最低的;其他金属阳离子的极化力与离子的结构相关,$(18+2)e^-$,$18e^-$ 的极化力最强,其次是 $(9\sim17)e^-$,极化力最弱的是 $8e^-(2e^-)$ 构型的离子。锌离子是 $18e^-$ 构型,极化力比 $8e^-$ 构型的钾离子和钙离子强,其盐的共价键成分增多,热稳定性降低,而钾和钙的盐,以离子键为主,盐的分解温度较高,热稳定性也就较高。

对于同族金属元素形成的同酸根的盐,其盐的热稳定性随金属元素半径的增大而增强。

如碱土金属碳酸盐 $BeCO_3$，$MgCO_3$，$CaCO_3$，$SrCO_3$，$BaCO_3$ 的分解温度依次为 373 K，742 K，1 173 K，1 562 K，1 633 K，可以得出它们的热稳定性顺序为 $BeCO_3 < MgCO_3 < CaCO_3 < SrCO_3 < BaCO_3$。

3）同金属、不同酸根的盐。其盐的热稳定性与酸根的结构相关。酸根结构越稳定，形成的盐热稳定性越高。通常，酸根结构稳定性的顺序为 PO_4^{3-}，$SiO_4^{4-} > SO_4^{2-} > CO_3^{2-} > NO_3^- > ClO_4^- > ClO_3^-$ 等；那么含氧酸盐的热稳定性顺序就为 $BaSO_4 > BaCO_3 > Ba(NO_3)_2 > Ba(ClO_4)_2 > Ba(ClO_3)_2$；这一顺序可以通过含氧酸盐的分解温度得以证明，它们的分解温度依次为 1 853 K，1 633 K，848 K，713 K，573 K。

4）同成酸元素形成的盐，其高氧化态趋向稳定。如氯的各种氧化态的含氧酸盐的热稳定性为 $KClO_4 > KClO_3 > KClO_2 > KClO$。成酸元素的氧化态越高，其价电子趋于全部用于形成化学键，使得酸根结构趋于稳定，因此，形成的高氧化态含氧酸盐热稳定性高。

（2）水解性。水解性是盐的重要性质之一，根据盐的组成，可以分为强酸强碱盐（如 $NaCl$），强酸弱碱盐（如 NH_4Cl），弱酸强碱盐（如 $NaAc$），弱酸弱碱盐（如 NH_4Ac）四大类，除强酸强碱盐外其他类型的盐都有不同程度的水解。盐的水解程度与阳离子的极化力和阴离子的共轭酸的强弱有关。盐的水解反应以通式表示为

$$MA + (x+y)H_2O = [M(H_2O)_x]^+ + [A(H_2O)_y]^-$$

$$[M(OH)(H_2O)_{x-1}] + H^+ \qquad [HA(H_2O)_{y-1}] + OH^-$$

对于阳离子而言，阳离子的极化力愈强，结合 OH^- 的能力就愈强，其水解程度愈大。同周期的阳离子半径相近，随着所带电荷的增多，阳离子的极化力增强，其盐的水解程度增大。如 Na^+，Mg^{2+}，Al^{3+}，……盐的水解程度依次增大；同族的阳离子电荷相同，随着阳离子半径的减小，阳离子的极化力增强，其盐的水解程度增大。如 B^{3+}，Al^{3+}，Ga^{3+}，……盐的水解程度依次递减；当阳离子的半径相近，电荷相同时，离子构型决定阳离子的极化能力的强弱，通常就其极化力有 $18e^-$，$(18+2)e^- > (9\sim17)e^- > 8e^-$，$2e^-$，因此，对应阳离子的盐水解程度依次递减。

阴离子的水解程度与其共轭酸的强弱相关，共轭酸愈弱，盐愈易水解，水解的程度愈大。如 PO_4^{3-}，CO_3^{2-}，S^{2-} 易水解，而 NO_3^-，SO_4^{2-} 不易水解。

综合阴、阳离子的结构因素，可以得到组成的盐水解程度的判断。

（3）溶解性。有关盐的溶解，我们已经知道硝酸盐易溶、硫酸盐大多易溶部分难溶，而磷酸盐大多不溶、碱金属盐易溶、碱土金属盐大多不溶等。从理论上，可以根据盐溶解过程的热力学循环进行分析，盐溶解过程的热力学循环如下：

$$MX_n(s) \xrightarrow{\Delta_r G_m^{\ominus}{}_{溶} = \Delta_r H_m^{\ominus}{}_{溶} - T\Delta_r S_m^{\ominus}{}_{溶}} Mn^+(aq) + nX^-(aq)$$

$$U(+)，\Delta_r S_m^{\ominus} \searrow \qquad \nearrow \Delta_r H_m^{\ominus}{}_{,h}(-)，\Delta_r S_m^{\ominus}{}_{,h}$$

$$Mn^+(g) + nX^-(g)$$

从能量因素看，由晶体 MX_n 到气态阴、阳离子时需要吸收能量，晶格能 U 为正值，阴、阳离子水化时将放出能量，水化焓 $\Delta_r H_m^{\ominus}{}_{,h}$ 为负值，两项之和为溶解焓 $\Delta_r H_m^{\ominus}{}_{溶}$，当溶解焓为负时，将有利于盐的溶解。

从混乱度看，由晶体 MX_n 到气态阴、阳离子是熵增过程，$\Delta_r S_m^{\ominus}$ 值增大，阴、阳离子水化是

熵减过程，$\Delta_r S_{m,h}^{\ominus}$ 值减小，两项之和为溶解熵 $\Delta_r S_{m溶}^{\ominus}$，且溶解熵为正时（即熵增），就有利于盐的溶解。

综合两方面的影响因素，当能量项溶解焓 $\Delta_r H_{m溶}^{\ominus}$ 为负，熵项溶解熵 $\Delta_r S_{m溶}^{\ominus}$ 为正时，也就是两方面均有利时（放出能量、熵增），通常盐就是易于溶解的。而当能量项溶解焓 $\Delta_r H_{m溶}^{\ominus}$ 为负，熵项溶解熵 $\Delta_r S_{m溶}^{\ominus}$ 也为负时（放出能量、熵减），或能量项溶解焓 $\Delta_r H_{m溶}^{\ominus}$ 为正，熵项溶解熵 $\Delta_r S_{m溶}^{\ominus}$ 也为正时（吸收能量、熵增），即两方面影响因素一有利一不利时（放出能量、熵减或吸收能量、熵增），盐的溶解性就需要根据实际情况进行具体分析。

例： Na_3PO_4 $\Delta_r H_{m溶}^{\ominus} = -78.66 \text{ kJ} \cdot \text{mol}^{-1}$ 对盐溶解有利

$r(Na^+) = 95 \text{ pm}$ $\Delta_r S_{m溶}^{\ominus} = -0.23 \text{ kJ} \cdot \text{mol}^{-1}$ 对盐溶解不利

$\Delta_r G_{m溶}^{\ominus} = -10.12 \text{ kJ} \cdot \text{mol}^{-1}$ 综合结果为易溶

$Ca_3(PO_4)_2$ $\Delta_r H_{m溶}^{\ominus} = -64.6 \text{ kJ} \cdot \text{mol}^{-1}$ 对盐溶解有利

$r(Ca^{2+}) = 99 \text{ pm}$ $\Delta_r S_{m溶}^{\ominus} = -0.86 \text{ kJ} \cdot \text{mol}^{-1}$ 对盐溶解不利

$\Delta_r G_{m溶}^{\ominus} = 191.68 \text{ kJ} \cdot \text{mol}^{-1}$ 综合结果为难溶

通常，当阴、阳离子半径相差较大时，更有利于使能量项溶解焓 $\Delta_r H_{m溶}^{\ominus}$ 为负，熵项溶解熵 $\Delta_r S_{m溶}^{\ominus}$ 为正。因为，阳离子半径愈小，阴离子半径愈大，由晶体 MX_n 到气态阴、阳离子时所需要吸收的能量愈少，即晶格能 U 的正值愈小；小阳离子水化时放出的能量愈多，即水化焓 $\Delta_r H_{m,h}^{\ominus}$ 负值愈大，两项之和的溶解焓 $\Delta_r H_{m溶}^{\ominus}$ 为负的可能性愈大，盐溶解时的溶解吉布斯函数变 $\Delta_r G_{m溶}^{\ominus}$ 更趋于小于零，而使盐更易于溶解。

（4）一些重要含氧酸盐的氧化还原性。许多含氧酸盐在反应中伴随有氧化数的改变，发生氧化还原反应，在实验室和工业上是重要的氧化剂或还原剂。含氧酸盐的氧化（或还原）性与稳定性、介质等有着密切的关系。下面介绍几种重要的含氧酸盐的氧化还原性。

1）硝酸盐和亚硝酸盐。在无机含氧酸盐中，硝酸盐和亚硝酸盐通常熔点低，稳定性差，受热易分解。除钠、钾等少数活泼金属外，其他金属的硝酸盐和亚硝酸盐在加热时，大都未经融化就已分解。表 9-8 列出了一些硝酸盐和亚硝酸盐的热分解温度。

从表 9-8 中数据可以看出，过渡金属的硝酸盐的热稳定性比钠、钾等活泼金属的硝酸盐要差；钠、钾的硝酸盐、亚硝酸盐的热稳定性差别不大；而硝酸、亚硝酸比它们的盐更不稳定，这两种酸很容易热分解。

表 9-8 一些硝酸盐和亚硝酸盐的热分解温度 $[p(O_2) = 100 \text{ kPa}]$

化学式	$NaNO_3$	KNO_3	$Ca(NO_3)_2$	$Mn(NO_3)_2$	$Ni(NO_3)_2$	$AgNO_3$	$Pb(NO_3)_2$
熔点/℃	308	334	561			208.5	
热分解温度 $T/℃$	约 525	约 560	＞561	约 130	约 105	约 444	约 470
化学式	$NaNO_2$	KNO_2	HNO_3	HNO_2			
熔点/℃	271	297	−41.59				
热分解温度 $T/℃$	约 520	约 550	256	遇热就分解			

硝酸盐和亚硝酸盐的热分解有两个特点：其一，它们的热分解反应伴随氧化数的改变；其二，反应产物比较复杂，除 O_2 外，还有氮的较低氧化物（或 NH_3）和盐、金属氧化物、金属单质等（随金属性质而异）。反应如下：

碱金属、碱土金属的硝酸盐 $\longrightarrow$ 亚硝酸盐$+O_2\uparrow$

电位序[①]在 Mg~Cu 间的硝酸盐 $\longrightarrow$ 氧化物$+O_2\uparrow+N_2\uparrow$

电位序在 Cu 之后的硝酸盐$\longrightarrow$金属单质$+O_2\uparrow+NO_2\uparrow$

这两种盐在高温时是强氧化剂,加热时应注意防止带入木炭、油类、棉布等可燃性物质,以免引起剧烈燃烧,甚至爆炸。总之,硝酸盐和亚硝酸盐热分解时,体积膨胀很大,储存、运输时都需要防止爆炸的发生。

通常硝酸盐的溶液没有氧化性,加入酸后才有氧化性,因为氢离子浓度增大,$\varphi(NO_3^-/NO)$ 值增大,NO_3^- 氧化能力增强。

亚硝酸盐在反应中,由于 N 的氧化数为$+3$,处于中间氧化态,故既可作氧化剂,又可作还原剂,但一般以氧化性为主。与还原剂(如 KI)作用时,NO_2^- 被还原成 NO 或 NH_3 等,如

$$2NO_2^- +2I^- +4H^+ =\!=\!= 2NO\uparrow+I_2\downarrow+2H_2O$$

亚硝酸盐与强氧化剂作用时可显还原性,被氧化成 NO_3^-,如

$$5NO_2^- +2MnO_4^- +6H^+ =\!=\!= 5NO_3^- +2Mn^{2+} +3H_2O$$

亚硝酸盐的氧化性常被应用于钢铁的发黑处理。工业上还常用 $NaNO_2$($2\%\sim20\%$)和 Na_2CO_3($0.3\%\sim0.5\%$)的溶液作防锈水。将钢铁工件浸在 $70\sim80℃$ 的防锈水中,工件表面就会被 $NaNO_2$ 氧化,形成一层钝化膜,可以防止工件腐蚀。

亚硝酸盐大多数是无色的晶体,一般都易溶于水,在水溶液中溶解的亚硝酸盐较为稳定。所有的亚硝酸盐都是有剧毒的,并且都是致癌性物质。

2)氯酸盐和高氯酸盐。除 K^+,Rb^+,Cs^+,NH_4^+ 的盐外,高氯酸盐多易溶于水,有些高氯酸盐易吸湿,如高氯酸镁,高氯酸钡可以用作干燥剂。在氯酸盐中氯酸钾具有重要的实际应用意义,这是由于氯酸钾是一个强氧化剂,与易燃物质如碳、硫等相混合后,受到撞击即发生猛烈爆炸,故常用来制造火柴、炸药、信号弹等。

高氯酸钾也常用来制取各种爆炸物。其熔点为 $400℃$,并进行如下分解反应:

$$KClO_4 =\!=\!= KCl+2O_2\uparrow$$

高氯酸钾与浓 H_2SO_4 作用,可得到高氯酸($HClO_4$),$HClO_4$ 是无色的液体,在空气中强烈冒烟,是所有已知酸中最强的酸之一。

卤素含氧酸和含氧酸盐的许多重要性质,如酸性、氧化性、热稳定性等,都随分子中氧原子数的改变而呈现规律性的变化。表 9-9 所示的是氯的含氧酸和含氧酸盐的变化规律。

表 9-9 氯的含氧酸及其盐的一些性质的变化规律

氯的氧化态	酸	热稳定性和酸的强度	氧化性	盐	热稳定型	氧化性
$+1$	$HClO$			$KClO$		
$+3$	$HClO_2$ *	向下增大	向上增大	$KClO_2$	向下增大	向上增大
$+5$	$HClO_3$			$KClO_3$		
$+7$	$HClO_4$			$KClO_4$		

* $HClO_2$ 的氧化性大于 $HClO$。

① 按电极电势数值由小到大将金属排列起来的顺序称为金属电位序。

随着氯的氧化数的增加，H—O 键被 Cl 极化而引起的变形程度增加，在水分子的作用下，H^+ 容易解离出来，因此，氯的含氧酸的酸性随着氯的氧化数的增加而增强。由于氯的各种含氧酸的最终还原产物都是 Cl^- 和 H_2O，因此，其氧化性的强弱主要取决于 Cl—O 键的断裂顺序。表 9－10 中含氧酸根中 Cl—O 键的键长和键能数据可以说明氯的含氧酸中 Cl—O 键的断裂顺序。至于含氧酸根在酸性介质中才显氧化性，与 H^+ 离子的极化作用有关，含氧酸根质子化有利于 Cl—O 键的断裂，因此，氯的含氧酸的氧化能力强于氯的含氧酸根。氯的含氧酸及其盐的热稳定性也与含氧酸根的结构有关，盐的热稳定性比相应酸的热稳定性强，也与 H^+ 的极化作用有关。

表 9－10　氯的含氧酸根中 Cl—O 的键长和键能

含氧酸根	Cl—O 键长/pm	Cl—O 键能/(kJ·mol^{-1})
ClO^-	170	209
ClO_3^-	157	244
ClO_4^-	145	364

第三节　d 区(ds 区)元素概论及化合物

一、d 区(ds 区)元素概述

周期表中的第ⅢB 到ⅦB 副族以及第Ⅷ族 d 区元素，和周期表中的第ⅠB 及ⅡB 副族的 ds 区元素，都是金属元素，通常称为过渡金属元素，简称过渡元素。从钪到锌为第一过渡系，由钇到镉为第二过渡系，由镥到汞为第三过渡系。过渡金属元素的性质表现出更多的相似性。

1. 价电子构型与氧化态

d 区(ds 区)元素的一般性质如表 9－11 所示。

表 9－11　d 区(ds 区)元素的一般性质

第一过渡系	价层电子构型	熔点℃	原子半径 pm	第一电离能 kJ·mol^{-1}	氧化值*
Sc	$3d^1 4s^2$	1 541	161	639.5	**3**
Ti	$3d^2 4s^2$	1 668	145	664.6	$-1,0,2,$**3,4**
V	$3d^3 4s^2$	1 917	132	656.5	$-1,0,2,3,$**4**,5
Cr	$3d^5 4s^1$	1 907	125	659.0	$-2,-1,0,$**2,3**,4,5,**6**
Mn	$3d^5 4s^2$	1 244	124	723.8	$-2,-1,0,1,$**2**,3,**4**,5,**6,7**
Fe	$3d^6 4s^2$	1 535	124	765.7	0,**2,3**,4,5,6
Co	$3d^7 4s^2$	1 494	125	764.9	0,**2,3**,4
Ni	$3d^8 4s^2$	1 453	125	742.5	0,**2,3**,(4)
Cu	$3d^{10} 4s^1$	1 085	128	751.7	**1,2**,3
Zn	$3d^{10} 4s^2$	420	133	912.6	**2**

* 表中黑体数字为常见氧化值。

1)d 区(ds 区)元素价电子构型的特征是$(n-1)d^{1\sim10}ns^{1\sim2}$。

2)d 区(ds 区)元素氧化态的特征是,具有多种氧化态,也称为多变价性。但是,d 区(ds 区)元素与 p 区元素不同的是,其氧化值以 1 个单位变化着,如,Fe^{2+},Fe^{3+};而 p 区元素的氧化态多以 2 个单位变化着,如 Pb^{2+},Pb^{4+},S^{2-},S^{0},S^{2+},S^{4+},S^{6+} 等;这也是主族元素和副族元素氧化值变化的区别之一。

在周期上(由 Sc 到 Zn),从 Sc 到 Mn 氧化态依次升高,至 Fe 时氧化态又开始依次降低。这是因为,Fe 的 d 电子数达到了 5 个,Fe 之后电子开始成对,即随着 d 电子的成对,其氧化态依次降低。到 Zn,d 电子数达到了 10 个,其氧化态只有+2。

在族上,从上至下,高氧化态趋向稳定,即更易于形成高氧化态化合物;而 p 区元素却是从上至下,高氧化态趋向不稳定,如铅更易于形成低氧化态化合物 PbO,高氧化态化合物 PbO_2 不稳定,是强氧化剂,这也是主族元素和副族元素氧化态变化的区别之二。

2.原子半径和电离能

(1)原子半径。从图 9-2 可以看出,过渡元素的原子半径在同一周期,从左到右,随着原子序数的增加,原子半径先是逐渐减小,至 Fe 之后,随着 d 电子的成对,原子半径逐渐增大。3 个过渡系的变化规律基本相似。在同一族,从上至下,原子半径逐渐增大,但第二过渡系与第三过渡系(第五、第六周期)的原子半径更为接近,甚至有小的交错,这是镧系收缩的结果。

(2)电离能。从表 9-11 中数据可以看出,同周期,从左到右,随着原子序数的增加,电离能的变化趋势是逐渐增大。同一族,从上至下,电离能的变化趋势是逐渐增大,但后几族有交错。

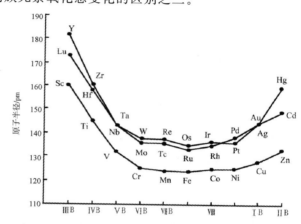

图 9-2　过渡元素的原子半径

3.物理性质

过渡元素的熔点如图 9-3 所示。

(1)过渡元素具有金属的一切通性:高的熔点、沸点,良好的导电、传热性。同一周期,从左到右熔点先升后降,这也与单 d 电子数有关。过渡系前半部,随单 d 电子数增多,熔点依次升高,过渡系后半部,又随着 d 电子的成对,熔点开始降低。因为金属晶体的熔点与金属键的强弱成正比,所以单电子数愈多,金属键愈强,熔点也就愈高。随着电子成对,单电子数减少,金属键渐弱,熔点随之降低。同一族,从上至

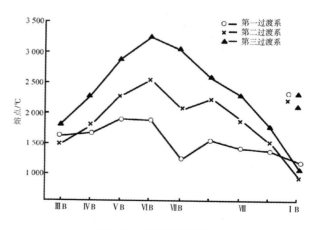

图 9-3　过渡元素的熔点

下,随着原子半径逐渐增大,熔点依次升高。从图 9-3 可以看出 W 的熔点最高。

（2）大多数过渡元素具有顺磁性:与含未成对 d 电子有关。

（3）过渡元素易形成合金。

4. 化学活泼性

大多数过渡金属元素的 $\varphi^{\ominus}$ 为负值,说明过渡金属元素较为活泼,能够置换稀酸中的 H^+,第一过渡系金属元素的 $\varphi^{\ominus}(M^{2+}/M)$ 如表 9-12 所示。

表 9-12　第一过渡系金属元素的 $\varphi^{\ominus}(M^{2+}/M)$

元　素	Sc	Ti	V	Cr	Mn	Fe	Co	Ni	Cu	Zn
$\varphi^{\ominus}(M^{2+}/M)/V$	—	−1.63	−1.2	−0.557	−1.185	−0.447	−0.28	−0.257	0.341 9	−0.761 8

从数据可以看出,除铜以外,都可以置换稀酸中的 H^+,但是,实际反应多呈钝态,这是因为金属表面很容易形成氧化膜所致。同一周期,从左到右,$\varphi^{\ominus}(M^{2+}/M)$ 的主要变化趋势是逐渐增大,金属的活泼性依次降低。有两个变化点出现在 d^5 处和 d^{10} 处。同一族,从上至下,随着 $\varphi^{\ominus}$ 增大,金属的活泼性依次降低,如

$$\varphi^{\ominus}(M^{3+}/M)/V \qquad \varphi^{\ominus}(M^{4+}/M)/V$$

Cr $\qquad\qquad$ −0.74

Mo $\qquad\qquad$ −0.22

W $\qquad\qquad\qquad\qquad\qquad$ −0.09

因为,从上至下,半径增加不大,而有效核电荷增加较多,故而核对外电子吸引力增大,所以,金属的活泼性依次降低。

5. 氧化物水合物的酸碱性

过渡金属元素的氧化物水合物的酸碱性变化规律与主族元素一致。同一周期,从左到右酸性逐渐增强;同一族,从上到下酸性逐渐减弱;同一元素,随氧化态的升高,酸性逐渐增强。过渡金属元素的氧化物水合物的组成如表 9-13 所示。

表 9-13　过渡元素氧化物水合物的组成及酸碱性

ⅢB	ⅣB	ⅤB	ⅥB	ⅦB
$Sc(OH)_3$	$Ti(OH)_4$	HVO_3	H_2CrO_4	$HMnO_4$
弱碱	两性	酸性	强酸	强酸
$Y(OH)_3$	$Zr(OH)_4$	$Nb(OH)_5$	H_2MoO_4	$HTcO_4$
中强碱	两性偏碱	两性	弱酸	酸性
$La(OH)_3$	$Hf(OH)_4$	$Ta(OH)_5$	H_2WO_4	$HReO_4$
强碱	两性偏碱	两性	两性	弱酸
$Ac(OH)_3$				
强碱				

锰的氧化物的酸碱性变化规律就是从左到右,随氧化态的升高,酸性逐渐增强,具体如下:

$$MnO \quad Mn_2O_3 \quad MnO_2 \quad MnO_3 \quad Mn_2O_7$$

碱性　　弱碱性　　两性　　酸性　　强酸性

6. 水合离子的颜色

从表 9-14 可见,当金属离子的 d 轨道为全空 d^0、全满 d^{10} 时,水合离子是无色的,只要金属离子的 d 轨道有电子,水合离子就是有颜色的。这是因为发生了电子的 d-d 跃迁而呈现一定的颜色。

表 9-14　第一过渡系金属水合离子的颜色

d 电子数	水合离子	水合离子的颜色	d 电子数	水合离子	水合离子的颜色
d^0	$[Sc(H_2O)_6]^{3+}$	无色(溶液)	d^5	$[Fe(H_2O)_6]^{3+}$	淡紫色
d^1	$[Ti(H_2O)_6]^{3+}$	紫色	d^6	$[Fe(H_2O)_6]^{2+}$	淡绿色
d^2	$[V(H_2O)_6]^{3+}$	绿色	d^6	$[Co(H_2O)_6]^{3+}$	蓝色
d^3	$[Cr(H_2O)_6]^{3+}$	紫色	d^7	$[Co(H_2O)_6]^{2+}$	粉红色
d^3	$[V(H_2O)_6]^{2+}$	紫色	d^8	$[Ni(H_2O)_6]^{2+}$	绿色
d^4	$[Cr(H_2O)_6]^{2+}$	蓝色	d^9	$[Cu(H_2O)_6]^{2+}$	蓝色
d^4	$[Mn(H_2O)_6]^{3+}$	红色	d^{10}	$[Zn(H_2O)_6]^{2+}$	无色
d^5	$[Mn(H_2O)_6]^{2+}$	淡红色			

7. 配位性和催化性

过渡金属元素均有 d 轨道参与杂化,因此容易形成配合物。第ⅣB～Ⅷ族元素及化合物具有良好的催化性能。这是因为过渡金属元素具有适宜的表面吸附作用,从而降低了活化能,易于形成活化中间体(配合物),使反应易于进行配位催化,加快了反应速率。

二、一些重要的化合物

1. 铬酸盐和重铬酸盐

在氧化数为 +6 的铬化合物中,最重要的是三氧化铬 CrO_3(铬酐)及其对应的酸(铬酸 H_2CrO_4 和重铬酸 $H_2Cr_2O_7$)和它们的盐类,即铬酸盐和重铬酸盐。CrO_3 是暗红色晶体,易溶于水,生成铬酸和重铬酸,这些酸只能在溶液中存在。它们的盐类,如铬酸钾 K_2CrO_4 和重铬酸钾 $K_2Cr_2O_7$,在通常情况下是稳定的。水溶液中铬的离子及性质如表 9-15 所示。

表 9-15　水溶液中铬的离子及性质

离子	$Cr_2O_7^{2-}$	CrO_4^{2-}
氧化值	+6	+6
构型	两个四面体共用 1 个 O	正四面体
d 电子数	d^0	d^0
颜色	橙红色	黄色
存在时的 pH	pH<2	pH>6

大多数的铬酸盐呈黄色,这是 CrO_4^{2-} 的颜色,如 $PbCrO_4$(黄色)、$BaCrO_4$(淡黄色),也有一些铬酸盐呈现其他颜色,如 Ag_2CrO_4(砖红色),这一现象常用来鉴定溶液中是否存在银离子。

如果在铬酸盐(如 K_2CrO_4)溶液中加入酸,使其呈酸性,则溶液颜色从黄色变为橙红色;若蒸发该橙红色溶液,便可得到橙红色的重铬酸盐结晶。溶液颜色的变化是因为溶液中存在着下列平衡:

$$2CrO_4^{2-} + 2H^+ \rightleftharpoons Cr_2O_7^{2-} + H_2O$$

反之,若在重铬酸盐溶液中加入碱,由于 OH^- 和 H^+ 结合成 H_2O,结果使平衡向生成 CrO_4^{2-} 的方向移动,溶液就从橙红色变成黄色。此平衡由溶液的酸度控制。

在碱性介质中,+6 氧化数的铬氧化能力很差;但在酸性介质中,它是较强的氧化剂。这可以从它们的电极电势看出:

$$CrO_4^{2-} + 2H_2O + 3e^- = CrO_2^- + 4OH^-, \quad \varphi^\ominus = -0.12 \text{ V}$$
$$Cr_2O_7^{2-} + 14H^+ + 6e^- = 2Cr^{3+} + 7H_2O, \quad \varphi^\ominus = +1.232 \text{ V}$$

从平衡观点看,若增加 H^+ 浓度,平衡向右移动,即有利于提高 $K_2Cr_2O_7$ 的氧化性。从电极电势 φ 值看,H^+ 浓度增加,则 φ 值增加,也有利于提高 $K_2Cr_2O_7$ 的氧化性。因此,当使用一些含氧酸盐(如 $K_2Cr_2O_7$,$KMnO_4$,KNO_3 等)作氧化剂时,通常要先使溶液酸化就是这个原因。

例如,在酸性、冷的溶液中,$K_2Cr_2O_7$ 可以氧化 H_2S,H_2SO_3 或 HI 等,即

$$Cr_2O_7^{2-} + 3H_2S + 8H^+ = 2Cr^{3+} + 3S\downarrow + 7H_2O$$
$$Cr_2O_7^{2-} + 3H_2SO_3 + 2H^+ = 2Cr^{3+} + 3SO_4^{2-} + 4H_2O$$
$$Cr_2O_7^{2-} + 6I^- + 14H^+ = 2Cr^{3+} + 3I_2 + 7H_2O$$

当加热时,重铬酸钾可氧化浓盐酸中的氯离子而逸出氯气,即

$$K_2Cr_2O_7 + 14HCl = 2CrCl_3 + 3Cl_2\uparrow + KCl + 7H_2O$$

在这些反应中,$Cr_2O_7^{2-}$ 的还原产物都是 Cr^{3+}。

CrO_3 是电镀的重要原料,但+6 氧化数的铬对人体会产生严重毒害,它是国家规定的有毒物质之一。含+6 氧化数铬的废水必须控制铬含量在 $0.5 \text{ mg} \cdot L^{-1}$ 以下才能排放。目前处理含+6 氧化数铬废水的重要方法之一,就是把+6 氧化数的铬还原为+3 氧化数的铬,还原剂可以采用 $FeSO_4$,Na_2SO_3,$Na_2S_2O_3$ 等,但还原条件必须是酸性,pH 控制在 3 左右,然后再将+3 氧化数的铬在 pH 为 8.5 左右沉淀为 $Cr(OH)_3$,而 $Cr(OH)_3$ 可作为鞣革剂、抛光膏、瓷釉等化工原料,这样就可以变废为宝了。

2.高锰酸盐、锰酸盐和二氧化锰

水溶液中锰的离子及性质见表 9-16。

表 9-16　水溶液中锰的离子及性质

离子	MnO_4^-	MnO_4^{2-}
氧化值	+7	+6
颜色	紫红色	暗绿色
d 电子数	d^0	d^1
存在于溶液中的条件	中性溶液中稳定	在 pH>13.5 的碱性溶液中稳定

(1)高锰酸盐、锰酸盐。锰的高氧化态只以 MnO_4^{2-},MnO_4^- 形式存在,所形成的盐颜色都较深,氧化性较强。由于锰酸盐的稳定性不如高锰酸盐,所以最常使用的氧化性的盐是高锰酸

盐,如高锰酸钾,并且其盐的氧化性与介质的酸碱性相关。这可以从它们的电极电势和相对应的产物看出:

$$MnO_4^- + 8H^+ + 5e^- = Mn^{2+} + 4H_2O, \quad \varphi^\ominus = 1.507 \text{ V}$$

$$MnO_4^- + 4H^+ + 3e^- = MnO_2 + 2H_2O, \quad \varphi^\ominus = 1.679 \text{ V}$$

在不同介质中生成不同的产物,半反应如下:

$$MnO_4^- + 2H^+ \longrightarrow Mn^{2+}(无色液)$$

$$MnO_4^- + H_2O \longrightarrow MnO_2 \downarrow (棕色沉淀)$$

$$MnO_4^- + OH^- \longrightarrow MnO_4^{2-}(绿色液)$$

(2)二氧化锰。MnO_2 是棕(褐)色固体粉末,因为氧化态居中,所以既可以作氧化剂,也可以作还原剂。氧化性的强弱与介质的酸碱性相关,通常,在酸性体系中主要做氧化剂,如

$$MnO_2 + 4HCl(浓) = MnCl_2 + Cl_2 \uparrow + 2H_2O$$

$$MnO_2 + H_2O_2 + 2H^+ = Mn^{2+} + O_2 \uparrow + 2H_2O$$

MnO_2 在碱性体系中主要作还原剂,如

$$3MnO_2 + 6KOH + KClO_3 = 3K_2MnO_4 + KCl + 3H_2O$$

3.氯化汞和氯化亚汞

氯化汞 $HgCl_2$ 俗称升汞,因为其熔点很低,只有 277℃,易于升华,故而得名(升汞)。氯化汞为剧毒,$0.2 \sim 0.4$ g 即可导致死亡。常见的反应如下:

与水反应　　　$HgCl_2 + H_2O \longrightarrow Cl-Hg-OH + HCl$

与氨反应　　　$HgCl_2 + 2NH_3 \longrightarrow Cl-Hg-NH_2 \downarrow (白) + NH_4Cl$

与 NaOH 反应　$HgCl_2 + 2NaOH \longrightarrow HgO \downarrow (黄) + 2NaCl + H_2O$

与 KI 反应　　$HgCl_2 + 2KI \longrightarrow HgI_2 \downarrow (红) + 2KCl$

$$HgI_2(红) + 2KI \longrightarrow [HgI_4]^{2-}(无色液) + 2K^+$$

与 $SnCl_2$ 反应　$2HgCl_2 + SnCl_2 \longrightarrow Hg_2Cl_2 \downarrow (白) + SnCl_4$

$$Hg_2Cl_2(白) + SnCl_2 \longrightarrow 2Hg \downarrow (黑) + SnCl_4$$

氯化亚汞 Hg_2Cl_2 俗称甘汞,因为其味甜,有止痛作用,故而得名(甘汞)。氯化亚汞极易分解,反应为 $Hg_2Cl_2 \rightarrow HgCl_2 + Hg$。

与氨反应　　　$Hg_2Cl_2 + 2NH_3 \longrightarrow Hg(NH_2)Cl \downarrow (白) + Hg \downarrow (黑) + NH_4Cl(呈灰黑色)$

与 NaOH 反应　$Hg_2Cl_2 + 2NaOH \longrightarrow Hg \downarrow 黑 + HgO \downarrow 黄 + 2NaCl + H_2O$

与 KI 反应　　$Hg_2Cl_2 + 2KI \longrightarrow Hg_2I_2 \downarrow (黄绿) \longrightarrow Hg \downarrow (黑) + HgI_2 \downarrow (黄) + 2KCl$

$$\xrightarrow{\text{过量 KI}} Hg \downarrow (黑) + [HgI_4]^{2-}(无色液体) + 4K^+ + 2Cl^-$$

与 $SnCl_2$ 反应　$Hg_2Cl_2 + SnCl_2 \longrightarrow 2Hg \downarrow (黑) + Sn^{4+} + 4Cl^-$

上述反应都可以用来分离 Hg^{2+} 和 Hg_2^{2+},并用于鉴定体系中是否存在 Hg^{2+} 和 Hg_2^{2+}。

阅读材料

一、焰火的化学

在节日里我们燃放的焰火绚丽多彩,制作焰火弹的主要原料就是一些我们熟悉的无机物。通常,制作焰火所用的氧化剂主要有高氯酸钾、氯酸钾、硝酸钾等。由于钠盐易吸水而潮解,且

反应时产生强烈的黄色光,掩盖或冲淡了其他颜色的光,所以,一般多使用钾盐而不用钠盐。另外,使用高氯酸钾比氯酸钾的安全性要好。

典型的焰火弹中除了装有氯、氮的含氧酸盐作氧化剂之外,为了产生闪光、火花和特有的焰火效果,还装有金属镁粉、铝粉等;炭、硫等非金属粉末;锶、钡、铜等的含氧酸盐。表 9-17 中列出了一些常用的制作焰火弹的化学品。

表 9-17　常用于制作焰火弹的化学品

氧化剂	燃料	产生特殊效果的物质	特殊效果
硝酸钾	铝粉	硝酸锶、碳酸锶	红色焰火
氯酸钾	镁粉	硝酸钡、氯酸钡	绿色焰火
高氯酸钾	钛粉	碳酸铜、硫酸铜、氧化铜	蓝色焰火
高氯酸铵	炭粉	草酸钠、冰晶石	黄色焰火
硝酸钡	硫黄	镁粉、铝粉	白色焰火
氯酸钡	硫化锑	炭粉、铁屑	金色火花
硝酸锶	糊精	镁、铝、镁-铝合金,钛	白色火花
	红色树胶	苯甲酸钾或水杨酸钠	产生哨音
	聚氯乙烯	硝酸钾和硫的混合物	白色烟雾
	氯酸钾	硫和有机染料的混合物	有色烟雾

焰火弹通常使用黑火药作为推进剂,氧化剂和燃料反应产生闪光,该反应强烈放热,生成的气体急速膨胀,并发出爆炸声。由于含有能够产生有色光的元素,当其原子吸收能量时,原子中的电子跃迁到高能量的轨道上,而后,激发态原子可以通过发出特定波长的光(在可见光区),以释放过剩的能量。焰火中的黄色是由于钠盐发射 589 nm 的光而产生的。红色主要来自于发射 636～688 nm 光的锶盐。钡盐由于发射 505～535 nm 间的光而产生绿色。但是,良好的蓝色光难以得到,铜盐发射 420～460 nm 的光,产生蓝色,其困难在于氧化剂氯酸钾与铜盐反应能生成氯酸铜,这是一种易爆炸的化合物,储存此类产品危险性很大。

二、Na^+,K^+,Mg^{2+},Ca^{2+} 的生理作用

钠、钾、钙、镁对生物的生长和正常发育是非常必要的。Na^+,K^+,Mg^{2+},Ca^{2+} 这 4 种离子占人体中金属离子总量的 99%。对高级动物来说,钠钾比值在细胞内液中和细胞外液中有较大的不同。在细胞内液中,$c(Na^+) \approx 0.005$ mol·L^{-1},$c(K^+) \approx 0.16$ mol·L^{-1};在人体血浆中,$c(Na^+) \approx 0.15$ mol·L^{-1},$c(K^+) \approx 0.005$ mol·L^{-1}。这种浓度差别决定了高等动物的各种电物理功能,如神经脉冲的传送、隔膜端电压和隔膜之间离子的迁移以及渗透压的调节等。由于钠在高等动物细胞外液中的浓度高于钾。因此,对于动物来说钠是较重要的碱金属元素,而对于植物来说钾是较重要的碱金属元素。

食盐是人类日常生活中不可缺少的无机盐,如果得不到足量的食盐,就会患缺钠症。其主要症状是口渴、恶心、肌肉痉挛及神经紊乱等,严重时会导致死亡。人可以从肉、奶等食物中获取一定量的钠,从果实、谷类、蔬菜等食物中获取适量的钾。神经细胞、心肌和其他重要器官功能都需要钾,肝脏、脾脏等内脏中钾比较富集。在胚胎中的钠钾比值与海水中十分接近,这一

事实被一些科学家引为陆上动物起源于海生有机体的直接证明之一。

植物对钾的需要同高级动物对钠的需要一样,钾是植物生长所必需的一种成分。植物体通过根系从土壤中选择性地吸收钾。钾同植物的光合作用和呼吸作用有关,缺少钾会引起叶片收缩、发黄或出现棕褐色斑点等症状。

镁、钙对动植物的生存也起着重要作用。镁存在于叶绿素中。已经发现谷类光合作用的活性与 Mg^{2+},Ca^{2+} 的浓度有关。镁占人体质量的 0.05%,人体内的镁以磷酸盐形式存在于骨骼和牙齿中,其余分布在软组织和体液中,Mg^{2+} 是细胞内液中除 K^+ 之外的重要离子。镁是体内多种酶的激活剂,对维持心肌正常生理功能有重要作用。若缺镁会导致冠状动脉病变,心肌坏死,出现抑郁、肌肉软弱无力和晕眩等症状。成年人每天镁的需要量为 200～300 mg。

钙对于所有细胞生物体都是必需的。无论在肌肉、神经、黏液和骨骼中都有 Ca^{2+} 结合的蛋白质。钙占人体总质量的 1.5%～2.0%,一般成年人体内含钙量约为 1 200 g,成年人每天钙的需要量为 0.7～1.0 g。钙是构成骨骼和牙齿的主要成分,一般为羟基磷酸钙 $Ca_5(PO_4)_3OH$,占人体钙的99%。在血中钙的正常浓度为每 100 mL 血浆含 9～11.5 mg,其中一部分以 Ca^{2+} 存在,而另一部分则与血蛋白结合。钙有许多重要的生理功能:①钙和镁都能调节动物和植物体内磷酸盐的输送和沉积;②钙能维持神经肌肉的正常兴奋和心跳规律,血钙增高可抑制神经肌肉的兴奋,若血钙降低,则引起兴奋性增强,而产生手足抽搐;③钙对体内多种酶有激活作用;④钙还参与血凝过程和抑制毒物,如铅的吸收;⑤它还能影响细胞膜的渗透作用。人体缺钙,将影响儿童的正常生长,或出现佝偻病;对成年人来说,则患软骨病,易发生骨折并发生出血和瘫痪等疾病,高血压、脑血管病等也与缺钙有关。

三、含有害金属废水的处理

在化工、冶金、电子、电镀等工业过程中排放的废水,常常含有一些有害的金属元素,如汞、铬、镉、铅等。这些金属元素能在生物体内积累,且不易排出体外,因此具有很大的危害性。

汞及其化合物能通过气体、饮水和食物进入人体。汞极易在中枢神经、肝脏及肾脏内蓄积。少量汞离子进入人体血液中,就会使肾功能遭到破坏。汞中毒的主要症状为情绪不稳、四肢麻痹、齿龈和口腔发炎、唾液增多等。有机汞(如甲基汞)的危害性比无机汞更大。20世纪50年代日本发生的"水俣病"就是由于人们食用了含有有机汞的鱼虾而造成的汞中毒事件。

含镉废水排入江河或海洋后,镉能被水底贝类、动物和植物所吸收。人们食用了含镉的动物和植物后,镉就进入人体内,蓄积到一定量后就会导致中毒。Cd^{2+} 能代换骨骼中的 Ca^{2+},引起骨质疏松和骨质软化等症,常使人感到骨骼疼痛,即"骨痛病"。

在铬的化合物中,$Cr(VI)$ 的毒性比 $Cr(III)$ 大得多。$Cr(III)$ 是一种蛋白质的凝聚剂,能造成人体血液中的蛋白质沉淀。含铬废水中的铬通常以 $Cr(VI)$ 的化合物存在。$Cr(VI)$ 能引起贫血、肾炎、神经炎和皮肤溃疡等疾病,还被确认为具有致癌性的物质。$Cr(VI)$ 对农作物和微生物也有很大的毒害作用。

铅和可溶性铅盐都是有毒的。铅可引起人体神经系统和造血系统等组织中毒,造成精神迟钝、贫血等症状,严重时可以导致死亡。

国家对工业废水中有害金属的允许排放浓度有明确的规定(见表 9-18),因此,对有害金属含量超标的废水必须经过处理后才能排放。

表 9 - 18 工业废水中有害金属的排放标准

有害金属元素	汞	镉	铬	铅
主要存在形式	Hg^{2+}，CH_3Hg^+	Cd^{2+}	CrO_4^{2-}，$Cr_2O_7^{2-}$	Pb^{2+}
最高允许排放浓度/$(mg \cdot L^{-1})$	0.05	0.1	0.5	1.0

处理含有害金属离子废水的方法很多,最常采用的方法有沉淀法、氧化还原法及离子交换法等,这些方法各有其特点和适用范围。

1. 沉淀法

在含有害金属离子的废水中加入沉淀剂,使有害金属离子生成难溶于水的沉淀而除去。这种方法既经济又有效,是除去水中有害金属离子的常用方法。在含铅废水中加入石灰作沉淀剂,可使 Pb^{2+} 生成 $Pb(OH)_2$ 和 $PbCO_3$ 沉淀而除去。当废水中仅含有 Cd^{2+} 时,可采用加碱或可溶性硫化物的方法使 Cd^{2+} 形成 $Cd(OH)_2$ 或 CdS 沉淀析出。在含 Hg^{2+} 废水中加入 Na_2S 或通入 H_2S,能使 Hg^{2+} 形成 HgS 沉淀。但是如果 Na_2S 过量时会生成 $[HgS_2]^{2-}$ 而使 HgS 溶解,达不到除去 Hg^{2+} 的目的。

2. 氧化还原法

利用氧化还原反应将废水中的有害物质转化为无毒的物质、难溶物质或易于除去的物质,这是废水处理中的重要方法之一。在含 Cd^{2+} 废水中加入硫酸亚铁或亚硫酸氢钠,可将 $Cr_2O_7^{2-}$ 还原为 Cr^{3+},再加入便宜的石灰调节溶液的 pH,使 Cr^{3+} 转化为 $Cr(OH)_3$ 沉淀而除去。$Cr(OH)_3$ 也可经灼烧生成氧化物后回收再利用。

处理含有害金属离子的废水常常综合应用氧化还原法和沉淀法。如氰化法镀镉废水中含有 $[Cd(CN)_4]^{2-}$,解离出的 Cd^{2+} 和 CN^- 都是毒性很大的物质。因此,在除去 Cd^{2+} 的同时,也要除去 CN^-。采用在废水中加入适量漂白粉的方法进行处理可以达到此目的。漂白粉水解产生的次氯酸根离子可以将 CN^- 氧化为无毒的 N_2 和 CO_3^{2-};Cd^{2+} 可以 $Cd(OH)_2$ 和 $CdCO_3$ 沉淀而除去。

3. 离子交换法

离子交换法是借助于离子交换树脂进行的废水处理方法。离子交换树脂是一类人工合成的不溶于水的高分子化合物,分为阳离子交换树脂和阴离子交换树脂。两者分别含有能与溶液中阳离子和阴离子发生交换反应的离子。例如,磺酸型阳离子交换树脂 $R—SO_3^- H^+$ 能以 H^+ 与溶液中阳离子交换,带有碱性交换基团的阴离子交换树脂 $R—NH_3^+ OH^-$ 能以 OH^- 与溶液中阴离子交换。当含有害金属离子的废水流经离子交换树脂时,有害金属离子可被交换到树脂上,因此达到净化的目的。含汞、镉、铅等有害金属离子的废水可以用阳离子交换树脂进行处理;含 Cr(Ⅵ) 的废水可以用阴离子交换树脂进行处理。

离子交换过程是可逆的。离子交换树脂使用一段时间后由于达到饱和而失去交换能力,此时需要将树脂进行处理,使其重新恢复交换能力,这一过程称为离子交换树脂的再生。

当然,处理有害金属离子废水的方法还有很多,如电解法、活性炭吸附法、反渗透法、电渗析法、生化法等。

四、新型无机聚合物

随着科学的发展,聚合物材料的应用日益广泛,一些有机聚合物的某些性能已不能满足极端条件(如耐高温)下的要求,而无机聚合物在这些方面显示出极大的优越性。因此,近年来无机聚合物作为新材料研制开发受到了广泛的重视。

　　无机聚合物通常指主链不含碳原子的一类相对分子质量较高的化合物。无机聚合物在固态时稳定,当在液态或溶于溶剂时,有些发生水解作用而生成小分子化合物。与有机聚合物相似,无机聚合物常由聚合度不同的分子组成,如聚磷酸盐$(PO_4)_n$中,n的取值可以从几十至几千,从而组成各种分子,因此,无机聚合物的相对分子质量只是平均相对分子质量。无机聚合物中含有多个结构单元,它们相互联结的方式很难一致,因此,同一种物质中也会有几何形状不同的分子链,如聚磷酸盐就有长链状、支链状、环状等多种形式的分子。

　　新型无机聚合物一般指根据人们的需要经"分子设计"合成的一大类功能性聚合物,它们具有优良的使用性能,典型的新型无机聚合物有聚硅烷、硫氮聚合物及聚磷腈等。

　　(1)聚硅烷。聚硅烷是一类主链完全由硅原子通过共价键连接的无机聚合物,硅烷上通常有烷基和苯基侧基。由于Si—Si链上的σ电子容易沿着主链广泛离域,赋予这类聚合物特殊的电子光谱、热致变色、光电导性、场致发光、导电性及非线性光学特性等许多独特的性质。

　　由硅原子链接而成的长链柔顺,其物理性能主要取决于连接到硅链上的有机基团的性能,聚合物可以是线型或交联型的,从而得到玻璃状、弹性体和部分结晶的材料。线性聚硅热塑性材料,不溶于醇类,但可溶于很多有机溶剂。聚硅烷在空气和潮湿的环境下是稳定的,属于绝缘体。但经氢化掺杂后,电导率可达$25\ s\cdot m^{-1}$而成为优良导体。如亚硅基二乙炔型聚合物可用各种电子受体$(FeCl_3)$掺杂而成为导体和半导体。氟代烷基聚硅烷涂层作为光敏层可用于电子照相,具有灵敏度高、寿命长、可反复使用等优点。

　　(2)无机聚合物超导体。硫氮聚合物是一种重要的新型无机链状聚合物$(SN)_n$,具有金属的光泽和半导体性能,它是1975年发现的第一个具有超导体性的链状无机聚合物。$(SN)_n$为长链状结构,各链彼此平行地排列在晶体中,相邻分子链之间以分子间力结合。$(SN)_n$晶体在电性质等方面具有各向异性,例如:在室温下,$(SN)_n$晶体沿链方向的电导率与汞相近,且电导率随温度的降低而增大,在$0.26\ K$以下为超导体。

　　(3)无机橡胶。聚氯化磷腈是线型无机聚合物,聚磷腈衍生物既有P,N无机主链,在侧链上又有各种取代的具有不同特性的有机基团(单一的或混合的),从而使聚磷腈衍生物兼有有机和无机聚合物性能,其应用范围也就更广泛。可用于制备纤维、薄膜、防燃输油管道、严寒地区燃料管和封口材料等,并广泛用于塑料、织物、纤维、木材及纸张的阻燃处理,以及化学药剂载体的排泄速率控制等。聚磷腈衍生物也用于人造心脏瓣膜及人体的部分器官,是良好的生物医学材料。

思考题与练习题

一、思考题

　　1. s区元素的结构特征是什么?

　　2. 解释s区元素氢氧化物的碱性递变规律。

　　3. 氢化物可以分为几种类型? p区元素氢化物的酸碱性、还原性和热稳定性的变化规律如何? 并简单说明之。

　　4. p区元素氧化物及水合物的酸碱性有哪些变化规律? 何为Pauling规则?

5. 举例说明第二周期元素有哪些特殊性？第四周期元素有哪些不规则性？

6. 回答下列问题：

(1)比较高氯酸、高溴酸、高碘酸的酸性和它们的氧化性；

(2)比较氯酸、溴酸、碘酸的酸性和它们的氧化性。

7. d 区元素的结构特征是什么？

二、练习题

1. 在 $HgCl_2$ 和 Hg_2Cl_2 溶液中，分别加入氨水，各生成什么产物？写出反应方程式。

2. 将少量某钾盐溶液 A 加到一硝酸盐溶液 B 中，生成黄绿色沉淀 C；将少量 B 加到 A 中则生成无色溶液 D 和灰黑色沉淀 E；将 D 和 E 分离后，在 D 中加入无色硝酸盐 F，可生成金红色沉淀 G；F 与过量的 A 反应则生成 D，F 与 E 反应又生成 B。试确定各字母所代表的物质，写出有关的反应方程式。

3. 已知反应 $Hg_2^{2+} \longrightarrow Hg^{2+} + Hg$ 的 $K^{\ominus} = 1.24 \times 10^{-2}$。在 $0.10\ mol \cdot L^{-1}\ Hg_2^{2+}$ 溶液中，有无 Hg^{2+} 存在？说明 Hg_2^{2+} 溶液中能否发生歧化反应。

4. 一紫色晶体溶于水得到绿色溶液 A，A 与过量氨水反应成灰绿色沉淀 B。B 可溶于 NaOH 溶液，得到亮绿色溶液 C，在 C 中加入 H_2O_2 并微热，得到黄色溶液 D。在 D 中加入氯化钡溶液生成黄色沉淀 E，E 可溶于盐酸得到橙色溶液 F。试确定各字母所代表的物质，写出有关的反应方程式。

5. 比较下列各组化合物酸性的递变规律，并解释之。

(1)H_3PO_4，H_2SO_4，$HClO_4$；

(2)$HClO$，$HClO_2$，$HClO_3$，$HClO_4$；

(3)$HClO$，$HBrO$，HIO。

6. (1)试根据有关热力学数据估算当 $p(CO_2) = 100\ kPa$ 时，$Na_2CO_3(s)$，$MgCO_3(s)$，$BaCO_3(s)$ 和 $CdCO_3(s)$ 的分解温度。

(2)从书中查出上述各碳酸盐的分解温度($CdCO_3$ 为 345℃)，与计算结果进行比较，并加以评价。

(3)各碳酸盐分解温度的实验值与由计算结果所得出的有关碳酸盐的分解温度的规律是否一致？从离子半径、离子电荷、离子的电子构型等因素方面对上述规律加以说明。

7. 金属钠为什么要放煤油中保存？可以放在液氨中保存吗？

第十章　综合与拓展

　　化学是一门承上启下的中心科学。在科学体系中,化学位于中游,是材料、生命、环境、能源、农业、海洋、核科学等诸多学科的重要基础。同时,化学又是一门社会迫切需要的中心科学,与我们的衣、食、住、行都有非常紧密的联系。本章将介绍化学在生命物质、陶瓷材料、国防军工领域的应用。

第一节　生命化学物质基础

　　现代生命进化说认为:生命是从化学进化到生物学进化而来的,细胞出现之前的进化是化学进化,细胞出现之后的进化属于生物学进化。化学进化过程受化学规律支配,生物进化则受生物学规律支配。生命的化学进化过程为:由无机分子形成生物小分子,再由生物小分子聚合为生物大分子。科学研究表明,上述化学进化过程在一定的条件下可能发生。古老岩石、陨石和宇宙尘埃中存在有机碳化合物的证据表明化学进化在地球的早期和宇宙中曾经发生过。奥巴林等人的团聚体理论提出了一个由大分子向形态结构过渡的可能途径;由蛋白质、核酸、脂类等生物大分子通过胶体化学过程实现"空间组织化",形成所谓的"复合团聚体",后者再通过所谓的"时间组织化"(进化)过程产生细胞。

一、有机小分子

　　细胞中几乎所有的有机分子都是碳的化合物。由于碳原子比较小,有 4 个外层分子,能和别的原子形成 4 个强的共价键,从而造成了在生物体中存在着数量很大的各种含碳化合物,如脂类、糖类、氨基酸和核苷酸等有机小分子。更为重要的是,这些有机小分子彼此之间还可以通过碳、氮、氧、磷、硫等原子连接成链状或环状的生物大分子或巨大分子,如多糖、蛋白质和核酸这三种重要的生物大分子的基本骨架就是这样成链状或环状的。生物大分子典型的共价键中所储藏的能量为 63～714 kJ/mol,在生物氧化过程中碳化合物的共价键的断裂可以释放出大量的能量。有机小分子单体的聚合与水解如图 10-1 所示。

　　1.脂类

　　脂类是一大类物质的总称,这些物质的结构差异很大,但是在其性质上却有共同之处,即由 C、H、O 组成,氢原子与氧原子数之比远大于 2,不溶于水,能溶于非极性溶剂。脂类构成生物膜的骨架,是某些重要的生物大分子组分,构成身体或器官保护层;也是生命的主要能源物质,参与细胞识别的功能。例如磷脂参与生物膜系统的组成,少量磷脂存在于细胞的其他部位。甘油磷脂是由甘油的一个 α-羟基和磷酸结合而成的磷酸甘油酯,存在于细胞的膜系统中,在脑、肺、肾、心、骨髓、卵及大豆细胞中含量丰富,如卵磷脂、脑磷脂、丝氨酸磷脂等。磷脂的结构与生物膜骨架如图 10-2 所示。

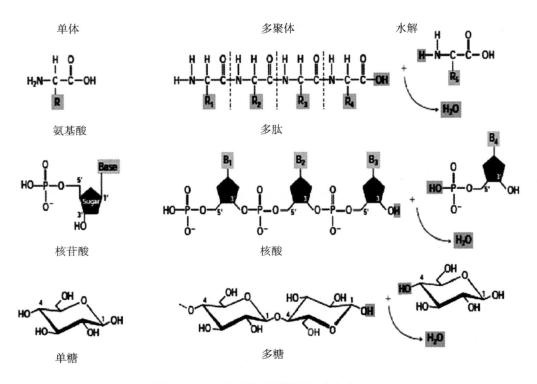

图 10-1　有机小分子单体的聚合与水解

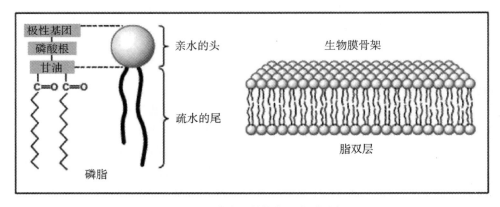

图 10-2　磷脂的结构与生物膜骨架

2. 糖类

糖是自然界中存在数量最多、分布最广且具有重要生物功能的有机化合物。从细菌到高等动物的机体都含有糖类化合物。以植物体中含量最为丰富,占干重的 $85\%\sim90\%$,植物依靠光合作用,将大气中的二氧化碳合成糖。其他生物则以糖类(如葡萄糖、淀粉等)为营养物质,从食物中吸收转变成体内的糖,通过代谢向机体提供能量。同时,糖分子中的碳架以直接或间接的方式转化为构成生物体的蛋白质、核酸、脂类等各种有机物分子。因此,糖是能源物质和细胞结构物质以及在参与细胞的某些特殊的生理功能方面都不可缺少的生物组成成分。糖类化合物按其组成分为三类:单糖、低聚糖和多糖。下面仅介绍前两类糖,多糖放在生物大分子中介绍。

(1)单糖及其衍生物。生物体中都存在重要单糖及其衍生物。重要的单糖,如葡萄糖(Glucose)、果糖(Fructose)、核糖、脱氧核糖、半乳糖(Galactose)、甘露糖、木糖等。单糖的重要衍生物包括糖醇、糖醛酸、氨基糖、糖苷等。

单糖是构成糖分子的基本单位,自然界中常见的单糖有葡萄糖、果糖和半乳糖等。许多单糖都有一个俗名,一般与来源有关,例如果糖、赤藓糖、核糖等。单糖的种类很多,其中葡萄糖(游离的、结合形式的)数量最多,在自然界分布也最广。葡萄糖的结构和性质有代表性。现以葡萄糖为例阐述单糖的分子结构。葡萄糖是己糖中最重要的一种,因为最初发现于葡萄,所以称为葡萄糖。其分子式是 $C_6H_{12}O_6$。天然存在的葡萄糖是 D-葡萄糖。

物理和化学的方法已证明,单糖不仅以直链结构存在,而且以环状结构存在。由于单糖分子中同时存在羰基和羟基,因而在分子内便能由于生成半缩醛(或半缩酮)而构成环,即碳链上一个羟基中的氧与羰基的碳原子连接成环,羟基中的氢原子加到羰基的氧上。实验证明,在一般情况下,己醛糖都是第 5 个碳原子上的羟基与羰基形成半缩醛,构成六元环。例如,D-葡萄糖可以形成下面三种环形半缩醛:半缩醛式 α-D-葡萄糖(37%)、醛式 D-葡萄糖(0.1%)、半缩醛式 β-D-葡萄糖(63%),如图 10-3 所示。半缩醛羟基较其余羟基活泼,糖的许多重要性质都与它有关。

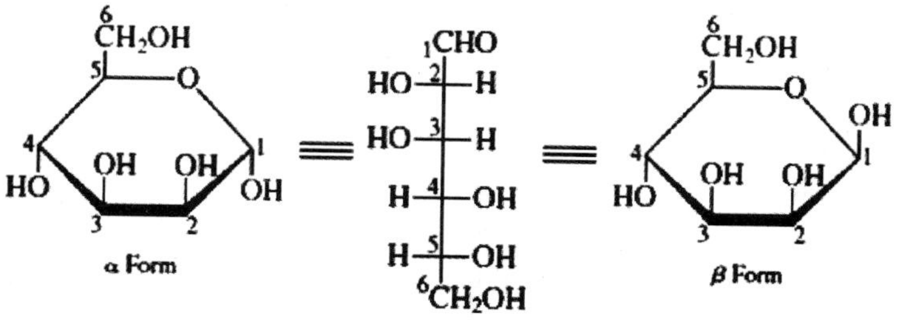

图 10-3　D-葡萄糖及其环形半缩醛分子结构

(2) 低聚糖。生物体中常见的双糖有麦芽糖、纤维二糖、海藻糖、蔗糖等,是两个单糖通过羟基之间脱水缩合形成的。单糖不同,缩合方式不同,将得到不同的二糖。如麦芽糖化学全称为 α-D-吡喃葡萄糖-(1→4)-β-D-吡喃葡萄糖(还原性糖),蔗糖化学全称为 α-D-吡喃葡萄糖-(1→2)-β-D-呋喃果糖(非还原性糖)。麦芽糖和蔗糖的化学结构如图 10-4 所示。

寡糖是指由 3～10 个单糖构成的一类小分子多糖。与稀酸共煮寡糖可水解成各种单糖。比较重要的寡糖是存在于豆类食品中的棉籽糖和水苏糖。棉籽糖是由葡萄糖、果糖和半乳糖构成的三糖,水苏糖是在前者的基础上再加上一个半乳糖的四糖。这两种糖都不能被肠道消化酶分解而消化吸收,但在大肠中可被肠道细菌代谢,产生气体和其他产物,造成胀气,因此必须进行适当加工以减小其不良影响。但也有些不被人体利用的寡糖可被肠道有益细菌(如双歧杆菌)所利用,促进这类菌群的增加可达到保健作用。

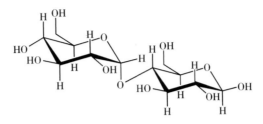

图 10-4　麦芽糖和蔗糖的化学结构

3.氨基酸与多肽

氨基酸是羧酸分子中烃基上的氢原子被氨基(—NH_2)取代后的衍生物。目前发现的天然氨基酸约有 300 种,构成蛋白质的氨基酸约有 30 种,其中生物体中常见的有 20 余种,人们把这些氨基酸称为蛋白氨基酸。其他不参与蛋白质组成的氨基酸称为非蛋白氨基酸。

(1)氨基酸。生命体中构成蛋白质的 20 余种常见氨基酸中除脯氨酸外,都是 α-氨基酸,其结构可用通式表示:

$$\underset{\underset{NH_2}{|}}{RCHCOOH}$$

这些 α-氨基酸中除甘氨酸外,都含有手性的 α-碳原子,其对映异构体的构型通常用 D,L 标记法表示,D-型和 L-型的异构体互为镜像,但彼此不能完全重合,它们是都具有旋光性而且旋光方向相反的两种不同分子。蛋白质所含的天然氨基酸一般都是 L-型(某些细菌代谢中产生极少量 D-氨基酸)。

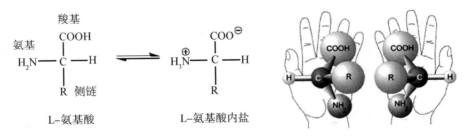

图 10-5　氨基酸的结构与构型

组成蛋白质的氨基酸中,有 8 种动物自身不能合成,必须从食物中获取,缺乏时会引起疾病,它们被称为必需氨基酸。

(2)多肽。α-氨基酸分子间可以发生脱水反应生成酰胺,这种酰胺键 $—\overset{\overset{O}{\|}}{C}—NH—$ 称为"肽键"。在生成的酰胺分子中两端仍含有 α-NH_2 及—COOH,因此仍然可以与其他 α-氨基酸继续缩合脱水形成长链的分子。氨基酸分子之间以肽键形式首尾相连形成的化合物称为肽,由两个氨基酸缩合形成的肽称为二肽,由三个氨基酸缩合形成的肽称为三肽,由多个氨基酸缩合形成的肽称为多肽,如生命体中普遍存在的还原型多肽"谷-胱-甘肽"的结构式如图 10-6 所示。

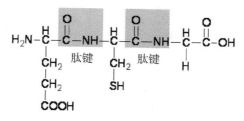

图 10-6 谷氨酰-半胱氨酰-甘氨酸

4. 核苷酸

核苷是由 D-核糖或 D-2-脱氧核糖 C_1 位上的 β-羟基与嘧啶碱的 1 位氮上或嘌呤碱 9 位氮上的氢原子脱水而成的氮糖苷。两种核苷的结构以腺苷及脱氧胞苷为例表示,如图 10-7 所示,其他核苷只需用相应碱基(腺嘌呤、鸟嘌呤、胞嘧啶、尿嘧啶、胸腺嘧啶)进行置换得到。

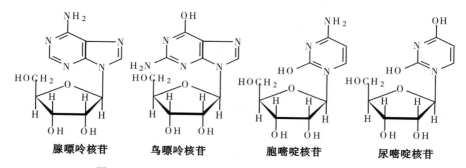

图 10-7 两种核苷的结构(以腺苷及脱氧胞苷为例)

核苷酸是由核苷和磷酸结合而成的磷酸酯,其结构如图 10-8 所示。

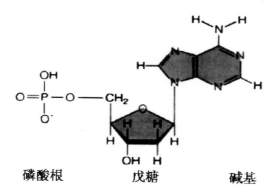

图 10-8 核苷酸的结构

核苷酸是构成生命遗传物质——核酸的基本单元,同时还可以作为化学能量的携带者,其中三磷酸腺苷(ATP)称为能量的货币单位,能量在 ATP 分子上的最后一个磷酸基水解断裂时释放出来供细胞维持生命活动,ATP 的磷酸根可以依次被水解而转化为二磷酸腺苷(ADP)和一磷酸腺苷(AMP)。此外,cAMP 作为重要的信号分子,在细胞信号转导中起着重要的第二信使作用。还有一些核苷酸参与辅酶的生成,起着转移化学基团的作用。三磷酸腺苷

（ATP）的结构如图 10-9 所示。

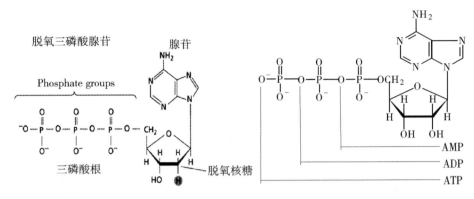

图 10-9　三磷酸腺苷（ATP）的结构

5.维生素和辅酶分子

维生素是机体维持正常生命活动所必不可少的一类小分子有机物质。多数维生素维生素作为辅酶和辅基的组成成分，参与体内的物质代谢。维生素一般习惯分为脂溶性维生素（如维生素 A、维生素 D、维生素 E、维生素 K）和水溶性维生素（如维生素 B、维生素 C 等）两大类。其中脂溶性维生素在体内可直接参与代谢的调节作用，而水溶性维生素是通过转变成辅酶对代谢起调节作用的（见表 10-1）。

表 10-1　参与调控生命活动的小分子有机化合物

转移的基团	小分子有机化合物（辅酶或辅基）	
	名称	所含的维生素
氢原子（质子）	NAD^+（尼克酰胺腺嘌呤二核苷酸，辅酶Ⅰ）	尼克酰胺（维生素 PP 之一）
	$NADP^+$（尼克酰胺腺嘌呤二核苷酸磷酸，辅酶Ⅱ）	尼克酰胺（维生素 PP 之一）
	FMN（黄素单核苷酸）	维生素 B_2（核黄素）
	FAD（黄素腺嘌呤二核苷酸）	维生素 B_2（核黄素）
醛基	TPP（焦磷酸硫胺素）	维生素 B_1（硫胺素）
酰基	辅酶 A（CoA）	泛酸
	硫辛酸	硫辛酸
烷基	钴胺素辅酶类	维生素 B_{12}
二氧化碳	生物素	生物素
氨基	磷酸吡哆醛	吡哆醛（维生素 B_6 之一）
甲基、甲烯基、甲炔基、甲酰基等一碳单位	四氢叶酸	叶酸

某些小分子有机化合物与酶蛋白结合在一起并协同实施催化作用，这类分子为辅酶（或辅基）。辅酶是一类具有特殊化学结构和功能的化合物。参与的酶促反应主要为氧化还原反应或基团转移反应。大多数辅酶的前体主要是水溶性 B 族维生素。许多维生素的生理功能与

辅酶的作用密切相关。

二、构成生命的生物大分子

细胞被称为"生命单元",其分子构成单元如图 10-10 所示。下面主要介绍构成细胞的生物大分子(包括蛋白、核酸和多糖)。

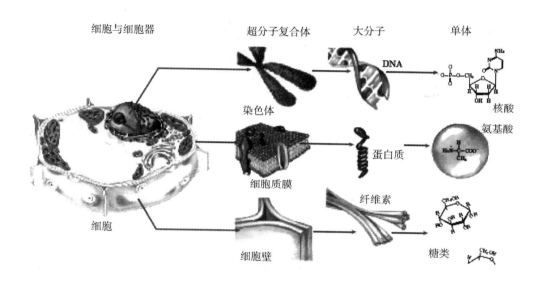

图 10-10 生命单元——细胞的分子构成

1.蛋白质

蛋白质是一切生物体中普遍存在的,由天然氨基酸通过肽键连接而成的生物大分子,是构成生命的重要物质基础,在所有生命分子中蛋白质结构和功能是最多样的。蛋白质相对分子质量一般可由一万左右到几百万,有的相对分子质量甚至可达几千万,但元素组成比较简单,主要含有碳、氢、氮、氧、硫,有些蛋白质还有磷、铁、镁、碘、铜、锌等。

蛋白质分子是由 α-氨基酸经首尾相连形成的多肽链,肽链在三维空间具有特定的复杂而精细结构。这种结构不仅决定蛋白质的理化性质,而且是生物学功能的基础。蛋白质的结构通常分为一级结构、二级结构、三级结构和四级结构四种层次,蛋白质的二级、三级、四级结构又统称为蛋白质的空间结构或高级结构(见图 10-11)。蛋白质分子主要通过共价键与次级键来维系其结构(见图 10-12)。

2.核酸

核酸是储存、复制及表达生物遗传信息的生物大分子化合物。任何有机体(包括病毒、细菌、植物和动物)都无例外地含有核酸。核酸可分为核糖核酸(RNA)和脱氧核糖核酸(DNA)两类:RNA 主要存在于细胞质中,控制生物体内蛋白质的合成;DNA 主要存在于细胞核中,决定生物体的繁殖、遗传及变异。"种瓜得瓜,种豆得豆"是劳动人民对核酸遗传信息子孙相传的最早认识。因此,核酸化学是分子生物学和分子遗传学的基础。

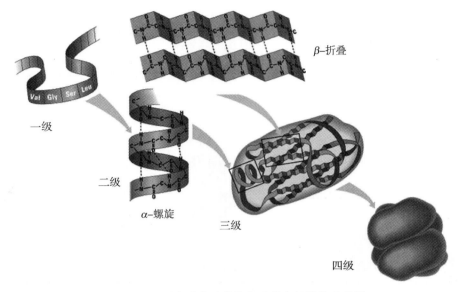

图 10-11　蛋白质分子的构象及其高级结构示意图

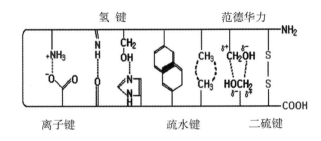

图 10-12　维系蛋白质分子结构的作用力

核酸仅由 C,H,O,N,P 这 5 种元素组成,其中 P 的含量变化不大,平均含量为 9.5%,每克磷相当于 10.5 g 的核酸。因此,通过测定核酸的含磷量,即可计算出核酸的大约含量。

$$W_{粗核酸}(\%)=W_p\times10.5$$

核酸是由许多(单)核苷酸所组成的多核苷酸大分子。核酸的一级结构是指组成核酸的各种单核苷酸按照一定比例和一定的顺序,通过磷酸二酯键连接而成的核苷酸长链。RNA 的相对分子质量一般在 $10^4\sim10^6$ 之间,而 DNA 在 $10^6\sim10^9$ 之间,都是由一个单核苷酸中戊糖的 C'_5 上的磷酸与另一个单核苷酸中戊糖的 C'_3 上羟基之间,通过 $3',5'$-磷酸二酯键连接而成的长链化合物见图 10-13。

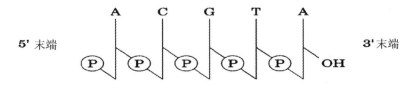

图 10-13　DNA 和 RNA 的一级结构

1953 年,沃森(Waston)和克里克(Crick)通过对 DNA 分子的 X 衍射的研究和碱基性质的分析,提出了 DNA 的二级结构为双螺旋结构,被认为是 20 世纪自然科学的重大突破之一。两条核苷酸链之间的碱基以特定的方式配对并形成氢键连接在一起。配对的碱基处于同一平面上,与上、下的碱基平面堆积在一起,成对碱基之间的纵向作用力叫作碱基堆积力,它也是使两条核苷酸链结合并维持双螺旋空间结构的重要作用力(见图 10 - 14)。

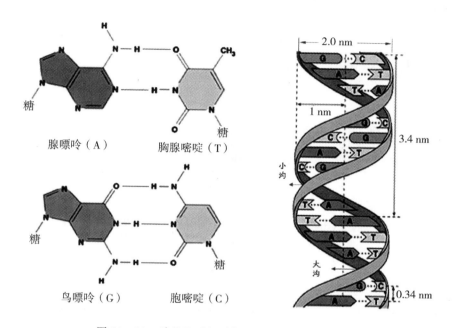

图 10 - 14　碱基配对规则与 DNA 的双螺旋结构

由于碱基配对的互补性,所以一条螺旋的单核苷酸的次序(即碱基次序)决定了另一条链的单核苷酸的碱基次序。这决定了 DNA 复制的特殊规律,其在遗传学中具有重要意义。

3.多糖

多糖是来自于高等植物、动物细胞膜、微生物的细胞壁中的天然大分子物质,是所有生命有机体的重要组成成分与维持生命所必须的结构材料。多糖的结构是其生物活性的基础,认识和了解多糖的结构有助于更好地利用和开发多糖。

(1)淀粉。淀粉是由 α-D-吡喃葡萄糖聚合而成的多糖。淀粉有直链淀粉和支链淀粉两类。直链淀粉为无分支的螺旋结构,支链淀粉以 24～30 个葡萄糖残基以 α-1,4-糖苷键首尾相连而成,在支链处为 α-1,6-糖苷键。多数淀粉中所含的直链淀粉比例为 23% 左右,蜡质玉米和糯米中几乎只含支链淀粉,皱缩豌豆中直链淀粉高达 98%。淀粉的分子结构如图 10 - 15 所示。

(2)纤维素。纤维素是自然界最丰富的有机化合物,是一种线性的由 D-吡喃葡萄糖基借 β-(1→4)糖苷键连接的没有分支的同多糖。纤维素占叶干重的约 10%,木材中大于 50%,麻纤维 70%～80%,棉纤维 90%～98%,纤维素广泛分布于植物界,但动物中也有,如海洋被囊类无脊椎动物的外套膜中有相当多的纤维素,人结缔组织中也有少量的纤维素。纤维素的分子结构如图 10 - 16 所示。

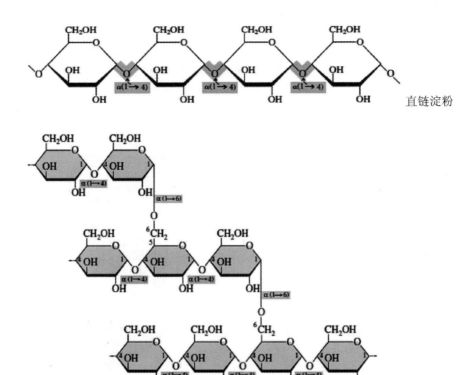

图 10-15　淀粉的分子结构

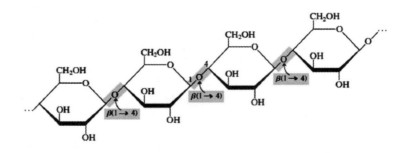

图 10-16　纤维素的分子结构

（3）糖原。糖原又称动物淀粉，以颗粒形式存在于细胞液中，颗粒内除有糖原外，还有调节蛋白和催化糖原合成和降解的酶。体内糖原的主要存在场所是骨骼肌（含量为 1.5%）和肝脏（含量为 5%），在大肠杆菌和甜玉米中也发现了糖原。与支链淀粉相似，只是糖原的分支程度更高，分支更短，平均每 8~12 个葡萄糖残基就有一次分支。糖原与碘反应呈红紫色至红褐色。糖原的分子结构如图 10-17 所示。

生物体内其他多糖类物质包括壳聚糖、透明质酸、肝素等，在此不一一列举。

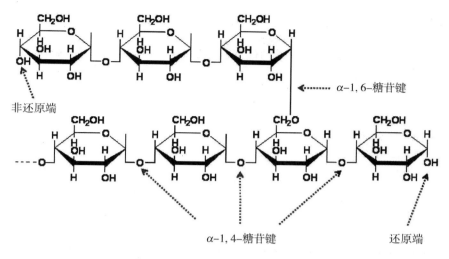

图 10 - 17 糖原的分子结构

第二节 金属型化合物和新型陶瓷材料

氮、碳、硼、氢分别与比它们电负性小的元素形成的二元化合物称为氮化物、碳化物、硼化物、氢化物。这 4 种元素的电负性(除 N 外)都不很大,因此,所形成的二元化合物以金属型化合物和共价型晶体为突出特征。氮、碳、硼、氢与氧以及它们相互间的二元化合物都是共价化合物,熔点高、硬度大,是新型陶瓷的重要材料,如 Si_3N_4,BN,B_4C 等;有的也显示某些金属性,如 SiC。

一、金属型化合物

周期系中ⅣB,ⅤB,ⅥB族和锰、铁等 d 区元素电负性与 H,B,C 和 N 接近或相差不大,而 H,B,C 和 N 的原子半径小,能溶于这些 d 区金属晶格结点间的空隙中,形成间隙固溶体,而原金属晶格形式不变。在适当条件下,当 N,C,H 等含量超过溶解度极限时,量变引起质变,形成金属型化合物,也叫间隙化合物(原金属晶格变为另一种形式的金属晶格)。这些金属型化合物的共同点是,具有金属光泽,能传热、导电,熔点高,硬度大,但脆性也大。表 10 - 2 所示为一些金属型化合物的熔点和硬度。这些化合物熔点和硬度特别高(有的甚至超过原金属),其原因是这些 d 区金属原子价电子多,一部分形成金属键外,还有一部分与进入间隙的 C,B,N 等原子形成共价键。

1. 氮、碳、硼化物的用途

金属型碳化物是许多合金钢中的重要成分,对合金钢的性能有着显著的影响。但高速钢(又叫锋钢)如 $W_{18}CrV$ 和 $W_6Mo_5Cr_4V_2$ 钢等刀具,由于含有大量钨、钼、钒等碳化物,当温度接近 $600℃$ 时,仍能保持足够的硬度和耐磨性,进行较高速度的切削,并延长了寿命。

第ⅣB,ⅤB,ⅥB族金属与碳、氮、硼等所形成的间隙化合物,由于硬度和熔点特别高,因而统称为硬质合金,是制造高速切削和钻探等工具的优良材料。如 YG6 是含 WC 94% 和 Co 6%(Co 用作"黏结剂")的钨钴硬质合金,YT14 是含 WC 78%,TiC 14%,Co 8%的钨钴钛硬质合金。硬质合金即使在 1 000～1 110℃仍能保持其硬度,硬质合金刀具的切削速率比高速钢刀具高 4～7 倍或更多。

表 10 - 2　一些 d 区元素的碳化物、氮化物、硼化物的熔点和硬度*

碳化物	熔点/℃	显微硬度**/(kg·mm^{-2})	氮化物或硼化物	熔点/℃	显微硬度/(kg·mm^{-2})
TiC	3 150	3 000	TaN	3 205	1 994
ZrC	3 530	2 625	VN	2 360	1 520
HfC	3 890	2 913	NbN	2 300	1 396
VC	2 810	2 094	CrN	1 500	1 093
NbC	3 480	1 961	Mo_2N		630
TaC	3 880	1 599	Fe_2N	560	
Cr_3C_2	1 895	1 350	Fe_4N	670	
Cr_7C_3	1 780	1 336	TiB_2	2 980	3 300
MoC	2 700		VB_2	2 400	2 800
Mo_2C	2 410		NbB	2 280	2 195
WC	2 720	1 499	Cr_2B	1 890	1 350
W_2C	2 730	1 780	Mo_2B	2 140	2 500
Mn_3C	1 520	2 470	FeB	1 540	1 800～2 000
Fe_3C	1 650	～860	FeB_2	1 389	1 400～1 500

* 表中数据,各种资料彼此有出入,个别的甚至很大;

** 划分硬度的标准有很多种。硬质金属、合金或化合物常用显微硬度表示。显微硬度和以金刚石硬度为 10 的十分制的关系大致为

金刚石硬度为 10 的十分制硬度	7	8	9	10
显微硬度/(kg·mm^{-2})	820	1 340	1 800	7 000

近年来,又出现一种新型工具材料——钢结硬质合金。它是以 TiC 和 WC 等碳化物为硬质材料,用铬钼钢或高速钢作"黏结剂",兼有硬质合金和钢的性能,既具有一般合金的可加工、可热处理、可焊接的性能,又具有硬质合金的高硬度、高耐磨性等优点,因而克服了工具钢不耐磨和硬质合金难加工的缺点,而且成本较低,是很有发展前景的材料。

2. 金属型氢化物及其应用

氢是地球上资源丰富且无污染的一种燃料,日益被人们重视,但储存气态氢需要很大的容器,使用不方便。若将氢变成固态或液态储存,又需低温和高压力。利用金属吸收氢气来储存氢,也称氢海绵,在大约 300℃,$7×101.32$ kPa 条件下,每立方厘米可储存氢 5 cm^3。其在 180℃,101.325 kPa 时又可放出氢。

许多 d 区金属尤其是ⅣB,ⅤB,ⅥB 族金属可形成金属型氢化物,如 Ti_2H,Zr_2H,Ta_2H,TiH,ZrH,CrH,TiH_2,ZrH_2,CrH_2 等,性质与金属型碳化物相似,其组成也可在一定范围内变化。由于单质氢呈气态,因而温度和氢气的分压对金属中氢的溶解度有很大影响,显然也会影响金属型氢化物的组成。氢在 d 区金属中的溶解度在同一周期中一般从左到右逐渐减小(钯除外),随氢气压力(分压)的增加而增大。但温度的影响不很规则,如氢在钛中的溶解度随温度升高而减小,但在铁中的溶解度随温度升高而增大。

二、新型陶瓷材料的性能和用途

陶瓷是人类最早应用的人造无机非金属材料,通常以氧化物为主要原料,经原料制备、坯料成型和在低于其熔点温度下烧结三大步骤而成。近几十年来,陶瓷材料的研究有了飞速的发展,各种新型陶瓷不断出现,已成为继金属材料、高分子材料之后的第三大工程材料,其应用也渗透到各种工业及生活领域中。

新型陶瓷分为结构陶瓷和功能陶瓷两大类。结构陶瓷是具有高硬度、高强度、耐磨、耐蚀、耐高温等特性的,用作机械结构零部件的材料。这里主要介绍这一类材料。

1. 超硬陶瓷材料

(1)金属陶瓷。作为工具材料的金属陶瓷主要是超硬质合金,又称黏结碳化物。它以高硬、耐高温、耐磨的金属碳化物(WC,TiC,TaC,NbC 等)为主要成分,用抗机械冲击和热冲击好的钴、钼、镍作黏结剂,经粉末冶金方法烧结而成。它既具有陶瓷的耐高温特性,又具有金属的强度。金属陶瓷密度较小,硬度较大,耐磨、导热性较好,不会由于骤冷骤热的影响而脆裂。抗张强度在低温下虽不及耐热合金,但在高温(如 $ZrO_2 + W$ 在 2 000℃)下仍能保持良好性能,故金属陶瓷是火箭、导弹和航空发动机不可缺少的材料。

(2)立方氮化硼陶瓷。氮化硼(BN)有 3 种变体(不同晶体结构),第一种是常压下制得的具有类似石墨的层状结构,俗称白色石墨。其硬度比石墨高,但比 Al_2O_3 低。它是比石墨更耐高温的固体润滑剂。它在高温(1 800℃)、高压(8 000 MPa)下可转变为立方氮化硼,后者具有立方金刚石类似的结构,接近金刚石的硬度和高的抗压强度。第二种是在高压下得到的六方密堆积氮化硼,其硬度仅次于金刚石,而其热稳定性和化学惰性好,在 1 400℃仍保持稳定,超过金刚石(900℃)。第三种是立方 BN,其熔点高(3 000℃),硬度保持能力和高温下抗氧化能力都高于金属陶瓷。用立方 BN 制作的刀具适用于切削既硬又韧的钢材,其工作效率是金刚石的 5~10 倍。

近年来,超硬陶瓷不仅在车刀、刨刀、镗刀、端铣刀方面得到广泛应用,且有逐渐向其他领域(拉巴模的嵌件、凸模等)扩展的趋势,是一种很有前途的工具材料。

2. 高强陶瓷材料

高强陶瓷是一大类非氧化物与某些氧化物高温烧结而成的新型无机非金属材料,如 Si_3N_4,SiC,Si—Me—O—N,Al_2O_3,ZrO_2 等。它是许多新技术中的关键,其应用研究的最大课题是开发高效发动机和燃气轮机。

(1)典型高强陶瓷材料。这里主要介绍一下 Si_3N_4 和 SiC 两种材料。

1) Si_3N_4。Si_3N_4 是强共价键材料,在高温下几乎不变形,比氧化物、碳化物的热膨胀系数低,可经急冷、急热反复多次而不开裂;它的传导率高,故耐热冲击性能好,高温下机械强度很少下降;除熔融 NaOH 外,对化学药品和熔融金属的抗腐蚀性非常高。

2)SiC。SiC 是具有金刚石型结构的共价晶体,熔点 2 827℃,硬度接近金刚石,故通常叫作金刚砂。它的耐热性、导热性优良,抗化学腐蚀性能好,不受强酸,甚至发烟硫酸与氢氟酸的混合酸的侵蚀,在高温下也不受氯、氧或硫的侵蚀,可在 1 700℃下的空气中稳定使用。因此,SiC 已成为重要的新型无机材料,可用于制作高温燃气轮机的涡轮叶片、火箭喷嘴等。近年来,以 SiC 和 Si_3N_4 为基础的高温陶瓷受到特别重视。

(2)高强韧性陶瓷材料。陶瓷内部结构的复杂性和不均匀性,使它缺乏像金属材料那样的塑性变形能力,脆性是陶瓷材料的普遍弱点。纤维增韧和利用 ZrO_2 相变增韧是两条有效改善陶瓷脆性的途径。以 ZrO_2 为主体的增韧陶瓷具有很高的强度和韧性,能抗敲击,可以达到高强度合金钢的水平,故有人称之为陶瓷钢。

3. 高温陶瓷材料

高温陶瓷材料包括 Al_2O_3,MgO,BeO,ZrO_2 等氧化物,以及 St_3N_4,SiC,BN,AlN,B_4C 等非氧化物。它的特征:①在现有金属材料不能承受的高温和苛刻环境下具有较高强度;②韧性好,且在高温条件下韧性不降低;③抗蠕变性高;④耐腐蚀性能优异;⑤抗热冲击能力高;⑥耐磨损性好。高温陶瓷材料可应用于火箭、导弹、喷气发动机喷喉、壳件、回收型人造卫星前缘、航天飞机外壳蒙皮、汽轮机叶片、飞机的高温轴承、高温电极、发电和能源用陶瓷、热电偶保护管、模具等。在坦克、汽车、飞机发动机以及耐高温、耐磨、耐腐蚀涂层方面的应用已取得显著成绩。

高温陶瓷制造发动机对提高能源利用率有重要意义。燃气涡轮发动机的效率主要取决于涡轮进口温度。飞机发动机进口温度若能从现在的约 $1\,000\,℃$ 提高到 $1\,400\,℃$,就可能使能量利用率达到 50%,可节省燃料 $20\%\sim30\%$。

高温陶瓷材料包括 Al_2O_3,MgO,BeO,ZrO_2 等氧化物,以及 Si_3N_4,SiC,BN,AlN,B_4C 等非氧化物。

4. 功能陶瓷材料

功能陶瓷材料是具有特殊物理、化学或生命功能的陶瓷材料。每当外界条件变化时都会引起这类陶瓷本身某些性质的改变,测量这些性质的变化,就可“感知”外界变化,这类材料被称为敏感材料。目前,已制成了温度传感材料(如 $BaTiO_3$ 类陶瓷)、湿度传感材料(如 Fe_3O_4,Al_2O_3,Cr_2O_3 与其他氧化物的二元或多元材料)、气体传感材料(如 SnO_2,ZnO 和 Fe_2O_3 系 N 型半导体,吸附 H_2 等还原性气体时导电率增加,吸附 O_2 等氧化性气体时导电率下降)、压力和振动传感材料(主要有 $BaTiO_3$ 和 $PbTiO_3$ - $PbZrO_4$ 复合陶瓷)等。由 ZrO_2,ThO_2,$LaCrO_3$ 等高温电子陶瓷,可制造电容器和电子工业中的高频高温器件;用尖晶石型铁氧体制成的磁性陶瓷,可用作制造能量转换、传输和信息储存器件。目前功能陶瓷已广泛应用在电子、电力工业中。

结构陶瓷和功能陶瓷正向着更高阶段的称为智能陶瓷的方向发展。所谓智能陶瓷(Intellectual ceramic)是有很多特殊的功能,能像有生命物质(譬如人的五官)那样感知客观世界,也能能动地对外做功、发射声波、辐射电磁波和热能,以及促进化学反应和改变颜色等对外做出类似有智慧的反应的陶瓷。

生物陶瓷是用于人体器官替换、修补及外科矫形的陶瓷材料,如烃基磷灰石陶瓷(HA)。HA 的化学成分是 $Ca_{10}(PO_4)_6(OH)_2$,与人体骨质相同,是骨、牙组织的无机组成部分,具有良好的生物活性,能与人骨紧密结合。它主要用于不承载的小型种植体(如耳骨)、用金属支撑加强的牙科种植体等。

第三节　军事化学基础

军事化学是研究物质的组成、结构、性质、变化及其在军事领域应用的化学分支学科。现代战争是以包括化学在内的各种高新技术为基础的战争,无论材料、动力,乃至隐身效果都依赖于化学。从四大发明之一的火药,到以化学物质为主的反装备武器,以及制造战机、导弹等现代武器装备的各种新材料,都离不开化学家的发明和贡献。化学在武器和防御物两方面发挥着重要的作用。

一、火炸药

火药最早是由中国劳动人民发明制造的,当初主要用于医药。据《本草纲目》记载,火药有祛湿气,除瘟疫,治疮癣的作用,从火药两字中的"药"字即可见一斑,后来火药传至欧洲才用于军事。

军事上最早使用的黑火药,成分是 75% 的硝酸钾、10% 的硫、15% 木炭(有时火药也呈褐色,也叫褐火药),黑火药极易剧烈燃烧:

$$2KNO_3 + S + 3C =\!=\!= K_2S + N_2\uparrow + 3CO_2\uparrow$$

燃烧过程体积可膨胀近万倍,爆炸时有固体 K_2S 产生,往往有很多浓烟冒出,黑火药之名便由此而来。同时,燃烧产生的热量使气体剧烈膨胀,发生爆炸。

随着军事化学发展,出现了比黑火药爆炸威力更大的烈性炸药。常用单质炸药及其基本性质总结见表 10-3。

表 10-3　常用单质炸药的基本性质

炸药	学　名	代　号	分子式	外观	用途
黑索金	1,3,5-三硝基-1,3,5-三氮杂环己烷	RDX	$C_3H_6O_6N_6$	白色粉状结晶,钝化 RDX 为红色	传爆药,反装甲战斗部,导弹战斗部主装药
奥克托金	1,3,5,7-四硝基-1,3,5,7-四氮杂环辛烷	HMX	$C_4H_8O_8N_8$	白色结晶	耐热炸药,比 RDX 用途更广
太安	季戊四醇四硝酸酯	PETN	$C(CH_2ONO_2)_4$	白色结晶,钝化后为玫瑰色	与 RDX 类似
特屈尔	三硝基苯甲硝胺	CE	$C_6H_2(NO_2)_3NNO_2CH_2$	淡黄色晶体	传爆药柱
梯恩梯	三硝基甲苯	TNT	$C_6H_2(NO_2)_3CH_3$	淡黄色鳞片状结晶	各种弹药的战斗部,可与其他炸药混合使用
硝化甘油	丙三醇三硝酸酯	NG	$C_3H_5(ONO_2)_3$	无色或淡黄色液体	威力最大,但不能单独使用,用于制造胶质混合炸药
硝化棉	硝化纤维素	NC		白色纤维	发射药

随着现代武器的发展和防御能力的加强,如舰艇和坦克的装甲以及工事掩体的结构等的不断改进,上述单质炸药的爆炸威力已显得不足,需要发展爆炸威力更高的新品种。将单质炸药与其他物质(如氧化剂、可燃剂等)混合,制成混合炸药,可改善其物理和化学性质以及爆炸性能和装药性能等。现在各种类型的弹药、战斗部、水下武器等的装药,绝大部分是混合炸药。

工业炸药几乎全部是混合炸药。

二、火箭推进剂

推进剂又称推进药，是通过燃烧释放出能量，产生气体，推送火箭和导弹的火药，可用来发射弹丸、火箭和导弹等发射体。常用的推进剂主要有固体推进剂、液体推进剂两种，少量固液混合推进剂也在试用。推进剂进入推力室前是一种能源，进入推力室后，发生燃烧、热分解或催化分解反应，形成高温、高压气体产物，作为工质，它以超过声速若干倍的高速从发动机喷管喷出，使热化学能转变为功，产生推力。

1. 推进剂基本要求

对于推进剂的要求是：必须自身携带氧化剂和还原剂，能量尽量高，产生大量高温气体，比冲尽量大，点火容易，燃烧稳定，燃速可调范围大；具有良好的力学性能，物理化学安定性良好，冲击摩擦感度小，能长期贮存和安全运输。所以，火箭燃料一般都相当于慢速炸药。根据其物理状态，推进剂可以分为固体火箭推进剂、液体火箭推进剂和液-固火箭推进剂。到目前为止，实际使用的主要是液体推进剂和固体推进剂。

2. 固体推进剂

固体推进剂通常由氧化剂（过氯酸铵）、黏结剂（又可作为燃料，如聚丁二烯类橡胶）和金属燃料（如铝粉）等组成的固态混合物。现代的固体火箭，其主要成分仍然是高氯酸铵、铝粉、沥青等物质，氧化剂通常占推进剂总质量的60%～90%，许多无机化学品可作为氧化剂，如高氯酸盐类（高氯酸钾、高氯酸铵、高氯酸锂）和硝酸酯类（硝酸铵、硝酸钾、硝酸钠），现在使用最多的是含氧量较高的高氯酸铵（又称过氯酸铵）。高分子聚合物既用作可燃剂又作为黏结剂，常用的有聚硫橡胶、聚氨酯（PU）、聚丁二烯-丙烯腈（PBAN）、端羧基聚丁二烯（CTPB）、端羟基聚丁二烯（HTPB）、端羟基聚醚（HTPE）、聚氯乙烯等类。

按配方组分性质，固体推进剂可分为单基推进剂、双基推进剂、改性双基推进剂等。固体火箭推进剂制造工艺简单，价格低廉，体积小，重量轻，使用容易。其缺点是固体火箭发动机不能重复使用，而且很难控制其喷射速度，所以一般应用于火箭弹、战术导弹和多级火箭的最末级。

(1)单基推进剂，由单一化合物（如硝化纤维素，即硝化棉，NC）组成，它的分子结构中包含可燃剂和氧化剂，溶于挥发性溶剂中，经过膨润、塑化、压伸成型，除去溶剂即可。单基推进剂由于能量水平太低，现代固体发动机已不再使用。

(2)双基推进剂，即双基火药，是由高分子炸药和爆炸性溶剂，如硝化棉（见硝酸纤维素）和硝化甘油两类爆炸基剂，再混入少量附加物溶解塑化而制成的，既用于发射药，也用于推进剂，主要用于小型固体燃气发生器。两种主要成分的分子结构中都含有可燃剂和氧化剂。硝化纤维能在活性氧含量很高的硝化甘油中起胶凝作用，加入挥发性或不挥发溶剂及其他添加剂，经溶解塑化，成为均相物体，使用压伸成型（或称挤压成型）工艺即可制成不同形状药柱。为了改善双基推进剂的各种性能，还要加入各种附加组分，如助溶剂、安定剂、增塑剂、弹道调节剂和工艺助剂等。

(3)改性双基推进剂，包括复合改性双基推进剂（CMDB）和交联改性双基推进剂（XLDB）两类。

在双基推进剂的基础上大幅降低基本组分硝化纤维素和硝化甘油的比例，加入高能量固体组分,包括氧化剂(高氯酸胺、高能炸药黑索金或奥克托金等)和可燃剂(铝粉等),再加入一些添加剂,混合后使用压伸成型或浇铸成型工艺制成药柱,这就是复合改性双基推进剂(CMDB)。

在 CMDB 配方基础上加入高分子化合物作为交联剂,它内含的活性基团与硝化纤维素上残留(未酯化)的羟基发生化学反应生成预聚物,预聚物的大分子主链间生成化学键,交联成网状结构,预聚物作为黏结剂可以大幅改善推进剂的力学性能,这类推进剂就被称为交联改性双基推进剂(XLDB)。主要交联剂有异氰酸酯[如六亚甲基二异氰酸酯(HDI)、甲苯二异氰酸酯(TDI)]、聚酯[如聚乙交酯(PGA)]、聚氨酯[如聚乙二醇(PEG)]、端羟基聚丁二烯、丙烯酸酯等。

改性双基推进剂的能量水平高于复合推进剂,广泛用于各种战略、战术导弹。

3.液体推进剂

(1)体系组成。双组元液体推进剂由燃烧剂和氧化剂两个组元组成体系多种多样,如液氧/液氢、液氧/煤油、液氧/偏二甲肼、四氧化二氮/偏二甲肼、发烟硝酸/偏二甲肼、发烟硝酸/混肼等。两个组元都是液体,分别贮存在燃烧剂贮箱和氧化剂贮箱内,使用时泵注入燃烧室内混合燃爆,产生巨大的推力。氧化剂与燃烧剂产生的燃烧反应,是二者剧烈的氧化还原反应,还原元素(燃烧剂)的电子转移给氧化元素(氧化剂),热化学能就是电子转移过程释放出来的。双组元液体推进剂控制容易,而且发动机可以重复多次使用,所以相对成本较低。液体火箭主要用于战略弹道导弹和卫星、载人航天器发射。

(2)典型的氧化剂。火箭推进剂使用的四氧化二氮(N_2O_4)有两种规格,一种含量在99.5%,另一种含量为90%,其余10%是一氧化氮(NO),加入 NO 的目的是为了进一步降低四氧化二氮的冰点。纯四氧化二氮是无色透明的液体,性质极不稳定。N_2O_4 液体的红棕色实际上是二氧化氮的颜色。随着温度下降,二氧化氮在四氧化二氮中的含量越少,四氧化二氮的颜色变浅,到凝固点时(−11.23℃),二氧化氮完全聚合成四氧化二氮,成为无色的晶体。温度升高,四氧化二氮吸热离解为二氧化氮,在大气压力下,当温度升高到140℃时四氧化二氮完全离解为二氧化氮气体。

$$N_2O_4 + 13.93 \text{ kcal} \xrightarrow[\triangle]{140℃} 2NO_2 \xrightarrow[\triangle]{620℃} 2NO + O_2 + 27 \text{ kcal}$$

注:1 kcal≈4.186 kJ。

四氧化二氮与氢氧化钠或碳酸钠反应,生成硝酸钠和亚硝酸钠:

$$N_2O_4 + 2NaOH \longrightarrow NaNO_3 + NaNO_2 + H_2O$$
$$N_2O_4 + Na_2CO_3 \longrightarrow NaNO_3 + NaNO_2 + CO_2 \uparrow$$

上述反应可作为处理四氧化二氮废液的方法。

(3)典型的燃烧剂。肼类推进剂包括无水肼、甲基肼、偏二甲肼、混肼等。作为火箭燃料,肼的能量最高。

1907 年,人们发现了工业生产肼的方法,称为莱希法。目前普遍采用的是莱希法的改型,即用尿素代替氨,与氢氧化钠和氯反应生成的次氯酸钠作用,可得水合肼,反应方程式如下:

$$NH_2CONH_2 + 2NaOH + NaOCl \longrightarrow N_2O_4 \cdot H_2O + Na_2CO_3 + NaCl$$

然后经除盐、用苯胺脱水浓缩、用石蜡烃作防爆剂进行蒸馏,最后得合格的肼。

在化学性质方面,肼是一种强还原剂,能与许多氧化性物质,如高锰酸钾、次氯酸钙等溶液发生猛烈反应。因此常用这类反应来处理肼的少量污水或废液。肼可与碘和碘酸盐反应。肼与液氧、过氧化氢、硝基氧化剂(如红烟硝酸、四氧化二氮)、卤素(如液氟等)、卤间氧化剂(如三氟化氯、五氟化氯)等强氧化剂接触,能瞬时自燃。肼与某些金属(如铁、铜、钼等)及其合金和氧化物接触时将发生分解,并放出大量的热,由此可造成着火或爆炸。肼与大面积暴露在空气中的物质(如破布、棉纱头、木屑等)接触时,由于氧化作用放热,可以引起着火。肼虽然是可燃液体,但是它的热稳定性尚好,对冲击、压缩、摩擦、振动等均不敏感。

三、非常规军事武器

依靠炸药爆炸作用进行破坏的热兵器,和用刺、砸等物理作用进行杀伤的冷兵器,被称为"常规武器"。而不同于这两种的其他武器,则被称为"非常规武器"。

1. 烟幕弹

大家知道,化学中的"烟"是由固体颗粒组成,"雾"是由小液滴组成的,烟幕弹的原理就是通过化学反应在空气中造成大范围的化学烟雾。例如,装有白磷的烟幕弹引爆后,白磷迅速在空气中燃烧,反应方程式为

$$4P + 5O_2 \Longrightarrow 2P_2O_5$$

P_2O_5 会进一步与空气中的水蒸气反应生成偏磷酸和磷酸,反应方程式为

$$P_2O_5 + H_2O \Longrightarrow 2HPO_3$$

$$2P_2O_5 + 6H_2O \Longrightarrow 4H_3PO_4$$

偏磷酸有毒,这些酸液滴与未反应的白色颗粒状 P_2O_5 悬浮在空气中,便构成了"云海"。

同理,四氯化硅和四氯化锡等物质也极易水解:

$$SiCl_4 + 4H_2O \Longrightarrow H_4SiO_4 + 4HCl$$

$$SnCl_4 + 4H_2O \Longrightarrow Sn(OH)_4 + 4HCl$$

也就是它们在空气中会形成 HCl 酸雾,所以也可用作烟幕弹。

2. 照明剂

在战场上,夜间作战的情况经常遇到。如果没有很好的夜视系统,会对进攻、搜索产生很大的影响。如果用灯具照明,那么这些光源本身就是敌人袭击的目标。所以,使用照明弹是最好的选择。

照明剂是燃烧时产生强烈发光效应的烟火药剂。照明剂由 $40\% \sim 70\%$ 的氧化剂(硝酸钠、硝酸钾、硝酸钡、高氯酸钾、高氯酸铵)、$30\% \sim 50\%$ 可燃物(铝、镁、铝镁合金、锑、硫、硫化锑)及 $2\% \sim 10\%$ 黏结剂(如天然树脂及合成树脂)组成,有白光照明剂、黄光照明剂和绿光照明剂等。燃烧时能在一定时间内发出强烈白炽光,可以将数平方公里的范围照射得亮如白昼,维持数分钟,用于夜间照明物体,以观察目标。

3. 闪光剂

闪光剂的主要成分是镁铝合金与氯酸钾。它可以在 0.1 s 内产生数亿到数十亿坎德拉的亮度,无论是直接照射还是从其他物品反射,都可以让人员的眼睛受到强光刺激而暂时失明,即使闭上眼睛也无济于事。早期军事摄影用的一次性闪光灯也是这种配方。

4. 信号剂

在很多影视作品中,我们都能看到,随着红色信号弹的升空,进攻开始……

信号剂是一种特殊的火药,装填在信号弹中,用于远距离联络或指示目标。有发光和发烟

之分。前者常用的有红、黄、绿、蓝四种色光,后者是用有机染料制成的有色烟,常用的有红、黄、绿、蓝、紫(或黑)等色。此外,为增加信号的种类和作用,可将单色信号剂单独或混合使用,装填成各种不同的信号弹、信号枪榴弹等。比如,红光加入硝酸锶,绿光加入硝酸钡,黄光加入硝酸钠,蓝光加入硫酸铜,等等。

5.燃烧弹

由于汽油密度较小,发热量高,便宜,所以被广泛用作燃烧弹原料。加入能与汽油结合成胶状物的黏结剂,就制成了凝固汽油弹。为了攻击水中目标,有的还在凝固汽油弹里添加活泼碱金属和金属钾、钙、钡,金属与水结合放出的氢气又发生燃烧,提高了燃烧威力。

$$汽油 + 凝固剂 \longrightarrow 凝固汽油弹$$
$$凝固汽油弹 + 碱金属 \longrightarrow 攻击水中目标$$
$$铝制剂燃烧弹 \longrightarrow 攻击坦克$$

铝粉和氧化铁能发生壮观的铝热反应:

$$2Al + Fe_2O_3 \Longrightarrow Al_2O_3 + Fe + 热量$$

该反应放出的热量足以使钢铁熔化成液态,所以用铝剂制成的燃烧弹可熔掉坦克厚厚的装甲。另外,铝热剂燃烧弹在没有空气助燃也可照样燃烧,大大扩展了它的应用范围。

6.气象武器

气象武器已经广泛运用于战场,它是运用现代科学技术,靠人工影响局部天气以求达到某种军事目的的一种武器。气象武器大致可分为三类:一是为己方作战行动创造有利环境,如造雾、消雾等;二是对敌方军事行动制造困难,如人工降雨;三是直接改变气象条件,如控制酸雨、台风等,给对方造成严重损失等。

人工降雨在军事上运用更为广泛。大规模的人工降雨,会引起山洪暴发,阻断交通,给对方的军事和经济造成严重的损害。此外,在人工降雨中加入某种化学试剂,造成"酸性雨",可以腐蚀对方的雷达、坦克、车辆等。降雨的原理就是:对冷云,用飞机、火箭、高炮在云中播撒干冰、碘化银、尿素等;对暖云,用飞机播撒氯化钙、硝酸铵等吸湿性物质。

冰雹可产生严重灾害,也能毁坏军事设施。据不完全统计,每年全世界因冰雹灾害造成的损失达20多亿美元。用飞机、高射炮把碘化银、碘化铅等送入云体,或用高射炮、火箭直接轰击冰雹云,都可以减轻冰雹灾害。另外,对冰雹云进行人工影响,使之加强,用以袭击敌方,也可成为攻击性武器。

随着气象武器的发展,它将在未来高技术局部战争中大显身手,而且用其来维护生产、生活等设施,也一样是很有益的。

四、化学武器

战争中使用毒物杀伤对方有生力量、牵制和扰乱对方军事行动的有毒物质统称为化学战剂(Chemical Warfare Agents,CWA),简称"毒剂"。化学武器作用是将毒剂分散成蒸汽、液滴、气溶胶或粉末状态,使空气、地面、水源和物体染毒,以杀伤和迟滞敌军行动,是一种威力较大的杀伤武器。化学武器的杀伤作用是通过呼吸、皮肤黏膜、饮食吸收的化学物质,破坏人体组织,杀伤人员。化学武器杀伤力极强,是灭绝人性的,如使人全身糜烂的芥子气,造成神经系统超负荷运转而死亡的沙林,无一不给人类带来巨大的灾难。由于化学武器具有这一特点,已经被国际禁止在战争中应用。

1.神经性毒剂

神经性毒剂是破坏人体神经的一类毒剂。在现有毒剂中它们的毒性最高，主要有沙林、梭曼和维埃克斯等。神经性毒剂进入人体后，迅速破坏神经并使人产生胸闷、瞳孔缩小、视力模糊、流口水、多汗、肌肉跳动等症状，严重时出现呼吸困难、大小便失禁，甚至抽筋而死。几种神经性毒剂主要代表物的化学结构如图 10－18 所示。

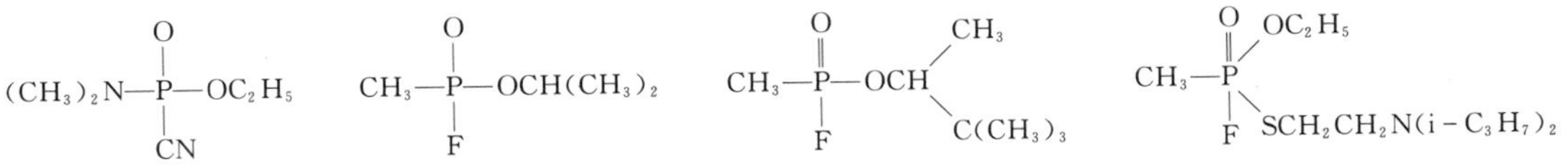

塔崩(Tabum)　沙林(Sarin)　梭曼(Soman)　维埃克斯(VX)

图 10－18　几种神经性毒剂主要代表物的化学结构

神经性毒剂为有机磷酸酯类衍生物，它可以让神经肌肉间的连接传道失效，使肌肉持续强制痉挛，呼吸停止，最后死亡。神经性毒剂主要代表物见表 10－4。

表 10－4　神经性毒剂的主要理化特性

名称	化学名	常温状态	气味	溶解度	水解作用	战争使用状态
塔崩	二甲氨基氢膦酸乙酯	无色水样液体，工业品呈红棕色	微果香味	微溶于水，易溶于有机溶剂	缓慢生成 HCN 和无毒残留物，加碱和煮沸加快水解	蒸气态或气溶胶态
沙林	甲氟膦酸异丙酯	无色水样液体	无或微果香味	可与水及多种有机溶剂互溶	慢，生成 HF 和无毒残留物，加碱和煮沸加快水解	蒸气态或气液滴态
梭曼	甲氟膦酸特己酯	无色水样液体	微果香味，工业品有樟脑味	微溶于水，易溶于有机溶剂	很慢，生成 HF 和无毒残留物，加碱和煮沸加快水解	蒸气态或气液滴态
VX	S－(2－二异丙基氨乙基)－甲基硫代膦酸乙酯	无色油状液体	无或有硫醇味	微溶于水，易溶于有机溶剂	很难，加碱和煮沸加快水解	液滴态或气溶胶态

2.糜烂性毒剂

引起皮肤起泡糜烂的一类毒剂叫糜烂性毒剂。糜烂性毒剂主要通过呼吸道、皮肤、眼睛等侵入人体，破坏肌体组织细胞，造成呼吸道黏膜坏死性炎症、皮肤糜烂、眼睛刺痛畏光甚至失明等。糜烂性毒剂的主要代表物是芥子气、氮芥和路易斯气，其化学结构及主要理化特征见表 10－5。

表 10-5 糜烂性毒剂主要代表物的化学结构及主要理化特征

名称	化学名	结构	常温状态	气味	溶解性	战争使用状态
芥子气	2,2-二氯乙硫醚	$S\begin{smallmatrix}CH_2CH_2Cl\\CH_2CH_2Cl\end{smallmatrix}$	无色油状液体,工业品呈棕褐色	大蒜气味	难溶于水,易溶于有机溶剂	液滴态或雾状
氮芥	三氯三乙胺	$N\begin{smallmatrix}CH_2CH_2Cl\\CH_2CH_2Cl\\CH_2CH_2Cl\end{smallmatrix}$	无色油状液体,工业品呈浅褐色	微鱼腥味	难溶于水,易溶于有机溶剂	液滴态或雾状
路易斯气	氯乙烯氯胂	$ClCH=CHAsCl_2$	无色油状液体,工业品呈深褐色	天竺葵味	难溶于水,易溶于有机溶剂	液滴态或雾状

3. 刺激性毒剂

刺激性毒剂是一类刺激眼睛和上呼吸道的毒剂。按毒性作用分为催泪性和喷嚏性毒剂两类。催泪性毒剂主要有氯苯乙酮、西埃斯。喷嚏性毒剂主要有亚当氏气。刺激性毒剂作用迅速强烈。中毒后,出现眼痛流泪、咳嗽喷嚏等症状,但通常无致死的危险。刺激性毒剂代表物的化学结构和主要物理特性见表 10-6。

表 10-6 刺激性毒剂代表物的化学结构和主要物理特性

名称	化学名	化学结构	常温状态	气味	溶解性	战争使用状态
西埃斯(CS)	邻-氯代苯亚甲基丙二腈	苯环-CH=C(CN)₂, Cl	白色晶体	无味	微溶于水,易溶于有机溶剂	烟状
CN	苯氯乙酮	苯环-C(=O)-CH₂Cl	无色晶体	荷花香味	微溶于水,易溶于有机溶剂	烟状
亚当氏气	吩吡嗪化氯	As(Cl), N 吩嗪环	金黄色晶体	无味	难溶于水,难溶于有机溶剂	烟状

其他的化学毒剂,包括失能性毒剂、窒息性毒剂、全身中毒性毒剂等,以及毒素战剂和基因武器。另外,不针对人的化学武器——植物枯萎剂也有在战争中使用,其实质是高效除草剂,是一种人工合成的植物激素,可以使植物迅速畸形生长,随即死亡。但是,其本身对人也有很大的毒性和致癌、致畸作用。

4. 禁止化学武器公约

化学武器的使用给人类及生态环境造成极大的灾难。因此,从它首次被使用以来就受到国际舆论的谴责,被视为一种暴行。为制止这种罪恶行径,英、法、德等国 19 世纪中期研制出化学武器后不久,1874 年召开的布鲁塞尔会议就提出了禁止化学武器的倡议。1899 年,在海牙召开的和平会议上通过的《海牙海陆战法规惯例公约》中又明确规定:禁止使用毒物和有毒武器。1925 年,有关国家在日内瓦又签订了《关于禁用毒气或类似毒品及细菌方法作战协定书》。它是有关禁止使用化学武器的最重要、最权威的国际公约。我国早在 1929 年就加入了《日内瓦协定书》,新中国成立后,中央政府对其重新进行审查,于 1952 年宣布:对《日内瓦协定书》予以承认,并在各国对于该协定书互相遵守的原则下,予以严格执行。1989 年 1 月 7 日,在巴黎召开了举世瞩目的禁止化学武器国际会议。会议通过的《最后宣言》确认了《日内瓦协定书》的有效性,并呼吁早日签订一项关于禁止发展、生产、贮存及使用一切化学武器并销毁此类武器的国际公约。以钱其琛为团长的中国代表团参加了会议,并在大会上发言,支持尽快缔结一项全面禁止化学武器的国际公约,并为此提出四项具体建议。在谈到中国对禁止化学武器的原则立场时,钱其琛外长说,中国既不拥有也不生产化学武器。中国是《日内瓦协定书》的缔约国,一贯反对使用化学武器,反对任何形式的化学武器扩散,同时也反对任何国家在化学武器问题上制造借口威胁别国的安全。

附　　录

附录一　热力学数据(298.15 K,100 kPa)

族　别	化学式(状态)	$\Delta_f H_m^\ominus/(kJ \cdot mol^{-1})$	$\Delta_f G_m^\ominus/(kJ \cdot mol^{-1})$	$S_m^\ominus/(J \cdot mol^{-1} \cdot K^{-1})$
1. 无机物				
ⅠA	氢(Hydrogen)			
	$H_2(g)$	0	0	130.7
	$H(g)$	218	203.34	114.7
	$H^+(aq)$	0	0	0
	$H^-(aq)$		217	
	锂(Lithium)			
	$Li(s)$	0	0	29.1
	$Li(g)$	159.3	126.6	138.8
	$Li^+(aq)$	−278.5	−292.3	13.4
	$LiOH(s)$	−484.9	−439.0	42.8
	$LiF(s)$	−616.0	−587.7	35.7
	$LiCl(s)$	−408.6	−384.4	59.3
	$Li_2CO_3(s)$	−1 215.9	−1 132.1	90.4
	钠(Sodium)			
	$Na(s)$	0	0	51.3
	$Na(g)$	107.5	77.0	153.7
	$Na^+(aq)$	−240.1	−261.9	59.0
	$Na_2O(s)$	−414.2	−375.5	75.1
	$Na_2O_2(s)$	−510.9	−447.7	95.0
	$NaOH(s)$	−425.6	−379.5	64.5
	$NaF(s)$	−576.6	−546.3	51.1
	$NaCl(s)$	−411.2	−384.1	72.1
	$NaBr(s)$	−361.1	−349.0	86.8
	$NaI(s)$	−287.8	−286.1	98.5

续表

族　　别	化学式（状态）	$\Delta_f H_m^{\ominus}/(kJ \cdot mol^{-1})$	$\Delta_f G_m^{\ominus}/(kJ \cdot mol^{-1})$	$S_m^{\ominus}/(J \cdot mol^{-1} \cdot K^{-1})$
	$NaHCO_3(s)$	−950.8	−851.0	101.7
	$Na_2CO_3(s)$	−1 130.7	−1 044.4	135.0
	钾（Potassium）			
	$K(s)$	0	0	64.7
	$K(g)$	89.0	64.7	106.3
	$K^+(aq)$	−252.4	−283.3	102.5
	$KOH(s)$	−424.6	−378.7	78.9
	$KF(s)$	−567.3	−537.8	66.6
	$KCl(s)$	−436.5	−408.5	82.6
	$KBr(s)$	−393.8	−380.7	95.9
	$KI(s)$	−327.9	−324.9	106.3
	$KCN(s)$	−133.0	−101.9	128.5
	$KSCN(s)$	−200.2	−178.3	124.3
	$KHCO_3(s)$	−963.2	−863.5	115.5
	$K_2CO_3(s)$	−1 151.0	−1 063.5	155.5
ⅡA	铍（Beryllium）			
	$Be(s)$	0	0	9.5
	$Be(g)$	324.0	286.6	136.3
	$Be^{2+}(aq)$	−382.8	−379.7	−129.7
	$BeO_2^{2-}(aq)$	−790.8	−640.1	−150.9
	$BeO(s)$	−609.4	−580.1	13.8
	$Be(OH)_2(s,a)$	−902.5	−815.0	45.5
	$BeCl_2(s)$	−490.4	−445.6	75.8
	$BeSO_4(s)$	−1 205.2	−1 093.8	77.9
	$BeCO_3(s)$	−1 025.0		52.0
	镁（Magnesium）			
	$Mg(s)$	0	0	32.7
	$Mg(g)$	147.1	112.5	148.6
	$Mg^{2+}(aq)$	−466.9	−454.8	−138.1
	$MgO(s)$	−601.6	−569.3	27.0
	$MgCl_2(s)$	−641.3	−591.8	89.6
	$MgF_2(s)$	−1 124.2	−1 071.1	57.2
	$Mg(OH)_2(s)$	−924.5	−833.5	63.2
	$MgSO_4(s)$	−1 284.9	−1 170.6	91.6

续表

族　别	化学式（状态）	$\Delta_f H_m^{\ominus}/(kJ \cdot mol^{-1})$	$\Delta_f G_m^{\ominus}/(kJ \cdot mol^{-1})$	$S_m^{\ominus}/(J \cdot mol^{-1} \cdot K^{-1})$
	$MgCO_3(s)$	$-1\,095.8$	$-1\,012.1$	65.7
	钙（Calcium）			
	$Ca(s)$	0	0	41.6
	$Ca(g)$	177.8	144.0	154.9
	$Ca^{2+}(aq)$	-542.8	-553.6	-53.1
	$CaO(s)$	-634.9	-603.3	38.1
	$Ca(OH)_2(s)$	-985.2	-897.5	83.4
	$CaF_2(s)$	$-1\,228.0$	$-1\,175.6$	68.5
	$CaCl_s(s)$	-795.4	-748.8	108.4
	$CaC_2(s)$	-62.8	-67.8	70.3
	$CaSO_4(s)$	$-1\,434.5$	$-1\,322.0$	106.5
	$CaCO_3$（方解石）	$-1\,207.6$	$-1\,129.1$	91.7
	$CaCO_3$（文石）	$-1\,207.8$	$-1\,128.2$	88.0
	锶（Strontium）			
	$Sr(s)$	0	0	55.0
	$Sr(g)$	164.4	130.9	164.6
	$Sr^{2+}(aq)$	-545.8	-559.5	-32.6
	$SrO(s)$	-592.0	-561.9	54.4
	$Sr(OH)_2(s)$	-595.0	-869.4	(88)
	$SrSO_4(s)$	$-1\,453.1$	$-1\,340.9$	117.0
	$SrCO_3(s)$	$-1\,220.1$	$-1\,140.1$	97.1
	钡（Barium）			
	$Ba(s)$	0	0	62.5
	$Ba(g)$	180.0	146.0	170.2
	$Ba^{2+}(aq)$	-537.6	-560.8	9.6
	$BaCl_2(s)$	-855.0	-806.7	123.7
	$BaF_2(s)$	$-1\,207.1$	$-1\,156.8$	96.4
	$BaO(s)$	-548.0	-520.3	72.1
	$BaO_2(s)$	-629.7	-568.2	65.7
	$Ba(OH)_2(s)$	-944.7	-856.5	(95.0)
	$BaSO_4(s)$	$-1\,473.2$	$-1\,362.2$	132.2
	$BaCO_3(s)$	$-1\,213.0$	$-1\,134.4$	112.1
ⅢA	硼（Boron）			
	$B(s)$	0	0	5.9

续表

族　别	化学式（状态）	$\Delta_f H_m^{\ominus}/(kJ \cdot mol^{-1})$	$\Delta_f G_m^{\ominus}/(kJ \cdot mol^{-1})$	$S_m^{\ominus}/(J \cdot mol^{-1} \cdot K^{-1})$
	$* B(g)$	565.0	521.0	153.4
	$H_2BO_3^-(aq)$	−1 054	−910.4	31
	$H_3BO_3(s)$	−1 094.3	−968.9	90.0
	$H_3BO_3(aq)$	−1 068	−963.32	160
	$B_2O_3(s)$	−1 213.5	−1 194.3	54.0
	$B_2H_6(g)$	−35.6	−86.7	232.1
	$BCl_3(l)$	−427.2	−387.4	206.3
	$BCl_3(g)$	−403.8	−388.7	290.1
	$BF_3(g)$	−1 136.0	−1 119.4	254.4
	铝（Aluminum）			
	$Al(s)$	0	0	28.3
	$Al(g)$	330.0	289.4	164.6
	$Al^{3+}(aq)$	−531.0	−485.0	−321.7
	$AlO_2^-(aq)$	−930.9	−830.9	−36.8
	$Al(OH)_3$（无定形）	−1 276	−1 138	(71)
	Al_2O_3（s，刚玉）	−1 675.7	−1 582.3	50.9
	$AlCl_3(s)$	−704.2	−628.8	109.3
ⅣA	碳（Carbon）			
	C（石墨）	0	0	5.7
	C（金刚石）	1.9	2.9	2.4
	$C(g)$	716.7	671.3	158.1
	$CO(g)$	−110.5	−137.2	197.7
	$CO_2(g)$	−393.5	−394.4	213.8
	$CO_2(aq)$	−412.9	−386.2	121
	$CCl_4(l)$	−128.2		
	$H_2CO_3(aq)$	−698.7	−623.42	191
	$HCO_3^-(aq)$	−692.0	−586.8	91.2
	$CO_3^{2-}(aq)$	−677.1	−527.8	−56.9
	$CH_3COOH(l)$	−484.3	−389.9	159.8
	$CH_3COOH(aq)$	−486.0	−369.3	86.6
	$CH_3COO^-(aq)$	−486.0	−369.3	86.6
	$HCN(aq)$	150.6	172	94.1
	$CN^-(aq)$	150.6	172	94.1
	硅（Silicon）			

续表

族 别	化学式（状态）	$\Delta_f H_m^{\ominus}/(kJ \cdot mol^{-1})$	$\Delta_f G_m^{\ominus}/(kJ \cdot mol^{-1})$	$S_m^{\ominus}/(J \cdot mol^{-1} \cdot K^{-1})$
	Si(s)	0	0	18.8
	Si(g)	450.0	405.5	168.0
	SiO$_2$（石英）	−910.7	−856.3	41.5
	SiO$_2$（玻璃态）	−903.49	−850.7	46.9
	SiF$_4$(g)	−1 615.0	−1 572.8	282.8
	SiCl$_4$(l)	−687.0	−619.8	239.7
	SiCl$_4$(g)	−657.0	−617.0	330.7
	SiH$_4$(g)	34.3	56.9	204.6
	＊SiC(s)	−65.3	−62.8	16.6
	＊Si$_3$N$_4$(s)	−743.5	−642.6	101.3
锡（Tin）				
	Sn(s,白)	0	0	51.2
	Sn(s,灰)	2.1	0.1	44.1
	Sn(g)	301.2	266.2	168.5
	Sn^{2+}(aq)	−8.8	−27.2	−17.0
	Sn^{4+}(aq)		−2.7	
	Sn(OH)$_2$(s)	−56.1	−491.6	155.0
	Sn(OH)$_4$(s)	−1 131.8	−951.9	121
	SnO$_2$(s)	−577.6	−515.8	49.0
	SnCl$_2$(s)	−325.1	−302	123
	SnCl$_4$(l)	−511.3	−440.1	258.6
铅（Lead）				
	Pb(s)	0	0	64.8
	Pb(g)	195.0	162.2	175.4
	Pb^{2+}(aq)	−1.7	−24.4	10.5
	Pb^{4+}(aq)		303	
	Pb(OH)$_2$(s)	−514.6	−420.9	88
	PbO(s,红)	−219.0	−188.9	66.5
	PbO(s,黄)	−217.3	−187.9	68.7
	PbO$_2$(s)	−277.4	−217.3	68.6
	PbS(s)	−100.4	−98.7	91.2
	PbSO$_4$(s)	−920.0	−813.0	148.5
	PbF$_2$(s)	−664.0	−617.1	110.5
	PbCl$_2$(s)	−359.4	−314.0	136

续表

族　别	化学式（状态）	$\Delta_f H_m^{\ominus}/(kJ \cdot mol^{-1})$	$\Delta_f G_m^{\ominus}/(kJ \cdot mol^{-1})$	$S_m^{\ominus}/(J \cdot mol^{-1} \cdot K^{-1})$
	$PbBr_2(s)$	-278.7	-261.9	161.5
	$PbI_2(s)$	-175.5	-173.6	174.9
	$PbCO_3(s)$	-699.1	-625.5	131.0
ⅤA	氮（Nitrogen）			
	$N_2(g)$	0	0	191.6
	$N(g)$	472.7	455.5	153.3
	$N_2O(g)$	81.6	103.7	220.2
	$NO(g)$	91.3	87.6	210.8
	$N_2O_3(g)$	86.6	142.4	314.7
	$NO_2(g)$	33.2	51.3	240.1
	$N_2O_4(g)$	11.1	99.8	304.4
	$N_2O_5(g)$	13.3	117.1	355.7
	$N_2O_5(s)$	-43.1	113.9	178.2
	$NCl_3(l)$	230.0		
	$HNO_3(l)$	-174.1	-80.7	155.6
	$NO_3^-(aq)$	-207.4	-111.3	146.4
	$NO_2^-(aq)$	-104.6	-32.2	123.0
	$NH_4^+(aq)$	-132.5	-79.3	113.4
	$NH_3(aq)$	-80.83	-26.6	—
	$NH_3(g)$	-45.9	-16.4	192.8
	磷（Phosphorus）			
	$P(s,白)$	0	0	41.1
	$P(s,红)$	-17.6	-12	22.8
	$P(s,黑)$	-39.3		
	$P(g)$	316.5	280.1	163.2
	$P_4O_{10}(s)$	$-3\,013$		
	$H_3PO_4(aq)$	$-1\,290$	$-1\,147$	176
	$H_2PO_4^-(aq)$	$-1\,296.3$	$-1\,130.2$	90.4
	$HPO_4^{2-}(aq)$	$-1\,292.1$	$-1\,089.2$	-33.5
	$PO_4^{3-}(aq)$	$-1\,277.4$	$-1\,018.7$	-220.5
	$PH_3(g)$	5.4	13.4	210.2
	$PCl_3(g)$	-287.0	-267.8	311.8
	$PCl_5(g)$	-374.9	-305.0	364.6
ⅥA	氧（Oxygen）			

续表

族 别	化学式（状态）	$\Delta_f H_m^{\ominus}/(kJ \cdot mol^{-1})$	$\Delta_f G_m^{\ominus}/(kJ \cdot mol^{-1})$	$S_m^{\ominus}/(J \cdot mol^{-1} \cdot K^{-1})$
	$O_2(g)$	0	0	205.2
	$O_3(g)$	142.7	163.2	238.9
	$O(g)$	249.2	231.7	161.1
	$H_2O(l)$	−285.8	−237.1	70.0
	$H_2O(g)$	−241.8	−228.6	188.8
	$OH^-(aq)$	−230.0	−157.2	−10.8
	$H_2O_2(l)$	−187.8	−120.4	109.6
	$H_2O_2(aq)$	−191.1	−131.67	
	$HO_2^-(aq)$		−65.312	
	硫（Sulfur）			
	$S(s,斜方)$	0	0	32.1
	$S(s,单斜)$	0.30	0.096	32.6
	$S(g)$	277.2	236.7	167.8
	$SO_2(g)$	−296.8	−300.1	248.2
	$SO_3(g)$	−395.1	−371.1	256.8
	$HSO_4^-(aq)$	−887.3	−755.9	131.8
	$SO_4^{2-}(aq)$	−909.3	−744.5	20.1
	$H_2SO_3(aq)$	−60.8	−538.02	234
	$HSO_3^-(aq)$	−626.2	−527.7	139.7
	$SO_3^{2-}(aq)$	−635.5	−485.5	−29.0
	$H_2S(g)$	−20.6	−33.4	205.8
	$H_2S(aq)$	−39	−27.4	122
	$HS^-(aq)$	−17.6	12.1	62.8
	$S^{2-}(aq)$	33.1	85.8	−14.6
	$SF_6(g)$	−1 220.5	−1 116.5	291.5
ⅦA	氟（Fluorine）			
	$F_2(g)$	0	0	220.8
	$* F(g)$	79.4	62.3	158.8
	$F_2O(g)$	24.7	41.9	247.4
	$HF(g)$	−273.3	−275.4	173.8
	$HF(aq)$	−332.6	−278.8	−13.8
	$HF_2^-(aq)$	−649.9	−578.1	92.5
	$F^-(aq)$	−332.6	−278.8	−13.8
	氯（Chlorine）			

续表

族　别	化学式（状态）	$\Delta_f H_m^{\ominus}/(kJ \cdot mol^{-1})$	$\Delta_f G_m^{\ominus}/(kJ \cdot mol^{-1})$	$S_m^{\ominus}/(J \cdot mol^{-1} \cdot K^{-1})$
	$Cl_2(g)$	0	0	223.1
	$Cl(g)$	121.3	105.3	165.2
	$Cl_2O(g)$	80.3	97.9	266.2
	$HCl(g)$	−92.3	−95.3	186.9
	$Cl^-(aq)$	−167.2	−131.2	56.5
	$HClO(aq)$	−116.4	−79.956	130
	$ClO^-(aq)$	−107.1	−36.8	42.0
	$HClO_2(aq)$	−57.24	0.3	176
	$ClO_2^-(aq)$	−66.5	17.2	101.3
	$ClO_3^-(aq)$	−104.1	−8.0	162.3
	$ClO_4^-(aq)$	−129.3	−8.5	182.0
	溴（Bromine）			
	$Br_2(l)$	0	0	152.2
	$Br_2(g)$	30.9	3.1	245.5
	$Br(g)$	111.9	82.4	175.0
	$HBr(g)$	−36.3	−53.4	198.7
	$Br^-(aq)$	−121.6	−104.0	82.4
	$HBrO(aq)$		−83.3	
	$BrO^-(aq)$	−94.1	−33.4	42.0
	$BrO_3^-(aq)$	−67.1	18.6	161.7
	碘（Iodine）			
	$I_2(s)$	0	0	116.1
	$I_2(g)$	62.4	19.3	260.7
	$I(g)$	106.8	70.2	180.8
	$HI(g)$	26.5	1.7	206.6
	$I^-(aq)$	−55.2	−51.6	111.3
	$HIO_3(aq)$	−159	−98.3	
	$IO^-(aq)$	−107.5	−38.5	−5.4
	$IO_3^-(aq)$	−221.3	−128.0	118.4
ⅢB	钪（Scandium）			
	$Sc(s)$	0	0	34.6
	$Sc(g)$	377.8	336.0	174.8
	$Sc^{3+}(aq)$	−614.2	−586.6	−255.0
ⅣB	钛（Titanium）			

续表

族　别	化学式(状态)	$\Delta_f H_m^{\ominus}/(kJ \cdot mol^{-1})$	$\Delta_f G_m^{\ominus}/(kJ \cdot mol^{-1})$	$S_m^{\ominus}/(J \cdot mol^{-1} \cdot K^{-1})$
	$Ti(s)$	0	0	30.7
	$Ti(g)$	473.0	428.4	180.3
	$Ti^{2+}(aq)$		(−314)	
	$Ti^{3+}(aq)$		(−350)	
	$TiO^{2+}(aq)$		−577	
	$TiO_2(s,金红石)$	−944.0	−888.8	50.6
	$TiO(OH)_2(s)$		−1 059	
	$TiCl_4(l)$	−804.2	−737.2	252.3
	$TiCl_4(g)$	−763.2	−726.3	353.2
	$TiC(s)$	−225.9	−221.8	24.3
	$TiN(s)$	−338.1	−309.6	30.3
ⅤB	钒(Vanadium)			
	$V(s)$	0	0	28.9
	$V(g)$	514.2	754.4	182.3
	$V_2O_3(s)$	−1 218.8	−1 139.3	98.3
	$V_2O_4(s)$	−1 439	−1 331	103.1
	$V_2O_5(s)$	−1 550.6	−1 419.5	131.0
	$VN(s)$	−217.1	−191.2	37.3
ⅥB	铬(Chromium)			
	$Cr(s)$	0	0	23.8
	$Cr(g)$	396.6	351.8	174.5
	$Cr_2O_3(s)$	−1 139.7	−1 058.1	81.2
	$CrO_3(s)$	−610.0		
	$Cr(OH)_3(s)$	−899.9	−859.8	82.0
	$Cr(OH)^{2+}(aq)$	−474.9	−431.0	−68.6
	$Cr^{3+}(aq)$	−256	−216	−308
	$CrO_2^-(aq)$		−52.3	
	$HCrO_4^-(aq)$	−921.3	−773.6	69.0
	$CrO_2^{4-}(aq)$	−894.33	−736.8	38.5
	$Cr_2O_7^{2-}(aq)$	−1 490.3	−1 301.1	261.9
	$CrCl_2(s)$	−395.4	−356.0	115.3
	$CrCl_3(s)$	−563.2	−493.7	126
	$Cr_4C(s)$	−68.62	−70.29	105.9
ⅦB	锰(Manganese)			

续表

族　　别	化学式(状态)	$\Delta_f H_m^{\ominus}/(kJ \cdot mol^{-1})$	$\Delta_f G_m^{\ominus}/(kJ \cdot mol^{-1})$	$S_m^{\ominus}/(J \cdot mol^{-1} \cdot K^{-1})$
	$Mn(s)$	0	0	32.0
	$Mn(g)$	280.7	238.5	173.7
	$Mn^{2+}(aq)$	−220.8	−228.1	−73.6
	$MnO_4^{2-}(aq)$	−653.0	−500.7	59.0
	$MnO_4^{-}(aq)$	−541.4	−447.2	191.2
	$MnCl_2(s)$	−481.3	−440.5	118.2
	$MnS(s,绿)$	−214.2	−218.4	78.2
	$MnO(s)$	−385.2	−362.9	59.7
	$Mn_2O_2(s)$	−971.1	−888.3	92.5
	$Mn_3O_4(s)$	−1 387.8	−1 283.2	155.6
	$MnO_2(s,软锰矿)$	−520.0	−465.1	53.1
	$Mn(OH)_2(s,沉淀)$	−697.9	−614.6	88.3
	$MnCO_3(s)$	−894.1	−816.7	85.8
	$KMnO_4(s)$	−837.2	−737.6	171.7
	$Mn_3C(s)$	−4.184	−4.184	98.74
Ⅷ	铁(Iron)			
	$Fe(s)$	0	0	27.3
	$Fe(g)$	416.3	370.7	180.5
	$Fe^{2+}(aq)$	−89.1	−78.9	−137.7
	$Fe^{3+}(aq)$	−48.5	−4.7	−315.9
	$Fe(OH)_2(s)$	−568.2	−483.54	80
	$Fe(OH)_3(s)$	−824.2	−694.5	96
	$FeS(s,a)$	−100.0	−100.4	60.3
	$FeO(s)$	−272.0		
	$Fe_2O_3(s)$	−824.2	−742.2	87.4
	$Fe_3O_4(s)$	−1 118.4	−1 015.4	146.4
	$Fe_3C(s)$	20.92	14.64	107.5
	$FeCO_3(s)$	−740.6	−666.7	92.9
	钴(Cobalt)			
	$Co(s)$	0	0	30.0
	$Co(g)$	424.7	380.3	179.5
	$Co^{2+}(aq)$	−58.2	−54.4	−113.0
	$Co^{3+}(aq)$	92.0	134.0	−305.0
	$Co(OH)_2(s)$	−539.7	−454.3	79.0

续表

族别	化学式（状态）	$\Delta_f H_m^{\ominus}/(kJ \cdot mol^{-1})$	$\Delta_f G_m^{\ominus}/(kJ \cdot mol^{-1})$	$S_m^{\ominus}/(J \cdot mol^{-1} \cdot K^{-1})$
	$Co(OH)_3(s)$	−730.5	−596.6	(84)
	$CoS(s,a)$	−82.8	−82.8	67.4
	$CoO(s)$	−237.9	−214.2	53.0
	$Co_3O_4(s)$	−891.0	−774.0	102.5
	$Co_3C(s)$	39.75	29.71	123.4
	$CoCO_3(s)$	−713.0		
	镍（Nickel）			
	$Ni(s)$	0	0	29.9
	$Ni(g)$	429.7	384.5	182.2
	$Ni^{2+}(aq)$	−54.0	−45.6	−128.9
	$Ni(OH)_2(s)$	−538.1	−453.1	80
	$Ni(OH)_3(s)$	−678.2	−541.8	(81.6)
	$NiO(s)$	−244	−216	38.6
	$NiS(s,a)$	−82.0	−79.5	53.0
	$[Ni(CN)_4]^{2-}(aq)$	364	489.9	(138)
ⅠB	铜（Copper）			
	$Cu(s)$	0	0	33.2
	$Cu(g)$	337.4	297.7	166.4
	$Cu^+(aq)$	71.7	50.0	40.6
	$Cu^{2+}(aq)$	64.8	65.5	−99.6
	$Cu(OH)_2(s)$	−449.8	−357	(80)
	$CuO(s)$	−157.3	−129.7	42.6
	$Cu_2O(s)$	−168.6	−146.0	93.1
	$CuS(s)$	−53.1	−53.6	66.5
	$Cu_2S(s)$	−79.5	−86.2	121.9
	$CuSO_4(s)$	−771.4	−662.2	109.2
	$CuSO_4 \cdot 5H_2O(s)$	−2 278.0	−1 879.9	305.4
	银（Silver）			
	$Ag(s)$	0	0	42.6
	$Ag(g)$	284.9	246.0	173.0
	$Ag^+(aq)$	105.6	77.1	72.7
	$Ag_2O(s)$	−31.1	−11.2	121.3
	$Ag_2S(s,a)$	−32.6	−40.7	144.0
	$AgF(s)$	−204.6	−185	84

续表

族　别	化学式（状态）	$\Delta_f H_m^\ominus/(kJ \cdot mol^{-1})$	$\Delta_f G_m^\ominus/(kJ \cdot mol^{-1})$	$S_m^\ominus/(J \cdot mol^{-1} \cdot K^{-1})$
	$AgCl(s)$	-127.0	-109.8	96.3
	$AgBr(s)$	-100.4	-96.9	107.1
	$AgI(s)$	-61.8	-66.2	115.5
	$[Ag(CN)_2]^-(aq)$	270	301.5	205
	$[Ag(NH_3)_2]^+(aq)$	-111.81	-17.4	242
	$Ag_2CO_3(s)$	-505.8	-436.8	167.4
	$AgNO_3(s)$	-124.4	-33.4	140.9
	金（Gold）			
	$Au(s)$	0	0	47.4
	$Au(g)$	366.1	326.3	180.5
	$Au^+(aq)$		163	
	$Au^{3+}(aq)$		433.5	
	$Au_2O_3(s)$	80.75	163.2	125.5
	$Au(OH)_3(s)$	-418.4	-290	121
	$[Au(CN)_2]^-(aq)$	244	269	123
	$[AuCl_4]^-(aq)$	-326	-235	255
ⅡB	锌（Zinc）			
	$Zn(s)$	0	0	41.6
	$Zn(g)$	130.4	94.8	160.0
	$Zn^{2+}(aq)$	-153.9	-147.1	-112.1
	$ZnO_2^{2-}(aq)$		-389.2	
	$Zn(OH)_2(s)$	-641.9	-533.5	81.2
	$ZnO(s)$	-350.5	-320.5	43.7
	$ZnS(s,沉淀)$	-185	-181	
	$ZnSO_4(s)$	-982.8	-871.5	110.5
	$[Zn(NH_3)_4]^{2+}(aq)$		-308	
	镉（Cadminum）			
	$Cd(s)$	0	0	51.8
	$Cd(g)$	111.8	78.20	167.7
	$Cd^{2+}(aq)$	-75.9	-77.6	-73.2
	$Cd(OH)_2(s)$	-560.7	-473.6	96.0
	$CdO(s)$	-258.4	-228.7	54.8
	$CdS(s)$	-161.9	-156.5	64.9
	$CdCO_3(s)$	-750.6	-669.4	92.5

续表

族　别	化学式（状态）	$\Delta_f H_m^{\ominus}/(kJ \cdot mol^{-1})$	$\Delta_f G_m^{\ominus}/(kJ \cdot mol^{-1})$	$S_m^{\ominus}/(J \cdot mol^{-1} \cdot K^{-1})$
	$[Cd(NH_3)_4]^{2+}$（aq）		−224.8	
	汞（Mercury）			
	Hg（l）	0	0	75.9
	Hg（g）	61.4	31.8	175.0
	Hg^{2+}（aq）	171.1	164.4	−32.2
	Hg_2^{2+}（aq）	172.4	153.5	84.5
	HgO（s,红）	−90.5	−58.5	70.3
	HgO（s,黄）	−90.21	−58.404	73.2
	HgS（s,红）	−58.2	−50.6	82.4
	HgS（s,黄）	−53.97	−46.23	83.3
	$HgCl_2$（s）	−224.3	−178.6	146.0
	Hg_2Cl_2（s）	−265.4	−210.7	191.6
2. 有机物				
	CH_4（g）甲烷	−74.6	−50.5	186.3
	C_2H_2（g）乙炔	227.4	209.9	200.9
	C_2H_4（g）乙烯	52.4	68.4	219.3
	C_2H_6（g）乙烷	−84.0	−32.0	229.2
	C_3H_6（g）丙烯	20.0	62.79	267
	C_3H_8（g）丙烷	−103.8	−23.4	270.3
	C_4H_6（g）1,3-丁二烯	110.0	153.7	279.8
	C_4H_{10}（g）正丁烷	−125.7	−15.6	310.1
	C_6H_6（g）苯	82.9	129.7	269.2
	C_6H_6（l）苯	49.1	124.5	173.4
	C_6H_{12}（g）环己烷	−123.4	31.76	298.2
	C_6H_{12}（l）环己烷	−156.4	24.73	204.3
	C_7H_8（g）甲苯	50.5	122.4	319.8
	C_7H_8（l）甲苯	12.4	114.3	219.2
	C_8H_8（l）苯乙烯	147.9	213.8	345.1
	C_8H_{10}（l）乙苯	−12.3	119.7	255.0
	$C_{10}H_8$（s）萘	78.5	201.6	167.4
	CH_3OH（l）甲醇	−239.2	−166.6	126.8
	CH_3OH（g）甲醇	−201.0	−162.3	239.9
	C_2H_5OH（l）乙醇	−277.6	−174.8	160.7
	C_2H_5OH（g）乙醇	−234.8	−167.9	281.6

续表

族　　别	化学式（状态）	$\Delta_f H_m^\ominus/(kJ \cdot mol^{-1})$	$\Delta_f G_m^\ominus/(kJ \cdot mol^{-1})$	$S_m^\ominus/(J \cdot mol^{-1} \cdot K^{-1})$
	$C_3H_7OH(g)$丙醇	−255.1	−171.1	322.6
	$C_3H_7OH(l)$异丙醇	−318.1	−184.1	181.1
	$C_4H_{10}O(l)$乙醚	−279.5	−118.4	172.4
	$C_4H_{10}O(g)$乙醚	−252.1	−117.6	342.7
	$CH_2O(g)$甲醛	−108.6	−102.5	218.8
	$C_2H_4O(g)$乙醛	−166.2	−133.0	263.8
	$C_3H_6O(g)$丙酮	−217.1	−152.8	295.3
	$CH_2O_2(l)$甲酸	−425.0	−361.4	129.0
	$CH_2O_2(g)$甲酸	−378.7	−335.7	246.1
	$CH_3COOH(l)$乙酸	−484.3	−389.0	159.8
	$CH_3COOH(g)$乙酸	−432.2	−374.2	283.5
	$H_2C_2O_4(s)$草酸	−821.7	−697.9	109.8
	$C_7H_6O_2(s)$苯甲酸	−385.2	−285.6	167.6
	$CHCl_3(g)$三氯甲烷	−102.7	−66.94	295.7
	$CH_3Cl(g)$氯甲烷	−81.9	−58.58	234.6
	$CO(NH_2)_2(s)$尿素	−333.1	−197.2	104.6
	$C_2H_5Cl(g)$氯乙烷	−112.1	−60.4	276.0
	$C_6H_5Cl(l)$氯苯	11.1	203.8	197.5
	$C_6H_6N(l)$苯胺	31.6	153.2	191.6
	$C_6H_5NO_2(l)$硝基苯	12.5	146.2	224.3
	$C_6H_5OH(s)$苯酚	−165.1	−40.75	144.0
	$C_6H_{12}O_6(s)$葡萄糖$(\alpha-D)$	−1 273.3		

注：热力学数据按周期表编排。

附录二　一些有机物的标准燃烧热(298.15 K,100 kPa)

分子式(状态)和名称	$\Delta_c H_m^\ominus/(kJ \cdot mol^{-1})$	分子式(状态)和名称	$\Delta_c H_m^\ominus/(kJ \cdot mol^{-1})$
$CH_4(g)$甲烷	-890.8	$CH_3OH(l)$甲醇	-726.1
$C_2H_2(g)$乙炔	$-1\,301.1$	$C_2H_5OH(l)$乙醇	$-1\,366.8$
$C_2H_4(g)$乙烯	$-1\,411.2$	$(CH_2OH)_2(l)$乙二醇	$-1\,189.2$
$C_2H_6(g)$乙烷	$-1\,560.7$	$C_3H_3O_3(l)$甘油	$-1\,655.4$
$C_3H_6(g)$丙烯	$-2\,058.0$	$C_6H_5OH(s)$苯酚	$-3\,053.5$
$C_3H_8(g)$丙烷	$-2\,219.2$	$HCHO(g)$甲醛	-570.7
$C_4H_{10}(g)$正-丁烷	$-2\,877.6$	$CH_3CHO(g)$乙醛	$-1\,166.9$
$C_4H_{10}(g)$异-丁烷	$-2\,871.6$	$CH_3COCH_3(l)$丙酮	$-1\,789.9$
$C_4H_8(g)$丁烯	$-2\,718.6$	$CH_3COOC_2H_5(l)$乙酸乙酯	$-2\,238.1$
$C_5H_{12}(g)$戊烷	$-3\,509.0$	$(C_2H_5)_2O(l)$乙醚	$-2\,723.9$
正-$C_nH_{2n+2}(g)$	$-4.184\times(57.909+157.443n)$	$HCOOH(l)$甲酸	-254.6
正-$C_nH_{2n+2}(l)$	$-4.184\times(57.430+156.263n)$	$CH_3COOH(l)$乙酸	-874.2
正-$C_nH_{2n+2}(s)$	$-4.184\times(21.90+157.00n)$	$(COOH)_2(s)$草酸	-246.0
（n 为 5～20）		$C_6H_5COOH(s)$苯甲酸	$-3\,226.9$
$C_6H_6(l)$苯	$-3\,267.6$	$C_{17}H_{35}COOH(s)$硬脂酸	$-11\,274.6$
$C_6H_{12}(l)$环乙烷	$-3\,919.6$	$(COOCH_3)_2(l)$草酸	$-1\,678.0$
$C_7H_8(l)$甲苯	$-3\,910.3$	$CCl_4(l)$四氯化碳	-156.1
$C_8H_{10}(l)$对二甲苯	$-4\,552.9$	$CHCl_3(l)$三氯甲烷	-373.2
$C_{10}H_8(s)$萘	$-5\,156.3$	$C_6H_6NH_2(l)$苯胺	$-3\,392.8$
$CH_3Cl(g)$氯甲烷	-689.1	$C_6H_5NO_2(l)$硝基苯	$-3\,097.8$
$C_6H_5Cl(l)$氯苯	$-3\,140.9$	$C_6H_{12}O_6(s)$葡萄糖	$-2\,815.8$
$CS_2(l)$二硫化碳	$-1\,075.3$	$C_{12}H_{22}O_{11}(s)$蔗糖	$-5\,640.9$
$(CN)_2(g)$氰	$-1\,087.8$	$C_{10}H_{16}O(s)$樟脑	$-5\,903.6$
$CO(NH_2)_2(s)$尿素	-631.66		

附录三　不同温度下水蒸气的压力

温度/K	压力/kPa	温度/K	压力/kPa	温度/K	压力/kPa
273.15	0.610 3	307.15	5.322 9	341.15	28.576
274.15	0.657 2	308.15	5.626 7	342.15	29.852
275.15	0.706 0	309.15	5.945 3	343.15	31.176
276.15	0.758 1	310.15	6.279 5	344.15	32.549
277.15	0.813 6	311.15	6.629 8	345.15	33.972
278.15	0.872 6	312.15	6.996 9	346.15	35.448
279.15	0.935 4	313.15	7.381 4	347.15	36.978
280.15	1.002 1	314.15	7.784 0	348.15	38.563
281.15	1.073 0	315.15	8.205 4	349.15	40.205
282.15	1.148 2	316.15	8.646 3	350.15	41.905
283.15	1.228 1	317.15	9.107 5	351.15	43.665
284.15	1.321 9	318.15	9.589 8	352.15	45.487
285.15	1.402 7	319.15	10.094	353.15	47.373
286.15	1.497 9	320.15	10.620	354.15	49.324
287.15	1.598 8	321.15	11.171	355.15	51.342
288.15	1.705 6	322.15	11.745	356.15	53.428
289.15	1.818 5	323.15	12.344	357.15	55.585
290.15	1.935 0	324.15	12.970	358.15	57.815
291.15	2.064 4	325.15	13.623	359.15	60.119
292.15	2.197 8	326.15	14.303	360.15	62.499
293.15	3.338 8	327.15	15.012	361.15	64.958
294.15	2.487 7	328.15	15.752	362.15	67.496
295.15	2.644 7	329.15	16.522	363.15	70.117
296.15	2.810 4	330.15	17.324	364.15	72.823
297.15	2.985 0	331.15	18.159	365.15	75.614
298.15	3.169 0	332.15	19.028	366.15	78.494
299.15	3.362 9	333.15	19.932	367.15	81.465
300.15	3.567 0	334.15	20.873	368.15	84.529
301.15	3.781 8	335.15	21.851	369.15	87.688
302.15	4.007 8	336.15	22.868	370.15	90.945
303.15	4.245 5	337.15	23.925	371.15	94.301
304.15	4.495 3	338.15	25.022	372.15	97.759
305.15	4.757 8	339.15	26.163	373.15	101.325
306.15	5.033 5	340.15	27.347		

附录四　一些常见弱电解质在水溶液中的解离常数

电解质	解离平衡	温度/℃	解离常数 $K_a^\ominus$ 或 $K_b^\ominus$	$pK_a^\ominus$ 或 $pK_b^\ominus$
醋　酸	$HAc \rightleftharpoons H^+ + Ac^-$	25	1.74×10^{-5}	4.76
硼　酸	$(H_3BO_3)B(OH)_3 + H_2O \rightleftharpoons B(OH)_4^- + H^+$	20	5.37×10^{-10}	9.27
碳　酸	$H_2CO_3 \rightleftharpoons H^+ + HCO_3^-$	25	$(K_{a1}^\ominus)4.47 \times 10^{-7}$	6.35
	$HCO_3^- \rightleftharpoons H^+ + CO_3^{2-}$	25	$(K_{a2}^\ominus)4.68 \times 10^{-11}$	10.33
氢氰酸	$HCN \rightleftharpoons H^+ + CN^-$	25	6.17×10^{-10}	9.21
氢硫酸	$H_2S \rightleftharpoons H^+ + HS^-$	25	$(K_{a1}^\ominus)8.91 \times 10^{-8}$	7.05
	$HS^- \rightleftharpoons H^+ + S^{2-}$	25	$(K_{a2}^\ominus)1.0 \times 10^{-19}$	19
草　酸	$H_2C_2O_4 \rightleftharpoons H^+ + HC_2O_4^-$	25	$(K_{a1}^\ominus)5.89 \times 10^{-2}$	1.23
	$HC_2O_4^- \rightleftharpoons H^+ + C_2O_4^{2-}$	25	$(K_{a2}^\ominus)6.46 \times 10^{-5}$	4.19
甲　酸	$HCOOH \rightleftharpoons H^+ + HCOO^-$	25	1.78×10^{-4}	3.75
磷　酸	$H_3PO_4 \rightleftharpoons H^+ + H_2PO_4^-$	25	$(K_{a1}^\ominus)6.92 \times 10^{-3}$	2.16
	$H_2PO_4^- \rightleftharpoons H^+ + HPO_4^{2-}$	25	$(K_{a2}^\ominus)6.17 \times 10^{-8}$	7.21
	$HPO_4^{2-} \rightleftharpoons PO_4^{3-} + H^+$	25	$(K_{a3}^\ominus)4.79 \times 10^{-13}$	12.32
亚硫酸	$H_2SO_3 \rightleftharpoons H^+ + HSO_3^-$	25	$(K_{a1}^\ominus)1.41 \times 10^{-2}$	1.85
	$HSO_3^- \rightleftharpoons H^+ + SO_3^{2-}$	25	$(K_{a2}^\ominus)6.3 \times 10^{-8}$	7.2
亚硝酸	$HNO_2 \rightleftharpoons H^+ + NO_2^-$	25	5.62×10^{-4}	3.25
氢氟酸	$HF \rightleftharpoons H^+ + F^-$	25	6.31×10^{-4}	3.20
硅　酸	$H_2SiO_3 \rightleftharpoons H^+ + HSiO_3^-$	25	$(K_{a1}^\ominus)1.26 \times 10^{-10}$	9.9
	$HSiO_3^- \rightleftharpoons H^+ + SiO_3^{2-}$	25	$(K_{a2}^\ominus)1.58 \times 10^{-12}$	11.8
氨　水	$NH_3 + H_2O \rightleftharpoons NH_4^+ + OH^-$	25	1.78×10^{-5}	4.75

注:$K_{a1}^\ominus$,$K_{a2}^\ominus$分别表示一级解离和二级解离的解离常数。

附录五　一些常见物质的溶度积(298.15 K)

难溶物质	分子表	溶度积
氯化银	$AgCl$	$1.77×10^{-10}$
溴化银	$AgBr$	$5.35×10^{-13}$
碘化银	AgI	$8.51×10^{-17}$
铬酸银	Ag_2CrO_4	$1.12×10^{-12}$
硫化银	Ag_2S	$1.12×10^{-12}(\alpha 型)$ $1.09×10^{-49}(\beta 型)$
硫酸钡	$BaSO_4$	$1.07×10^{-10}$
碳酸钡	$BaCO_3$	$2.58×10^{-9}$
铬酸钡	$BaCrO_4$	$1.17×10^{-10}$
碳酸钙	$CaCO_3$	$4.96×10^{-9}$
硫酸钙	$CaSO_4$	$7.10×10^{-5}$
磷酸钙	$Ca_3(PO_4)_2$	$2.07×10^{-33}$
氢氧化钙	$Ca(OH)_2$	$4.68×10^{-6}$
硫化铜	CuS	$1.27×10^{-36}$
氢氧化铁	$Fe(OH)_3$	$2.64×10^{-39}$
氢氧化亚铁	$Fe(OH)_2$	$4.87×10^{-17}$
硫化亚铁	FeS	$1.59×10^{-19}$
碳酸镁	$MgCO_3$	$6.82×10^{-6}$
氢氧化镁	$Mg(OH)_2$	$5.61×10^{-12}$
二氢氧化锰	$Mn(OH)_2$	$2.06×10^{-13}$
硫化锰	MnS	$4.65×10^{-14}$
硫酸铅	$PbSO_4$	$1.06×10^{-8}$
硫化铅	PbS	$9.04×10^{-29}$
碘化铅	PbI_2	$8.49×10^{-9}$
碳酸铅	$PbCO_3$	$1.46×10^{-13}$
碳酸锌	$ZnCO_3$	$1.19×10^{-10}$
硫化锌	ZnS	$2.93×10^{-25}$
硫化镉	CdS	$1.40×10^{-29}$
硫化汞	HgS	$6.44×10^{-53}(黑)$ $2.00×10^{-53}(红)$

参 考 文 献

[1]　李宝山.基础化学[M].北京:科学出版社,2009.

[2]　钟福新,余彩莉,刘铮,等.大学化学[M].北京:清华大学出版社,2012.

[3]　华彤文,陈景祖.普通化学原理[M].北京:北京大学出版社,2007.

[4]　康立娟,朴凤玉.普通化学[M].2版.北京:高等教育出版社,2009.

[5]　浙江大学普通化学教研组.普通化学[M].6版.北京:高等教育出版社,2011.

[6]　西北工业大学普通化学教学组.普通化学[M].2版.西安:西北工业大学出版社,1997.

[7]　刘密新,罗国安,张新荣,等.仪器分析[M].2版.北京:清华大学出版社,2002.

[8]　王祥云,刘元方.核化学与放射化学[M].北京:北京大学出版社,2007.

[9]　史启祯.无机化学与化学分析[M].2版.北京:高等教育出版社,2010.

[10]　SHRIVER D F,ATKINS P W,LANGFORD C H.无机化学:第二版[M].高忆兹,史启祯,曾克慰,等译.北京:高等教育出版社,1997.

[11]　苏克和,胡小玲.物理化学[M].2版.西安:西北工业大学出版社,2013.

[12]　大连理工大学无机化学教研室.无机化学[M].5版.北京:高等教育出版社,2006.

[13]　武汉大学.无机化学[M].3版.北京:高等教育出版社,1994.

[14]　格林伍德,厄恩肖.元素化学[M].王曾隽,张庆芳,译.北京:高等教育出版社,1996.

[15]　宋天佑.简明无机化学[M].北京:高等教育出版社,2007.

[16]　曲保中,朱炳林,周伟红.新大学化学[M].2版.北京:科学出版社,2007.

[17]　朱裕贞,顾达,黑恩成.现代基础化学[M].2版.北京:化学工业出版社,2004.

[18]　郑昌琼,冉均国.新型无机材料[M].北京:科学出版社,2002.

[19]　张金升,王美婷,徐凤秀.先进陶瓷导论[M].北京:化学工业出版社,2006.

[20]　张骥华.功能材料及其应用[M].北京:机械工业出版社,2008.

[21]　张克立.固体无机化学[M].武汉:武汉大学出版社,2005.

[22]　WOST A R.固体化学及其应用[M].苏勉曾,谢高阳,申泮文,等译.上海:复旦大学出版社,1984.

[23]　聂永丰.废电池的环境污染及防治[J].科学对社会的影响,2009(4):19-22.

[24]　肖传豪.废旧电池污染及其防治对策[J].宁波化工,2010(2):16-20.

[25]　张叶锋,赵春颖,张叶翠.旧电池对环境的污染与回收利用[J].广西轻工业,2010(5):82-83.

[26]　钟东臣,卢伟.核武器、化学武器、生物武器及其防护[J].化学教学,2007(8):47-52.

[27]　SHRIVER D F,ATKINS P W,LANGFORD C H. Inorganic Chemistry[M]. 2nd

ed. Oxford：Oxford University Press，1994.

[28] ROSE S. The Chemistry of Life[M]. 4th ed. London：Penguin Books，1999.

[29] WHITTEN K W，DAVIS R E，PECK M L. General Chemistry[M]. 7th ed. Philadelphia：Saunders College Publishing，2000.

[30] 戴志群,黄思良. 化学废旧电池的环境污染和利用[J]. 化学教育,2005(1):4-5.

[31] 刘慈. 废旧电池的污染与回收利用[J]. 当代化工,2005(34):89-91.

[32] 孙小强,孟启,阎海波. 超分子化学导论[M]. 北京:中国石化出版社,1997.